机械类专业系列教材

机械制图与CAD

主　编　戴丽娟　杨金花

副主编　徐　伟　钱双庆

西安电子科技大学出版社

内 容 简 介

本书依据教育部高等教育司 2005 年制定的《普通高等学校工程图学课程教学基本要求》以及近年来新发布的制图国家标准，并总结编者近年来教学改革的经验编写而成，简明扼要地叙述了二维工程图绘制的理论和方法，并引入了计算机辅助设计软件 AutoCAD 和 SolidWorks。

本书的主要内容包括：制图的基本知识，点、直线、平面的投影，基本体和截交线，组合体和相贯线，尺寸标注，轴测图，机件形状的常用表达方法，标准件和常用件，零件图，装配图，AutoCAD 绘图基础，SolidWorks 绘图基础等。

本书及配套习题集可作为本科院校机械类、近机械类和非机械类各专业机械制图与 CAD 课程(课内学时在 64 学时以下)的教材。

图书在版编目(CIP)数据

机械制图与 CAD/戴丽娟，杨金花主编. —西安：
西安电子科技大学出版社，2016.9(2022.1 重印)
ISBN 978-7-5606-4194-2

Ⅰ. ① 机… Ⅱ. ① 戴… ② 杨… Ⅲ. ① 机械制图—AutoCAD 软件—高等学校—教材 Ⅳ. ① TH126

中国版本图书馆 CIP 数据核字(2016)第 184974 号

策　　划　高　樱
责任编辑　马武装
出版发行　西安电子科技大学出版社(西安市太白南路 2 号)
电　　话　(029)88242885　88201467　　邮　　编　710071
网　　址　www.xduph.com　　电子邮箱　xdupfxb001@163.com
经　　销　新华书店
印刷单位　广东虎彩云印刷有限公司
版　　次　2016 年 9 月第 1 版　　2022 年 1 月第 6 次印刷
开　　本　787 毫米×1092 毫米　1/16　印　张　30.5
字　　数　420 千字
定　　价　58.00 元(含习题集)
ISBN 978-7-5606-4194-2/TH

XDUP 4486001-6

如有印装问题可调换

西安电子科技大学出版社
机械类专业系列教材
编审专家委员会名单

前　言

本书是依据教育部高等教育司 2005 年制定的《普通高等学校工程图学课程教学基本要求》以及我国大多数本科院校机械类、近机械类和非机械类各专业机械制图与 CAD 课程的教学改革趋势，并参照当前机械制图最新国家标准编写而成的。

在编写过程中，我们努力按照“保证基础，精选内容，利于教学，加强应用”的要求组织本书的章节编排、文字叙述和插图等内容，力求做到如下几点：

(1) 保证制图的基本理论和基本知识。为了使学习者能够正确绘制和阅读机械图样，本书对投影理论基础、组合体的画图和读图、常用的机件表达方法、制图国家标准等内容都进行了详细的阐述。

(2) 遵循“少而精”的原则选择内容。以培养学生基本绘图和读图的能力为依据，确定各章内容的深度和广度。书中通过各种结构形式的组合体和机件对绘图和读图的基本方法作了较深入的介绍，对点、线、面的投影，轴测图，机件简化画法等知识只作简单、必要的介绍，对换面法未作介绍。

(3) 从利于教学出发，对书中重要的内容和结论用粗体字排印，在第一次出现的术语下排印实心小圆点。另外，还建立了与本书配套的习题集、习题答案和电子教案等组成的立体化教学系列，以便学生在课后对相关教学内容及时进行复习、理解、应用和巩固。

(4) 强化计算机绘图部分的内容，以利于学生将来在工作中的应用。由于现代设计部门已用计算机绘图替代了手工制图，故本书对计算机二维绘图和三维建模进行了较为详细的讲述，分别介绍了 AutoCAD 2014 和 SolidWorks 2013 软件的基本操作和实例应用。

本书提供作者精心制作的课件，可在各小节标题处扫描二维码获取，或登录出版社网站在该书图书详情页面“相关资源”处下载；作者还提供了配套习题集的部分参考答案，可在各章末尾扫描二维码获取。

本书由戴丽娟和杨金花主编，参加编写的还有徐伟和钱双庆等，其中，第 1、6、7、9、11 章和附录由戴丽娟编写，第 4、10、12 章由杨金花、赵志平编写，第 2、5、8 章由徐伟编写，第 3 章由钱双庆编写，全书由戴丽娟定稿。

本书可供本科院校机械类、近机械类、非机械类专业使用，还可供社会自学者学习机械制图时参考。

由于编者水平有限，书中难免存在不足之处，诚恳希望使用本书的师生和其他有关同志批评指正。

编　者

2016 年 4 月

前 言

目　录

绪论

1. 本课程的性质和任务

机械制图与 CAD 课程是一门研究绘制和阅读机械图样的理论和方法的基础技术课。在现代工业中，设计、制造、安装各种机械、电器、仪表以及采矿、化工等各方面的设备，都离不开机械图样。在使用这些仪器、设备和仪表时，也常常要通过阅读机械图样来了解它们的结构和性能。因此，机械图样是每个工程技术人员都必须掌握的“工程界的语言”。

本课程的主要内容包括：与机械制图有关的国家标准的一些规定、绘制机械图样的三种方法、正投影法的原理和应用、基本体、简单组合体、机件形状的常用表达方法、零件图和装配图等。学习本课程的主要目的是培养学生阅读和绘制机械图样的基本能力，为他们在后续课程、课程设计和毕业设计中应用、发展和提高绘图与读图的能力打下基础。

本课程的主要任务是培养学生达到下列目标：

(1) 掌握正投影法的基本理论。

(2) 培养空间想象和空间分析的初步能力。

(3) 掌握绘图仪器和工具的正确使用方法，掌握仪器绘图和徒手作图的技能。

(4) 掌握图样表达的基本要求和有关制图国家标准的规定。

(5) 培养绘制、阅读简单零件图和装配图的能力。

(6) 掌握使用绘图软件绘制机械图样和进行三维造型的技能。

(7) 培养认真细致的工作作风和贯彻、执行国家标准的意识。

此外，在学习过程中学生还应有意识地培养自我学习能力，培养分析问题和解决问题的能力，培养创新能力，从而全方面地提高自我素质。

2. 本课程的学习方法

本课程是一门实践性较强的课程，学生在学习中应注意以下几点：

(1) 扎实掌握基本理论，弄清空间几何元素(点、线、面)和体的投影。

(2) 坚持理论联系实际，在学习投影原理、形体分析法等基本知识的基础上，通过一系列绘、读图实践，由物画图，由图想物，逐步提高对空间形体的想象思维能力。

(3) 按正确的方法和顺序绘图，养成正确使用绘图仪器和工具的习惯。

(4) 熟悉制图的基本规定和基本知识，严格遵守有关国家标准的规定，会查阅、使用有关的手册和国家标准。

(5) 坚持独立完成习题和作业，才能更好地培养阅读和绘制机械图样的能力。

(6) 通过上机练习绘图软件的基本操作，才能熟练绘制机械图样和进行三维造型。

(7) 作业应表达完整、投影正确、图线分明、字体工整、图面整洁。

(8) 绘、读图时应始终保持认真负责的态度和严谨细致的作风。

第 1 章　制图的基本知识

1.1　国家标准的基本规定

图样是“工程界的语言”，为了能够正确地交流技术思想，顺利地组织工程产品的生产，国家制定并实施了《技术制图》和《机械制图》国家标准，从图纸幅面、格式、比例、字体、图线、尺寸注法，到图样中每项内容的表示方法和方式都做了明确的规定。

1.1.1　图纸幅面和格式、标题栏

1. 图纸幅面和格式①

绘制图样时，应优先采用表 1–1 中所规定的基本幅面。在图纸上必须用粗实线画出图框，其格式分为不留装订边(见图 1–1)和留有装订边(见图 1–2)两种，但同一产品的图样只能采用一种格式。

表 1-1　图纸基本幅面和图框尺寸　　mm

幅面代号	A0	A1	A2	A3	A4
$B \times L$	841×1189	594×841	420×594	297×420	210×297
e	20		10		
c	10			5	
a	25				

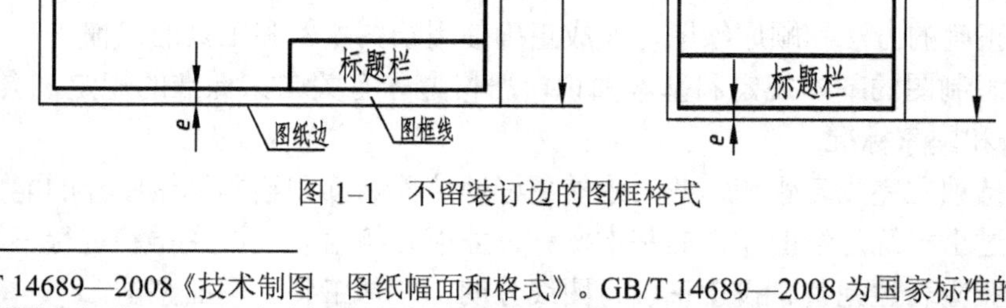

图 1–1　不留装订边的图框格式

① 摘自 GB/T 14689—2008《技术制图　图纸幅面和格式》。GB/T 14689—2008 为国家标准的编号，GB/T 表示推荐性国家标准，14689 为该标准的顺序号，2008 表示该标准的批准年号。如果在 GB 后没有/T，则表示强制性国家标准。

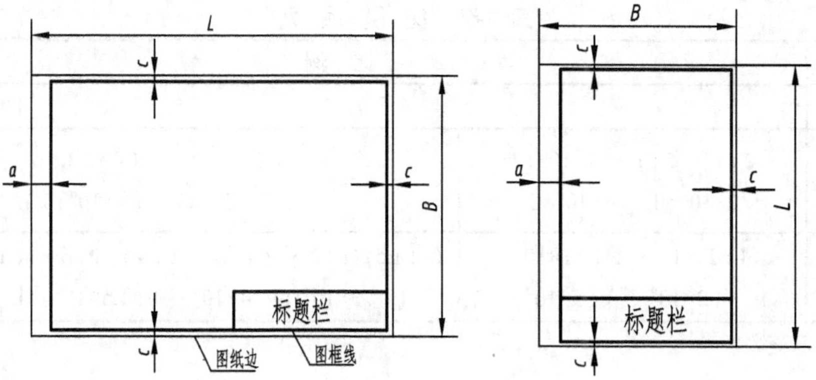

图 1–2　留有装订边的图框格式

GB/T 14689—2008 还规定：必要时允许选用加长幅面；在图框上、图纸周边的四个角上，还可按需要画出附加符号，如对中符号、方向符号、剪切符号等；对整个图幅进行分区；对于用作缩微摄影的原件，可在图纸的下边设置米制参考分度。这些内容本书不再一一详细介绍，需要时请查阅该标准。

2. 标题栏

每张图纸上都必须画出标题栏。标题栏的位置应位于图纸的右下角(见图 1–1、图 1–2)。标题栏的基本内容、格式与尺寸、文字方向等已作统一规定，可查阅国家标准 GB/T 10609.1—2008。

学生的制图作业建议采用留有装订边的图纸格式，标题栏建议采用图 1-3 所示的格式。

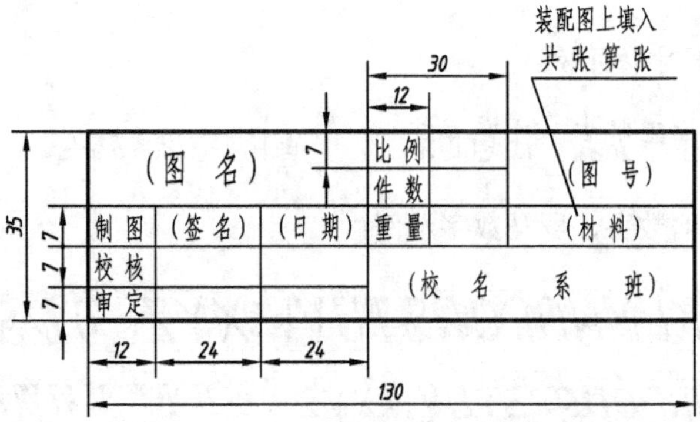

图 1–3　制图作业的标题栏

1.1.2　比例[①]

比例是指图中图形与其实物相应要素的线性尺寸之比。需要按比例绘制图样时，应从表 1–2 规定的系列中选取不带括号的适当比例，必要时也允许选取表中带括号的比例。

绘制同一机件的各个图形应尽可能采用相同的比例，并填写在标题栏的“比例”栏内，如“1 : 1 ”、“1 : 2 ”等。当某个图形需采用不同的比例时，则必须按规定另行标注，可标注在该图形的名称下方或右侧。

① 摘自 GB/T 14690—1993《技术制图　比例》。

表 1-2　比 例 系 列

种类	比　例	
原值比例	1 : 1	
放大比例	2 : 1　5 : 1　1×10^n : 1 2×10^n : 1　5×10^n : 1	(2.5 : 1)　(4 : 1) (2.5×10^n : 1)　(4×10^n : 1)
缩小比例	1 : 2　1 : 5　1 : 1×10^n 1 : 2×10^n　1 : 5×10^n	(1 : 1.5) (1 : 2.5) (1 : 3) (1 : 4) (1 : 6)　(1 : 2.5×10^n) (1 : 3×10^n) (1 : 4×10^n) (1 : 1.5×10^n) (1 : 6×10^n)

注：*n* 为正整数。

1.1.3　字体①

1. 图样及技术文件中字体的基本要求

(1) 书写字体必须做到：字体工整、笔画清楚、间隔均匀、排列整齐。

(2) 字体高度 *h*，即字体的号数，其公称尺寸系列为：1.8、2.5、3.5、5、7、10、14、20 mm。一般 A0 和 A1 图纸用 5 号及以上字体，A2、A3 和 A4 图纸用 3.5 号及以上字体。

(3) 汉字应写成长仿宋体，并采用国家正式公布推行的简化字，高度不应小于 3.5 mm。

(4) 数字和字母可写成斜体或直体，常用斜体。斜体字字头向右倾斜，与水平线成 75°。数字和字母表示计量单位符号、单位词头、化学符号和数学符号时应采用直体。用作指数、分数、极限偏差、注脚等的数字及字母，一般应采用小一号的字体。

(5) 汉字、拉丁字母、数字等组合书写时，其排列格式和间距都应符合标准规定。

2. 字体示例

(1) 汉字 5 号和 3.5 号字体示例：

横平竖直　注意起落　　结构均匀　填满方格

(2) 拉丁字母、阿拉伯数字、罗马数字示例：

ABCDEFGHIJKLMNOPQRSTUVWXYZ　0123456789

abcdefghijklmnopqrstuvwxyz　I II III IV V VI VII VIII IX X XI XII

(3) 综合应用示例：

$$10^3\quad S^{-1}\quad B_1\quad T_r\quad \phi18^{+0.006}_{-0.012}\quad 5^{\circ}{}^{-1^{\circ}}_{-2^{\circ}}\quad \frac{I}{2:1}$$

$$R9\quad 5\%\quad M16\text{-}6h\quad \phi37\frac{H8}{f7}\quad 400\,\mathrm{r/min}$$

---

① 摘自 GB/T 14691—1993《技术制图　字体》。

1.1.4 图线[①]

机械图样中采用粗、细两种线宽，宽度比为 2∶1，设粗线的线宽为 *d*，*d* 应根据图样的类型、图的大小和复杂程度在 0.25、0.35、0.5、0.7、1、1.4 和 2 mm 中确定，优先采用 0.5 或 0.7。在本课程作业中，粗线宽度一般以 0.7 mm 为宜。

表 1–3 所示是机械图样中常用的 9 种图线的名称、线型、线宽和主要用途。

表 1 – 3　各种图线的名称、线型、线宽和主要用途

图线名称	线　　型	线宽	主 要 用 途
粗实线	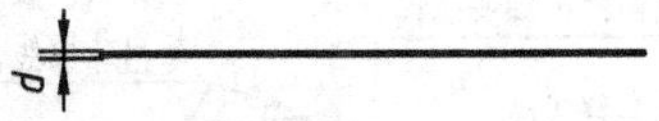	*d*	可见棱边线、可见轮廓线、可见相贯线等
细实线		0.5*d*	过渡线、尺寸线、尺寸界线、指引线和基准线、剖面线、重合断面的轮廓线等
细虚线	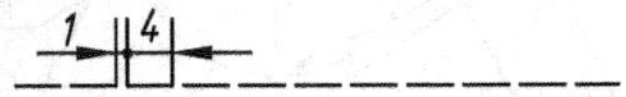	0.5*d*	不可见棱边线、不可见轮廓线等
细点画线	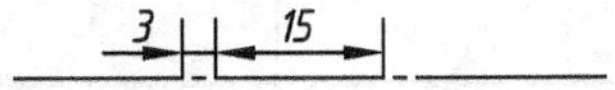	0.5*d*	轴线、对称中心线等
波浪线		0.5*d*	断裂处的边界线，视图与剖视图的分界线
双折线	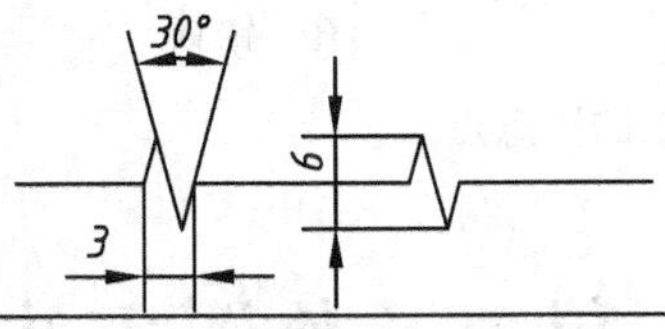	0.5*d*	断裂处的边界线
细双点画线	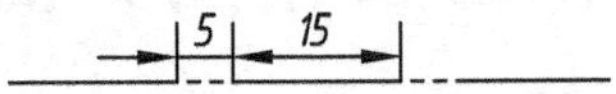	0.5*d*	相邻辅助零件轮廓线、可动零件的极限位置的轮廓线、假想的轮廓线、中断线等
粗虚线		*d*	允许表面处理的表示线
粗点画线		*d*	限定范围表示线

注：虚线中的“短画”和“短间隔”，点画线和双点画线中的“长画”、“点”和“短间隔”的长度，国标中有明确的规定，表中所注的相应尺寸(单位为 mm)仅作为手工画图时的参考。为了图样清晰和绘图方便起见，可按习惯用很短的短画代替点。

图 1–4 用正误对比的方法说明了图线画法的注意点：

(1) 在同一图样中，同类图线的宽度应基本一致。同一条虚线、点画线和双点画线的短画、长画的长度和间隔应各自大致相等。

(2) 画圆的对称中心线(细点画线)时，圆心应为长画的交点。点画线和双点画线的首末两端应是长画而不是点。

① 摘自 GB/T 17450—1998《技术制图　图线》、GB/T 4457.4—2002《机械制图　图样画法　图线》。

(3) 在较小的图形上绘制细点画线、细双点画线有困难时，可用细实线代替。

(4) 轴线、对称线、中心线和作为中断线的细双点画线，应超出轮廓线 2～5 mm。

(5) 点画线、虚线和其他图线相交时，应交在长画、短画处，不应交在间隔或点处。

(6) 当虚线在粗实线的延长线上时，在虚线和粗实线的分界点处，虚线应留出间隙。当虚线圆弧和虚线直线相切时，虚线圆弧的短画应画到切点，而虚线直线需留出间隙。

(7) 当有两个以上不同类型的图线重合时，应遵循以下的优先顺序：粗实线、虚线、细点画线、双点画线、细实线。

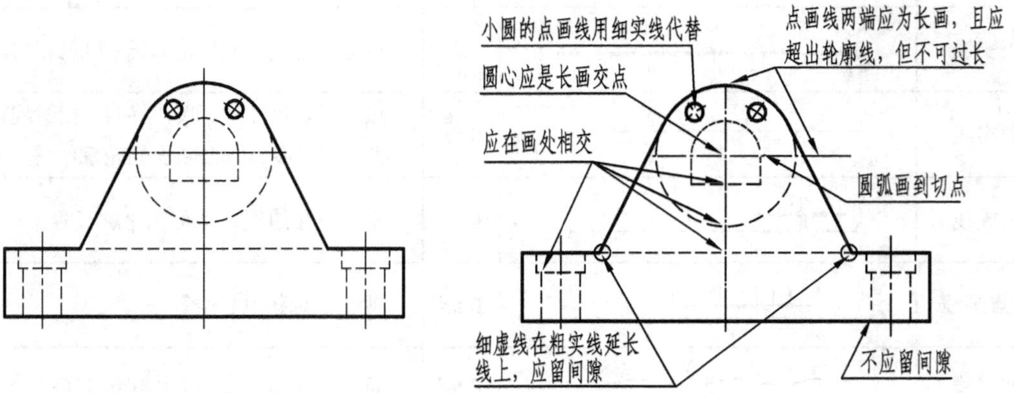

(a) 正确　　(b) 错误

图 1–4　图线画法的注意点

1.2　尺规绘图工具、仪器及作图方法

绘制机械图样可用仪器绘图、徒手绘图和计算机绘图三种方法。仪器绘图，也称为尺规绘图，需要依靠制图工具(丁字尺、三角板等)和绘图仪器(圆规、分规等)作图。本节只介绍尺规绘图工具、仪器的操作方法和绘图步骤，徒手绘图及其画法将在 1.3 节介绍，计算机绘图方法将在第 11、12 章讲述。

1.2.1　绘图工具和仪器及使用方法

常用的绘图工具有铅笔、图板、丁字尺、三角尺、比例尺等，常用的仪器有圆规、分规等，其他还有胶带纸、削笔刀、砂纸、橡皮等。

1. 铅笔

一般将 2H 或 H 铅笔的铅芯削成很尖的锥形，用来画图样中的底稿线和描深的细线；将 B 或 HB 铅笔的铅芯削成较钝的锥形或厚度等于粗线线宽的楔形或长方形，用来画粗线。写字用 HB 铅笔，铅芯要磨得稍钝。沿尺边画线时，铅芯要靠着尺边，位于垂直于图纸的平面内，不要向外或向内倾斜。底稿线应细、淡，描深时应适当用力，使细线细而明显，粗线则粗而浓。

2. 图板、丁字尺和三角板

如图 1–5(a)所示，将图纸用胶带纸固定在画板上，画图时，丁字尺头部要靠紧图板左边，按需在图板和图纸上做上下移动。用丁字尺、三角板画与水平线成 30°、45°、60°、15° 和 75° 斜线的方法见图 1–5(b)。用三角板配合过已知点作已知线的平行线和垂直线的方法见图 1–5(c)。

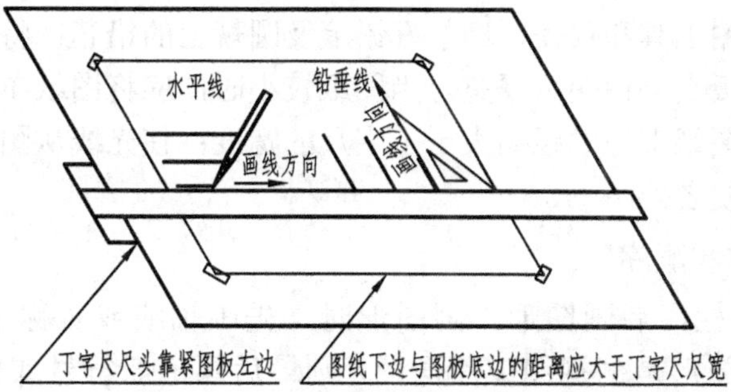

(a) 在图板上固定图纸和画水平线、铅垂线的方法

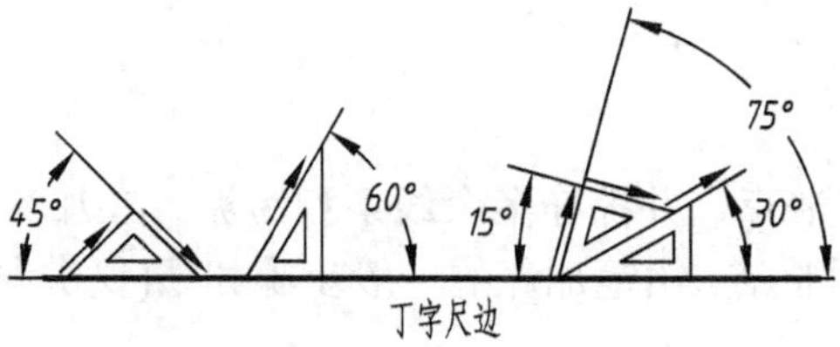

(b) 丁字尺与三角板配合画 15° 整数倍的斜线

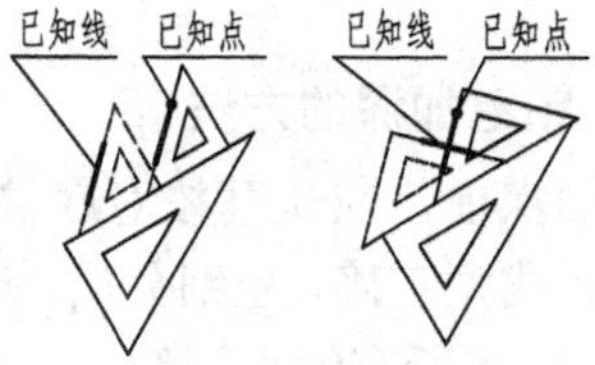

(c) 两块三角板配合作已知线的平行线或垂直线

图 1–5　图板、丁字尺、三角板的用法

3. 圆规、分规和比例尺

圆规的一脚为针尖，一脚为铅芯。如图 1–6 所示，使用圆规前，应先调整针脚，使针尖略长于铅芯。铅芯可磨成铲形，描深时，铅芯应比描相同线型的直线的铅芯软一号。画圆时，针脚应垂直纸面，按顺时针方向旋转并将圆规向前进方向倾斜。画直径较大的圆，应使圆规两脚都垂直纸面。

分规的两个脚都是针尖脚，两脚的针尖在并拢后应能对齐。分规常用于以试分法等分线段、圆周和圆弧。

比例尺是刻有不同比例的直尺，常见的形式如图 1–7 所示。在这种比例尺上刻有六种不同的比例，但市场上供应的这种比例尺所刻的六种比例也不完全相同。

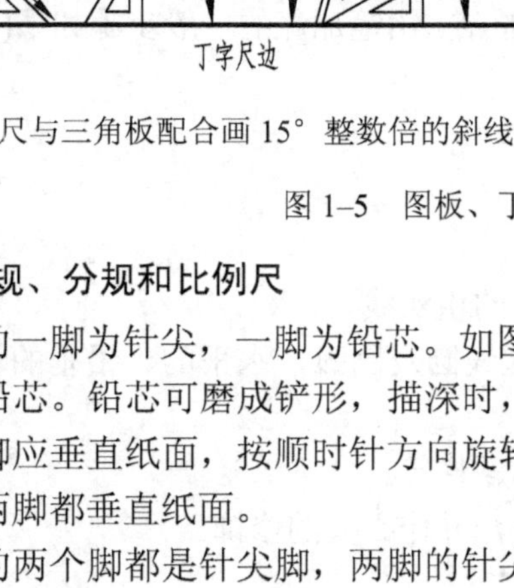

图 1–6　圆规及其用法

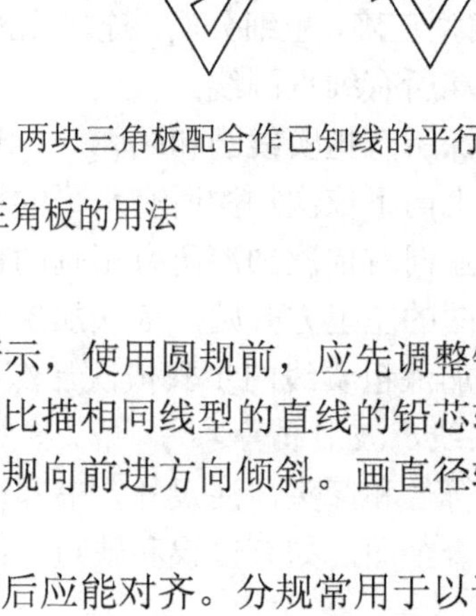

图 1–7　比例尺

1.2.2　尺规绘图的步骤

要提高图样质量和绘图速度，除了正确使用绘图工具和仪器外，还必须掌握正确的绘图步骤。

1. 绘图前的准备工作

准备好所用的绘图工具和仪器，磨削好铅笔及圆规上的铅芯；将图纸按对角线方向用胶带纸顺次固定在图板上，使图纸平整。当图纸较小时，应将图纸布置在图板的左下方，但要使图板的底边与图纸下边的距离大于丁字尺的宽度；使光线从图板的左前方射入，并将需要的工具放在方便之处。

2. 画底稿的方法和顺序

先画图框、标题栏，后画图形。画图形时，先画轴线或对称中心线，再画主要轮廓，然后画细部；如图形是剖视图或断面图，则最后画剖面符号或剖面线(关于剖视图、断面图和剖面符号或剖面线，将在第 7 章中介绍)，剖面符号或剖面线在底稿中只需画出一部分，其余可待加深时再全面画出。图形完成后，画其他符号、尺寸线、尺寸界线等。

3. 铅笔加深的方法

在加深前，应认真校对底稿，修正错误和缺点，并擦净多余线条和污垢。在加深时，应该做到线型正确，粗细分明，连接光滑，图面整洁。铅笔加深的一般步骤如下(仅供参考)：

(1) 加深所有细点画线。

(2) 加深所有粗实线圆和圆弧。

(3) 从上向下依次加深所有水平的粗实线。

(4) 从左向右依次加深所有铅垂的粗实线。

(5) 从图的左上方开始，依次加深所有倾斜的粗实线。

(6) 按加深粗实线的步骤依次加深所有细虚线圆及圆弧，水平的、铅垂的和倾斜的细虚线，细实线、波浪线等。

(7) 画符号和箭头，注尺寸，书写注解和标题栏等。

(8) 检查全图，如有错误和缺点，即行改正，并作必要的修饰。

1.2.3　几何作图

在绘制机械图样时，常遇到正多边形、椭圆、斜度和锥度、圆弧连接等几何作图问题，下面介绍一些常见的作图方法。

1. 正多边形

如图 1–8 所示，正三、四、五、六边形可以根据它们外接圆的直径用丁字尺、三角板和圆规作出。以正六边形为例，由于正六边形外接圆的直径 $2R$ 就是其对角线长度，且正六边形的边长等于这个外接圆的半径，因此以边长在外接圆上截取各顶点，即可画出正六边形，如图 1–8(d)所示。正三、四、五边形的作图过程请读者自行观察和思考。

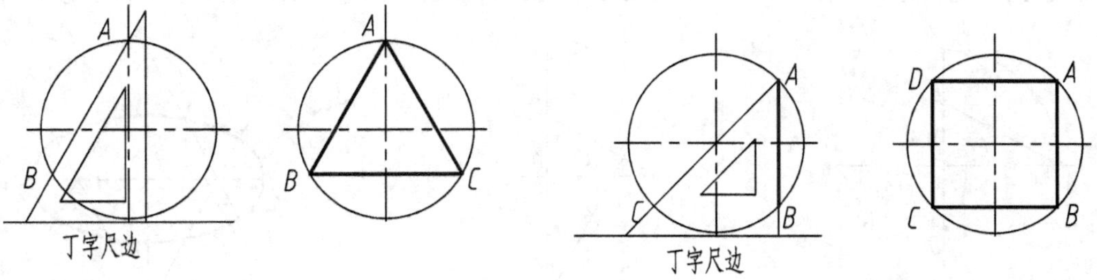

(a) 正三边形　　(b) 正四边形

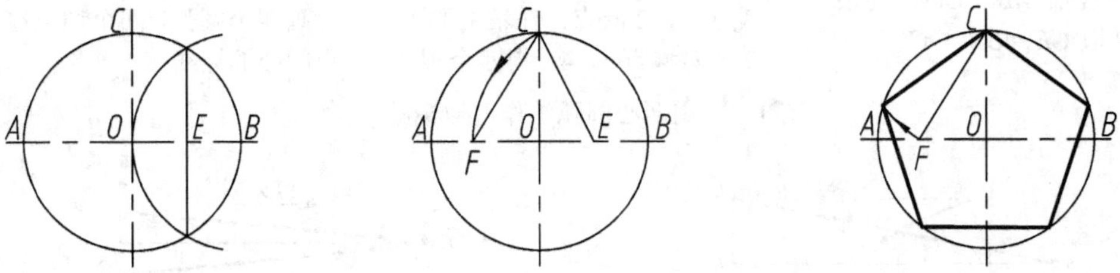

平分半径 *OB* 得点 *E*　　以 *E* 为圆心、*CE* 为半径画圆弧，交 *OA* 于点 *F*　　以 *CF* 为边长，用分规依次在圆周上截取正五边形的顶点后连线

(c) 正五边形

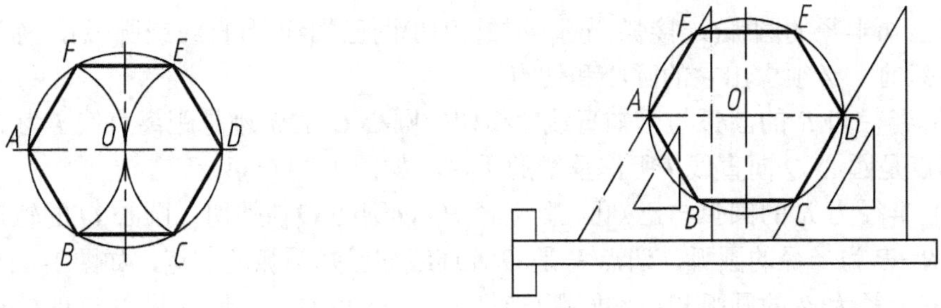

以 *O* 为圆心作半径为 *R* 的圆，得点 *A*、*D*；再分别以 *A*、*D* 为圆心，*R* 为半径作圆弧，交圆于点 *B*、*C*、*E*、*F*　　以 *O* 为圆心作半径为 *R* 的圆，得点 *A*、*D*；再分别过 *A*、*D* 作 60°和 120°线，交圆于点 *B*、*C*、*E*、*F*

(d) 正六边形

图 1–8　圆内接正多边形的作图方法示例

2. 椭圆

椭圆有各种不同的画法，如同心圆法、八点法、四心圆弧法等，这里只介绍机械制图中用的较多的四心圆弧法：根据长、短轴用圆规作椭圆的近似画法，如图 1–9 所示。

3. 斜度与锥度

斜度是指一直线(或平面)对另一直线(或平面)的倾斜度。斜度的作法和标注如图 1–10(a)所示，这是对水平面为斜度 1 : 5 的作法示例，图中的线段 *BC* 为一个单位长度。

锥度是指正圆锥底圆的直径与圆锥高度之比。锥度的作法和标注如图 1–10(b)所示，这是锥度 1:5 的作法示例，图中的点 A 和 B 对圆锥轴线的距离分别为 0.5 个单位长度。

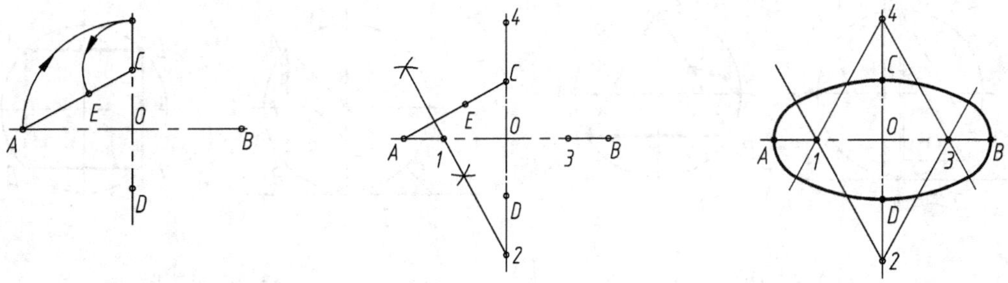

(a) 画长、短轴 AB、CD，连接 AC，并取 $CE = OA - OC$

(b) 作 AE 的中垂线，与长、短轴交于 1、2 两点，在轴上取 1、2 的对称点 3、4，得四个圆心

(c) 以 1A、2C、3B、4D 为半径，画四个圆弧，四个切点在有关圆心的连线上

图 1–9　用四心圆弧法作近似椭圆

(a) 斜度的作法　　(b) 锥度的作法

图 1–10　斜度与锥度的作图方法示例

4. 圆弧连接

用已知半径的圆弧(连接弧)光滑连接(相切)两已知线段(直线或圆弧)，称为圆弧连接。画连接弧前，必须求出它的圆心和切点。

(1) 半径为 R 的圆弧与已知直线 I 相切，圆心 O 的轨迹是距离直线 I 为 R 的两条平行线，切点是圆心 O 向直线 I 所作垂线的垂足，如图 1–11(a)所示。

(2) 半径为 R 的圆弧与已知圆弧(半径 R_1，圆心 O_1)外切，圆心 O 的轨迹是以 O_1 为圆心、R_1+R 为半径的圆弧，切点 K 是 OO_1 连线与已知圆弧的交点，如图 1–11(b)所示。

(3) 半径为 R 的圆弧与已知圆弧(半径 R_1，圆心 O_1)内切，圆心 O 的轨迹是以 O_1 为圆心、R_1-R 为半径的圆弧，切点 K 是 OO_1 连线延长线与已知圆弧的交点，如图 1–11(c)所示。

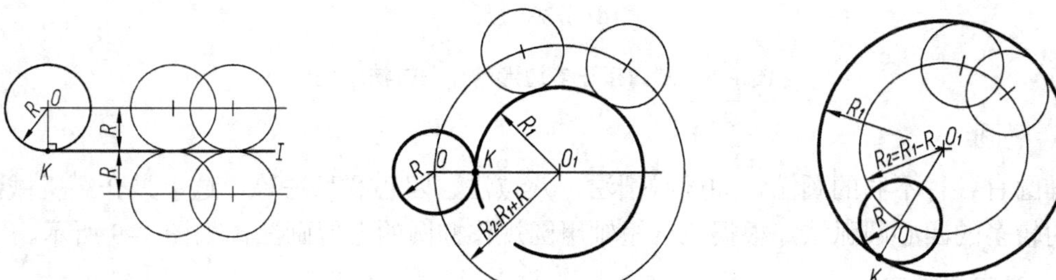

(a) 与直线相切　　(b) 与圆弧外切　　(c) 与圆弧内切

图 1–11　圆弧连接的圆心轨迹与切点

作出连接圆弧的圆心和切点后，就可画出这段连接弧，与已知的直线或圆弧相切。表 1–4 列举了四种用已知半径为 R 的圆弧连接两已知线段的作图方法和步骤。

表 1－4　圆弧连接作图举例

连接要求	作图方法和步骤		
	求圆心 O	求切点 K_1、K_2	画连接圆弧
连接两相交直线	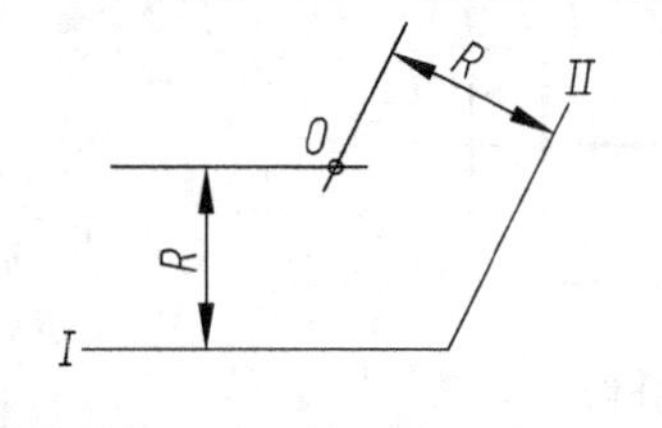	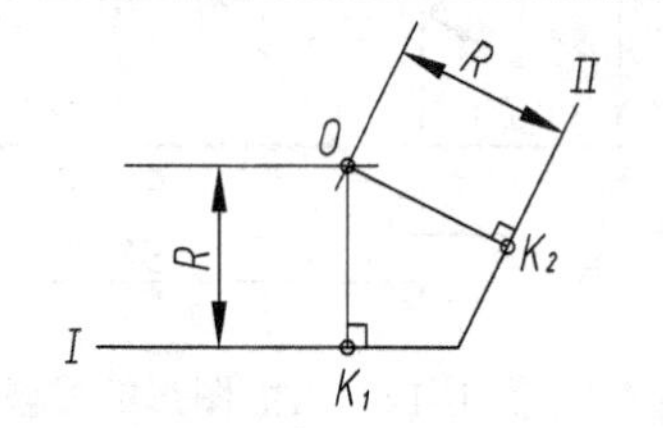	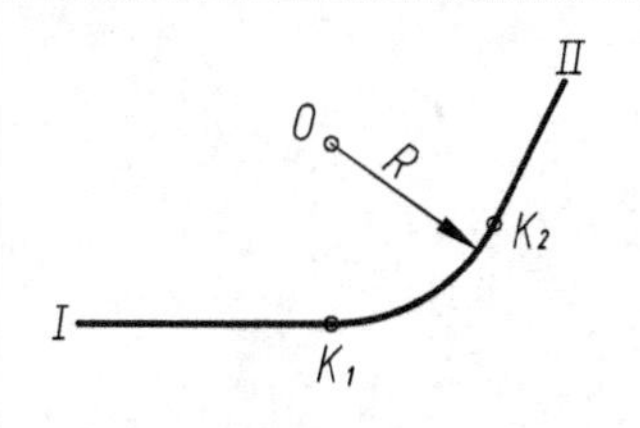
连接一直线和一圆弧	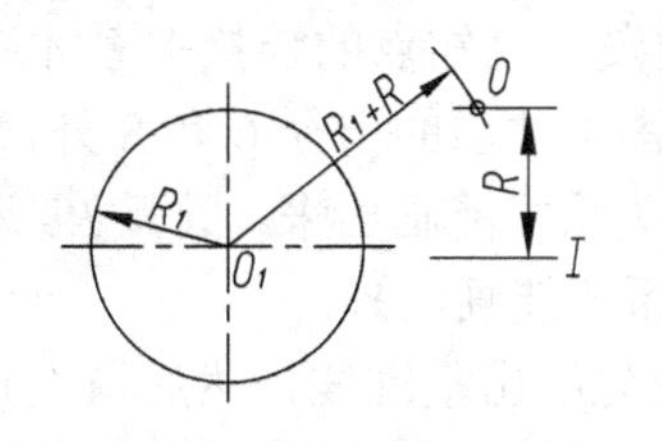	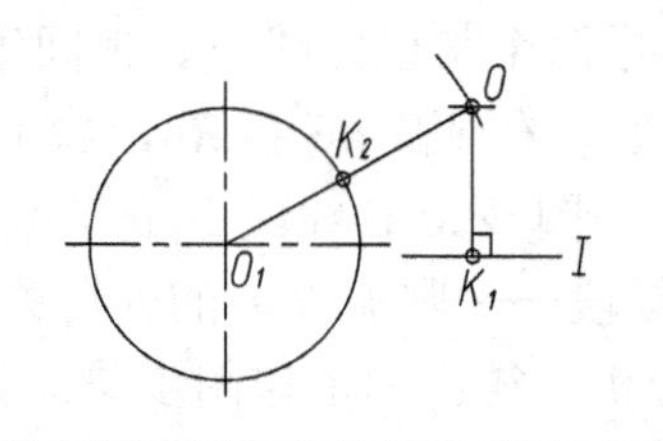	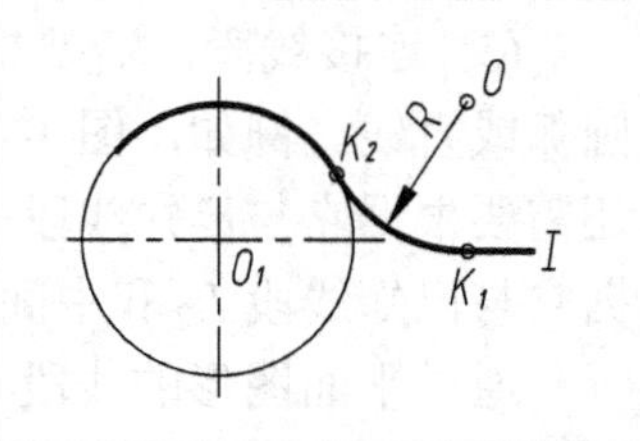
外接两圆弧	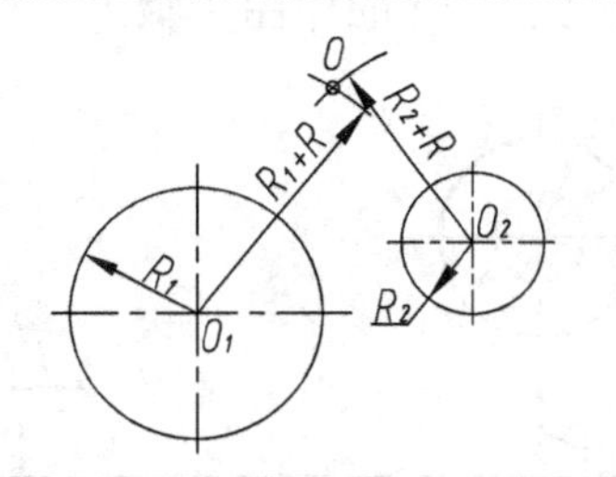	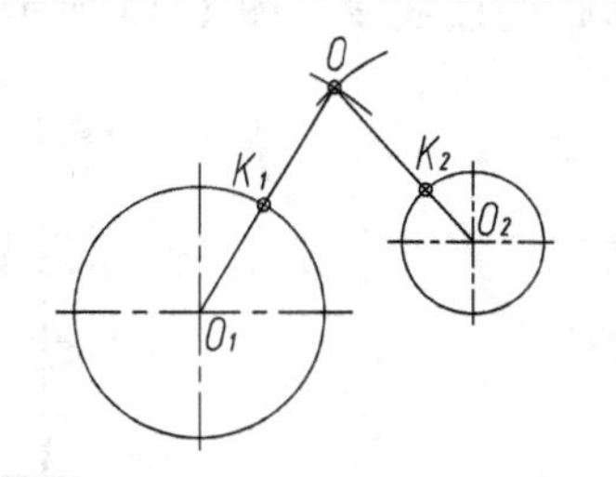	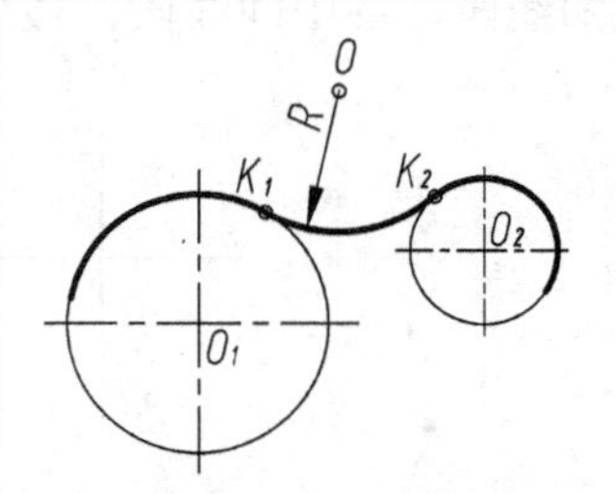
内接两圆弧	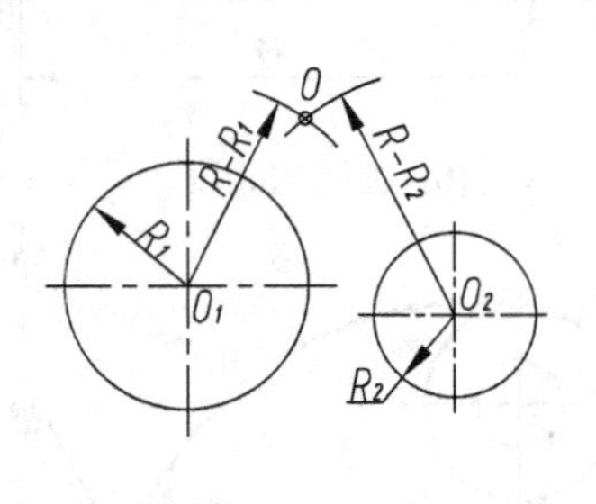	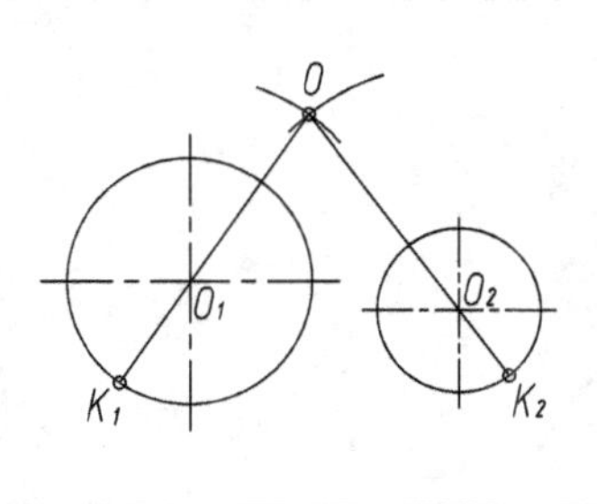	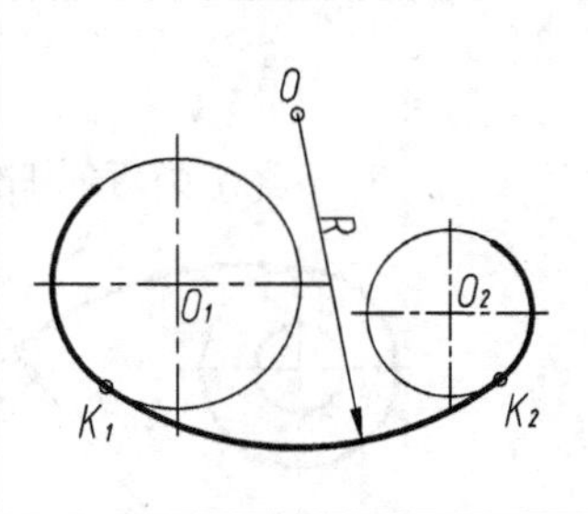

1.2.4　平面图形的线段分析与作图步骤

一个平面图形由一个或几个封闭图形组成，有的封闭图形由若干相切或相交的线段组成。要正确绘制平面图形，必须掌握平面图形的线段分析。

根据平面图形中所标注的尺寸和线段间的连接关系，图形中的线段分为以下三种：

(1) 已知线段：根据所标注的尺寸，就能直接画出的圆、圆弧或直线。例如，图 1–12 中的圆 $\phi 9$、$\phi 20$，线段 AB、BC、L_1 和 L_2，均为已知线段。

(2) 中间线段：除图形中注出的尺寸外，还需要根据一个与已知线段或已知点的连接关系才能画出的圆弧或直线。例如，图 1–12 中的圆弧 $R38$，除了图中注出的半径 38 和圆

心与点 A 的距离 5 外，还需要根据它与已知线段——圆 $\phi20$ 的内切关系才能画出来。

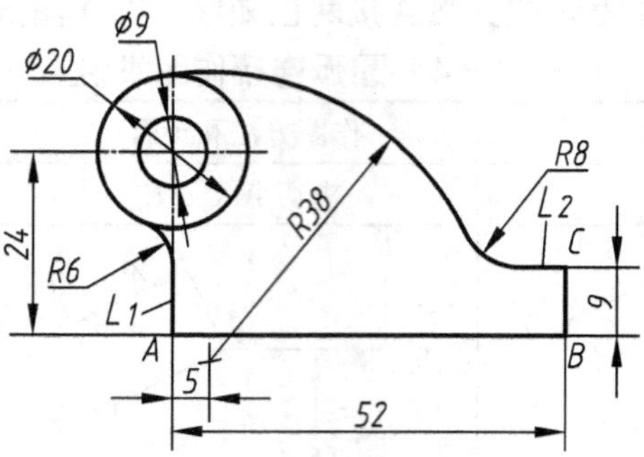

图 1–12　平面图形的线段分析

(3) 连接线段：需要根据两个与已知线段、中间线段、已知点的连接关系才能画出的圆弧或直线。例如，图 1–12 中的圆弧 $R6$ 和 $R8$，除了图中注出的半径 6 和 8 外，圆弧 $R6$ 还需要根据它与已知线段——圆 $\phi20$ 和线段 L_1 的外切关系才能画出来，圆弧 $R8$ 还需要根据它与已知线段 L_2 和中间线段——圆弧 $R38$ 的外切关系才能画出来。

通过平面图形的线段分析，得出如下作图步骤：首先画出基准线，然后依次画出各已知线段、各中间线段，最后画连接线段。图 1–13 所示为图 1–12 的作图步骤。

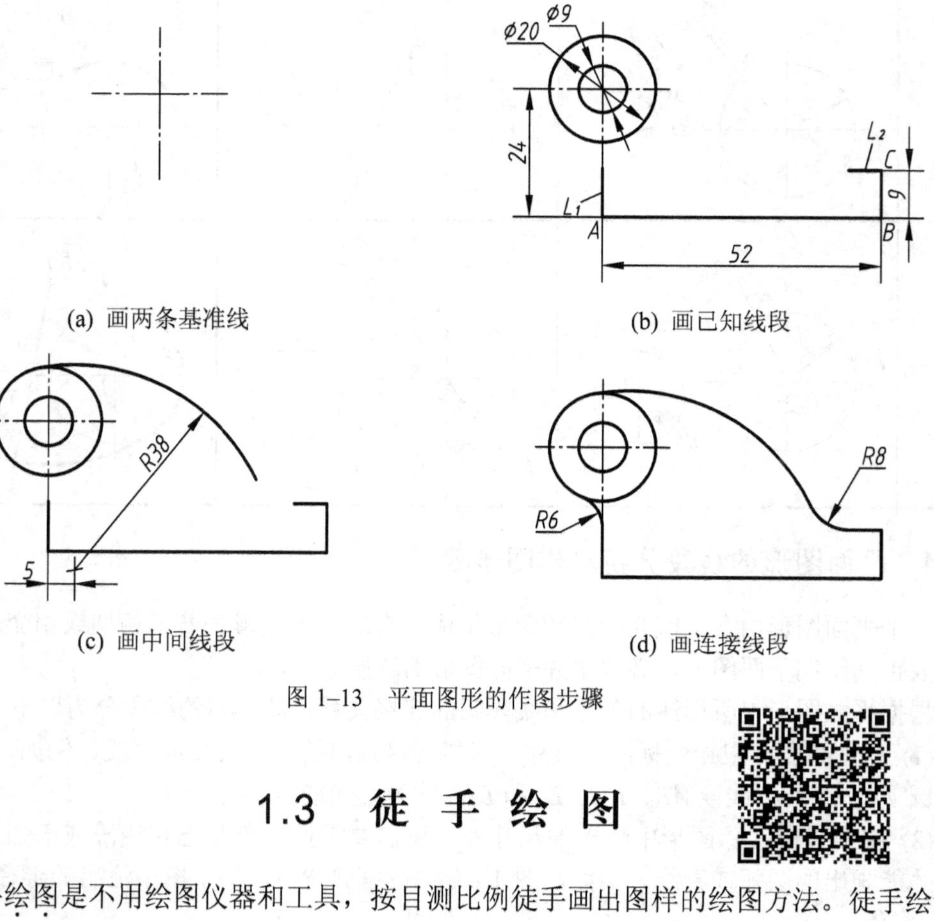

(a) 画两条基准线

(b) 画已知线段

(c) 画中间线段

(d) 画连接线段

图 1–13　平面图形的作图步骤

1.3　徒 手 绘 图

徒手绘图是不用绘图仪器和工具，按目测比例徒手画出图样的绘图方法。徒手绘制的图样简称为草图。草图仍应基本上做到：图形正确，线型分明，比例匀称，字体工整，图面整洁。

徒手绘图一般选用 HB 或 B、2B 铅笔，可先在印有浅色方格的纸上进行练习，尽量使图形中的直线与分格线重合，这样不但容易画好图线，而且便于控制图形的大小和图形间的相互关系。

1. 握笔姿势

如图 1–14 所示，手握铅笔时，要轻松自如，且不要靠近笔尖。画水平线时，用手腕为支点自左向右画。画铅垂线时，手指与铅笔一起向下移动画出线条。画短线常用手腕运笔，画长线则以手臂动作画出。

(a) 画水平线和铅垂线　　(b) 画倾斜线

图 1–14　徒手画直线的姿势

2. 直线的画法

画直线时，眼睛看着图线的终点，而不是盯住铅笔尖。由左向右画水平线，由上向下画铅垂线。当直线较长时，可目测在直线中间定出几个点，然后分几段画出。

画 30°、45° 和 60° 的斜线，可如图 1–15 所示，按其近似正切值 3/5、1、5/3 作为直角三角形的斜边来画出。

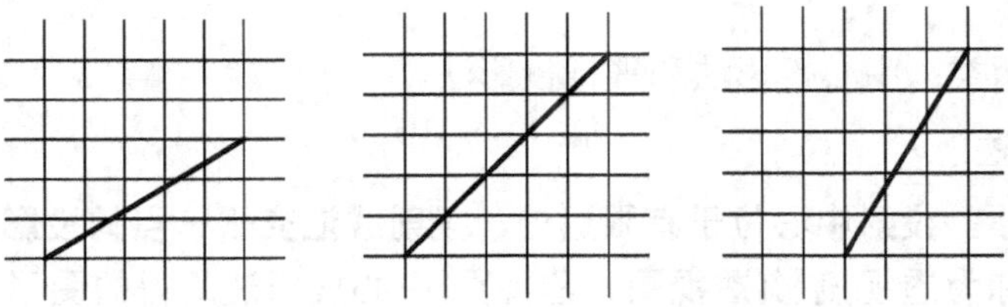

图 1–15　30°、45°和 60°斜线的画法

3. 圆的画法

如图 1–16 所示，画直径较小的圆时，可按半径在中心线上目测定出四点，然后分四段徒手连成圆。画直径较大的圆时，除以上四点外，过圆心画两条与水平线成 45°的直线，再取四点，分八段徒手连成圆。

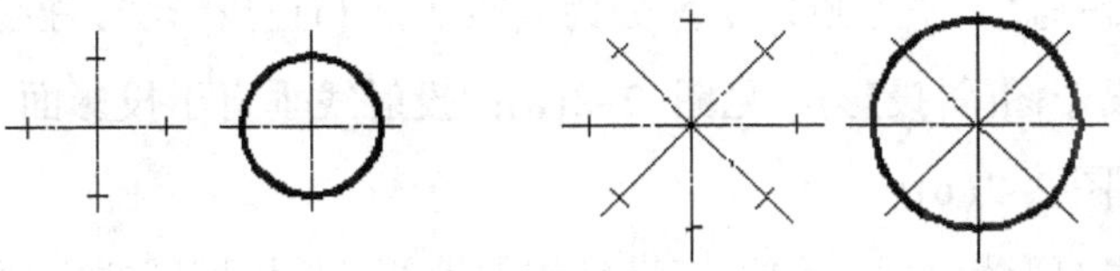

(a) 画较小的圆　　(b) 画较大的圆

本章习题集答案

图 1–16　圆的画法

第 2 章　点、直线、平面的投影

2.1　投　影　法

2.1.1　投影法的基本知识①

投射线通过物体，向选定的面投射，并在该面上得到图形的方法称为投影法。所有投射线的起源点，称为投射中心；发自投射中心且通过物体上各点的直线，称为投射线；得到投影的面，称为投影面；由投影法所得到的图形，称为投影或投影图。

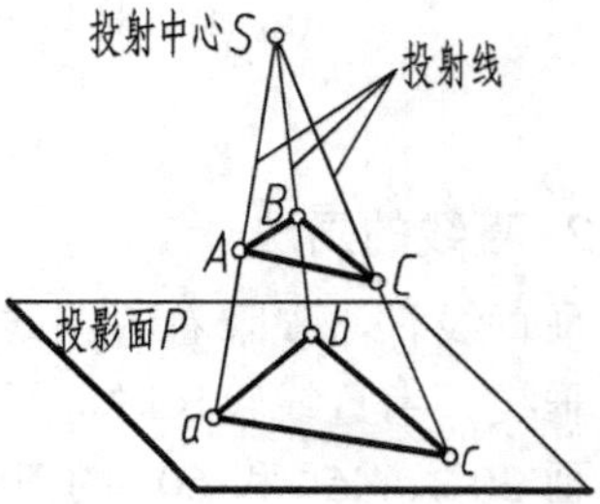

图 2–1　中心投影法

如图 2–1 所示，点 *S* 为投射中心，直线 *SA*、*SB*、*SC* 为投射线，平面 *P* 为投影面，*SA*、*SB*、*SC* 与 *P* 的交点 *a*、*b*、*c* 为 *A*、*B*、*C* 的投影，△*abc* 为△*ABC* 在投影面上的投影。

投影法分为两类：中心投影法和平行投影法。

1. 中心投影法

如图 2–1 所示，**投射中心位于有限远处，投射线汇交于一点的投影法，称为中心投影法，所得的投影称为透视投影(透视图、透视)**。中心投影法所得的图形大小随着投影面、物体和投射中心三者之间不同位置而变化。它立体感强，但不能真实反映物体的形状和大小，作图复杂。工程上常用这种方法绘制建筑物的透视图，机械图样很少采用。

2. 平行投影法

如图 2–2 所示，**投射中心位于无限远处，投射线相互平行的投影法，称为平行投影法，所得的投影称为平行投影**。

按投射线与投影面是否垂直，平行投影法又分为斜投影法和正投影法。投射线倾斜于投影面，所得投影称为斜投影图(斜投影)，见图 2–2(a)；投射线垂直于投影面，所得投影称为正投影图(正投影)，见图 2–2(b)。

正投影能准确反映物体的形状大小，便于度量且作图简便，故机械图样主要用正投影。

① 摘自 GB/T16948—1997《技术产品文件　词汇　投影法术语》和 GB/T14692—2008《技术制图　投影法》。

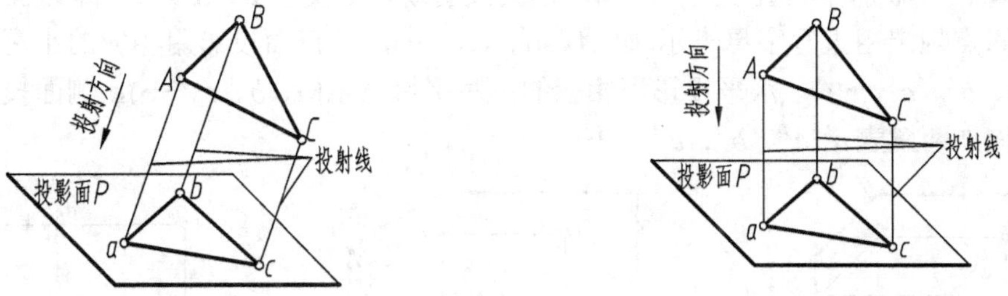

(a) 斜投影　　(b) 正投影

图 2–2　平行投影法

2.1.2　正投影的基本特性

正投影图具有**真实性**、**积聚性**和**类似性**等基本特性。

1. 真实性

当直线(或平面)平行于投影面时，其投影反映实长(或实形)，这种投影性质称为真实性，见图 2–3(a)。

2. 积聚性

当直线(或平面)垂直于投影面时，其投影积聚成一点(或一线)，这种投影性质称为积聚性，见图 2–3(b)。

3. 类似性

当直线(或平面)倾斜于投影面时，其投影变短(或变形缩小)，这种投影性质称为类似性，见图 2–3(c)。

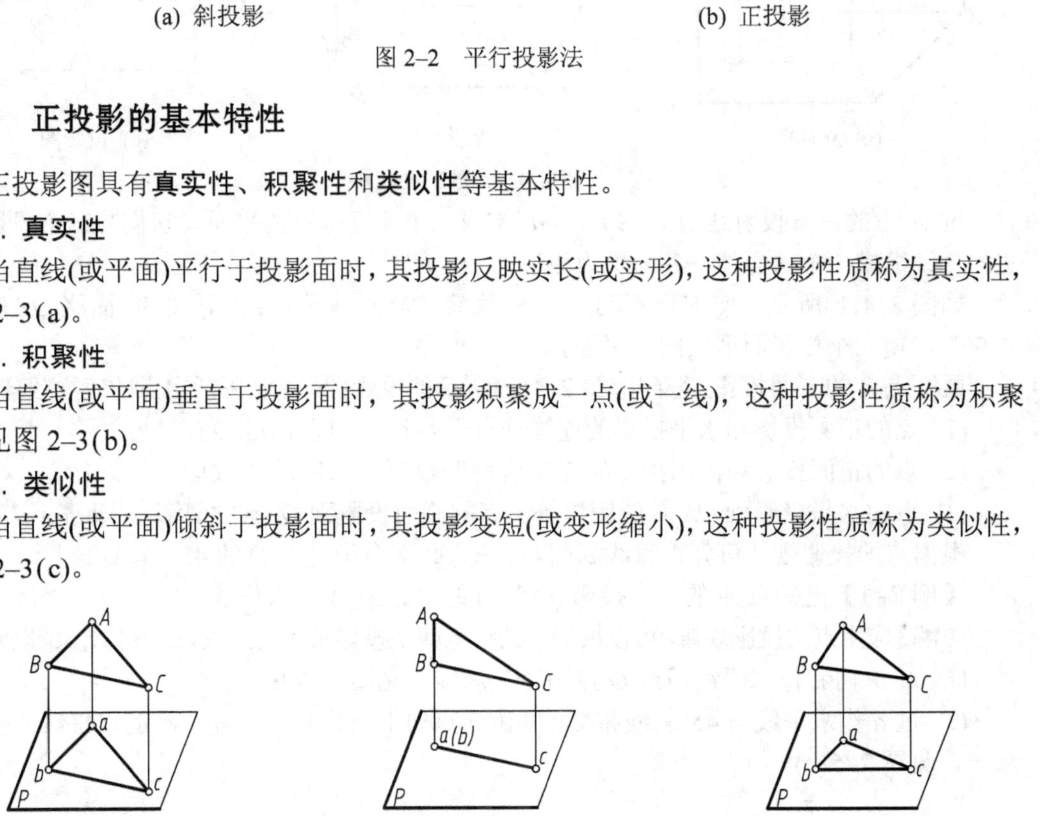

(a) 真实性　　(b) 积聚性　　(c) 类似性

图 2–3　正投影特性

2.2　点 的 投 影

2.2.1　点的三面投影及投影规律

如图 2–4(a)所示，设立两两互相垂直的正立投影面(简称正面或 *V* 面)、水平投影面(简称水平面或 *H* 面)和侧立投影面(简称侧面或 *W* 面)，组成三投影面体系。相互垂直的投影面的交线称为投影轴：*V* 面与 *H* 面的交线为投影轴 *OX*，*H* 面与 *W* 面的交线为投影轴 *OY*，*V* 面与 *W* 面的交线为投影轴 *OZ*。

由空间点 A 分别作垂直于 V、H、W 面的投射线，其交点 a、a'、a'' 即为 A 点的三面投影。空间点规定用大写字母表示(如 A、B、C、…)，其正面投影用相应的小写字母加一撇表示(a'、b'、c'、…)，水平投影用相应的小写字母表示(a、b、c、…)，侧面投影用相应的小写字母加两撇表示(a''、b''、c''、 …)。

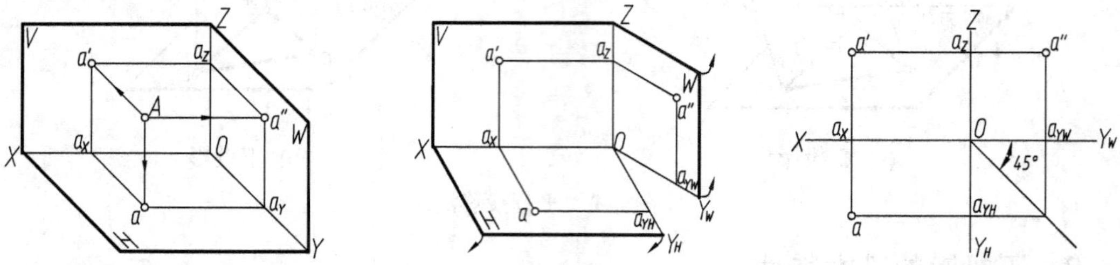

(a) 立体图　　(b) 投影面展开　　(c) 投影图

图 2–4　点的三面投影

过 A 点的三条投射线 Aa、Aa'、Aa'' 构成三个相互垂直的平面，它们与三个投影面相交的交线组成一个六面体，各面均为矩形。

如图 2–4(b)所示，使 V 面不动，将 H 面绕 OX 轴向下转 90°，将 W 面绕 OZ 轴向右转 90°，使三个投影面展成同一平面。

展开点 A 的三面投影，得到如图 2–4(c)所示的投影图，由此概括出点的三面投影规律：

(1) 点的正面投影和水平投影的连线垂直于 OX 轴，即 $a'a \perp OX$。

(2) 点的正面投影和侧面投影的连线垂直于 OZ 轴，即 $a'a'' \perp OZ$。

(3) 点的水平投影到 OX 轴的距离等于点的侧面投影到 OZ 轴的距离，即 $aa_x=a''a_z$。

根据点的投影规律可知：直线 aa_{yh} 与 $a''a_{yw}$ 必交会于过点 O 的 45° 辅助线上。

【例 2–1】已知点 A 的两个投影 a 和 a'(见图 2–5(a))，求作 a''。

【解】应用点的投影规律，可以根据点的任意两个投影求出第三投影。具体作图步骤如下：

(1) 过 a' 向右作水平线，过 O 点画 45° 斜线，见图 2–5(b)；

(2) 过 a 作水平线与 45°斜线相交，并由交点向上引铅垂线，与过 a' 的水平线的交点即为 a''，见图 2–5(c)。

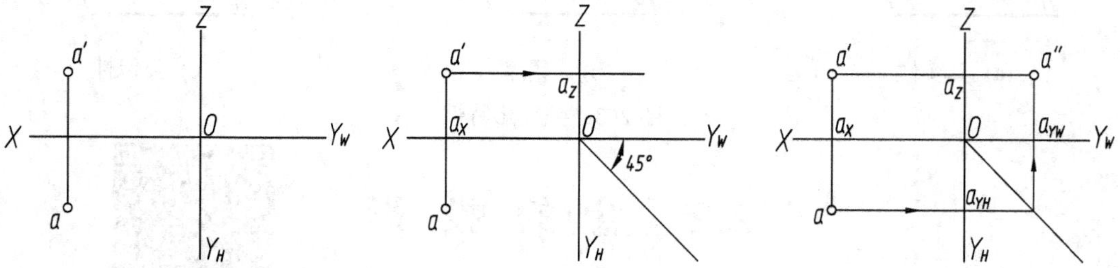

(a) 已知条件　　(b) 步骤 1　　(c) 步骤 2

图 2–5　根据点的两投影求第三投影

2.2.2　点的空间位置和直角坐标

1. 点的投影与坐标

若把三投影面体系看作直角坐标系，则投影面、投影轴和投影原点分别为坐标面、坐标轴和坐标原点。空间点 A 到三个投影面的距离便可分别用它的直角坐标 x_A、y_A、z_A 表示，见图 2–6。点的坐标书写形式为：$A(x_A, y_A, z_A)$，如 $A(30, 20, 10)$。

点的投影可由坐标确定：a' 由 x_A、z_A 确定；a 由 x_A、y_A 确定；a'' 由 y_A、z_A 确定。

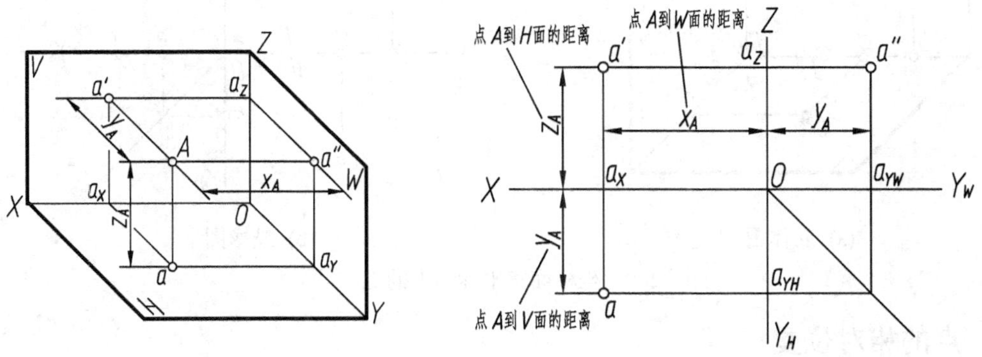

(a) 立体图　　(b) 投影图

图 2–6　点的坐标及投影图

【例 2–2】 已知点 $A(17, 10, 15)$，试作其三面投影图。

【解】 根据点的坐标与投影之间的对应关系可以作出点的三面投影，具体作图步骤如下：

(1) 作投影轴，在 OX 轴上量取 $oa_X = 17$，见图 2–7(a)；

(2) 过 a_X 作 OX 垂线，量取 $aa_X = 10$，$a'a_X = 15$，得 a、a'，见图 2–7(b)；

(3) 由 a 和 a'，画投影连线得 a''，见图 2–7(c)。

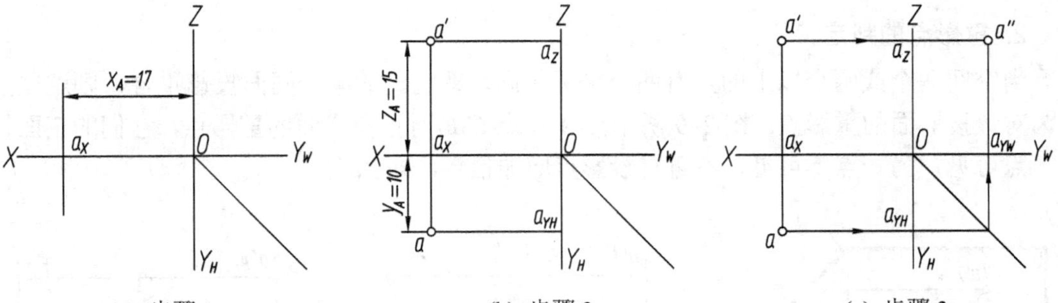

(a) 步骤 1　　(b) 步骤 2　　(c) 步骤 3

图 2–7　根据点的坐标作投影图

2. 投影面与投影轴上点的投影

图 2–8 是 V 面上的点 B、H 面上的点 C、OX 轴上的点 D 和 OY 轴上的点 E 的立体图和投影图。从图中可以看出投影面和投影轴上的点的坐标和投影具有以下特性：

(1) 投影面上的点有一个坐标为零；在该投影面上的投影与该点重合，在相邻投影面上的投影分别在相应的投影轴上。值得注意的是，C 的侧面投影 c'' 必须画在 W 面的 OY_W 轴上，而不能画在 H 面的 OY_H 轴上。

(2) 投影轴上的点有两个坐标为零；在包含这条投影轴的两个投影面上的投影都与该点重合，在另一投影面上的投影则与 O 点重合。值得注意的是，OY 轴上的点 E 的水平投影 e 应画在 H 面的 OY_H 上，而它的侧面投影 e'' 则应画在 W 面的 OY_W 轴上。

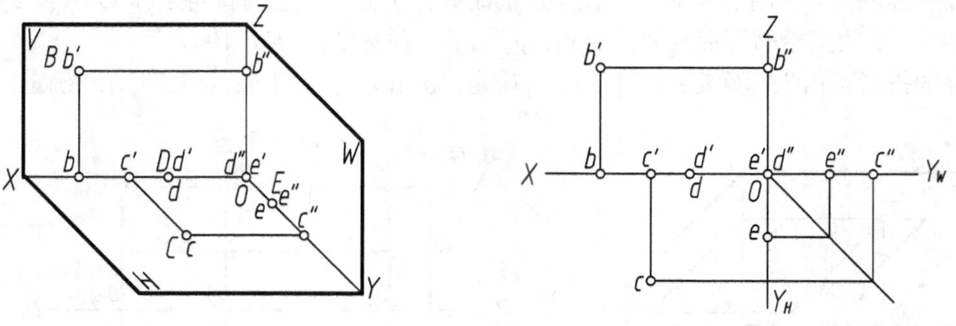

(a) 立体图　　(b) 投影图

图 2–8　坐标面和坐标轴上的点

2.2.3　点的相对位置

1. 两点相对位置的确定

根据两点的投影沿左右、前后、上下三个方向所反映的坐标差，即两点间的相对坐标，能确定两点的相对位置：左右关系由 *X* 坐标确定，*X* 坐标值大的点在左，值小的点在右；前后关系由 *Y* 坐标确定，*Y* 坐标值大的点在前，值小的点在后；上下关系由 *Z* 坐标确定，*Z* 坐标值大的点在上，值小的点在下。如图 2–9 所示，点 *B* 在点 *A* 之右、之后、之下。

注意：对水平投影而言，由 *OX* 轴向下是表示向前；对侧面投影而言，由 *OZ* 轴向右也表示向前。

2. 重影点的判定

当空间两个或两个以上的点有两个坐标相同，即它们的某一同面投影重合，则这些点称为对该投影面的重影点。图 2–9 所示点 *A* 和点 *C* 是对正投影面的重影点，它们的正面投影一点可见，另一点不可见，不可见投影点应加括号，即 (*a*′)。

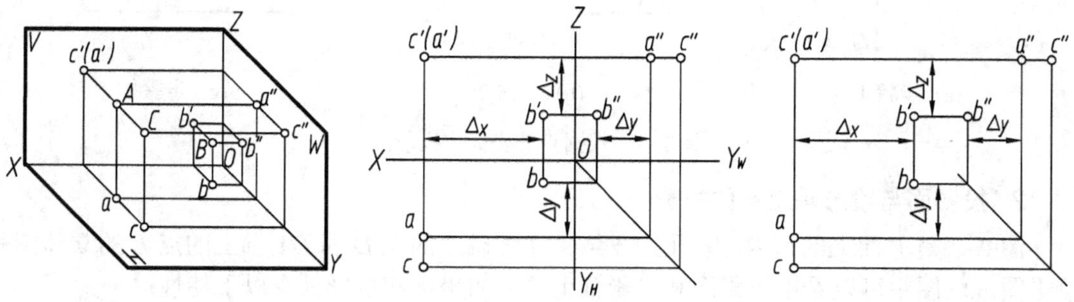

(a) 立体图　　(b) 投影图　　(c) 无轴投影图

图 2–9　两点的相对位置和重影点

3. 无轴投影图

点的投影既能反映点的坐标，也能反映两点的相对坐标，如图 2–9(b)中的 Δx，Δy，Δz 就是 *A*、*B* 两点的相对坐标。因此，如果知道点 *A* 的三个投影，又知道点 *B* 对点 *A* 的相对坐标，即使没有投影轴，也能确定点 *B* 的三个投影。

不画投影轴的投影图，称为无轴投影图，见图 2–9(c)。无轴投影图是根据相对坐标来绘制的。

【例 2–3】已知无轴投影图中点 A 的三个投影和点 B 的两个投影(见图 2–10(a))，求 b。

【解】根据点的投影规律，点 b 位于过 b' 的铅垂线上，再利用分规或 45° 线将侧面投影上 b'' 与 a'' 的 Δy 值转换到水平投影上。作图方法如下：

方法一(见图 2–10(b))：

(1) 过 a 和 a'' 分别引水平线和铅垂线，再过这两条线的交点画 45° 斜线。

(2) 过 b'' 向下画铅垂线与 45° 斜线相交，再过此交点向左引水平线，它与过 b' 的铅垂线的交点即为点 b。

方法二(见图 2–10(c))：

过 b' 向下引铅垂线，用分规将侧面投影上的 Δy 值转换到水平投影上，得到点 b。

注意：转换 Δy 时，b 对 a 与 b'' 对 a'' 应保持前后关系上的相互对应。

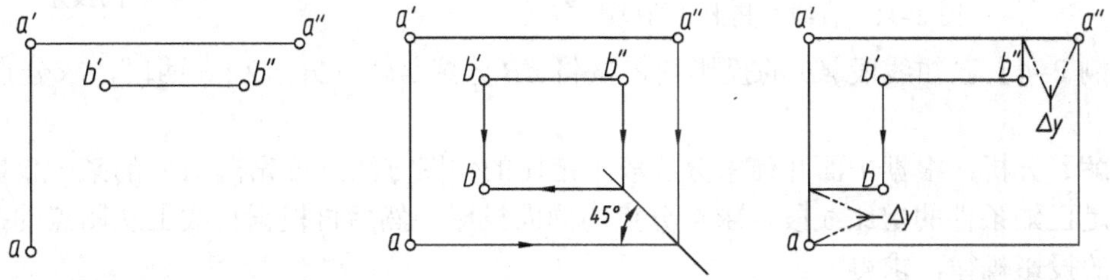

(a) 已知条件　(b) 方法一　(c) 方法二

图 2–10　在无轴投影图上求点的第三投影的作图方法

2.3　直线的投影

2.3.1　直线及直线上点的投影

1. 直线的投影

两点可以确定一条直线。直线的投影一般仍为直线，特殊情况下积聚为点。因此，求作直线的投影，实际上就是求作直线两端点的投影，然后连接两端点的同面投影，即为直线的投影。

如图 2–11 所示，求作直线 AB 的三面投影时，首先作出 A、B 两点的三面投影 a、a'、a'' 及 b、b'、b''，然后连接 a、b，即可得到 AB 的水平投影 ab；同理可求得 $a'b'$ 和 $a''b''$。作图时直线及其投影要用粗线表示，以区别于投影连线和辅助线等。

2. 直线上的点的投影

由正投影法的投影特性可知，直线与直线上点的关系应满足以下两点(见图 2–11)：

(1) 从属性：点在直线上，点的投影必在直线的同面投影上，反之亦然。如果点的投影不都在直线的同面投影上，则点一定不在直线上。即：

如果 $K \in AB$，则 $k \in ab$ 且 $k' \in a'b'$、$k'' \in a''b''$；

如果 $k \in ab$ 且 $k' \in a'b'$、$k'' \in a''b''$，则 $K \in AB$。

(2) 定比性：直线上的点分线段之比在投影图上保持不变，即：

$$AK:KB = ak:kb = a'k':k'b' = a''k'':k''b''。$$

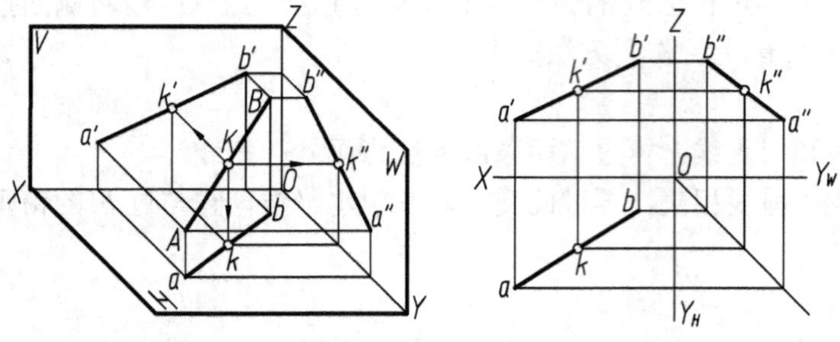

(a) 立体图　　(b) 投影图

图 2–11　直线及其上点的投影

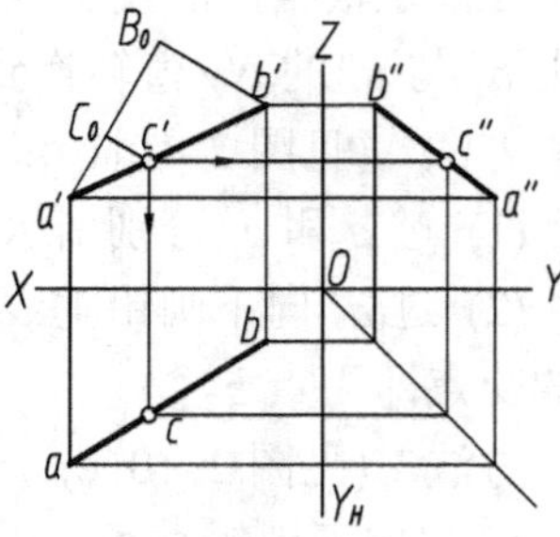

图 2–12　作分线段 *AB* 为 2 : 3 的分点 *C* 的投影

【例 2–4】已知线段 *AB* 的投影图，试将 *AB* 分成 *AC* : *CB* = 2 : 3 两段，求分点 *C* 的投影。

【解】分析：根据平面几何中分线段为定比的作图方法，可先在 *AB* 的某一投影上，作出满足已知条件的定比线段，求得分点的同面投影，然后再根据直线上从属点的投影特性和点的投影规律，求得 *C*。

作图：如图 2–12 所示，先过 a' 作任意直线，在其上量取 5 个单位长度的线段 $a'B_0$，在 $a'B_0$ 上取 C_0，使 $a'C_0 : C_0B_0 = 2 : 3$，连接 B_0b'，作 $C_0c' \parallel B_0b'$ 得 c'，再求得 c、c''。

2.3.2　直线对投影面的各种相对位置

直线在三投影面体系中有三种位置：一般位置直线、投影面平行线和投影面垂直线。后两种又可再各分三种，统称为特殊位置直线。

直线与它的水平投影、正面投影、侧面投影的夹角，分别称为该直线对投影面 *H*、*V*、*W* 的倾角 α、β、γ，见图 2–13(a)。

直线
- 一般位置直线：对 *V*、*H*、*W* 面都倾斜
- 投影面平行线（只平行于一个投影面）
  - 正平线：// *V* 面，对 *H*、*W* 面都倾斜
  - 水平线：// *H* 面，对 *V*、*W* 面都倾斜
  - 侧平线：// *W* 面，对 *V*、*H* 面都倾斜
- 投影面垂直线（垂直于一个投影面，平行于另外两个投影面）
  - 正垂线：⊥ *V* 面，// *H* 面，// *W* 面
  - 铅垂线：⊥ *H* 面，// *V* 面，// *W* 面
  - 侧垂线：⊥ *W* 面，// *V* 面，// *H* 面

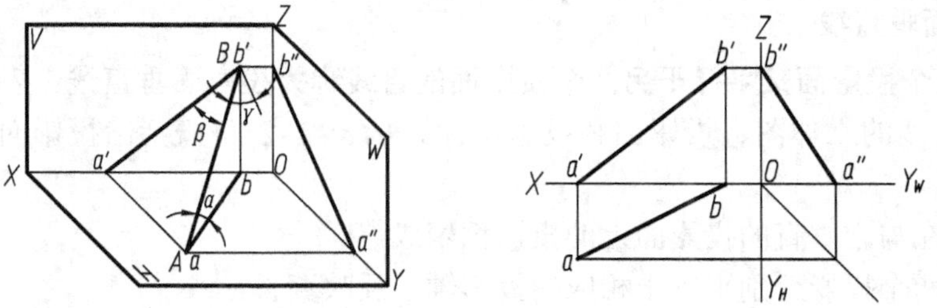

(a) 立体图　　(b) 投影图

图 2–13　一般位置直线

1. 一般位置直线

对三个投影面都倾斜的直线称为一般位置直线。如图 2–13 所示的 AB，它的三个投影均与投影轴倾斜，小于其真实长度，其中，$ab=AB\cos\alpha$，$a'b'=AB\cos\beta$，$a''b''=AB\cos\gamma$。由此可得一般位置直线的投影特性：三个投影均倾斜于投影轴；投影长度小于直线的实长；投影与投影轴的夹角不反映直线对投影面的倾角。

2. 投影面平行线

平行于一个投影面又倾斜于另两个投影面的直线称为投影面平行线。表 2–1 列出了三种投影面平行线的立体图、投影图和投影特性。从表 2–1 可概括出投影面平行线的投影特性：

(1) 线段在与它平行的投影面上的投影为反映真长的斜线段，与投影轴的夹角反映线段对另两个投影面的真实倾角。

(2) 其余两个投影分别平行于相应的投影轴，长度缩短。

表 2–1　投影面平行线的立体图、投影图和投影特性

名称	正平线 (// V 面，对 H、W 面倾斜)	水平线 (// H 面，对 V、W 面倾斜)	侧平线 (// W 面，对 V、H 面倾斜)
立体图	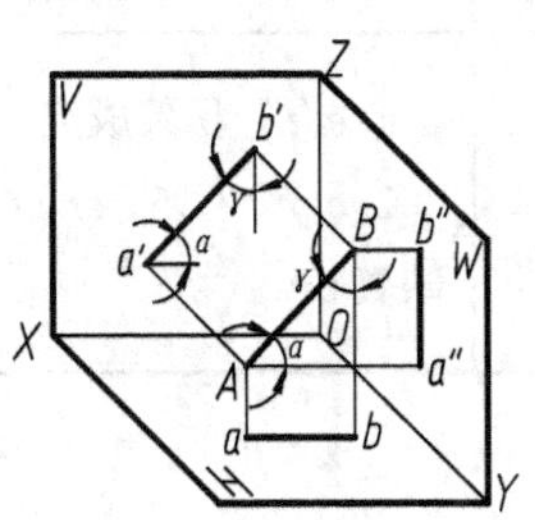	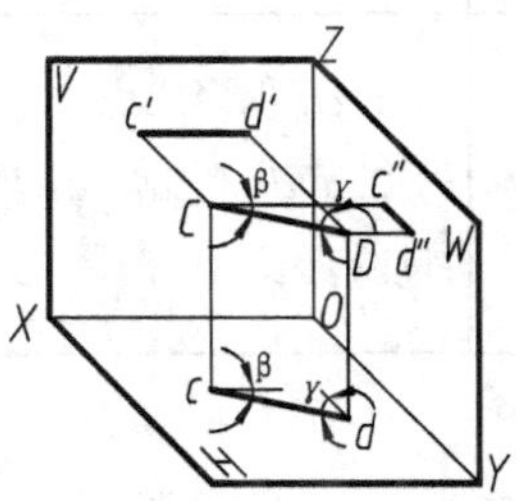	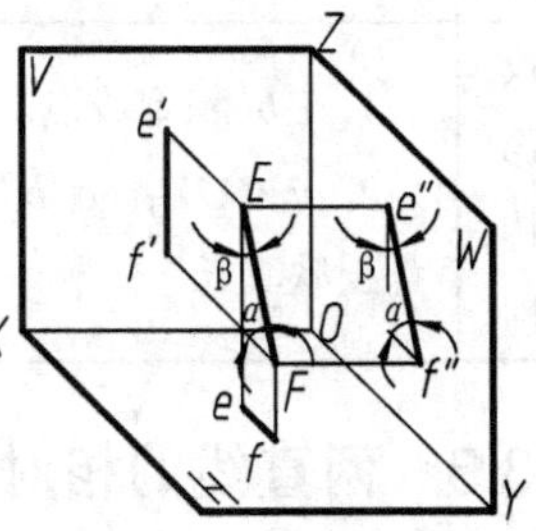
投影图	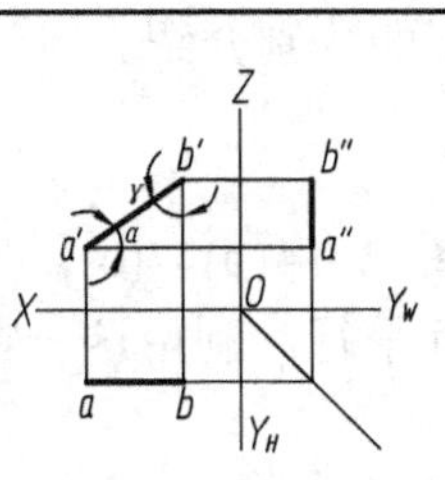	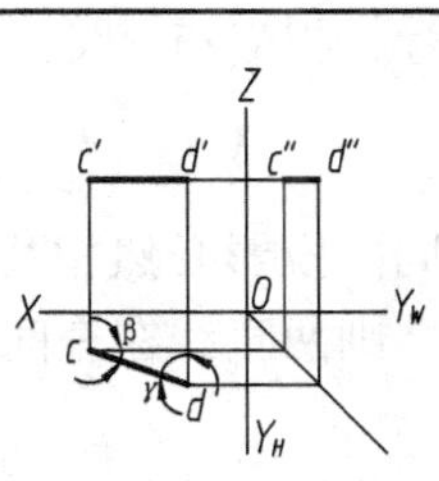	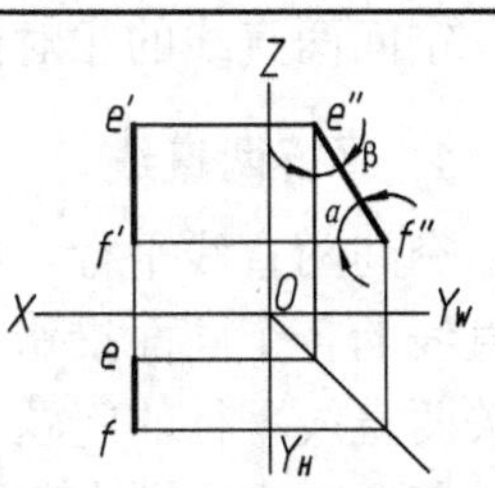
投影特性	1. $a'b'$ 反映真长和真实倾角 α、γ 2. ab // OX，$a''b''$ // OZ，长度缩短	1. cd 反映真长和真实倾角 β、γ。 2. $c'd'$ // OX，$c''d''$ // OY_W，长度缩短	1. $e''f''$ 反映真长和真实倾角 α、β 2. $e'f'$ // OZ，ef // OY_H，长度缩短

3. 投影面垂直线

垂直于一个投影面又平行于另两个投影面的直线称为投影面垂直线。表 2–2 列出了三种投影面垂直线的立体图、投影图和投影特性。从表 2–2 可概括出投影面垂直线的投影特性：

(1) 线段在与它垂直的投影面上的投影积聚成点。

(2) 其余两个投影分别平行于相应的投影轴，反映真长。

表 2–2　投影面垂直线的立体图、投影图和投影特性

名称	正垂线 (⊥*V* 面，// *H* 面、// *W* 面)	铅垂线 (⊥*H* 面，// *V* 面、// *W* 面)	侧垂线 (⊥*W* 面，// *V* 面、// *H* 面)
立体图	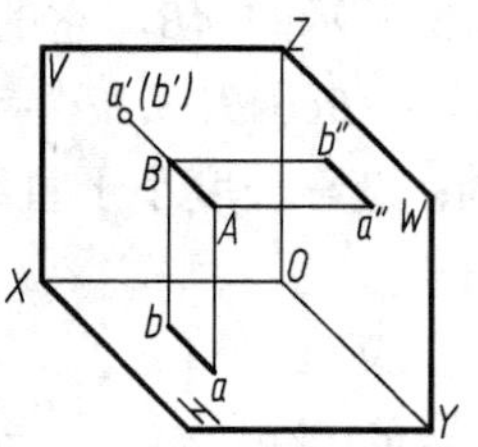	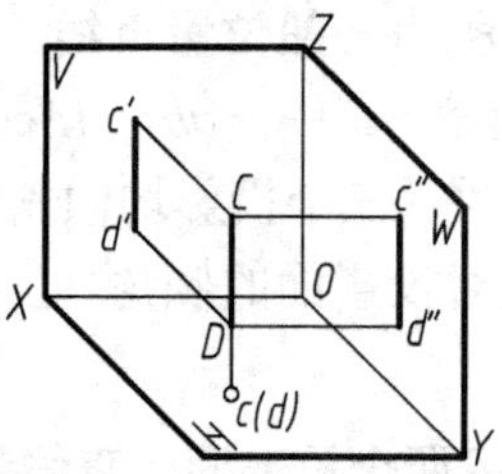	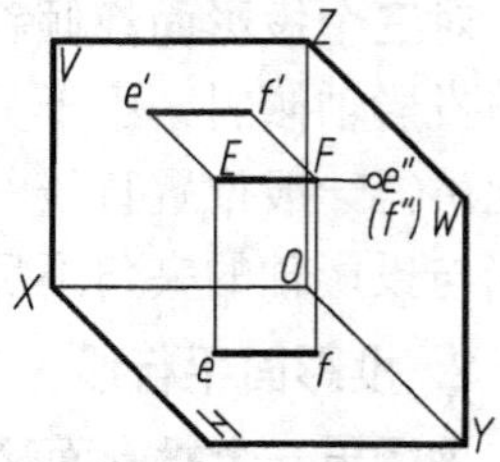
投影图	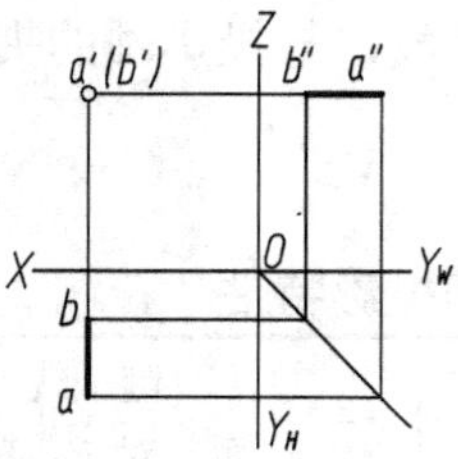	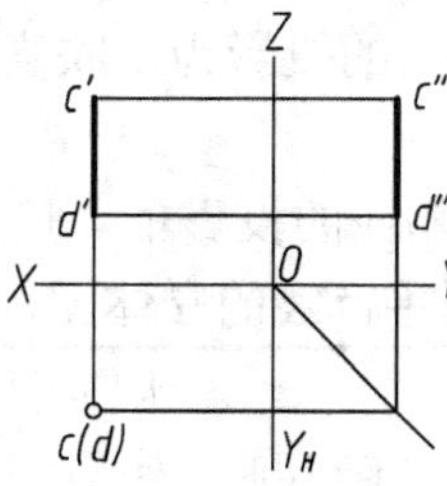	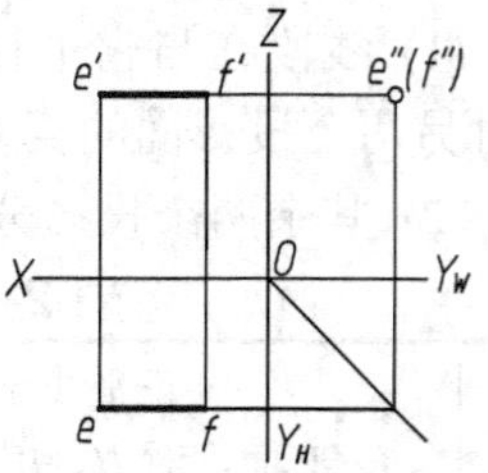
投影特性	1. $a'b'$ 积聚成点。 2. $ab \parallel OY_H$，$a''b'' \parallel OY_W$，都反映真长	1. cd 积聚成点。 2. $c'd' \parallel OZ$，$c''d'' \parallel OZ$，都反映真长	1. $e''f''$ 积聚成点。 2. $e'f' \parallel OX$，$ef \parallel OX$，都反映真长

2.3.3　两直线的相对位置

空间两直线的相对位置有平行、相交和交叉三种情况，下面分别介绍。

1. 平行两直线

空间两直线平行，则它们的同面投影必然相互平行，见图 2–14(a)、(b)；反之，如果两直线的各个同面投影相互平行，则两直线在空间也一定相互平行。利用这一特性可解决有关两直线平行的问题。

若要在投影图上判断两条一般位置直线是否平行，只要看它们的两个同面投影是否平行即可。但对于投影面的平行线，通常根据其三面投影(或其他的方法)来判别。如图 2–14(c)所示，*EF*、*GH* 为侧平线，虽然 $ef \parallel gh$、$e'f' \parallel g'h'$，但 $e''f''$ 不平行于 $g''h''$，故直线 *EF* 不平行于直线 *GH*。

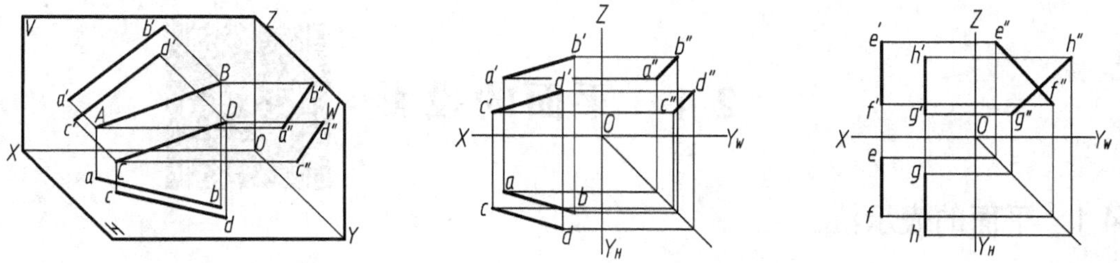

(a) 平行两直线立体图　　(b) 平行两直线投影图　　(c)

图 2–14　两直线平行的判断

2. 相交两直线

当两直线相交时，它们在各个投影面上的同面投影也必然相交，并且交点符合点的投影规律。如图 2–15 所示，点 K 是 AB 与 CD 的交点，则 ab 交 cd 于点 k，$a'b'$交 $c'd'$于点 k'， $a''b''$交 $c''d''$于点 k''，且 k、k'、k''符合一点的三面投影特性。利用这一特性可解决有关两直线相交的问题。

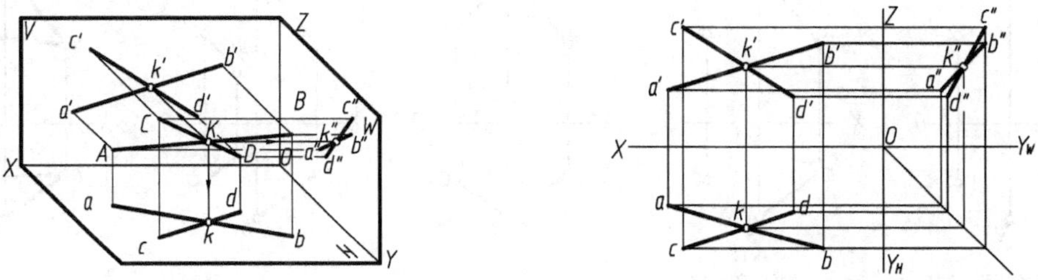

(a) 立体图　　(b) 投影图

图 2–15　相交两直线

3. 交叉两直线

既不平行也不相交的空间两直线称为交叉直线。交叉直线的投影不具备平行或相交直线的投影特性。

两交叉直线在空间不相交，然而其同面投影可能相交，但交点不符合点的投影规律。这是由于两直线上点的同面投影重影所致。如图 2–16 所示，属于直线 AB 的点 M 与属于直线 CD 的点 N 为对 H 面的重影点，正面投影 m'比 n'高，所以从上往下观察时，点 M 是可见的，点 N 是不可见的；同理，K、L 为对 V 面的重影点，因其水平投影 k 比 l 靠前，所以从前向后观察时点 K 可见，点 L 不可见。

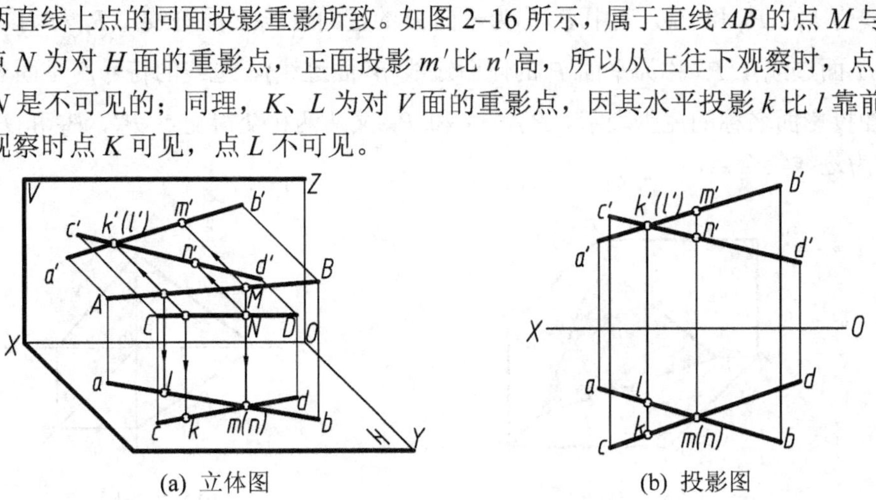

(a) 立体图　　(b) 投影图

图 2–16　交叉两直线

2.4　平面的投影

2.4.1　平面的表示法

1. 几何元素表示法

平面可用确定该平面的点、直线或平面图形等几何元素的投影来表示，见图 2–17。

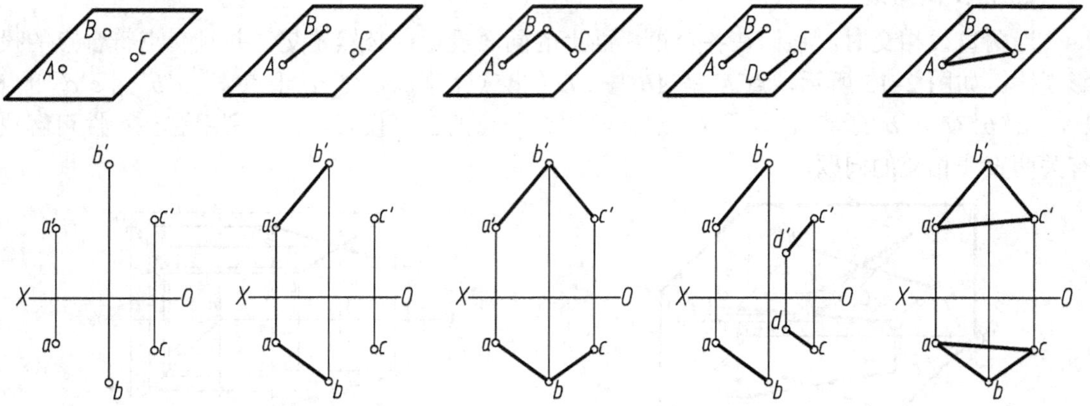

(a) 不在同一直线上的三点　(b) 直线和线外一点　(c) 相交两直线　(d) 平行两直线　(e) 任意平面图形

图 2–17　平面的表示法

2. 迹线表示法

为了使平面的空间位置比较明显和表示方便起见，也常用平面与投影面的交线，即迹线来表示平面。用迹线表示的平面称为迹线平面。图 2–18(a)中，一般位置平面 P 与投影面的交线为 P_V、P_H 和 P_W，其中 P_V 称为平面 P 的正面迹线(V 面迹线)，P_H 称为平面 P 的水平迹线(H 面迹线)，P_W 称为平面 P 的侧面迹线(W 面迹线)。迹线的符号用平面名称的大写字母附加投影面名称的注脚表示。P_H、P_V 和 P_W 又两两相交得交点 P_X、P_Y 和 P_Z，P_X、P_Y 和 P_Z 称为迹线集合点。

(a) 立体图　　(b) 投影图

图 2–18　平面的迹线表示法

因为迹线是空间平面与投影面的交线，所以它既是投影面内的一直线，也是某个平面内的一直线，例如，图 2–18(a)中的 P_H 既在 H 面内又在 P 平面内。由于迹线在投影面内，便有一个投影和它本身重合，另外两个投影则与相应的投影轴重合，例如，图 2–18(a)中的 P_H，其水平投影即与 P_H 重合，正面投影和侧面投影分别与 X 轴和 Y 轴重合。在投影图上，通常只将迹线与自身重合的那个投影画出，并用符号标记，凡和投影轴重合的，则省略标记，见图 2–18(b)。

为简便起见，凡用上述五组几何元素所表示的平面称为非迹线平面，凡用迹线表示的平面称为迹线平面。平面的迹线表示法和几何元素表示法的本质是一样的。实质上用迹线表示平面可以认为是用几何元素表示平面的特殊情况，是用在不同投影面上的相交直线表示的，如图 2–18(a)所示的平面 P 就是一个三边位于不同投影面上的三角形平面。

2.4.2　平面对投影面的各种相对位置

在三投影面体系中，平面和投影面的相对位置关系可以分为三种：**一般位置平面**、**投影面垂直面**和**投影面平行面**，后两种又可再各分三种，统称为特殊位置平面。

- 平面
  - 一般位置平面：对 V、H、W 面都倾斜
  - 投影面垂直面(只垂直于一个投影面)
    - **正垂面**：$\perp V$ 面，对 H、W 面都倾斜
    - **铅垂面**：$\perp H$ 面，对 V、W 面都倾斜
    - **侧垂面**：$\perp W$ 面，对 V、H 面都倾斜
  - 投影面平行面(平行于一个投影面，垂直于另外两个投影面)
    - **正平面**：$/\!/ V$ 面，$\perp H$ 面，$\perp W$ 面
    - **水平面**：$/\!/ H$ 面，$\perp V$ 面，$\perp W$ 面
    - **侧平面**：$/\!/ W$ 面，$\perp V$ 面，$\perp H$ 面

1. 一般位置平面

与三个投影面都倾斜的平面称为一般位置平面。它在三个投影面上的投影都不反映真形，而是小于原平面的类似形，如图 2–19 所示，三角形△SAB 对 H 面、V 面、W 面都倾斜，它的三个投影都不反映真形。

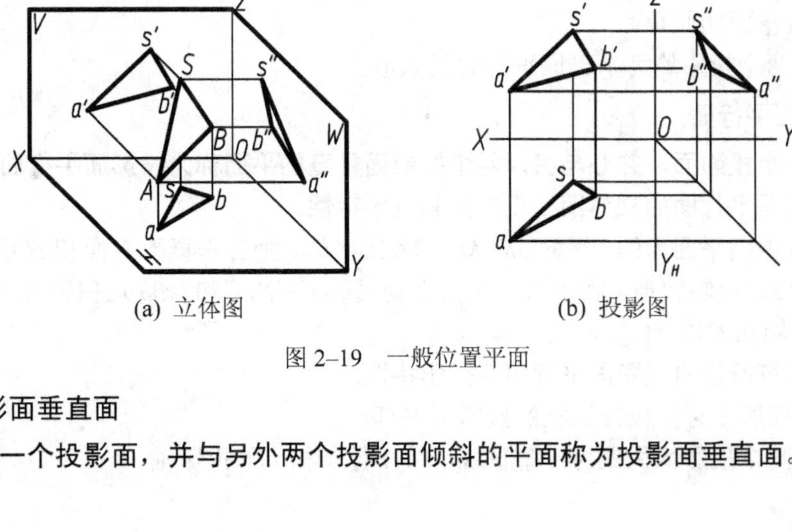

(a) 立体图　　　　　　　　　　　　(b) 投影图

图 2–19　一般位置平面

2. 投影面垂直面

垂直于一个投影面，并与另外两个投影面倾斜的平面称为投影面垂直面。表 2–3 列出

了三种投影面垂直面的立体图、投影图和投影特性。

表 2–3 投影面垂直面的立体图、投影图和投影特性

名称	正垂面 (⊥V面，对H、W面倾斜)	铅垂面 (⊥H面，对V、W面倾斜)	侧垂面 (⊥W面，对V、H面倾斜)
立体图	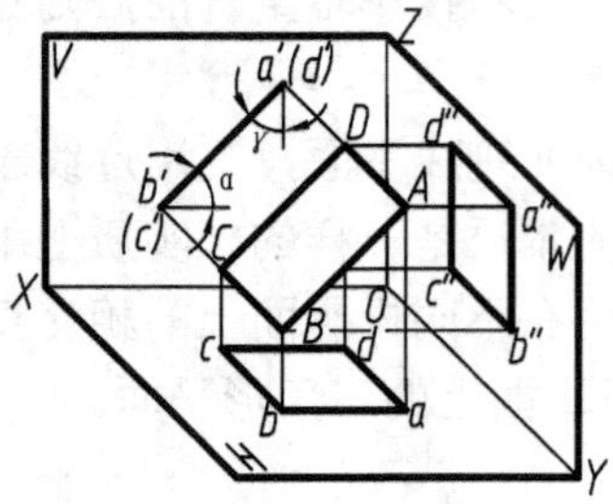	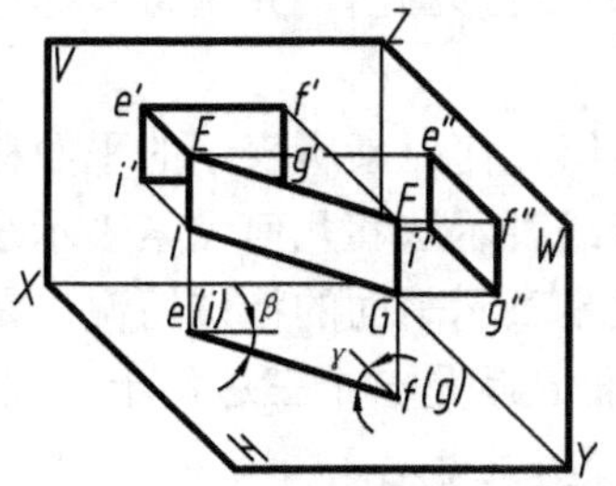	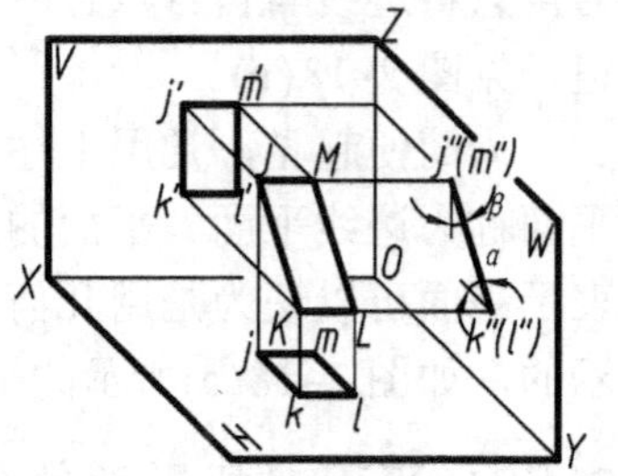
投影图	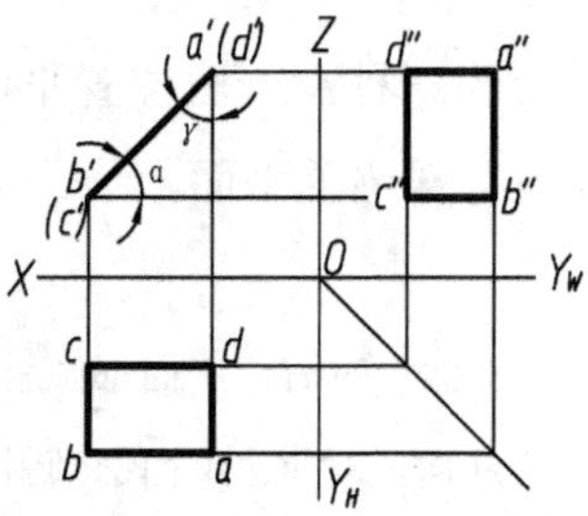	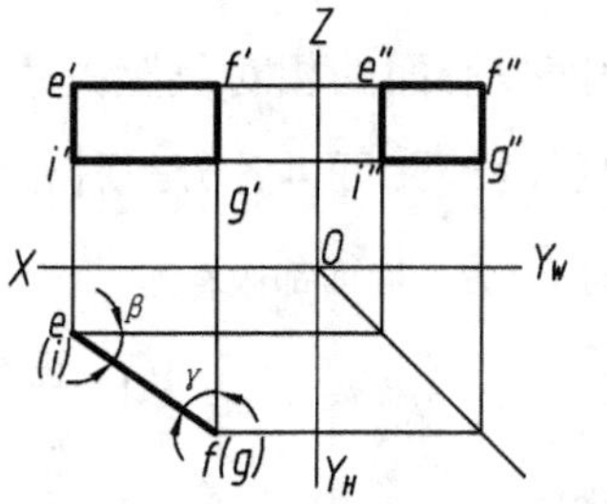	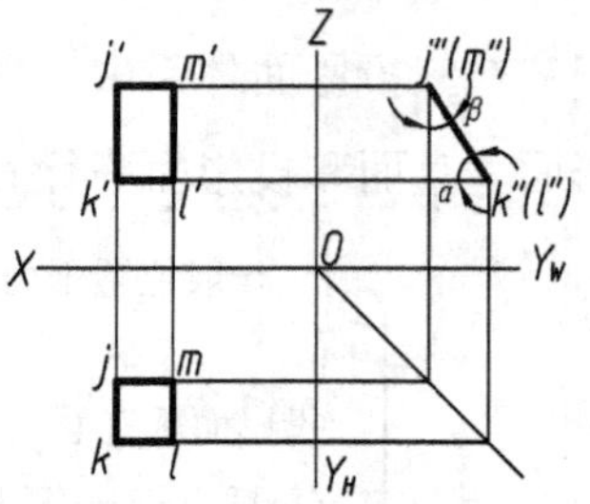
投影特性	1. 正面投影积聚成直线，并反映真实倾角 α、γ。 2. 水平投影和侧面投影仍为平面图形，面积缩小	1. 水平投影积聚成直线，并反映真实倾角 β、γ。 2. 正面投影和侧面投影仍为平面图形，面积缩小	1. 侧面投影积聚成直线，并反映真实倾角 α、β。 2. 正面投影和水平投影仍为平面图形，面积缩小

以表 2–3 中铅垂面为例。平面 $EFGI$ 垂直于 H 面，在 H 面投影积聚成一条直线，此直线与 OX 轴和 OY 轴夹角 β、γ 分别反映平面 $EFGI$ 对 V 面、W 面的倾角。在 V 面、W 面上的投影 $e'f'g'i'$ 和 $e''f''g''i''$ 均为小于平面 $EFGI$ 的类似形。

从表 2–3 可概括出投影面垂直面的投影特性：

(1) 平面在所垂直的投影面上的投影积聚为一条直线，它与投影轴的夹角分别反映平面对另两个投影面的倾角。

(2) 其余两个投影均为小于原平面的类似形。

3. 投影面平行面

平行于一个投影面，并必与另外两个投影面垂直的平面称为投影面平行面。表 2–4 列出了三种投影面平行面的立体图、投影图和投影特性。

以表 2–4 中侧平面为例。平面 $JKLM$ 平行于 W 面，则必垂直于 V 面和 H 面，所以在 W 面投影 $j''k''l''m''$ 反映实形，在 V 面、H 面上的投影 $j'k'l'm'$ 和 $jklm$ 均积聚成一线段，并分别平行于 OZ 轴和 OY_H 轴。

从表 2–4 可概括出投影面平行面的投影特性：

(1) 平面在所平行的投影面上的投影反映真形。

(2) 其余两个投影均积聚为一条直线，且平行于相应的投影轴。

表 2–4　投影面平行面的立体图、投影图和投影特性

名称	正平面 (//V 面，⊥H 面、⊥W 面)	水平面 (//H 面，⊥V 面、⊥W 面)	侧平面 (//W 面，⊥V 面、⊥H 面)
立体图	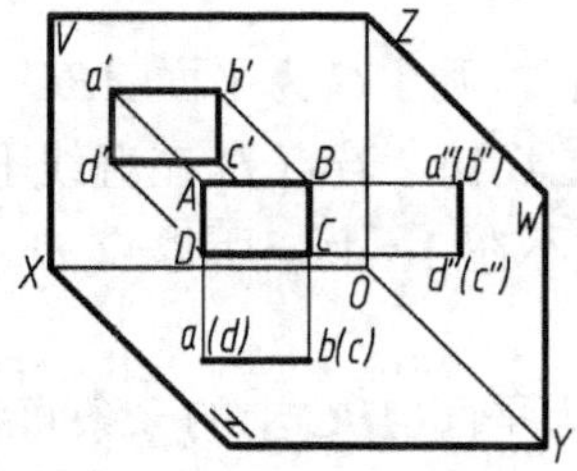	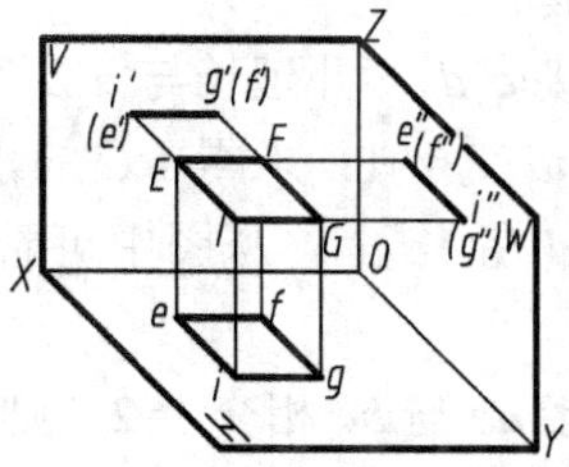	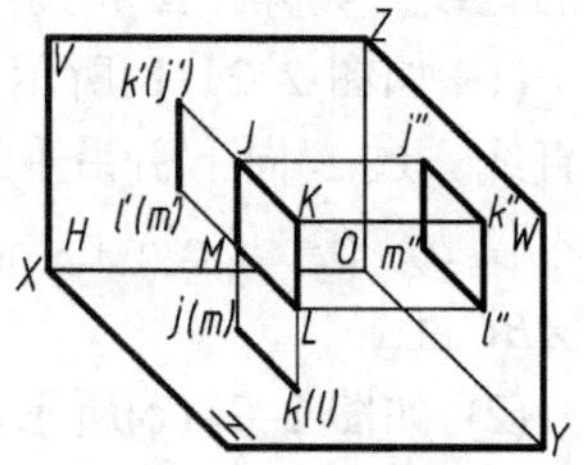
投影图	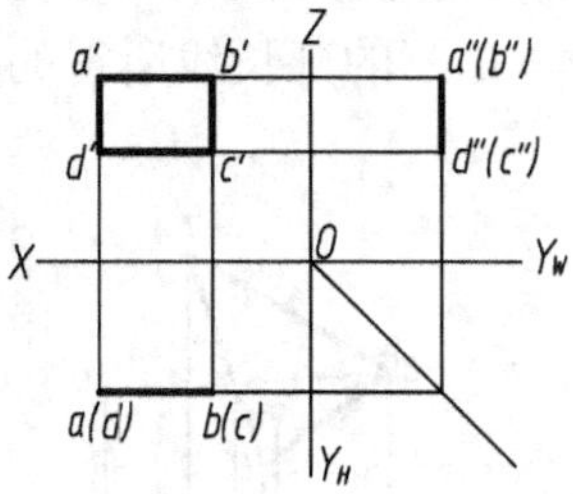	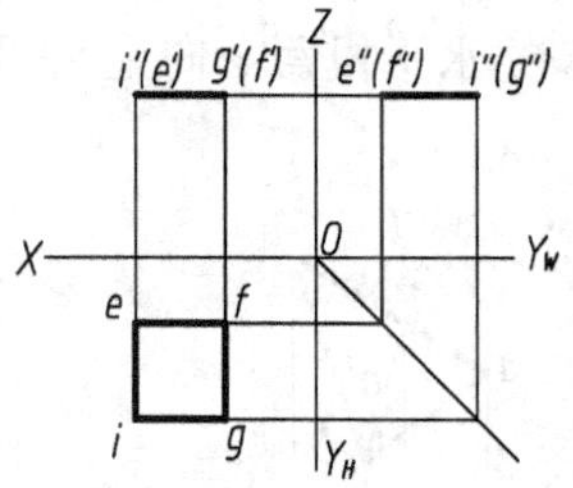	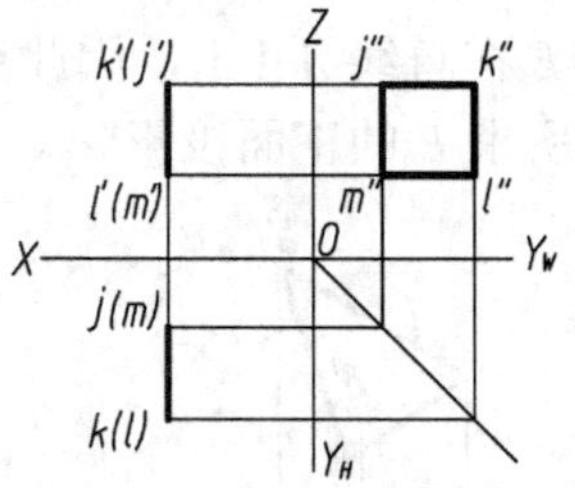
投影特性	1. 正面投影反映真形。 2. 水平投影积聚成线，且 // OX。 3. 侧面投影积聚成线，且 // OZ	1. 水平投影反映真形。 2. 正面投影积聚成线，且 // OX。 3. 侧面投影积聚成线，且 // OY_W	1. 侧面投影反映真形。 2. 正面投影积聚成线，且 // OZ。 3. 水平投影积聚成线，且 // OY_H

2.4.3　平面上的点和直线

点和直线在平面上的几何条件如下：

(1) 若点位于平面内的一条已知直线上，则此点必定在该平面上。

(2) 直线通过平面上的两已知点，则此直线必在该平面上。

(3) 直线过平面上的一已知点且与平面上一已知直线平行，则此直线必在该平面上。

图 2–20 是用上述条件在投影图中说明了点 M 和直线 MN 位于相交两直线 AB、BC 所确定的平面 ABC 上。

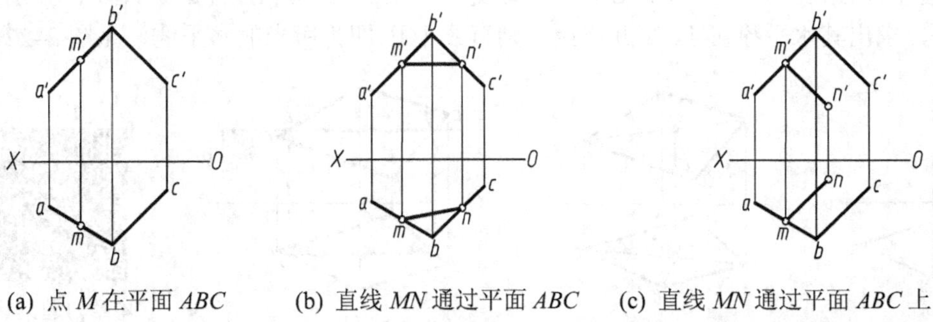

(a) 点 M 在平面 ABC 的直线 AB 上　(b) 直线 MN 通过平面 ABC 上的两个点 M、N　(c) 直线 MN 通过平面 ABC 上的点 M，且平行于平面 ABC 上的直线 BC

图 2–20　平面上的点和直线

【例 2–5】已知平面 ABC 和点 D 的 V、H 面投影以及平面 ABC 上一点 E 的水平投影 e(见图 2–21(a))，试判断点 D 是否在平面 ABC 上，并求点 E 的正面投影 e'。

【解】分析：判断一点是否在平面上，或在平面上取点，都必须在平面上取一包含该点的直线。具体作图和判断过程如下：

(1) 如图 2–21(b)所示，连接 $c'd'$，并延长与 $a'b'$ 交于 $1'$，则 ⅠC 为平面 ABC 上的一条直线。过 $1'$ 向下引铅垂线与 ab 交于 1，求得 ⅠC 的水平投影 $1c$。若点 D 在直线 ⅠC 上，则不仅 d' 在 $1'c'$ 上，而且 d 在 $1c$ 上。从图中可看出 d 不在 $1c$ 上，所以点 D 不在平面 ABC 上。

(2) 如图 2–21(c)所示，连接 ae 与 bc 相交于 2，则 AⅡ为平面 ABC 上的一条直线。过 2 向上引铅垂线与 $b'c'$ 交于 $2'$，求得 AⅡ的正面投影 $a'2'$。因为点 E 在平面 ABC 上，所以点 E 在直线 AⅡ上，因此过点 E 的水平投影 e 向上引铅垂线与 $a'2'$ 的延长线所得的交点即为所求 E 的正面投影 e'。

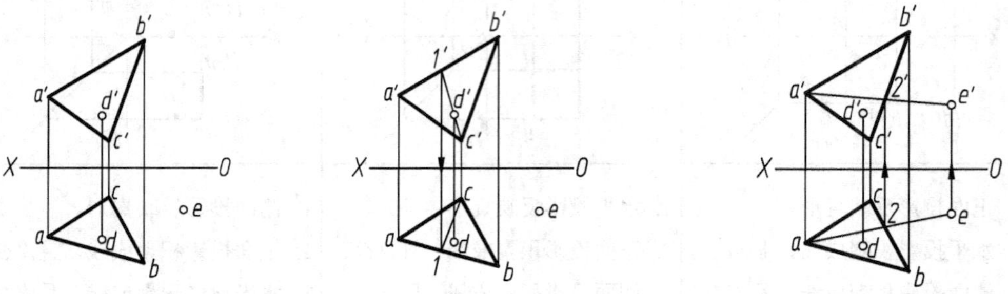

(a) 已知条件　　(b) 判断点 D 是否在平面 ABC 上　　(c) 求平面 ABC 上一点 E 的正面投影 e'

图 2–21　平面内取点

【例 2–6】试完成平面四边形 $ABCD$ 的正面投影(见图 2–22(a))，并在平面 $ABCD$ 上取一条水平线使其到 H 面的距离为 15 mm。

【解】分析：$ABCD$ 既然是平面，则其对角线必相交，由此可求出其正面投影；水平线的正面投影平行于 OX 轴，按题意，其所有点的 $z = 15$ mm，据此可作图。具体作图过程如下：

(1) 分别连接 ac、bd 得一交点为点 k，连 $b'd'$，在 $b'd'$ 上求出点 k'，并连接 $a'k'$。根据点 c' 在 $a'k'$ 上求出 c'，连接 $b'c'$、$d'c'$，即完成 $ABCD$ 的正面投影，见图 2–22(b)。

(2) 在正面投影上作一平行于 OX 轴的直线 L 且使 $z = 15$ mm，与 $a'd'$、$b'c'$ 分别交于点 $1'$、$2'$，求出其水平投影 1、2 并连接，则直线Ⅰ Ⅱ 即为所求的水平线，见图 2–22(c)。

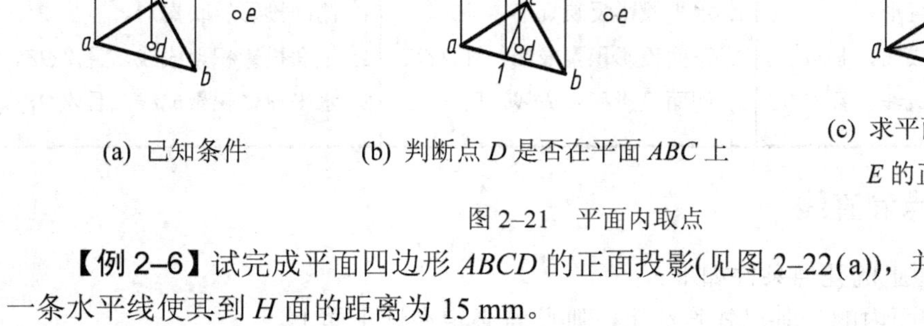

(a) 已知条件　　(b) 作 $ABCD$ 的正面投影　　(c) 作 $ABCD$ 上 $z = 15$ mm 的水平线Ⅰ Ⅱ 的两面投影

图 2–22　平面内取线

本章习题集答案

第 3 章　基本体和截交线

3.1　三视图的形成及其投影规律

3.1.1　三视图的形成

一般情况下，仅一个投影不能确定物体的完整形状，因为不同的物体在同一投影面上的投影可能是相同的。如图 3–1 所示，两个空间立体虽然形状不同，但是它们在某一投影面的投影是相同的。因此，要反映物体的完整形状，必须将物体在不同的投影面上进行投影，才能将物体表达清楚。

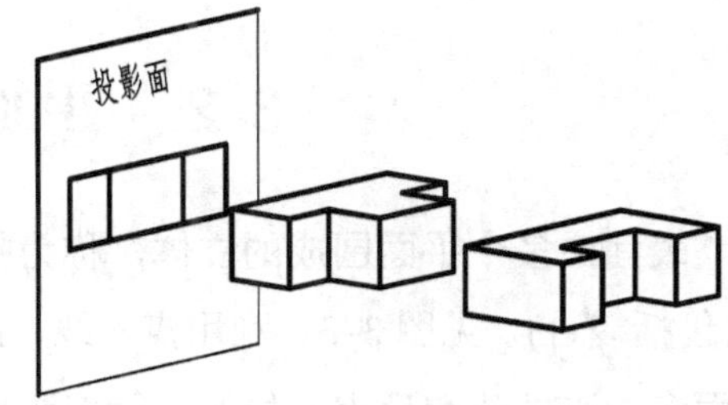

图 3–1　不同立体在同一投影面投影相同

工程图学中常用三投影面体系来表达简单物体的形状，即将物体在正面(V 面)、水平面(H 面)和侧面(W 面)这三个投影面上进行投影，见图 3–2(a)。在工程图样中，根据有关标准绘制的多面正投影图称为视图。在三投影面体系中，物体的三面视图是国家标准规定的六个基本视图中的三个，各名称如下：

主视图——物体在正立投影面(V 面)的投影，即从前向后投射所得视图；

俯视图——物体在水平投影面(H 面)的投影，即从上往下投射所得视图；

左视图——物体在侧立投影面(W 面)的投影，即从左往右投射所得视图。

将水平投影面绕 OX 轴向下旋转 90°，将侧面投影面绕 OZ 轴向右旋转 90°，去掉投影轴，即可得到一个物体的三视图，见图 3–2(b)。

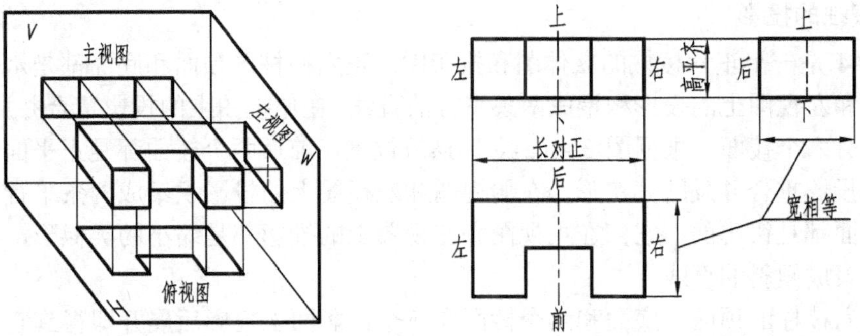

(a) 三视图的形成过程　　(b) 三视图的投影特性

图 3–2　立体在三投影面体系中的投影及投影规律

3.1.2　三视图的投影规律

根据三视图的形成过程可得到三视图的位置关系：俯视图在主视图的正下方，左视图在主视图的正右方。三视图按此位置配置，无需标示对应的视图名称。

物体有长、宽、高三个方向的尺寸，通常将物体左右之间的距离称为物体的长，前后之间的距离称为物体的宽，上下之间的距离称为物体的高。从图 3–2(b)可看出：主视图反映物体的长和高，俯视图反映物体的长和宽，左视图反映物体的宽和高。因此，可以得到三视图之间的投影对应关系，即物体三视图的投影规律：

长对正——主视图和俯视图长度方向对正；

高平齐——主视图和左视图高度方向平齐；

宽相等——俯视图和左视图宽度相等，前后对应。

3.2　平面立体的三视图

表面由多个平面围成的立体，称为平面立体。工程中常见的平面立体主要有棱柱和棱锥(包括棱台)，见图 3–3。利用点、线、面的投影特点和三视图的投影规律，绘制平面立体表面多边形的边和顶点的投影，就能画出平面立体的三视图。当物体表面轮廓线的投影为可见时，画粗实线；为不可见时，画细虚线；当粗实线与细虚线重合时，应优先画粗实线；当虚线和点画线重合时，应优先画虚线。

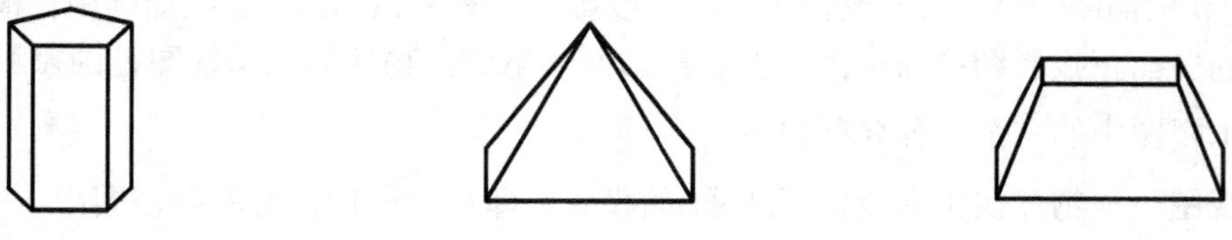

(a) 棱柱　　(b) 棱锥　　(c) 棱台

图 3–3　常见的平面立体

3.2.1　棱柱

1. 棱柱的投影

图 3–4 是一个正六棱柱的立体图和投影图。正六棱柱的顶面和底面都是水平面，它们在主视图和左视图上的投影积聚成两条平行的直线，在俯视图上的投影重合并反映其实形。正六棱柱有六个棱面，根据图 3–4(a)立体摆放位置，前后两个棱面都是正平面，它们在主视图上的投影重合并反映其实形，在俯视图和左视图上的投影积聚成两条平行的直线。其余四个棱面都是铅垂面，它们在主视图和左视图上的投影都是缩小的类似形，在俯视图上的投影积聚成倾斜的直线。

将正六棱柱的顶面、底面和六个棱面在三个投影面上投影后展开即得到它的三视图，见图 3–4(b)。画棱柱投影时，一般先画反映底面实形的视图，再画其余两个视图，最后判断棱线投影的可见性。

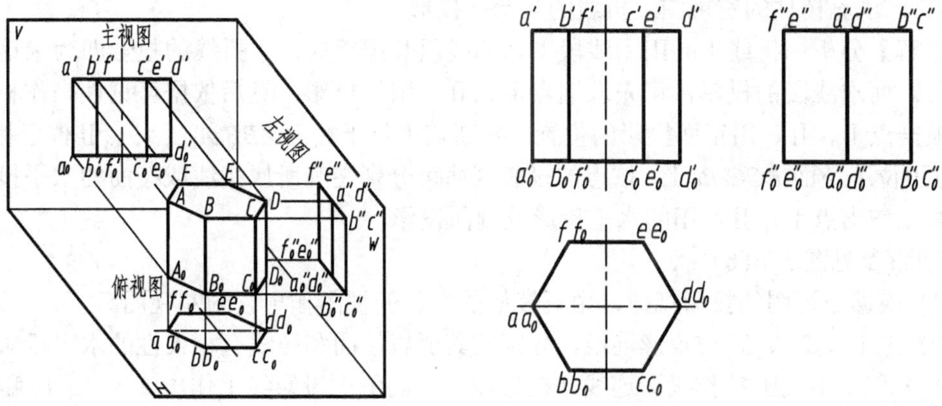

(a) 立体图　　(b) 投影图

图 3–4　正六棱柱的三视图

2. 棱柱表面的点和线

作棱柱表面点的投影，就是作它表面多边形内点的投影，即作平面上点的投影。作棱柱表面线的投影，首先按棱柱表面取点的方法作出线的两端点的投影，然后将点的同面投影间作连线(实线或虚线，根据该线对该投影面的可见性)，即为该线的投影。

【例 3–1】 已知正六棱柱三视图及其表面上点Ⅰ和点Ⅱ在主视图上的投影 1′、2′(见图 3–5(a))，求该两点在其余两视图上的投影。

【解】 分析：根据点Ⅰ和点Ⅱ正面投影的位置，判断点Ⅰ位于棱线 BB_0 上，点Ⅱ位于棱面 BB_0C_0C 上。按点的投影规律可分别在其所属棱线或棱面的水平投影及侧面投影上作出点Ⅰ、Ⅱ的水平投影和侧面投影。

作图(参见图 3–5(b))：

(1) 由 1′ 向下、向右引线，在棱线 BB_0 的水平投影点和侧面投影线上分别作出 1 和 1″。

(2) 由 2′ 向下、向右引线，在棱面 BB_0C_0C 的水平投影线和侧面投影线上分别作出 2 和 2″。

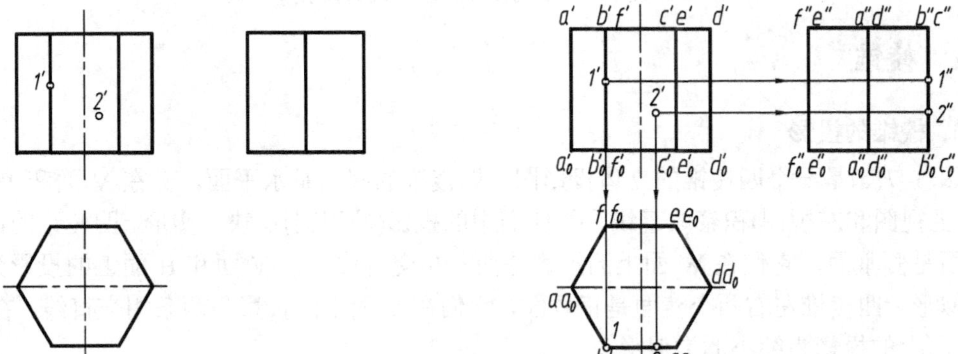

(a) 已知条件　　(b) 作图过程

图 3–5　正六棱柱表面上点的投影

【例 3–2】 已知正五棱柱的主、俯视图及其表面折线ⅠⅡⅢ的正面投影 1′2′3′(见图

3–6(a))，求五棱柱的左视图及折线的其余两投影。

【解】分析：折线ⅠⅡⅢ由线段ⅠⅡ和线段ⅡⅢ组成，求折线的投影即为求这两线段的投影。而求线段的投影，可先求端点Ⅰ、Ⅱ、Ⅲ的投影，然后依据可见性来作相应的连线。根据点Ⅰ、Ⅱ、Ⅲ正面投影的位置，判断点Ⅰ位于棱面 ABB_0A_0 上，点Ⅱ位于棱线 BB_0 上，点Ⅲ位于棱面 BCC_0B_0 上。按点的投影规律可分别在其所属棱线或棱面的水平投影及侧面投影上作出点Ⅰ、Ⅱ、Ⅲ的水平投影及侧面投影。

作图(参见图 3–6(b))：

(1) 根据三视图的投影规律，由五棱柱的主、俯视图作出它的左视图。

(2) 由 1′、2′、3′ 作投影连线，分别在其所属棱面和棱线有积聚性的水平投影线和点上作出 1、2、3；由 2′ 作投影连线，在棱线 BB_0 的侧面投影线上作出 2″；由 1′ 和 1 作出 1″，由 3′ 和 3 作出 3″。

(3) 由于折线所在棱面的水平投影积聚成线，故折线的水平投影重合其上；线段ⅠⅡ所在棱面的侧面投影可见，故 1″2″连粗实线，而线段ⅡⅢ所在棱面的侧面投影不可见，故 2″3″连虚线。

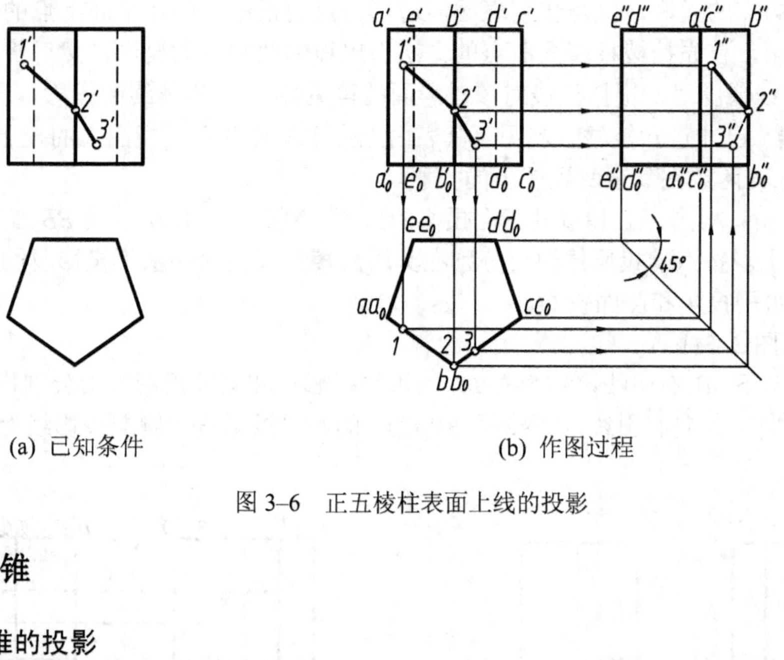

(a) 已知条件　　(b) 作图过程

图 3–6　正五棱柱表面上线的投影

3.2.2　棱锥

1. 棱锥的投影

图 3–7(a)是一个四棱锥的立体投影图。四棱锥的底面是水平面，其在 V 面和 W 面的投影(主视图和左视图)积聚成直线，在 H 面中的投影(俯视图)反映其实形。四棱锥的前后两个棱面是侧垂面，它们在 W 面上的投影是两条相交直线，在 V 面和 H 面上的投影为缩小的类似形。四棱锥左右两个棱面是正垂面，它们在 V 面上的投影是两条相交直线，在 H 面和 W 面上的投影为缩小的类似形。

将四棱锥在三个投影面上的投影展开得到四棱锥的三视图，见图 3–7(b)。画四棱锥的三视图时，一般先画底面的 3 个投影，再找出锥顶点的 3 个投影，然后，将锥顶点与底面对应顶点的同面投影连接起来即为棱线的投影。

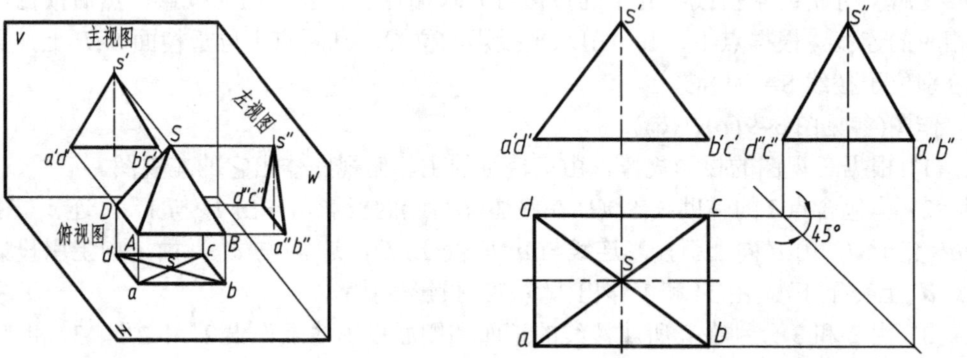

(a) 立体图　　　　(b) 投影图

图 3–7　四棱锥的三视图

2. 棱锥表面的点和线

求棱锥表面的点和线的方法与求棱柱表面点和线的投影方法类似，但在作棱锥面的点的投影时，有时需要通过构造辅助线来求解。

【例 3–3】 已知四棱锥的三视图及其表面点 I 和点 II 的正面投影 1′，2′ (见图 3–8a)，补画该两点在其余两视图中的投影。

【解】分析：根据点 I 和点 II 正面投影的位置，判断点 I 位于棱线 *SA* 上，点 II 位于棱面 *SAB* 上。按点的投影规律和从属关系可分别在棱线 *SA* 和棱面 *SAB* 的水平投影及侧面投影上作出点 I 、II 的水平投影及侧面投影。

作图(参见图 3–8(b))：

(1) 由 1′ 作投影连线，在棱线 *SA* 的水平投影线和侧面投影线上作出 1 和 1″。

(2) 由 2′ 作投影连线，在棱面 *SAB* 有积聚性的侧面投影线上作出 2″，再由 2′ 和 2″作出 2(点的投影规律)。

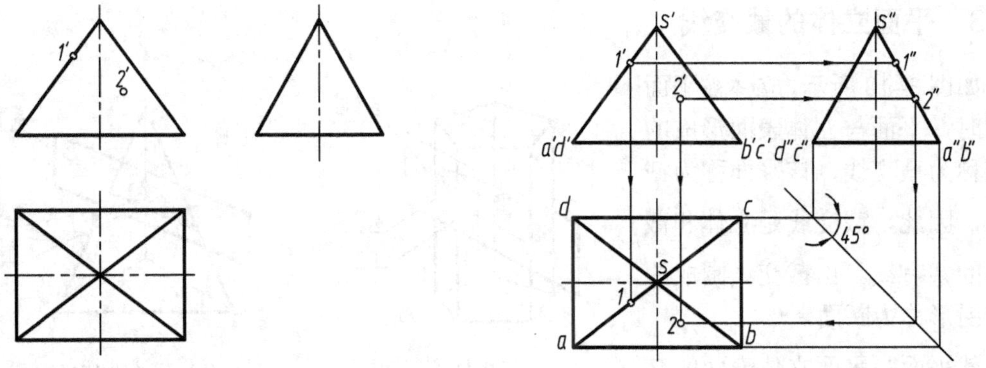

(a) 已知条件　　　　(b) 作图过程

图 3–8　四棱锥表面点的投影

【例 3–4】 已知三棱锥的主、俯视图及其表面折线 I II III在俯视图上的投影 123(见图 3–9(a))，补画三棱锥的左视图及该折线在其余两视图中的投影。

【解】分析：求折线Ⅰ Ⅱ Ⅲ的投影可先求端点Ⅰ、Ⅱ、Ⅲ的投影，然后依据可见性来作相应的连线。根据点Ⅰ、Ⅱ、Ⅲ水平投影的位置，判断点Ⅰ位于棱面 *SAB* 上，点Ⅱ和点Ⅲ分别位于棱线 SA 和 SC 上。

作图(参见图 3–9(b)、(c))：

(1) 根据三视图的投影规律，由三棱锥的主、俯视图作出它的左视图。

(2) 作包含点Ⅰ的辅助线 *SD*(*D* 在底边 *AB* 上)的投影，作出 1′ 与 1″：连 *s* 与 1 并延长与 *ab* 交于 *d*，由 *d* 向上引投影连线与 *a*′ *b*′ 交于 *d*′，连 *s*′ 与 *d*′，由 1 向上引投影连线，在 *s*′ *d*′ 上交于 1′。由 1′ 和 1 作出 1″(点的投影规律)。

(3) 由 2 和 3 分别在其所属棱线的正面和侧面投影线上作出 2′ 和 2″，3′ 和 3″。

(4) 判别可见性并连线：线段Ⅰ Ⅱ所在棱面的正面投影可见，线段Ⅱ Ⅲ所在棱面的正面投影不可见，故 1′2′ 连粗实线，2′3′ 连虚线；线段Ⅰ Ⅱ和线段Ⅱ Ⅲ所在棱面的侧面投影均可见，故 1″2″ 和 2″3″ 均连粗实线。

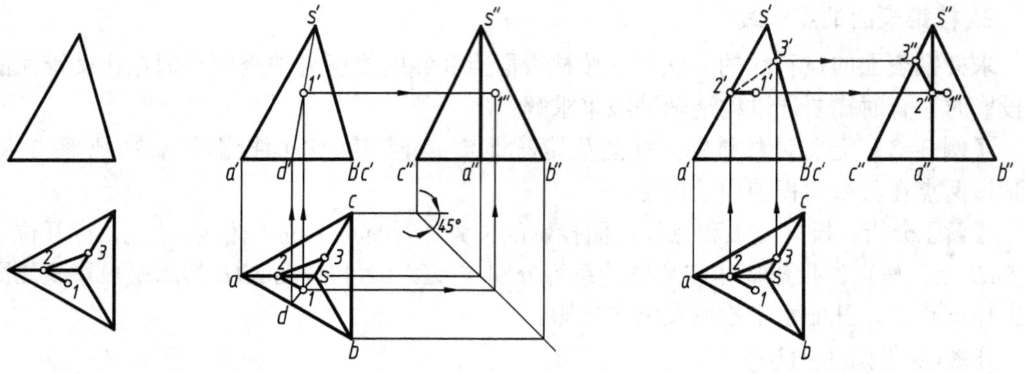

(a) 已知条件　　(b) 作图过程(1)(2)　　(c) 作图过程(3)(4)

图 3–9　三棱锥表面折线的投影

3.2.3　平面立体的截交线

如图 3–10 所示，立体被平面切割时，平面与立体表面形成的交线称为截交线，该平面称为截平面，因此，截交线是立体和截平面的共有线。由截交线围成的平面图形称为断面。

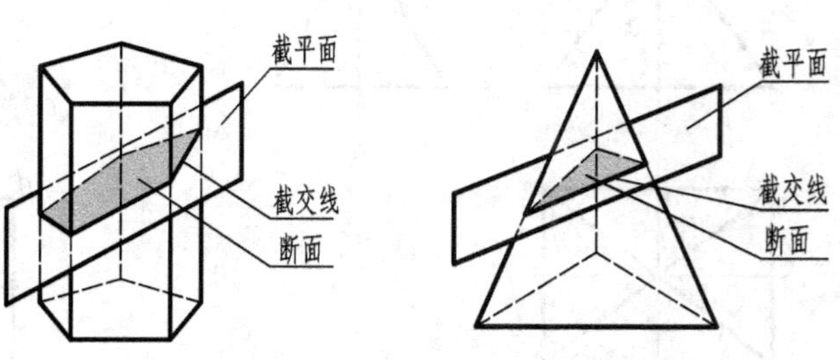

(a) 五棱柱被平面截　　(b) 三棱锥被平面截

图 3–10　平面立体与平面相交

截平面与平面立体表面的交线为平面多边形，其顶点在平面立体的棱线或底边上。因此，截交线及其顶点的三视图与平面立体表面的点和线的投影画法一致。

【例 3–5】已知图示立体的主视图和俯视图(见图 3–11(a))，求作该立体的左视图。

【解】分析：图示立体为正五棱柱被一正垂面截割后形成。断面为五边形ⅠⅡⅢⅣⅤ，其五个顶点位于五棱柱的五条棱线上。断面在主视图中的投影积聚成一条线，在俯视图中的投影和五棱柱的水平投影重合。在左视图中，可以通过找出断面五边形五个顶点的侧面投影，顺次连接即可得到断面的侧面投影，最终完成该立体的左视图。

作图(参见图 3–11(b)、(c))：

(1) 作出完整五棱柱的左视图。

(2) 作出断面五边形顶点Ⅰ、Ⅱ、Ⅲ、Ⅳ、Ⅴ的侧面投影 1″、2″、3″、4″、5″。

(3) 判断可见性，顺次用粗实线连接 1″、2″、3″、4″、5″，得到断面五边形的侧面投影。

(4) 在左视图中将棱线被切掉部分的投影线擦去或改为双点画线，注意点Ⅳ所在棱线的侧面投影(表现为 1″与 4″之间的一段虚线)。检查、整理后加深图形，完成作图。

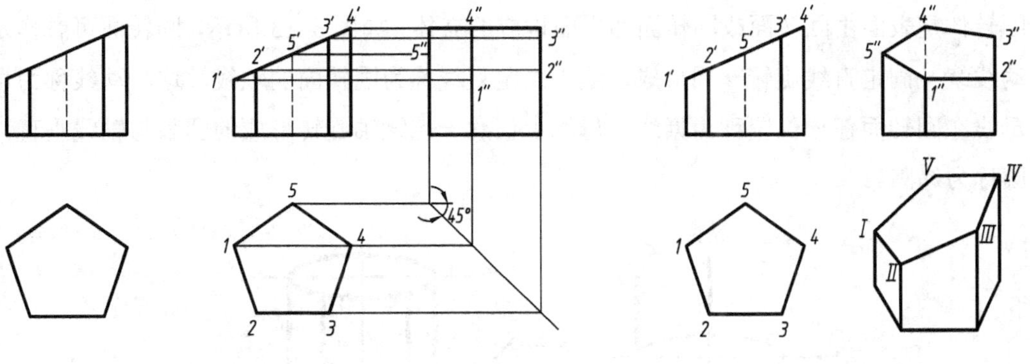

(a) 已知条件　　(b) 作图过程(1)(2)　　(c) 作图过程(3)(4)及立体图

图 3–11　作截交线以及五棱柱被切割后的左视图

【例 3–6】已知图示立体的主视图和未完成的俯视图和左视图(见图 3–12(a))，完成俯视图和左视图。

【解】分析：图示立体为一三棱锥被一正垂面切割后所得。断面为三角形ⅠⅡⅢ，三角形的三个顶点分别位于三棱锥的三条棱线上。在俯视图和左视图中找出三个顶点的投影，依次连成线即可得到断面的投影。

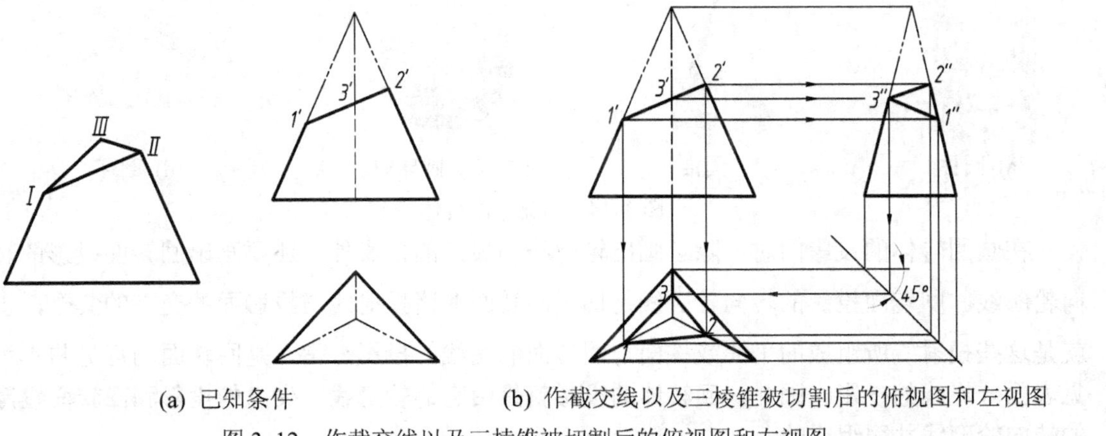

(a) 已知条件　　(b) 作截交线以及三棱锥被切割后的俯视图和左视图

图 3–12　作截交线以及三棱锥被切割后的俯视图和左视图

作图(参见图 3–12(b))：

(1) 作三棱锥未被切割前的左视图。

(2) 根据点的投影规律和点的从属关系，分别作出点Ⅰ、Ⅱ、Ⅲ的侧面投影 1″、2″、3″和水平投影 1、2、3。

(3) 判断可见性后连线：断面的水平投影和侧面投影均为可见，故用粗实线顺次连接 123 和 1″2″3″。

(4) 在俯视图中补画三棱锥被切割后的棱线的水平投影线，在左视图中将棱线被切掉部分的投影线擦去或改为双点画线。检查、整理后加深图形，完成作图。

3.3 回转体的三视图

回转体是表面由回转面或回转面和平面构成的立体。如图 3–13 所示，回转面可看作是由一动线绕一固定直线旋转一周形成，这一固定直线称为回转面的轴线，这一动线称为母线，母线在回转面任一位置称为素线，母线上任意一点绕轴旋转形成的圆都与轴线垂直，这一圆称为纬圆。

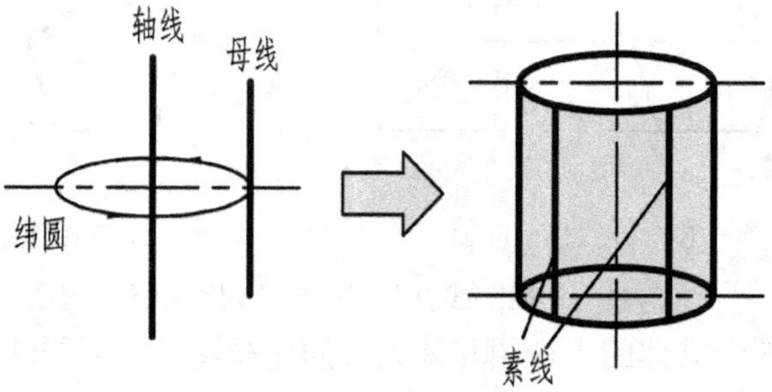

图 3–13　回转面形成示意图

机械零件中常见的回转体有圆柱、圆锥和球，有时也用到环和具有环面的回转体，见图 3–14。本书只重点讲述常见的回转体。

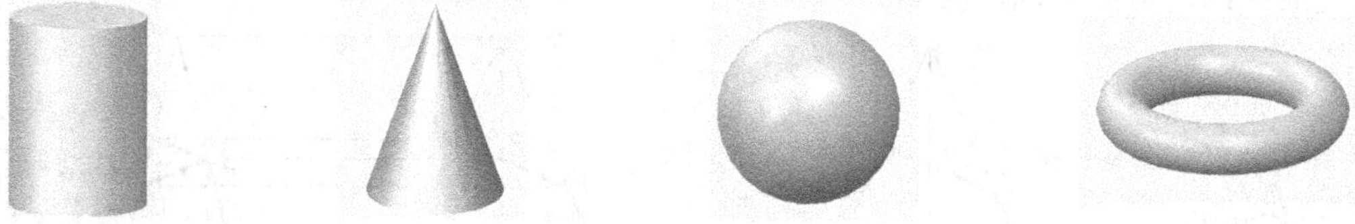

(a) 圆柱　(b) 圆锥　(c) 圆球　(d) 圆环

图 3–14　常见的回转体

在画回转体的投影图时，除了画出轮廓线和尖点的投影外，还要画出回转面投影的转向轮廓线。回转面投影的转向轮廓线是切于回转面的诸投射线与投影面的交点的集合，也就是这些投射线所组成的平面或柱面与回转面的切线的投影，常常是回转面的可见与不可见表面分界线的投影。因此，**回转体的投影就是由它的轮廓线、尖点的投影和回转面投影的转向轮廓线共同组成的**。

3.3.1　圆柱

1. 圆柱的三视图

圆柱体的表面由圆柱面和上下两底面构成。圆柱面由一直线绕一条与它平行的直线旋转所得。如图 3–15(a)所示，圆柱面的轴线为铅垂线时(圆柱面上所有素线都是铅垂线)，圆柱面与水平投影面垂直，它在 H 面上的投影积聚成一个圆。圆柱的上下两个底面都是水平面，在 H 面上的投影重合并反映其实形(图)。圆柱体的主视图和左视图是两个大小相同的矩形。用细点画线画出四条对称中心线，主视图和左视图的对称中心线是轴线的投影，俯视图中对称中心线的交点是轴线的投影。将水平投影面和侧投影面展开得到圆柱体的三视图，见图 3–15(b)。

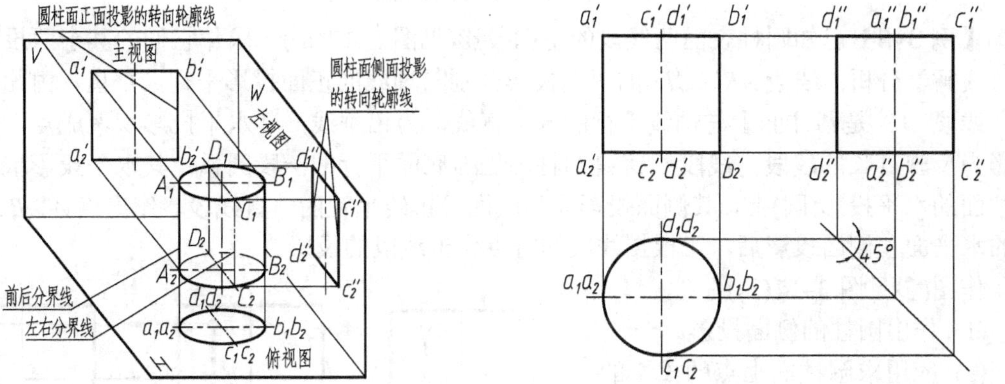

(a) 立体图　　　　(b) 投影图

图 3–15　圆柱的三视图

在主视图中，矩形左右两条边 $a_1'a_2'$ 和 $b_1'b_2'$ 是圆柱面正面投影的**转向轮廓线**，分别对应圆柱面上最左、最右素线 A_1A_2、B_1B_2(也就是正面投影时可见的前半圆柱面和不可见的后半圆柱面的分界线)的正面投影；A_1A_2、B_1B_2 的侧面投影 $a_1''a_2''$ 和 $b_1''b_2''$ 与轴线的侧面投影相重合，但不用画出。在左视图中，矩形左右两条边 $c_1''c_2''$ 和 $d_1''d_2''$ 是圆柱面侧面投影的**转向轮廓线**，分别对应圆柱面上最前、最后素线 C_1C_2、D_1D_2(也就是侧面投影时可见的左半圆柱面和不可见的右半圆柱面的分界线)的侧面投影；C_1C_2、D_1D_2 的正面投影 $c_1'c_2'$ 和 $d_1'd_2'$ 与轴线的正面投影相重合，但不用画出。

2. 圆柱表面取点和线

【例 3–7】已知圆柱表面两点的正面投影(见图 3–16(a))，求作它们的其余两投影。

【解】分析：由于圆柱面的水平投影积聚为圆，因此先利用长对正规律求出两点的水平投影，再利用点的投影规律，求出两点的侧面投影。最后判断点的投影的可见性。

作图(参见图 3–16(b))：

(1) 由 a'、b' 向下引线，在圆柱面的水平投影上分别作出点 A、B 的水平投影 a、b。

(2) 根据点的投影规律，分别作出点 A、B 的侧面投影 a''、b''。

(3) 判断点的可见性，点 B 在圆柱面的右半边，所以点 B 的侧面投影 b''不可见。

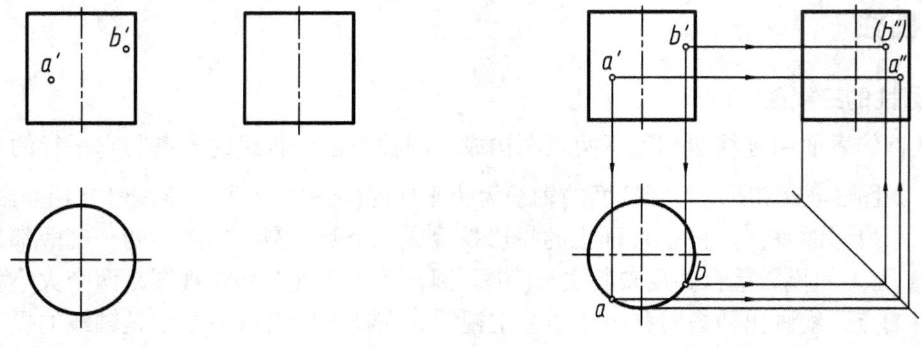

(a) 已知条件　　(b) 作图过程

图 3–16　作圆柱表面上的点的投影

【例 3–8】已知圆柱表面两线段的正面投影(见图 3–17(a))，求作它们的其余两投影。

【解】分析：线段 *AB*、*CD* 的正面投影分别与轴线的正面投影平行、垂直，由此可判断：线段 *AB* 是圆柱面上与轴线平行的一段直线，为铅垂线，其水平投影积聚成点，侧面投影为反映真长的线段；线段 *CD* 是圆柱面上与底面平行的一段圆弧，其水平投影重合在圆柱面的水平投影(圆)上，其侧面投影为与底面投影线平行的一直线段。作出点 *A*、*B*、*C*、*D* 的水平面和侧面投影后，可根据线段的特点作出线段的投影。

作图(参见图 3–17(b))：

(1) 作出圆柱的侧面投影。

(2) 应用求圆柱面上点的投影的方法，作出点 *A*、*B*、*C*、*D* 的水平和侧面投影。注意：投影线 *a′b′* 为粗实线，故点 *A*、*B* 的水平投影应在前半圆上；投影线 *c′d′* 为虚线，故点 *C*、*D* 的水平投影应在后半圆上。

(3) 线段 *AB* 的水平投影与点 *A*、*B* 的水平投影重合；线段 *AB* 在右半圆柱面上，故其侧面投影不可见，应用虚线连接 *a″b″*。

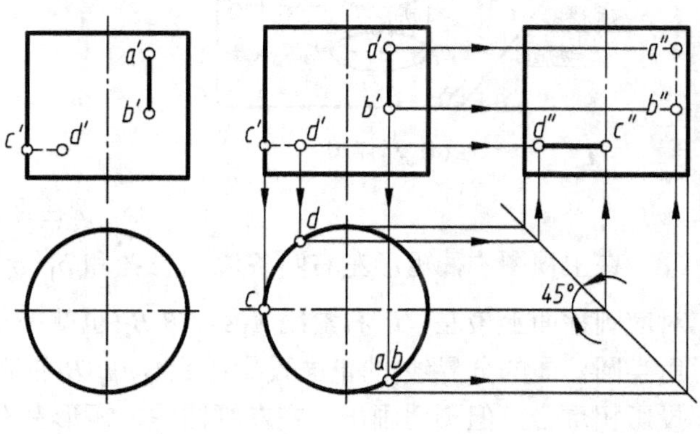

(a) 已知条件　　(b) 作图过程

图 3–17　作圆柱表面上的线的投影

(4) 圆弧段 *CD* 的水平投影重合在圆柱面的水平投影(圆)上；圆弧段 *CD* 在左半圆柱面，故其侧面投影可见，应用粗实线连接 *c″d″*。

3.3.2　圆锥

1. 圆锥的三视图

圆锥体表面由圆锥面和底面构成。圆锥面由一直线绕一与其相交的直线旋转一周所得。如图 3–18(a)所示，圆锥面轴线为铅垂线时，圆锥面在 H 面上的投影(俯视图)为圆，在 V 面和 W 面上的投影(主视图、左视图)为等腰三角形；圆锥底面在 H 面上的投影为反映其实形的圆，在 V 面和 W 面上投影积聚成一直线。水平投影面和侧投影面展开后所得的圆锥的三视图见图 3–18(b)。

在主视图中，等腰三角形两腰 $s'a'$ 和 $s'b'$ 是圆锥面的正面投影的转向轮廓线，分别对应圆锥面上最左、最右素线 *SA*、*SB*(也就是正面投影时可见的前半圆锥面和不可见的后半圆锥面的分界线)的正面投影；*SA*、*SB* 的侧面投影 $s''a''$ 和 $s''b''$ 与轴线的侧面投影相重合，但不用画出。在左视图中，等腰三角形两腰 $s''c''$ 和 $s''d''$ 是圆柱面的侧面投影的转向轮廓线，分别对应圆锥面上最前、最后素线 *SC*、*SD*(也就是侧面投影时可见的左半圆锥面和不可见的右半圆锥面的分界线)的正面投影；*SC*、*SD* 的正面投影 $s'c'$ 和 $s'd'$ 与轴线的正面投影相重合，但不用画出。

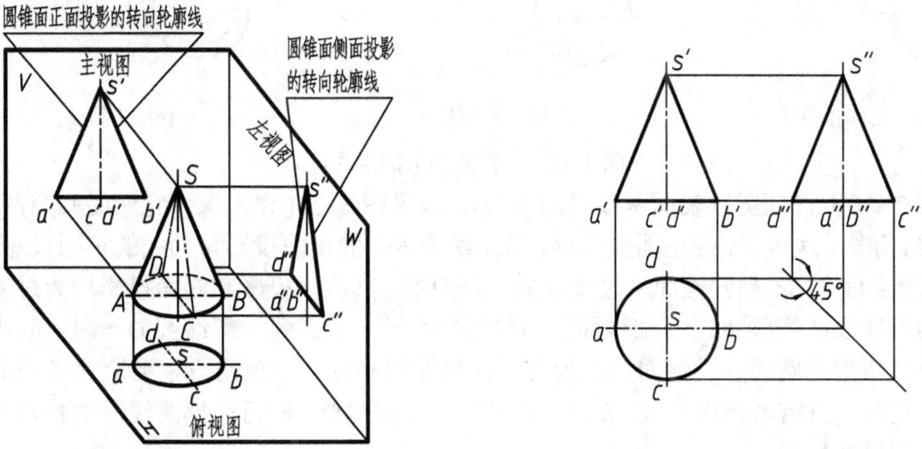

(a) 立体图　　(b) 投影图

图 3–18　圆锥的三视图

2. 圆锥表面取点和线

【例 3–9】已知圆锥表面点 *A* 的正面投影(见图 3–19(a))，求作它的其余两投影。

【解】分析：由于圆锥面的三个投影都没有积聚性，所以需要在圆锥面上通过已知点作一条辅助线。可选取过已知点作圆锥表面的素线或纬圆作为辅助线。

方法一：素线法。

连接点 *S* 和点 *A*，并延长 *SA* 至圆锥底面，交圆锥底面于点 *B*，在圆锥三视图中作出素线 *SB* 的三面投影后即可找到点 *A* 的其余两投影。

作图(参见图 3–19(b))：

(1) 主视图中连接点 s' 和点 a' 并延长，与底面圆的投影相交得点 b'，则 $s'b'$ 为素线 *SB* 的正面投影。

(2) 根据点的投影规律，作出素线 *SB* 的水平投影 *sb* 和侧面投影 $s''b''$。

(3) 根据直线上点的投影特性，作出素线 *SB* 上点 *A* 的水平投影 *a* 和侧面投影 a''。

方法二：纬圆法。

过点 *A* 作圆锥面的纬圆，在圆锥三视图中作出该纬圆的三面投影后即可作出点 *A* 的其余两投影。

作图(参见图 3–19(c))：

(1) 主视图中过点 a' 作经过点 *A* 的纬圆的正面投影后，得到该纬圆的水平投影和侧面投影。

(2) 根据点的投影规律作点 A 的水平投影 a 和侧面投影 a''。

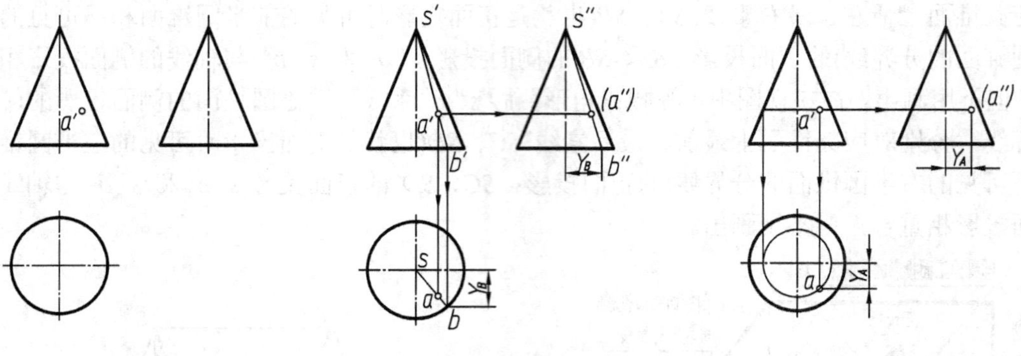

(a) 已知条件　　　　(b) 素线法　　　　(c) 纬圆法

图 3–19　作圆锥面上的点的投影

【例 3–10】已知圆锥表面两线段的正面投影(见图 3–20(a))，求作它们的其余两投影。

【解】分析：线段 SA 的正面投影过锥顶，线段 BC 的正面投影与轴线的正面投影垂直，由此可判断：线段 SA 是圆锥面上过锥顶的一段直线，其水平投影和侧面投影均为过锥顶同面投影的直线段；线段 BC 是圆锥面上与底面平行的一段圆弧，即纬圆的一段，其水平投影为反映其实形的圆弧，其侧面投影为与底面投影线平行的一直线段。锥顶 S 的三面投影可以直接定位，只需再作出点 A、B、C 的水平、侧面投影，即可根据两线段的特点作出线段的水平和侧面投影。

作图(参见图 3–20(b)、(c))：

(1) 作出圆锥的侧面投影。

(2) 应用求圆锥面上点的投影的方法，作出点 A、B、C 的水平和侧面投影(根据线段的特点，点 A 用素线法，点 B、C 用纬圆法)。注意：投影线 $s'a'$ 为虚线，故点 A 的水平投影应在后半圆内；投影线 $b'c'$ 为粗实线，故点 B、C 的水平投影应在前半圆内。

(3) 线段 SA 的水平投影可见，应用粗实线连接 sa；线段 SA 在左半圆锥面上，故其侧面投影可见，应用粗实线连接 $s''a''$。

(4) 圆弧段 BC 的水平投影可见，应用粗实线加深 bc 之间的纬圆的圆弧段；圆弧段 BC 在右半圆锥面，故其侧面投影不可见，应用虚线连接 $b''c''$ 之间的直线段。

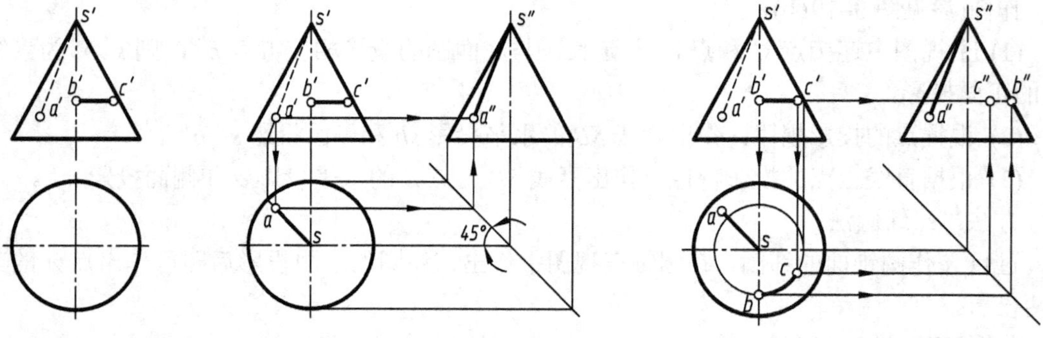

(a) 已知条件　　　　(b) 作线段 SA 的水平和侧面投影　　　　(c) 作线段 BC 的水平和侧面投影

图 3–20　作圆锥面上的线的投影

3.3.3　圆球

1. 圆球的三视图

球体表面是球面。球面由一半圆绕其直径旋转一周所得。

球体在三个投影面的投影都是与球等直径的圆，见图 3–21。球体的主视图是球面正面投影的转向轮廓线(即球体前半部分和后半部分的分界线)；球体的俯视图是球面水平面投影的转向轮廓线(即球体上半部分和下半部分的分界线)；球体的左视图是球面侧面投影的转向轮廓线(即球体左半部分和右半部分的分界线)。

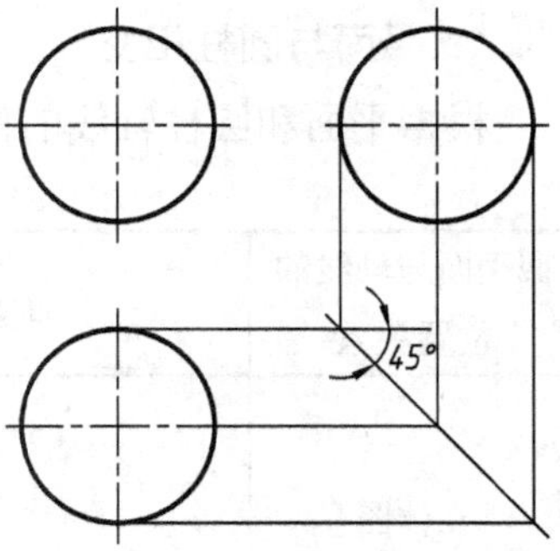

图 3–21　球体的三视图

2. 圆球表面取点

【例 3–11】 已知圆球表面点 *A* 的正面投影(见图 3–22)，求作它的其余两投影。

【解】 分析：由于球面在三个投影面的投影都没有积聚性，所以需要通过已知点作纬圆来找其余两个面的投影。过点 *A* 可以作平行于正面、侧面和水平面的纬圆，通过这三个纬圆中的任一个均可完成作图。

作图(以过点 *A* 作平行于正面的纬圆为例，参见图 3–22)：

(1) 过点 a' 作过点 *A* 的平行于正面的纬圆的正面投影，得到该纬圆的水平投影和侧面投影。

(2) 根据点的投影规律，作点 *A* 的水平投影 *a* 和侧面投影 a''。

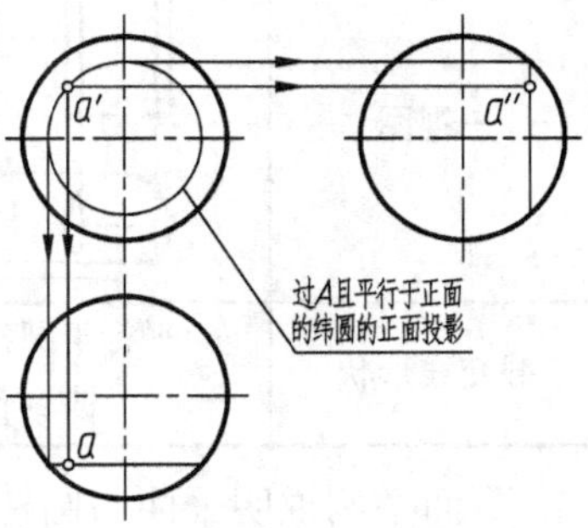

图 3–22　作圆球面上的点的投影

(平行于正面的纬圆作图过程示例)

3.3.4　圆环

圆环体的表面是圆环面。完整的圆环面由圆母线绕一个与该圆共面但不过圆心的轴线回转一周所得。图 3–23 是一完整圆环体的两面投影，投影分析从略。环面上找点、找线，只能利用作纬圆的方法，如图 3–24 所示，在其上取点的作图，请读者自行分析之。

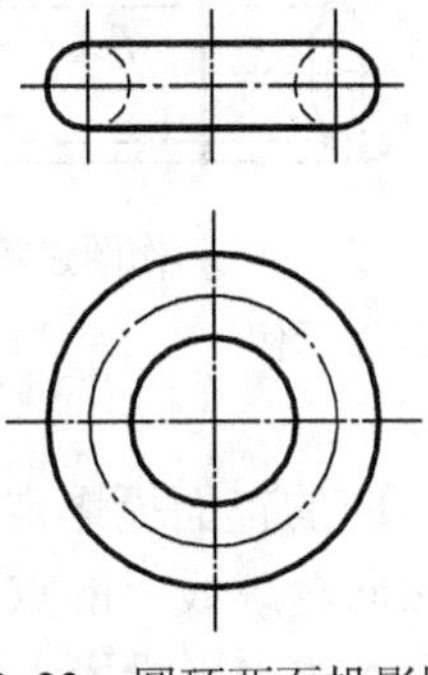

图 3–23　圆环两面投影图

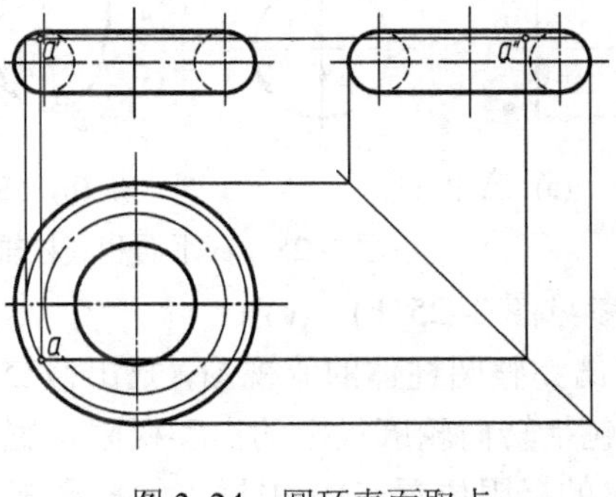

图 3–24　圆环表面取点

3.3.5　回转体的截交线

平面与回转体相交得到的截交线通常是一条封闭的曲线，或者是曲线和直线围成的封闭的平面图形。截交线的形状和回转体的几何性质以及其与截平面的相对位置有关。

1. 平面与圆柱相交

根据平面和圆柱轴线的位置关系，表 3–1 列出了平面和圆柱面交线的三种情况。

表 3–1　平面和圆柱面的交线

截平面与轴线的位置关系	平行于轴线	垂直于轴线	倾斜于轴线
立体图	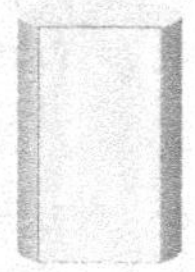		
三视图	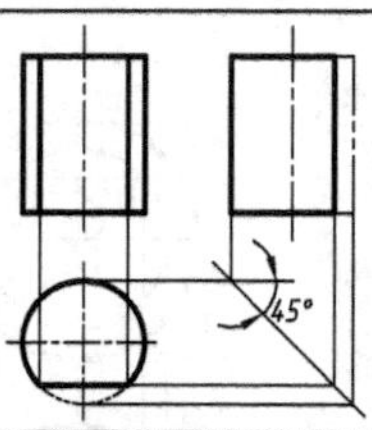	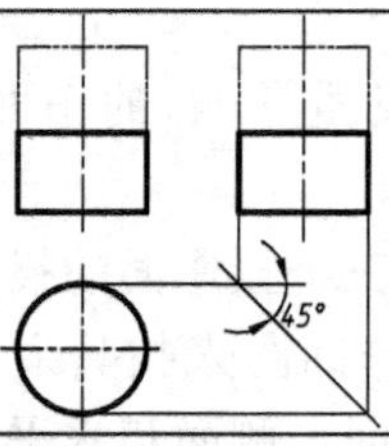	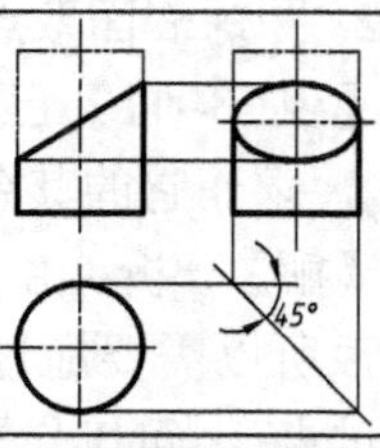
截交线形状	平行于圆柱轴线的两条直线	平行于圆柱底面的圆	倾斜于圆柱轴线的椭圆

下面举例说明平面与圆柱面的交线投影的作图方法和步骤。

【例 3–12】已知立体的主、左视图(见图 3–25(a))，补画其俯视图。

【解】分析：该立体可以看作一轴线侧垂的圆柱被一平面切割形成，根据主视图中截交线的投影积聚成一直线可知，该截平面为正垂面，倾斜于圆柱的轴线，截交线的形状应为椭圆，椭圆的侧面投影重合在圆柱面的投影(即圆)上，水平投影则为缩小的椭圆。

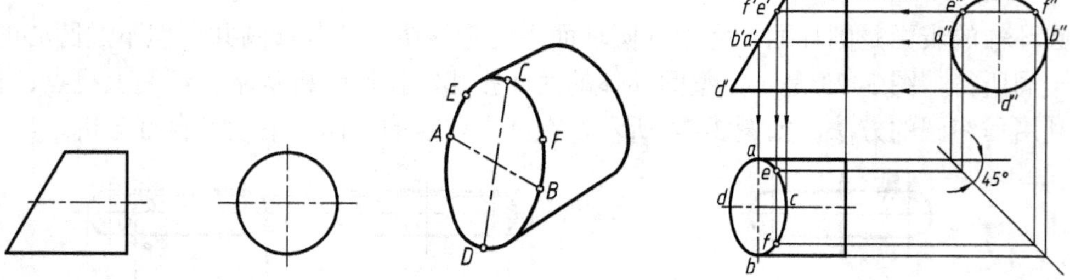

(a) 已知条件　　(b) 立体图　　(c) 作图过程

图 3–25　截平面和圆柱轴线斜交时交线的画法示例

作图(参见图 3–25(b)、(c))：

(1) 作出完整圆柱体的俯视图，找出截交线上的特殊点对应的正面投影点 a'、b'、c'、d'(特殊点包括转向轮廓线上的点和极限位置点，本例题中转向轮廓线上的点 A、B、C、D 也是截交线的极限位置点)，根据点的投影规律，作出该四个点的水平投影点 a、b、c、d。

(2) 为作图准确，需作出若干一般点。在截交线的正面投影上选取一组重影点 e' 和 f'，根据点的投影规律，得到该两点的水平投影 e 和 f。

(3) 椭圆的水平投影可见，用粗实线依次光滑连接特殊点和一般点的水平投影，即得到该截交线的水平投影。

【例 3–13】已知立体的主、俯视图(见图 3–26(a))，补画其左视图。

【解】分析：该立体可以看作一轴线铅垂的圆柱被平面 P 与 Q 切割形成，见图 3–26(b)。根据主视图中截交线的投影分别积聚成与轴线平行、垂直的直线，可知截平面 P 为侧平面，与圆柱轴线平行，截交线为两根平行于圆柱轴线的直线段 AA_1、BB_1；截平面 Q 为水平面，与圆柱轴线垂直，截交线为圆弧段 $\widehat{A_1B_1}$。另外，平面 P 与 Q 之间有一条交线为直线段 A_1B_1。求这些截交线的投影，可应用圆柱面取点和线的方法(参见例 3–8)来求解。

作图(参见图 3–26(b)、(c))：

(1) 作出完整圆柱体的左视图，找出截交线的极限位置点 A、A_1、B、B_1 对应的正面投影点 a'、a_1'、b'、b_1' 和水平投影 a、a_1、b、b_1，根据点的投影规律，作出这四个点的侧面投影点 a''、a_1''、b''、b_1''。

(2) 根据截交线的侧面投影均可见，用粗实线连接 $a''a_1''$、$b''b_1''$、$a_1''b_1''$，即为直线段 AA_1、BB_1、圆弧段 $\widehat{A_1B_1}$ 的侧面投影；两截面的交线(即直线段 A_1B_1)的侧面投影与圆弧段 $\widehat{A_1B_1}$ 的侧面投影重合。

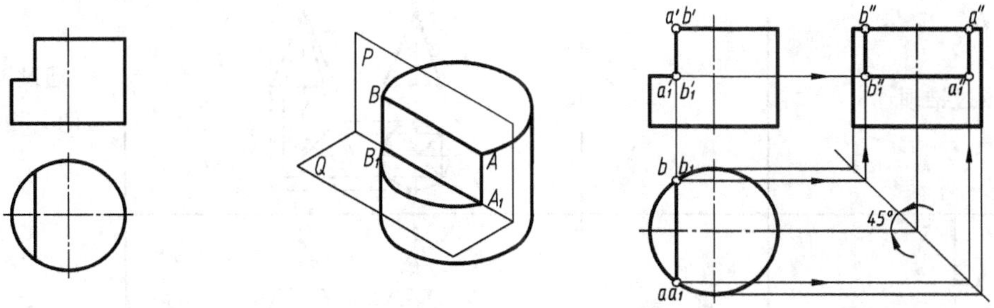

(a) 已知条件　　　　(b) 立体图　　　　(c) 作图过程

图 3–26　截平面和圆柱轴线平行、垂直时交线的画法示例一

【例 3–14】已知立体的主、俯视图(见图 3–27(a))，补画其左视图。

【解】 分析：该立体可以看作一轴线正垂的圆柱被四个平面 P_1、P_2、Q_1 与 Q_2 组合穿孔后形成，见图 3–27(b)。根据俯视图中截交线的投影分别积聚成与轴线平行、垂直的直线，可知截平面 P_1、P_2 为侧平面，与圆柱轴线平行，截交线为四根平行于圆柱轴线的直线段 AA_1、BB_1、CC_1、DD_1；截平面 Q_1、Q_2 为正平面，与圆柱轴线垂直，截交线为四段圆弧 $\widehat{AC}$、$\widehat{A_1C_1}$、$\widehat{BD}$、$\widehat{B_1D_1}$。另外，平面 P_1、P_2 与 Q_1、Q_2 之间共有四条交线，为直线段 AB、A_1B_1、CD、C_1D_1。画立体的左视图，关键是画出这些交线的投影。

作图(参见图 3–27(c))：

(1) 作出完整圆柱体的左视图，找出截交线的极限位置点 A、A_1、B、B_1、C、C_1、D、D_1 对应的正面投影和水平投影，根据点的投影规律，作出这八个点的侧面投影点。

(2) 判别可见性，用相应的线型连接线段端点的侧面投影点：直线段 AA_1、BB_1 的侧面投影可见，用粗实线连接，直线段 CC_1、DD_1 的侧面投影分别与 AA_1、BB_1 的侧面投影重合；圆弧段 $\widehat{AC}$、$\widehat{A_1C_1}$、$\widehat{BD}$、$\widehat{B_1D_1}$ 的侧面投影均可见，用粗实线连接；直线段 AB、A_1B_1、CD、C_1D_1 的侧面投影不可见，用虚线连接。

(3) 在截面穿孔处没有圆柱面对侧面投影的转向轮廓线，应改画成双点画线或擦去。检查、整理后加深图形，完成作图。

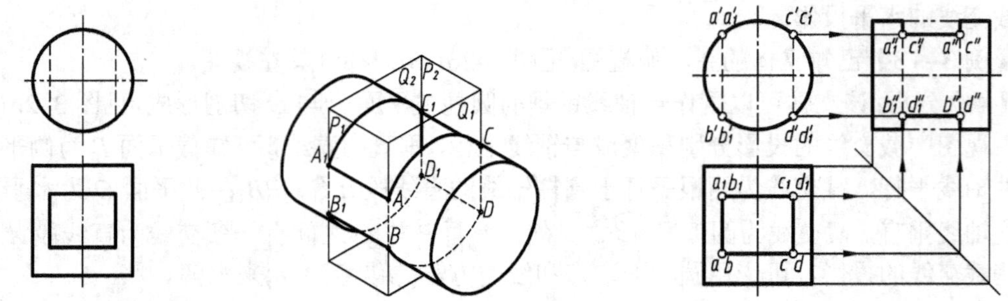

(a) 已知条件　　(b) 立体图　　(c) 作图过程

图 3–27　截平面和圆柱轴线平行、垂直时交线的画法示例二

2. 平面与圆锥相交

表 3–2 根据截平面和圆锥轴线的不同位置，列出了产生截交线的五种情况。

表 3–2　平面与圆锥面的交线

截平面与圆锥轴线的位置		立体图	三视图	截交线形状
过锥顶		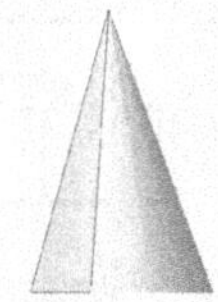	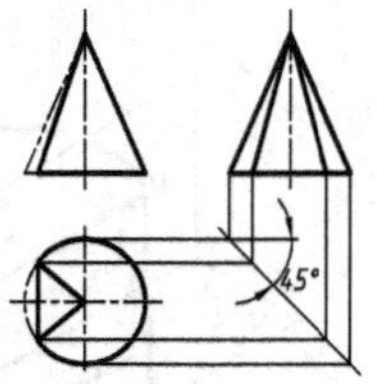	通过锥顶的两条相交直线
不过锥顶	$\theta = 90°$		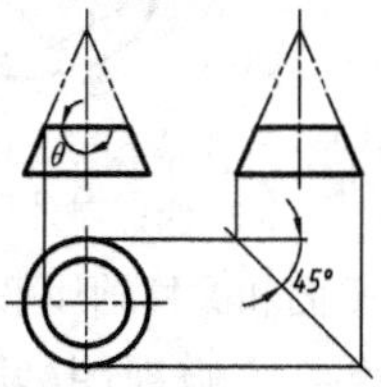	圆
	$\theta > \alpha$		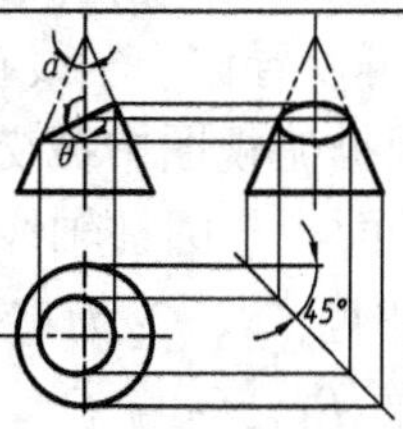	椭圆
	$\theta = \alpha$		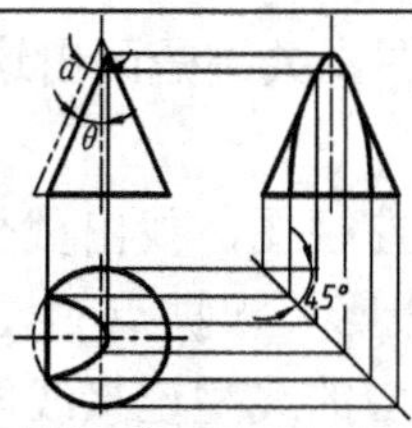	抛物线
	$\theta < \alpha$		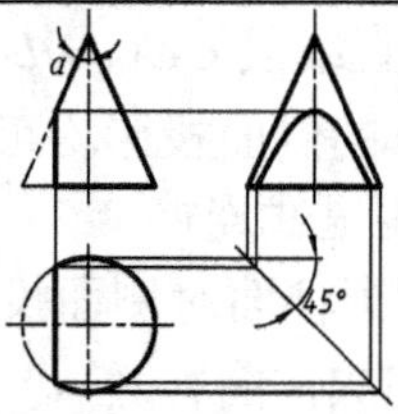	双曲线

【例 3–15】 根据图 3–28(a)所示，完成平面与圆锥面交线的正面投影。

【解】 分析：从俯视图可知，截平面 P 为平行于圆锥轴线的正平面，它与圆锥面的截交线是双曲线的一叶，其水平投影重合在截平面的水平投影线上，正面投影反映截交线的实形。通过分析，问题可归结为已知圆锥面上一段双曲线的水平投影，求作它的正面投影。

作图(参见图 3–28(b)、(c))：

(1) 求双曲线上特殊位置点的正面投影。在左视图和俯视图中分别找出特殊点 A、B、C 的水平投影点 a、b、c 和点 a''、b''、c''(点 A 和点 C 是双曲线位于圆锥底面的点，同时也是双曲线的最低点，点 B 为双曲线位于圆锥面转向轮廓线上的点，同时也是双曲线的顶点)，根据点的投影规律，得到这三点的正面投影 a'、b'、c'。

(2) 求双曲线上几个一般位置点的正面投影。作一组一般位置点 D、E，在左视图截交线的投影上找出一组重影点 d'' 和 e''，利用纬圆法得到该两点的正面投影 d' 和 e'。

(3) 判别可见性后依次光滑连接各点，得到该截交线的正面投影。

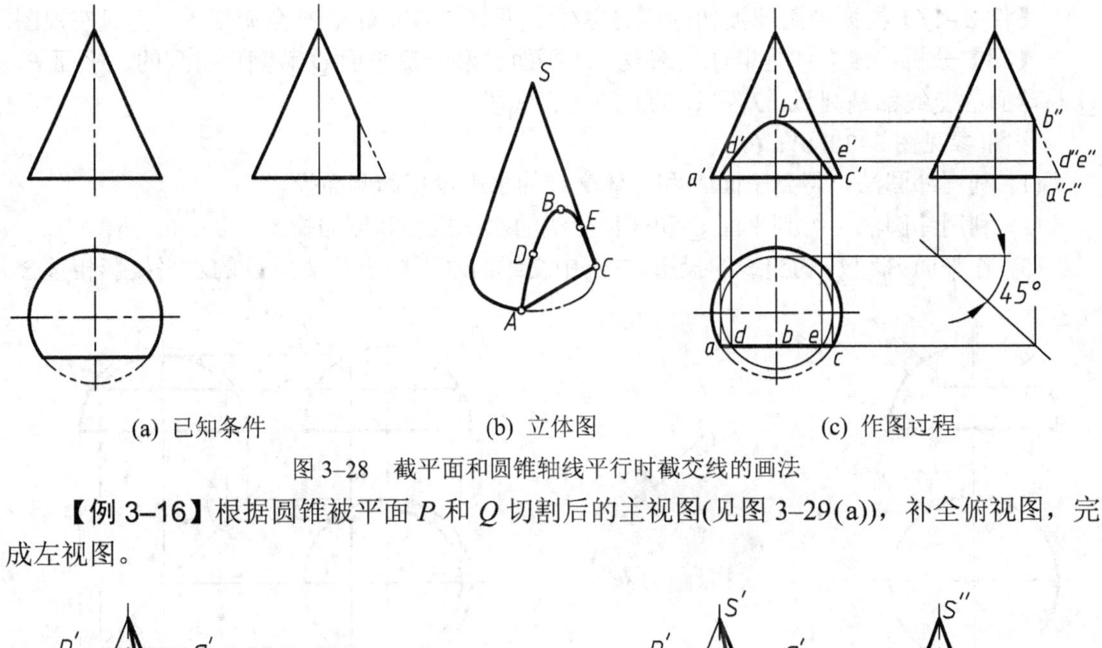

(a) 已知条件　　(b) 立体图　　(c) 作图过程

图 3–28　截平面和圆锥轴线平行时截交线的画法

【例 3–16】 根据圆锥被平面 P 和 Q 切割后的主视图(见图 3–29(a))，补全俯视图，完成左视图。

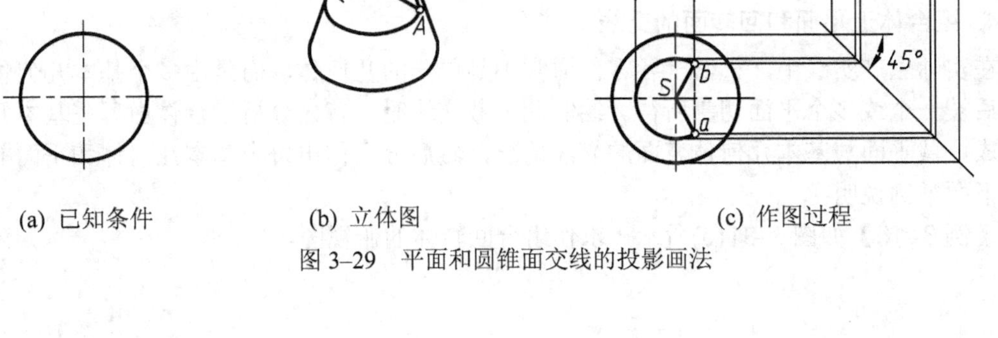

(a) 已知条件　　(b) 立体图　　(c) 作图过程

图 3–29　平面和圆锥面交线的投影画法

【解】分析：平面 P 为经过锥顶的正垂面，截交线是两条直线，在俯视图和左视图的投影均为直线；平面 Q 为垂直于圆锥轴线的水平面，截交线为圆弧，在俯视图的投影反映其实形，在左视图的投影积聚成直线。

作图(参见图 3–29(b)、(c))：

(1) 根据纬圆法，得到截平面 P 与圆锥面交线的水平投影和侧面投影，圆弧截交线的两个端点 A、B 即为平面 P 和 Q 的交线两端点。

(2) 俯视图和左视图中锥顶投影分别和平面 P、Q 交线两端点 A、B 的同面投影连接得到平面 Q 和圆锥相交的截交线 SA、SB 的水平投影和侧面投影。

(3) 作平面 P 和 Q 的交线 AB 的投影。

3. 平面与圆球相交

平面和球面的交线总是圆，但是由于截平面与投影面的相对位置不同，其截交线的投影也各有不同。

【例 3–17】根据半圆球被切割后的主视图(见图 3–30(a))，补全俯视图，完成左视图。

【解】分析：该立体是半球上部被一水平面 P 和一侧平面 Q 截割后得到的，平面 P、Q 与球面的交线都是圆弧，P 和 Q 的交线为直线段。

作图(参见图 3–30(b)、(c))：

(1) 利用纬圆法，得到平面 P 和球体交线的水平投影和侧面投影。

(2) 利用纬圆法，得到平面 Q 和球体交线的水平投影和侧面投影。

(3) 作平面 P 和 Q 的交线的投影，本例中交线的水平投影和平面 Q 的水平投影相重合。

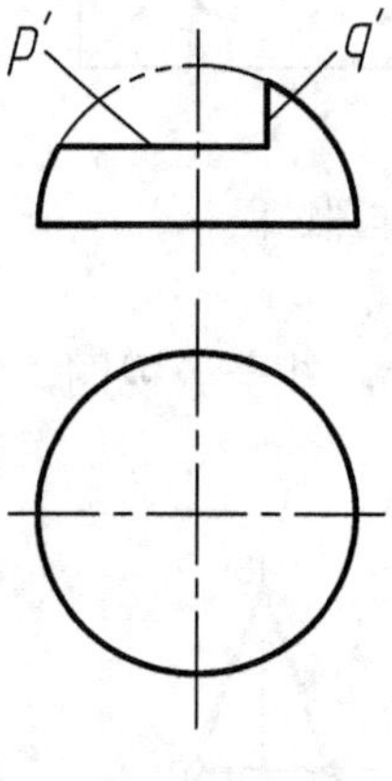

(a) 已知条件

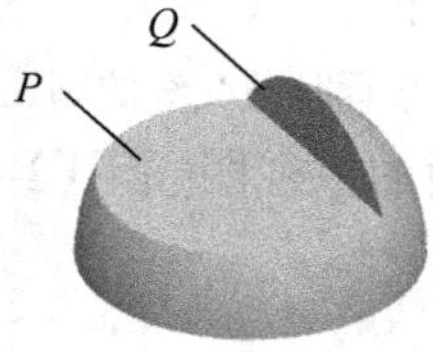

(b) 立体图

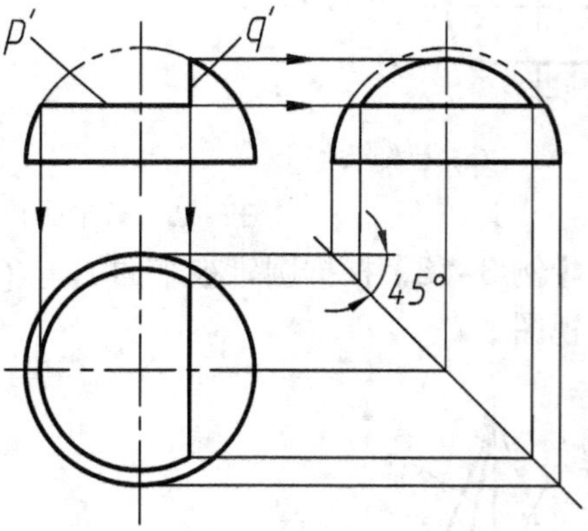

(c) 作图过程

图 3–30　平面和圆球面交线的投影画法

4. 组合体上平面和回转面的交线

在实际生产实践中，机器上各零件通常不是单一的几何体，而是由多个基本几何体经组合后被一个或多个平面切割所得。绘制此类截交线时，首先分析组合体由哪些基本几何体组成，截平面与基本几何体表面的交线情况，然后分别作出每个基本几何体和平面的交线，下面举例说明。

【例 3–18】如图 3–31(a)所示，求作组合回转体的俯视图。

【**解**】 分析：该组合体由圆台和圆柱两个基本几何体组合后被平面 P 和 Q 切割所得。两个基本体同轴，平面 P 为水平面，和圆锥面相交的截交线为双曲线，和圆柱面相交的截交线为直线，平面 Q 为侧平面，和圆柱面相交的截交线为圆弧。

作图(参见图 3–31(b)、(c))：

(1) 作组合体未切割前的水平投影，注意不同回转面之间的交线。

(2) 根据主视图和左视图中截交线的投影，作俯视图中截交线投影。圆锥和平面 P 的截交线的水平投影为双曲线；圆柱和平面 P 的截交线的水平投影为两条直线，且两直线分别和双曲线两个端点相连；圆柱和平面 Q 的截交线为圆弧，其水平投影积聚成一直线。

(3) 判断可见性，下半部分圆柱和圆锥有交线，不可见部分画成虚线。

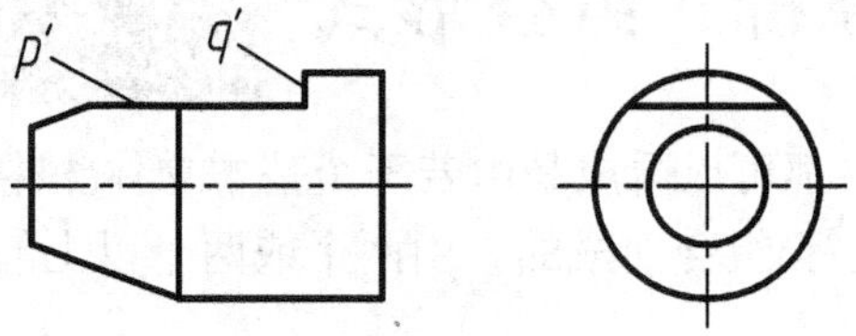

(a) 已知条件

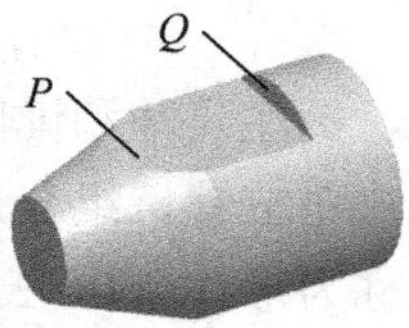

(b) 立体图

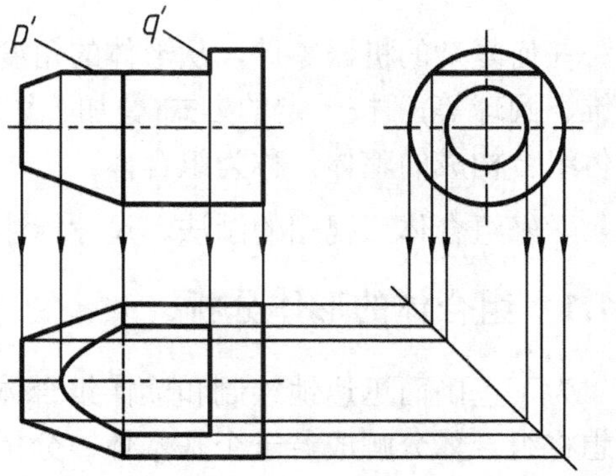

(c) 作图过程

图 3–31　平面和组合回转体交线的投影画法

本章习题集答案

第 4 章 组合体和相贯线

4.1 组合体的形体分析和组合形式

任何复杂的机器零件，从形体的角度来分析，都可以看成是由若干个基本立体(棱柱、棱锥、圆球等)，按一定的方式(叠加、切割或穿孔等)组合而成的。由两个或两个以上的基本体组合构成的整体，称为组合体。

学好组合体三视图的画法、尺寸标注和读图方法，是读、画零件图的基础。

4.1.1 组合体的形体分析

为了正确而迅速地绘制和读懂组合体视图，通常在绘图、标注尺寸和读图的过程中，假想将组合体分解成若干个基本体，分析各基本体的形状、相对位置、组合形式以及表面连接关系，这种把复杂形体分解成若干基本形体的分析方法称为形体分析法。形体分析法是绘图与读图的基本分析方法，可以把一个复杂的问题分解成几个简单的问题加以解决。

如图 4–1 所示的支承座，可以看成是由凸台、支承板和底板等三部分组成。

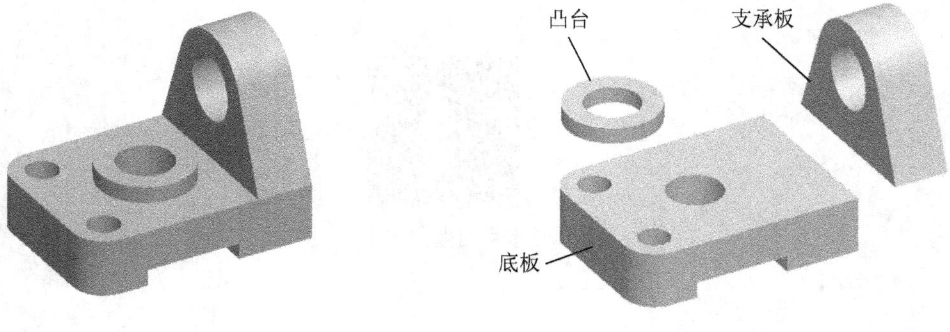

(a) 支承座形体　　(b) 形体分解图

图 4–1 支承座的形体分析

4.1.2 组合体的组合形式

组合体的组合形式有叠加和切割两种基本形式，常见的是这两种形式的综合。

(1) 叠加型。由若干个基本体叠加构成的组合体称为叠加型组合体。如图 4–2(a)所示的六角头螺栓(毛坯)，可看成是由六棱柱、圆柱和圆台三个基本体叠加而成。

(2) 切割型。由若干个基本体切割或挖孔、开槽形成的组合体称为切割型组合体。如图 4–2(b)所示的接头是从圆柱体上切割掉三个简单体而形成的。

(3) 综合型。既有叠加又有切割构成的组合体称为综合型组合体。如图 4–2(c)所示的支架，是由带圆角长方体、U 型柱体和三棱柱叠加后，再切割掉三个圆柱后形成的。

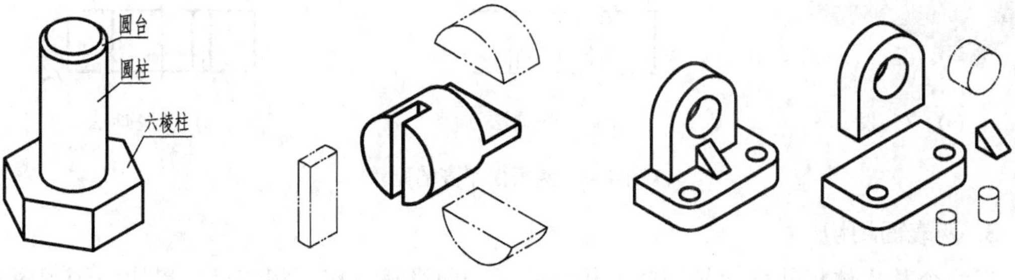

(a) 叠加型　(b) 切割型　(c) 综合型

图 4–2　组合体的组合形式

4.1.3 组合体的表面连接关系

为了正确绘制组合体的三视图，首先要分析组合体上被叠加或切割掉的各基本体之间的相对位置和相邻表面之间的连接关系。当两个基本体无论以哪种形式组合在一起时，其形体之间的表面连接方式，一般可分为四种：

1. 两表面不平齐

当两个基本体叠加，但相邻两表面不平齐时，两立体之间存在分界面。画视图时，分界处应画出分界线。

图 4–3(a)所示组合体的形体Ⅰ、Ⅱ叠加，但宽度不等，前、后端面均不平齐，组合体的主视图中应画出两形体的分界线，见图 4–3(b)。图 4–3(c)所示为主视图漏线的错误画法。

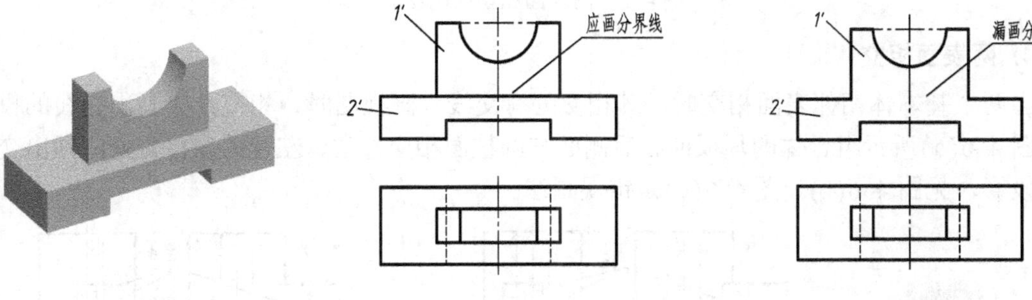

(a) 立体图　(b) 正确画法　(c) 错误画法

图 4–3　两表面不平齐的画法

2. 两表面平齐

当两个基本体叠加，相邻两表面平齐时，平齐的两表面构成一个完整的平面，平齐无界限。画视图时，该处没有分界线。

图 4–4(a)所示组合体的形体Ⅰ、Ⅱ叠加，宽度相等，相邻前、后端面均平齐，相接处

形成共面，也不存在接缝面，组合体的主视图中不应再画两形体之间的分界线，见图 4–4(b)。图 4–4(c)所示为主视图多画分界线的错误画法。

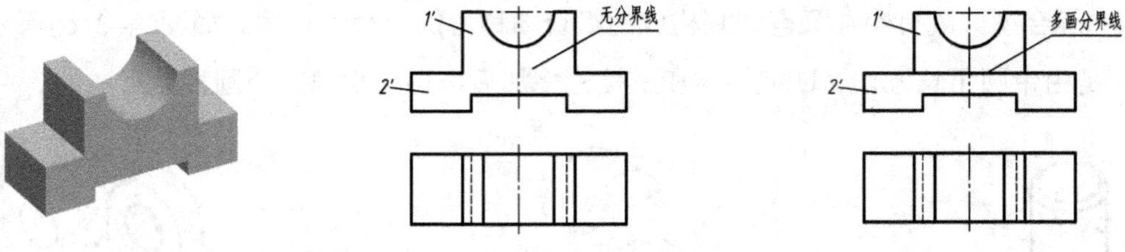

(a) 立体图　　(b) 正确画法　　(c) 错误画法

图 4–4　两表面平齐的画法

3. 两表面相切

当两个基本体相邻表面相切时，相切的两表面光滑连接，相切处无界线。画视图时，该处不画接缝线。常见的基本体的两表面相切有：平面与曲面相切、曲面与曲面相切。

图 4–5(a)所示组合体是由耳板和圆筒相切而成的。耳板前、后两平面和圆柱面相切、在相切处光滑过渡。画视图时，主、左视图相切处不画线，但耳板顶面 *I* 的正面投影 *1′* 和侧面投影 *1″* 应画到切点处，见图 4–5(b)的投影分析。图 4–5(c)是常见错误画法。

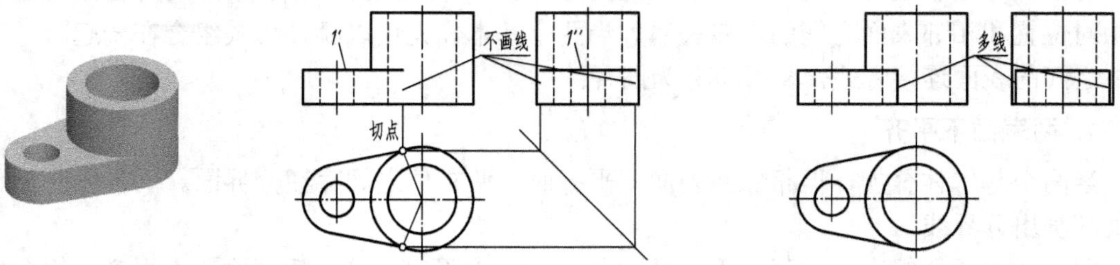

(a) 立体图　　(b) 正确画法　　(c) 错误画法

图 4–5　两表面相切的画法

4. 两表面相交

当两个基本体相邻表面相交时，其相交处有交线。画视图时，相交处应画出交线的投影。图 4–6(a)所示组合体的耳板前、后侧面与圆柱面相交，主、左视图在相交处应画出交线的投影，见图 4–6(b)。图 4–6(c)是错误画法。

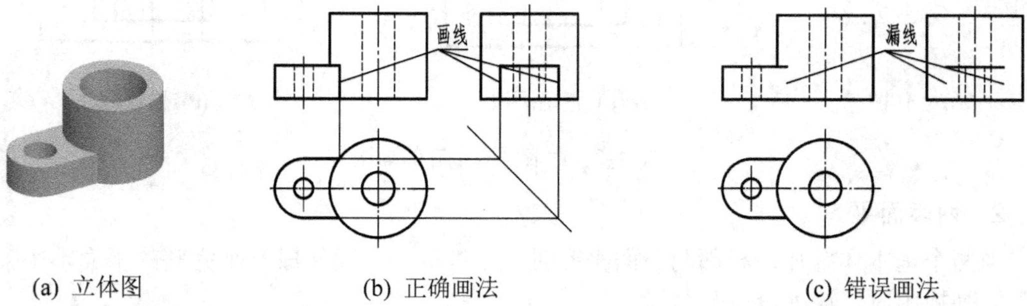

(a) 立体图　　(b) 正确画法　　(c) 错误画法

图 4–6　两表面相交的画法

4.2 相 贯 线

4.2.1 相贯线的概念及性质

两个立体彼此相交称为相贯，两个相贯的立体称为相贯体。

相贯线是由两个基本体相交而自然产生的表面交线，由于各基本体的几何形状、大小和相对位置不同，相贯线的形状也不相同。相贯线也是机器零件上常见的一种表面交线，如图 4–7 所示，零件表面上的相贯线大多是圆柱、圆锥、球面等曲面立体表面相交而成。

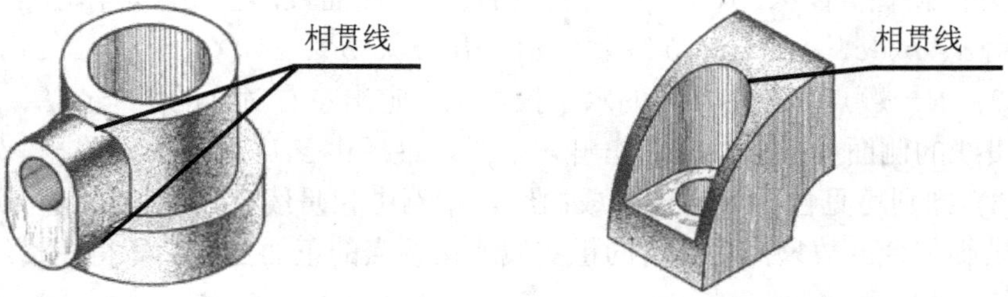

(a) 相贯体叠加形成的相贯线　　(b) 相贯体切割形成的相贯线

图 4–7　相贯线及零件示例

相贯线具有以下两个基本性质：

(1) 共有性。相贯线是两个基本体表面的共有线，也是分界线，是两个基本体表面共有点的集合。

(2) 封闭性。因为基本体具有一定的范围，所以相贯线一般是封闭的。

根据上述性质可知，求相贯线的实质，就是求两基本体表面的共有点，将这些点光滑地连接起来，即得相贯线。

求相贯线的常用方法有三种：利用积聚性求解、辅助平面法和辅助球面法。根据两个相交基本体的基本性质、相对位置及投影特点确定相贯线的求法。

4.2.2 利用积聚性求相贯线

当两个圆柱正交(即两圆柱轴线垂直相交)且轴线分别垂直于投影面时，则圆柱面在该投影面上的投影积聚为圆，而相贯线的投影也重合在圆上，可利用点、线的两个已知投影求第三个未知投影的方法画出相贯线的投影。

利用积聚性求相贯线的主要步骤如下：

(1) 分析两回转体的形状、相对位置及相贯线的空间形状，判断相贯线有无积聚性的投影。

(2) 作特殊点。特殊点一般是相贯线上处于极端位置的点，如最高、最低点，最左、最右点，最前、最后点。求出特殊点，便于确定相贯线的位置范围。

(3) 作一般点。为准确作出相贯线，需要在特殊点之间求出若干个一般点，便于确定相贯线的形状。

(4) 判别可见性。相贯线上的点只有同时位于两个回转体的可见表面上时，其投影才可见。

(5) 光滑连接。用曲线光滑连接各点，可见的用粗实线连接，不可见的用虚线连接。

【例 4–1】求作图 4–8(a)所示两圆柱正交的相贯线。

【解】分析：由于两圆柱轴线分别垂直于水平投影面和侧立投影面，因此，相贯线的水平投影与小圆柱面的水平投影(圆)重合，相贯线的侧面投影与小圆柱穿进大圆柱处的侧面投影(圆弧)重合，所以只需求出相贯线的正面投影。又由于两圆柱相贯位置前后对称，故相贯线正面投影的前半部分与后半部分重合为一段曲线。

作图(参见图 4–8(b))：

(1) 求特殊点。先在相贯线的水平投影上确定出最左、最右点(*A*、*B*)以及最前、最后点(*C*、*D*)的水平投影 *a*、*b*、*c*、*d*，再在相贯线的侧面投影上相应地作出点 a''、b''、c''、d''，最后由 *a*、*b*、*c*、*d* 和 a''、b''、c''、d''作出 a'、b'、c'、d'。

(2) 求一般点。在相贯线的水平投影上，定出左右对称的两个点 *E*、*F* 的投影 *e*、*f*，再在相贯线的侧面投影上相应地作出 e''、f''，最后由 *e*、*f* 和 e''、f''作出 e' 和 f'。

(3) 判别可见性并光滑连点成曲线。本例中相贯线前后对称，其可见与不可见部分的正面投影重合，故只需用光滑的粗实线连接各点的正面投影，即得相贯线的正面投影。

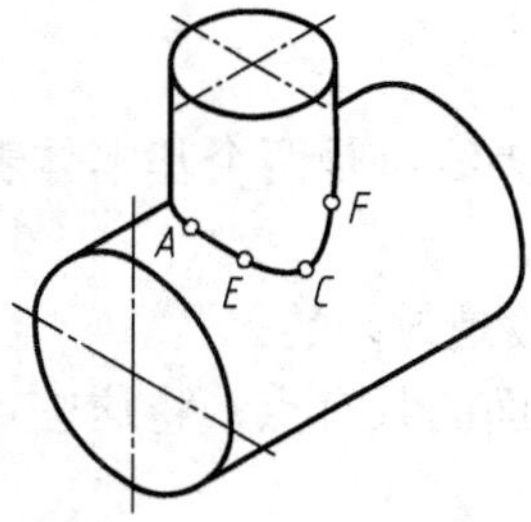

(a) 立体图

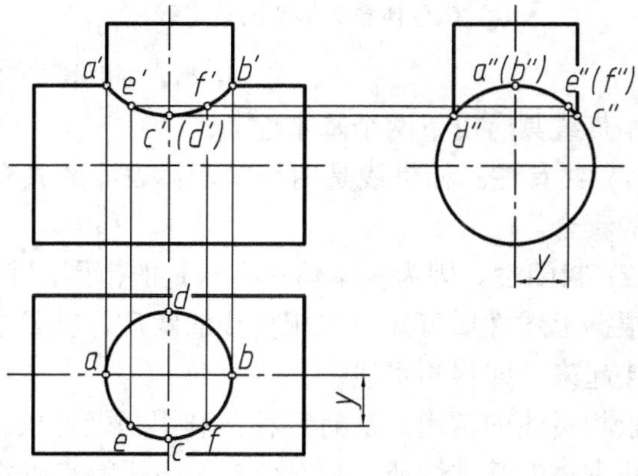

(b) 已知条件和作图过程

图 4–8　作两圆柱的相贯线的投影

两正交的圆柱在零件上是最常见的，如表 4–1 所示，它们的相贯线一般有三种形式：

(1) 两实心圆柱相交。表 4–1 左侧列表表示小的实心圆柱全部贯穿大的实心圆柱，相贯线是上下对称的两条闭合的空间曲线。

(2) 圆柱孔与实心圆柱相交。表 4–1 中间列表示圆柱孔全部贯穿实心圆柱，相贯线也是上下对称的两条闭合的空间曲线，且就是圆柱孔上、下孔口曲线。

(3) 两圆柱孔相交。表 4–1 右侧列表表示长方体内部两个圆柱孔的孔壁交线，同样是上下对称的两条闭合的空间曲线。表中所附的是该形体被切割掉前一半后的立体图。

需要说明的是两圆柱正交时，其相贯线会因两圆柱直径的相对变化而变化，其变化规律如表 4–2 所示。

表 4–1　正交两圆柱相贯线的三种形式

相交情况	两实心圆柱相交	圆柱孔与实心圆柱相交	两圆柱孔相交
立体图	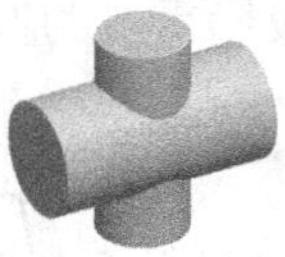	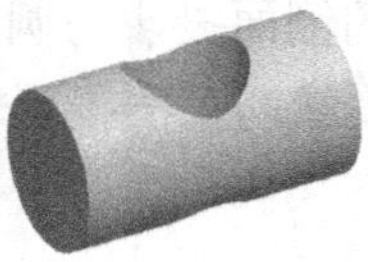	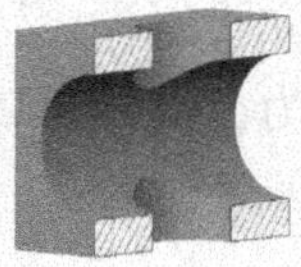
投影图	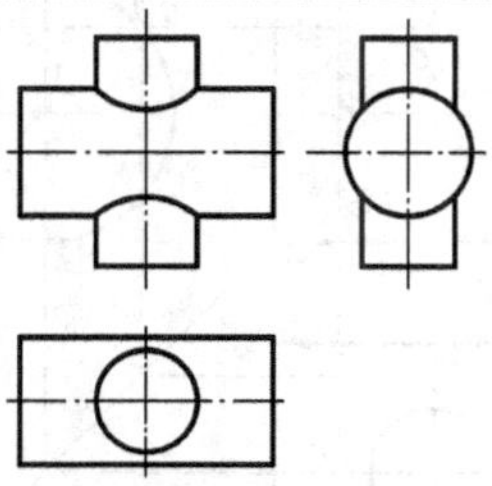	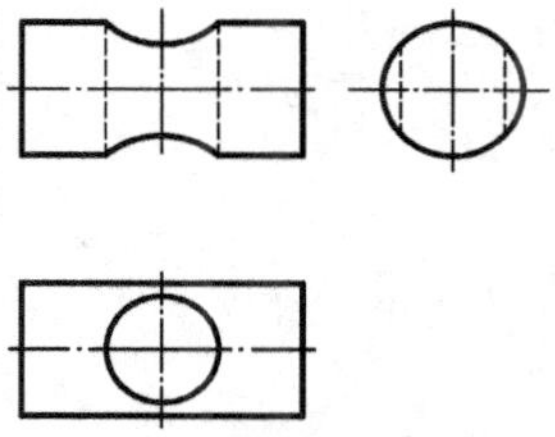	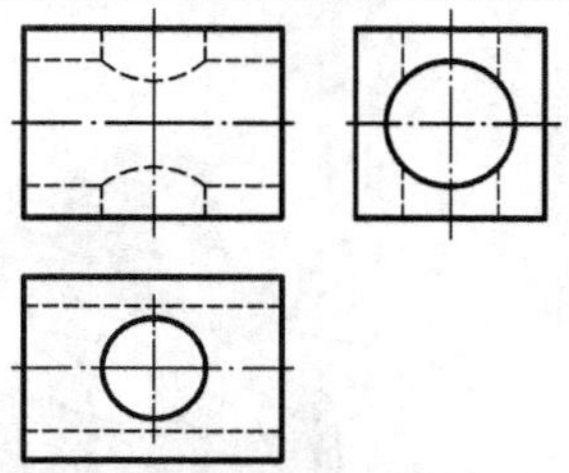

表 4–2　正交两圆柱直径相对变化时对相贯线的影响

两圆柱 直径关系	水平圆柱较大	两圆柱直径相等	垂直圆柱较大
立体图	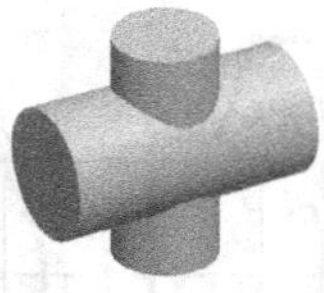	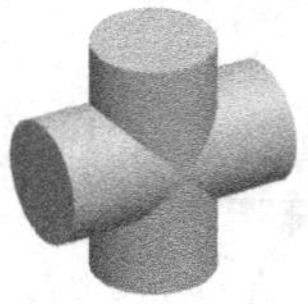	
相贯线特点	上、下两条空间曲线	两个互相垂直的椭圆	左、右两条空间曲线
投影图	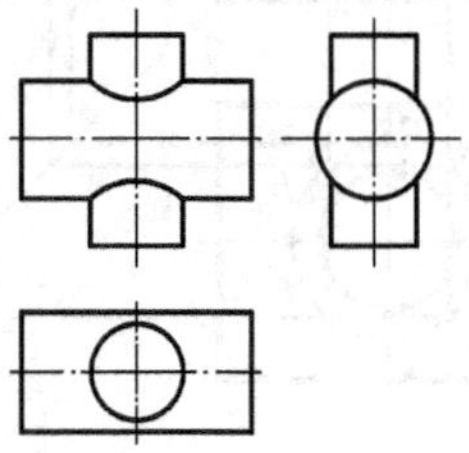	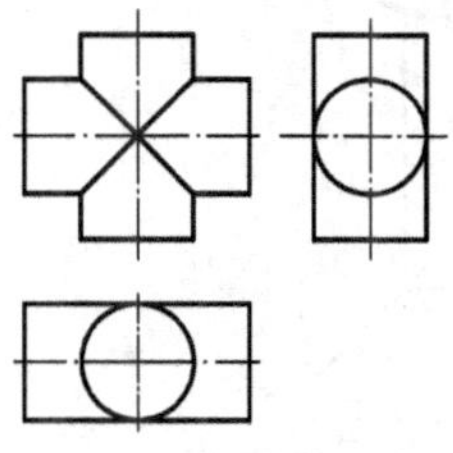	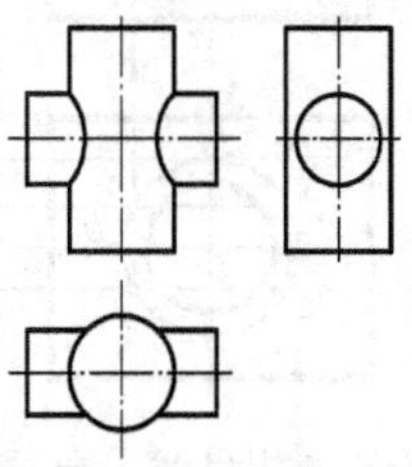

4.2.3　利用辅助平面求相贯线

当相贯的两基本体只有一个投影具有积聚性，无法利用积聚性求相贯线时，可利用辅助平面法求得。

辅助平面法是用辅助平面同时截断相贯的两基本体，找出两截交线的交点，即相贯线上的点。这些点既在两回转体表面上，又在辅助平面内。因此，辅助平面法就是利用二面共线、三面共点的原理，用若干个辅助平面求出相贯线上一系列共有的点。

为了作图简便，选择辅助平面的原则是：应使辅助平面与两相贯体的截交线的投影同为最简单的直线或圆。通常多选用与投影面平行的平面作为辅助平面。

利用辅助平面求相贯线的主要步骤如下：

(1) 选择合适的辅助平面。

(2) 求出辅助平面与回转体表面的交线。

(3) 求出交线的交点，并用光滑的曲线连接，即得相贯线。

【例 4–2】求作图 4–9(a)所示圆柱与圆锥正交的相贯线的投影。

【解】分析：圆柱与圆锥轴线正交，其相贯线为封闭的空间曲线。由于圆柱的轴线垂直于侧立投影面，因此，相贯线的侧面投影与圆柱面的侧面投影重合为圆锥穿进处的一段圆弧，为已知。所以只需求出相贯线的正面投影和水平投影。

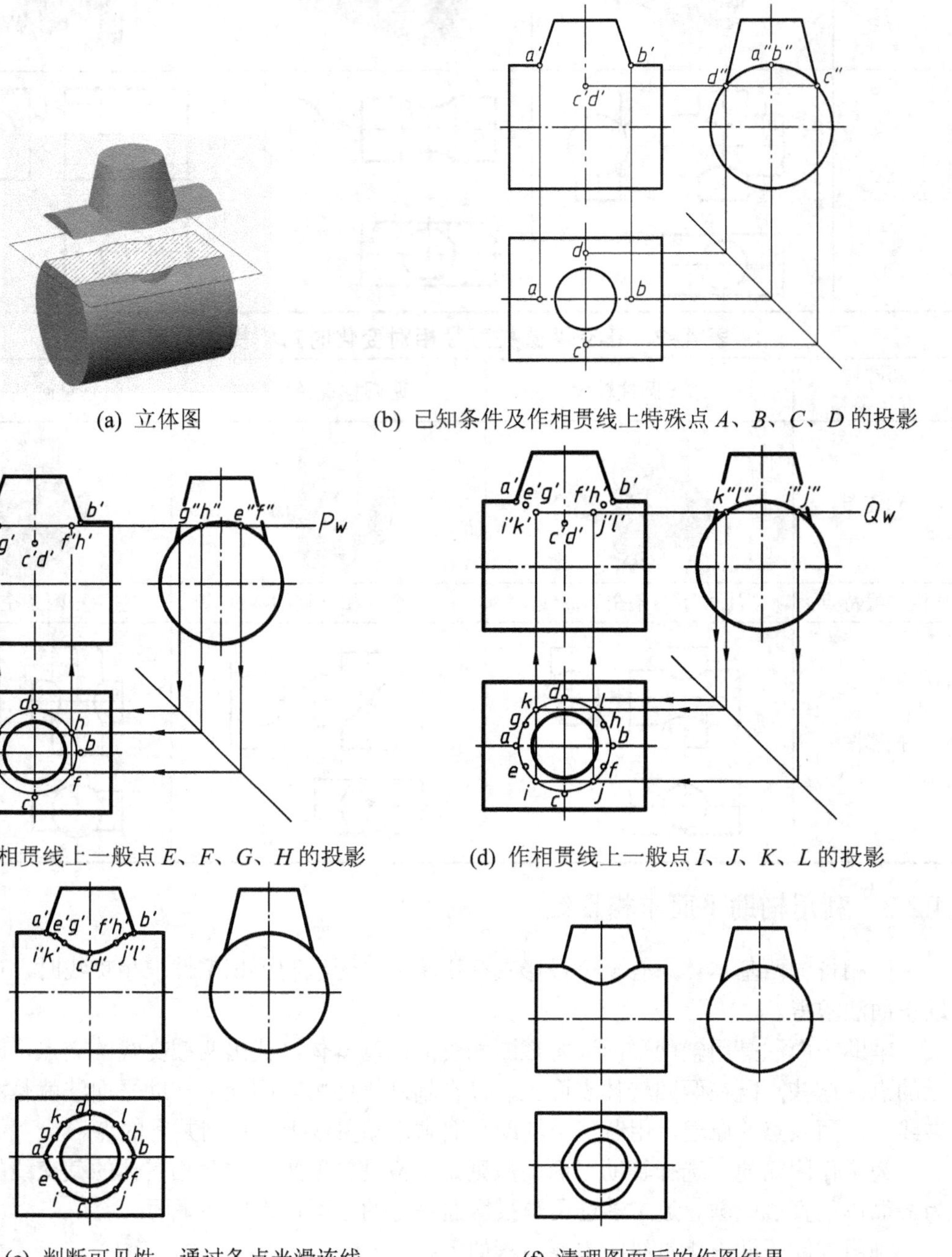

(a) 立体图　　(b) 已知条件及作相贯线上特殊点 *A*、*B*、*C*、*D* 的投影

(c) 作相贯线上一般点 *E*、*F*、*G*、*H* 的投影　　(d) 作相贯线上一般点 *I*、*J*、*K*、*L* 的投影

(e) 判断可见性，通过各点光滑连线　　(f) 清理图面后的作图结果

图 4–9　求圆柱和圆椎正交相贯线的画法

作图(参见图 4–9(b)～(f))：

(1) 求特殊点。如图 4–9(b)所示，根据相贯线最高点 *A*、*B* (也是最左、最右点)和最低

点 C、D(也是最前、最后点)的侧面投影 a''、b''、c''、d''，可求出正面投影 a'、b'、c'、d' 和水平投影 a、b、c、d。

(2) 求一般点。如图 4–9(c)所示，在适当位置选用水平面 P 作为辅助平面，辅助平面截切圆锥的截交线的水平投影为圆，辅助平面截切圆柱的截交线的水平投影为两条平行直线，圆与两直线的交点 e、f、g、h 即为相贯线上的点。再根据水平投影 e、f、g、h 求正面投影 e'、f'、g'、h'。用同样的方法再以水平面 Q 作辅助平面，求得一般点 I、J、K、L 的投影，见图 4–9(d)。

(3) 判断可见性，通过各点光滑连线。因相贯体前后对称，相贯线正面投影的前半部分与后半部分重合为一段曲线。光滑连接各点的同面投影，即得相贯线的正面投影和水平投影，见图 4–9(e)。清理图面后的作图结果见图 4–9(f)。

4.2.4　两回转体相贯线的特殊情况

两回转体相交，其相贯线一般为空间曲线。但在特殊情况下，也可能是平面曲线或是直线。画相贯线时，如果遇到下述特殊情况，可直接画出相贯线。

(1) 如图 4–10 所示，当圆柱与圆柱、圆柱与圆锥轴线相交，并公切于同一球面时，相贯线为椭圆，该椭圆的正面投影为一直线段，水平投影为类似形(圆或椭圆)。

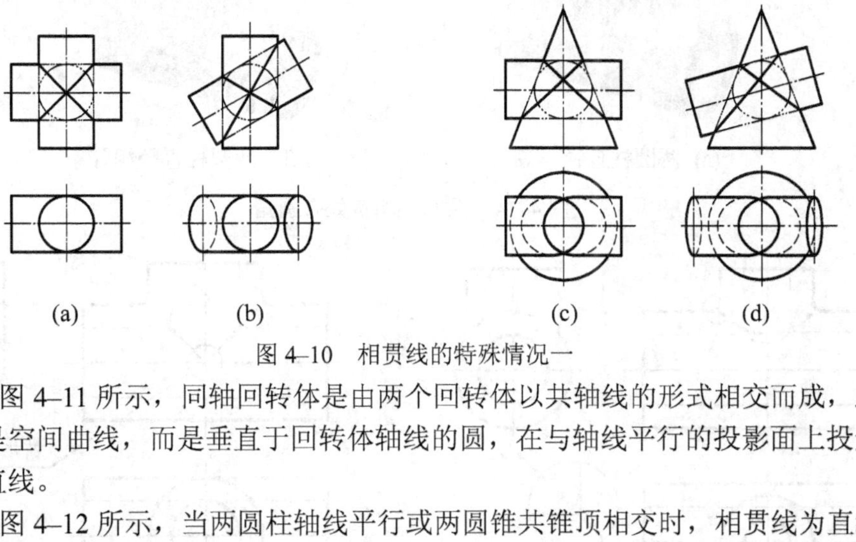

(a)　(b)　(c)　(d)

图 4–10　相贯线的特殊情况一

(2) 如图 4–11 所示，同轴回转体是由两个回转体以共轴线的形式相交而成，此时的相贯线已不是空间曲线，而是垂直于回转体轴线的圆，在与轴线平行的投影面上投影为垂直于轴线的直线。

(3) 如图 4–12 所示，当两圆柱轴线平行或两圆锥共锥顶相交时，相贯线为直线。

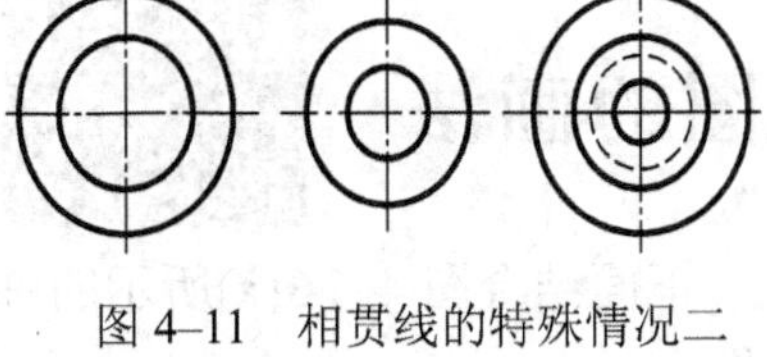

图 4–11　相贯线的特殊情况二

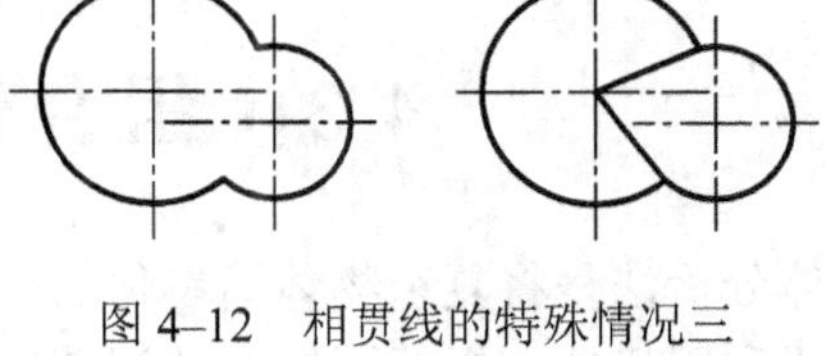

图 4–12　相贯线的特殊情况三

4.2.5　相贯线的近似画法及过渡线画法

1. 相贯线近似画法

一般情况下，两直径不等圆柱的相贯线可采用国家标准允许的简化画法，用一段圆弧代替非圆曲线的相贯线。如图 4–13 所示，相贯线的正面投影以大圆柱的半径为半径作圆弧，代替非圆曲线的相贯线，圆弧凸向大圆柱的轴线。

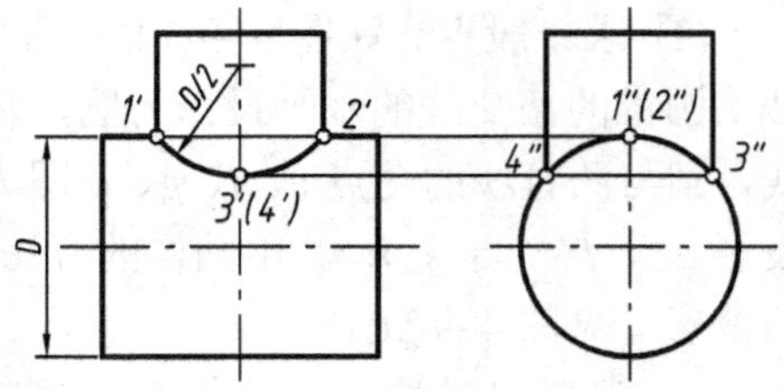

图 4–13　相贯线的近似画法

2. 过渡线画法

在铸件或锻件中，由于工艺上的要求，在两个表面的相交处用一个曲面圆滑地连接起来，这个过渡曲面叫圆角，如图 4–14 所示。有了圆角相贯线就不明显了，但为了看图时容易区分形体界限，仍画出理论上的相贯线，这条线称为过渡线，如图 4–15 所示。图 4–15(b)所示为两直径相同的圆柱相交，其表面交线为平面曲线，过渡线应在两曲面轮廓相切处断开。

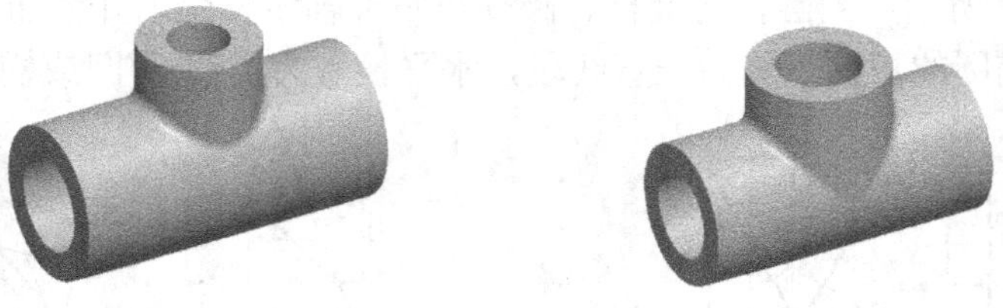

(a) 两圆柱直径不等　　(b) 两圆柱直径相等

图 4–14　两圆柱相贯处有圆角

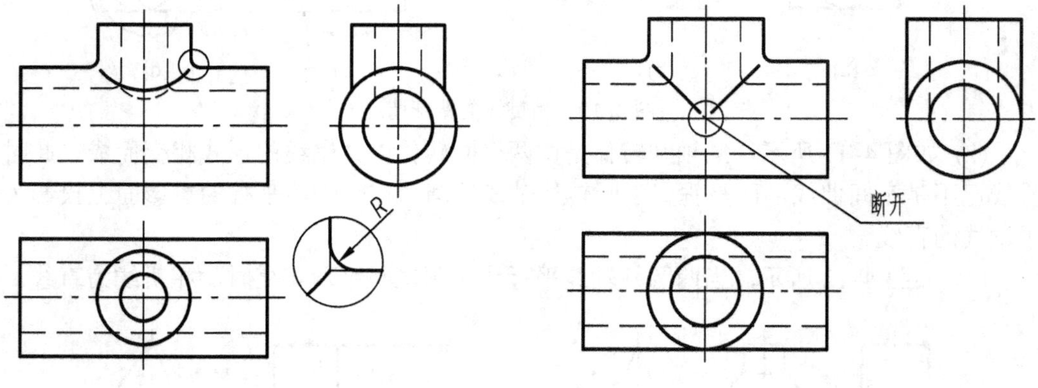

(a) 直径不等　　(b) 直径相等

图 4–15　两圆柱相贯——过渡线的画法

4.3　组合体三视图的画法

形体分析法是将复杂物体简单化的一种思维方法。下面结合图 4–16(a)所示的轴承座为例，说明利用形体分析法画组合体视图的方法和步骤。

4.3.1　形体分析

拿到组合体实物(或轴测图)后，首先应对它进行形体分析，搞清楚它的前、后、左、右、上、下六面的形状，并根据其结构特点，想一想大致可以分为几个部分？它们之间的相对位置关系如何？采用了什么样的组合形式？思考这些问题以便为画三视图做好准备。

如图 4–16(b)所示，按轴承座的结构特点可将它分为凸台、轴承、肋板、支承板和底板五个部分。支承板与肋板叠加在底板之上，支承板的左右两侧面和轴承的外表面相切，肋板两侧面与轴承的外表面相交，凸台与轴承相贯。

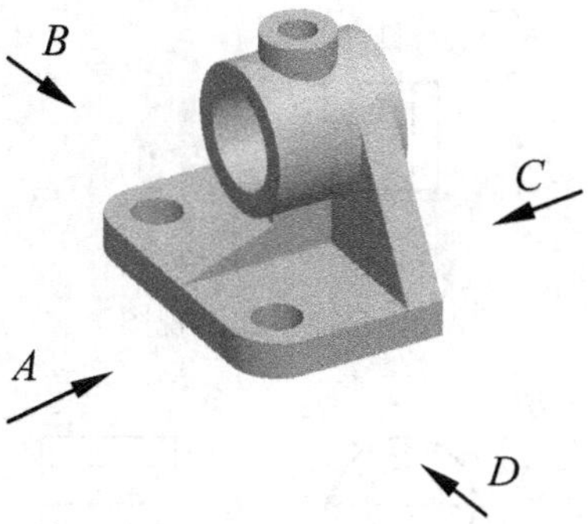

(a) 轴承座形体

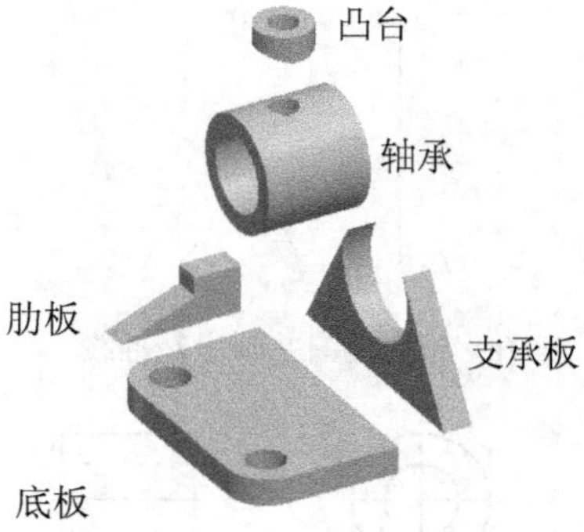

(b) 形体分解图

图 4–16　轴承座的形体分析

4.3.2　选择主视图

主视图是三视图中的主要视图，应能反映出组合体形状的主要特征，即选择反映组合体形状和位置特征较多的某一面作为主视图的投射方向，并尽可能使形体上主要方向平行于投影面，以便使投影能得到实形。同时，考虑组合体的自然安放位置，兼顾其他两个视图表达的清晰性。

如图 4–17 所示的轴承座主视图选择分析，在图 4–16(a)箭头所指的四个投射方向中，选择 *A* 向作为主视图的投射方向比较合理。

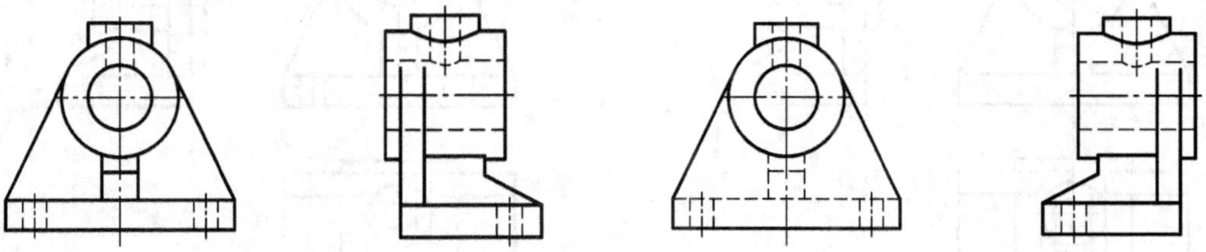

A 向　*B* 向　*C* 向　*D* 向

图 4–17　分析轴承座主视图的投射方向

4.3.3　选比例，定图幅，布图

视图确定后，便要根据实物大小，按标准规定选择适当的比例和图幅。在一般情况下，比例尽可能选用 1:1，然后根据所绘制视图的大小以及留足标注尺寸和画标题栏的位置来确

定图幅。比例和图幅选定以后，在图纸上首先应布置视图位置，即布图。布图时，应将视图匀称地布置在幅面上。视图间的距离应保证能注全所需的尺寸。

4.3.4　画三视图

按形体分析法将组合体分解而成的各基本体的相对位置以及表面连接关系，由主要的基本体和便于绘图出发，逐个画出它们的三视图。轴承座的视图画法步骤见图 4–18。

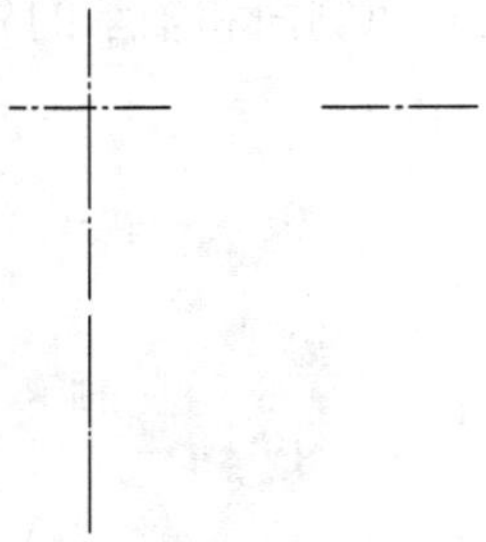

(a) 布置视图并画出基准线

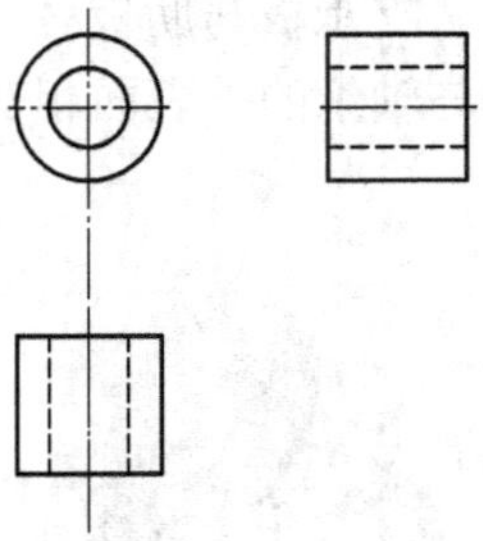

(b) 画轴承的三视图

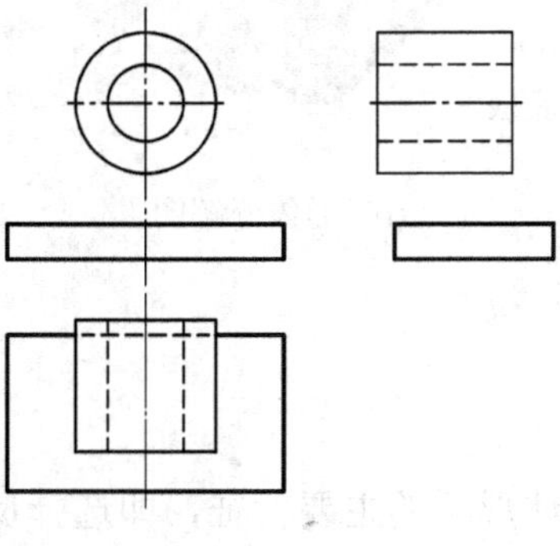

(c) 画底板的三视图

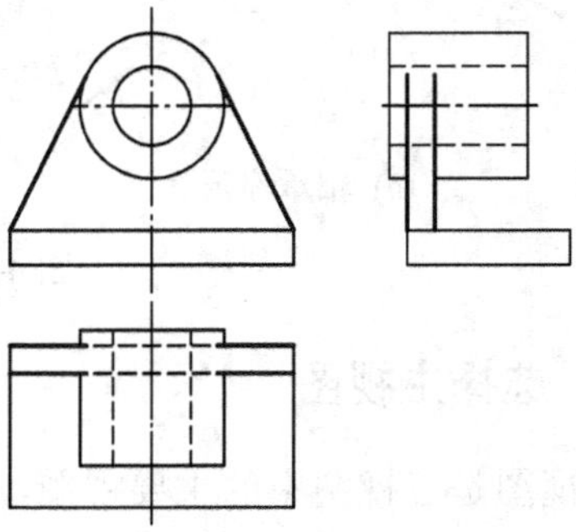

(d) 画支承板的三视图

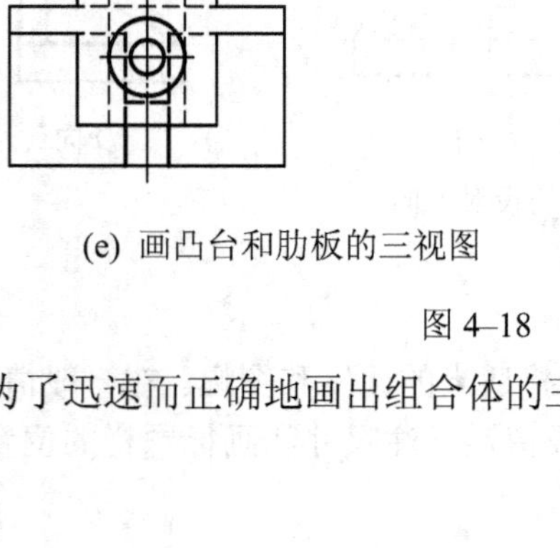

(e) 画凸台和肋板的三视图

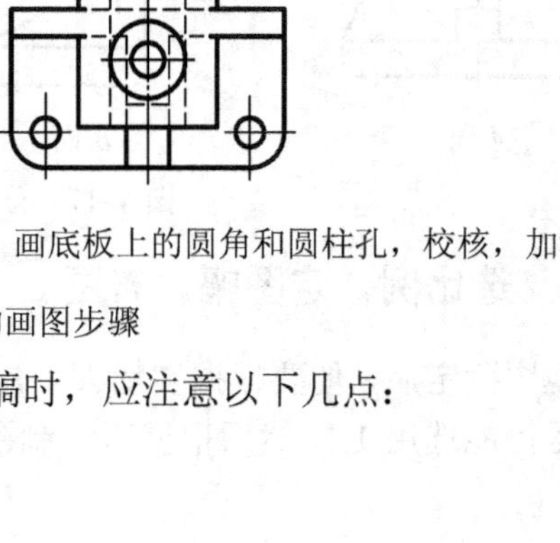

(f) 画底板上的圆角和圆柱孔，校核，加深

图 4–18　轴承座三视图的画图步骤

为了迅速而正确地画出组合体的三视图，画底稿时，应注意以下几点：

(1) 画图时，一般应从形状特征明显的视图入手。先画主要部分，后画次要部分；先画看得见的部分，后画看不见的部分；先画圆或圆弧，后画直线。

(2) 画形体的顺序为先实(实形体)后空(挖去的形体)，先大(大形体)后小(小形体)，先画轮廓后画细节。形体的每一组成部分，要 3 个视图配合着画。就是说，不要先把一个视图确定完再画另一个视图，这样，不但可以提高绘图速度，还能避免多线或漏线。

(3) 各形体之间的相对位置，要正确反映在各个视图中。

(4) 应从整体概念出发，处理各形体之间表面连接关系和衔接处图线的变化。

底稿完成后，在三视图中依次核对各组成部分的投影关系正确与否；分析相邻两形体接合处的画法有无错误，是否多线、漏线；再以实物或者轴测图与三视图对照，确认无误后，描深图线，完成全图。

4.4　组合体三视图的识读

画图是运用投影规律将物体画成视图来表达其形状；读图是根据已画出的视图，运用投影规律，进行分析、判断、想象出空间形状的过程。显然，照物画图和依图想物相比，后者的难度要大些。为了能够正确地看懂视图，必须掌握读图的基本要领和基本方法，并通过反复实践，不断提高空间想象能力，提高看图水平。

4.4.1　读图的基本要领

1. 将几个视图联系起来看

一个视图不能确定物体的形状。例如，若只看图 4–19 中的主视图，它可以表示出形状不同的许多物体。

有时只看两个视图，也无法确定物体的形状。图 4–20 所示为形状不同的物体，但主、俯视图却完全相同。

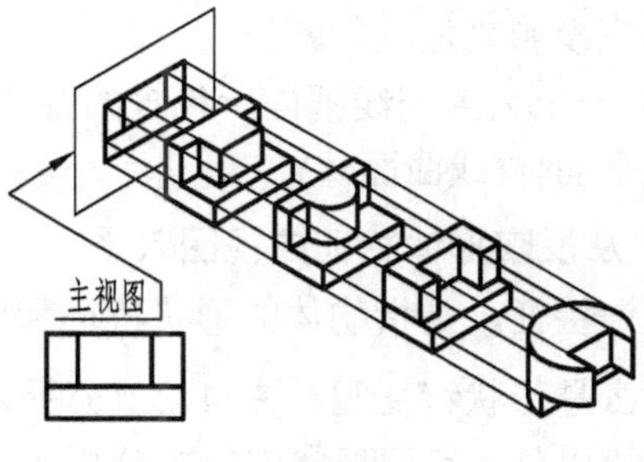

图 4–19　一个视图不能准确表达物体的形状

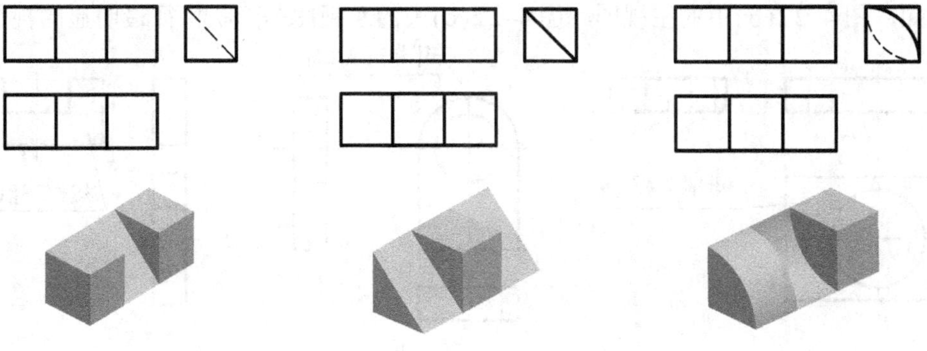

(a)　(b)　(c)

图 4–20　两个视图不能准确表达物体的形状

由此可见，看图时，必须把所给的视图联系起来看，才能想象出物体的确切形状。

2. 搞清视图中图线和线框的含义

视图是由一个个封闭线框组成的，而线框又是由图线构成的。因此，弄清图线及线框的含义，是十分必要的。下面以图 4–21 为例，说明图线和线框的含义。

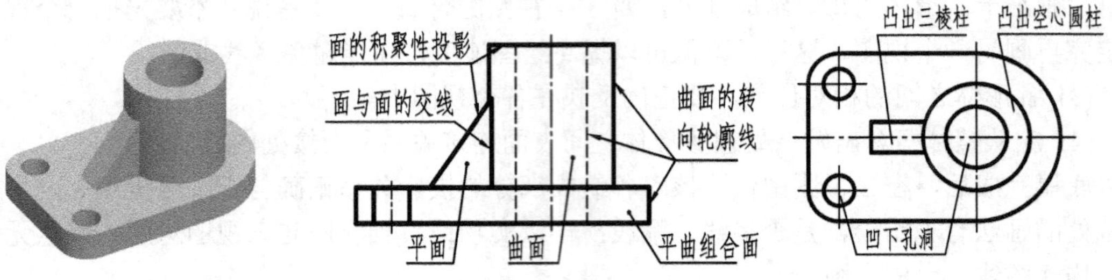

图 4–21　视图中图线与线框的分析

(1) 视图中图线的含义。

① 有积聚性的面的投影。

② 面与面的交线。

③ 曲面的转向轮廓线。

(2) 视图中线框的含义。

① 一个封闭的线框，表示物体的一个面，可能是平面、曲面、组合面或孔洞。

② 相邻的两个封闭线框，表示物体上位置不同的两个面。由于不同线框代表不同的面，它们表示的面有前、后、左、右、上、下的相对位置关系，可以通过这些线框在其他视图中的对应投影来加以判断。

③ 一个大封闭线框内所包含的各个小线框，表示在大平面体(或曲面体)上凸出或凹下各个小平面体(或曲面体)。

3. 从反映形体特征的视图入手

所谓特征，是指物体的形状特征和位置特征。

什么是形状特征呢？图 4–22(a)所示为底板的三视图，假如只看主、左两视图，那么除了板厚以外，其他形状就很难分析了；如果将主、俯视图配合起来看，即使不要左视图，也能想象出它的全貌，显然，俯视图是反映该物体形状特征最明显的视图。用同样的分析方法可知，图 4–22(b)中的主视图、图 4–22(c)中的左视图是形状特征最明显的视图。

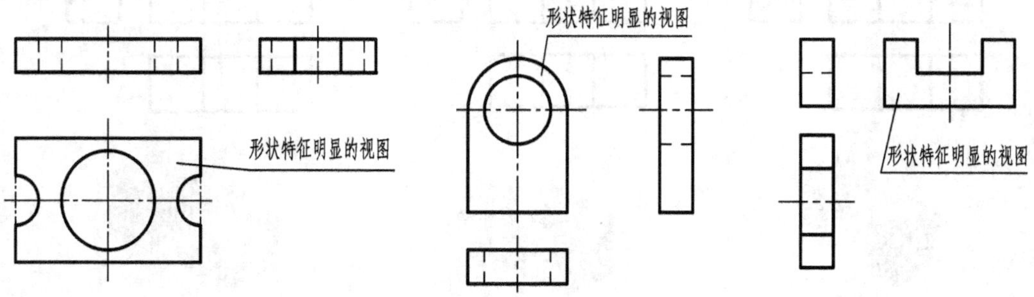

(a)　　(b)　　(c)

图 4–22　形状特征明显的视图

什么是位置特征?在图 4–23(a)中，如果只看主、俯视图，Ⅰ、Ⅱ两个形体哪个凸出?哪个凹进？无法确定。因为这两个线框可以表示图 4–23(b)的情况，也可以表示图 4–23(c)

的情况。但如果将主、左视图配合起来看，则不仅形状容易想清楚，而且Ⅰ、Ⅱ两形体前者凸出、后者凹进也确定了，即是图 4–23(c)所示的一种情况。显然，左视图是反映该物体各组成部分之间的位置特征最明显的视图。

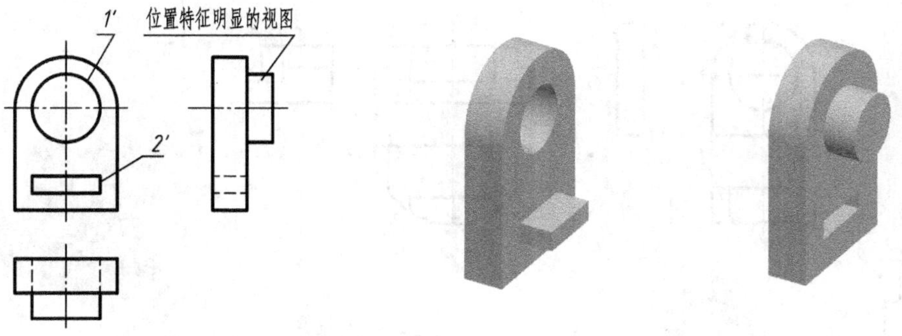

(a)　　　　(b)　　　　(c)

图 4–23　位置特征明显的视图

物体上每一组成部分的特征，并非总是全部集中在一个视图上。因此，无论哪个视图(一般以主视图为主)，只要形状、位置特征有明显之处，就应从该视图入手。

4.4.2　形体分析法

形体分析法是识读组合体三视图的基本方法，其思路是：在反映形体特征比较明显的视图(一般是主视图)上先按线框将组合体划分为几个部分，即几个基本体，然后依据“三等”规律，找到各线框所表示的部分在其他视图中的投影，从而分析各部分的形状。想出各组成部分形状之后，再根据整体三视图，分析它们之间的相对位置和组合形式，进而综合想象出该物体的整体形状。

运用形体分析法读图，关键在于掌握分解复杂图形的方法。只有将复杂的图形分解出几个简单图形，通过对简单图形的识读并加以综合，才能达到较快读懂复杂图形的目的。

下面以图 4–24 所示支座三视图说明运用形体分析法读图的方法与步骤。

(1) 在表达该组合体形状特征较明显的主视图中分线框，分基本体。

现从主视图入手，将组合体划分为两个封闭线框，如图 4–25(a)所示，可以认为该组合体是由上、下两部分基本体组成。

(2) 根据主、俯视图长对正，主、左视图高平齐，俯、左视图宽相等的特性，将主视图分解的各线框逐一在其他图上找到所对应的投影，分析各部分的形状。

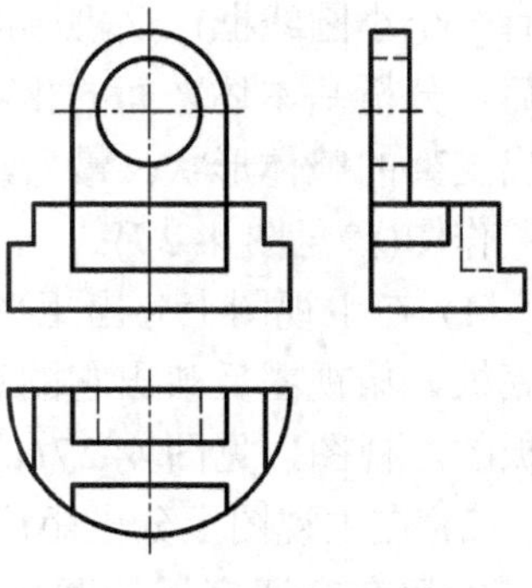

图 4–24　支座的三视图

如图 4–25(b)所示，主视图中的线框 *I* 对应俯视图、左视图投影分别为矩形线框，不难想象出基本体 *I* 是一块 U 型板，中间挖空圆柱孔。

如图 4–25(c)所示，主视图中的线框 *II* 是一个左右缺角的矩形，中间上方有一个小矩形，与俯视图、左视图对投影可以想象，基本体 *II* 是半圆柱形底座，左右两边上方和前上方各切去一块。

(3) 综合起来想整体。将各部分按图中所示的相对位置叠加起来，得出组合体的整体形状，如图 4–25(d)所示的立体图。

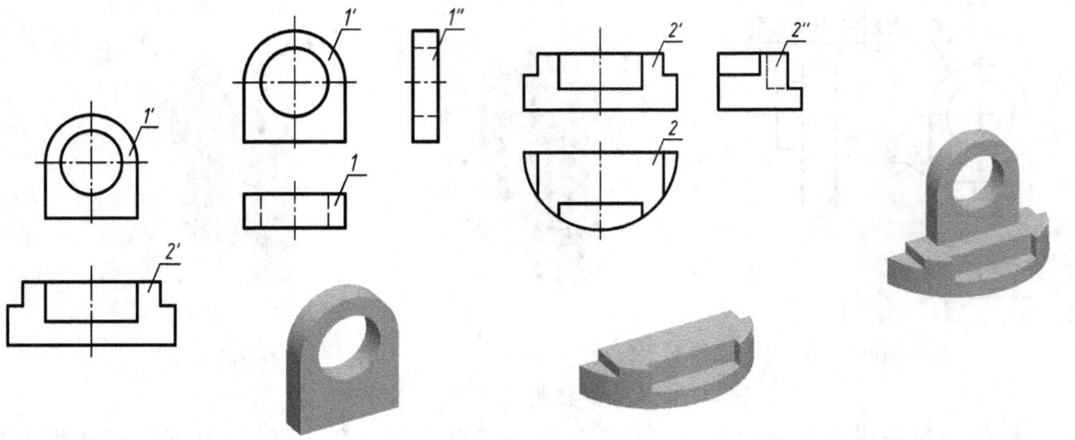

(a)　主视图分线框　(b) 对投影，定基本体 *I*　　(c) 对投影，定基本体 *II*　　　(d) 合成整体

图 4–25　形体分析法读支架三视图的步骤

由此可以归纳出运用形体分析法读图的基本步骤：

(1) 分线框，分基本体；

(2) 对投影，想形状；

(3) 合起来，想整体。

【例 4–3】如图 4–26 所示，已知支架的主、俯视图，补画左视图。

【解】分析：如图 4–26 所示，将主视图划分为四个封闭线框，对应组成组合体的四个基本体的投影：1′是左下角的矩形线框(左侧有两条虚线)；2′是右侧的矩形线框(中间有两条虚线)；3′是三角形线框；4′是圆形线框(中间还有一个小圆线框)。对照俯视图，逐个边想形状边补图。然后，分析基本体之间的相对位置和表面连接关系，综合想出支架的整体形状。最后，从整体出发，校核和加深已补出的左视图。

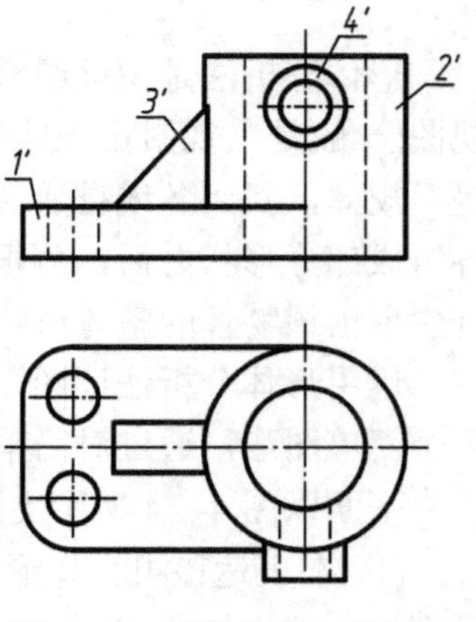

图 4–26　支架的主、俯视图

作图(参见图 4–27)：

(1) 在主视图上分出矩形线框 1′，由主、俯视图对投影，可看出基本体 I 是一块长方体底板，俯视图反映出它的真形，左侧两个角为圆角，并各有一个上下穿通的圆孔。画出底板的左视图，见图 4–27(a)。

(2) 在主视图上分出矩形线框 2′，对照俯视图可知，基本体 *II* 是轴线为铅垂线的圆柱体，中间有穿通底板的圆柱孔，圆柱与底板的前、后端面相切。画出它的左视图，见图 4–27(b)。

(3) 在主视图上分出三角形线框 3′，对照俯视图可知，基本体 *III* 是一个三棱柱肋板。画出它的左视图，见图 4–27(c)。注意：三棱柱上部与圆柱体交线的投影为椭圆弧。

(4) 在主视图上分出圆形线框 4′，对照俯视图可知，基本体 *IV* 是一个中间有圆柱通孔、轴线为正垂线的圆柱体。画出它的左视图，见图 4–27(d)。注意：它与基本体 *II*(轴线铅垂的圆柱体)的内、外表面各有一条交线，均为空间曲线，其投影的画法参见 4.2。

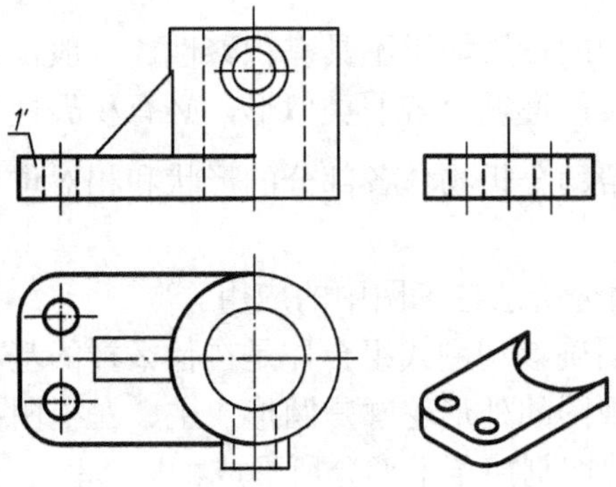

(a) 想象和画出底板 *I*

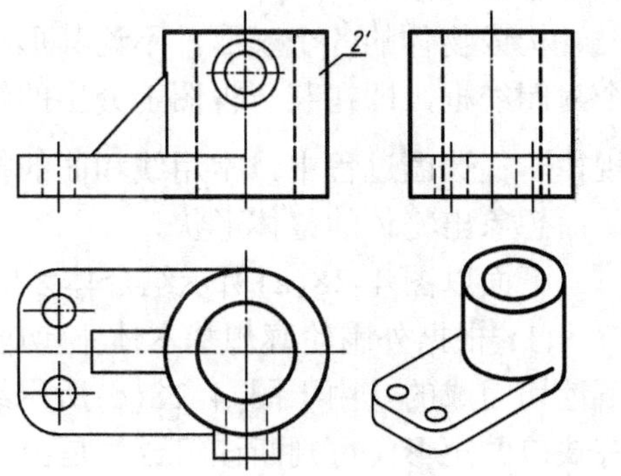

(b) 想象和画出圆柱体 *II*

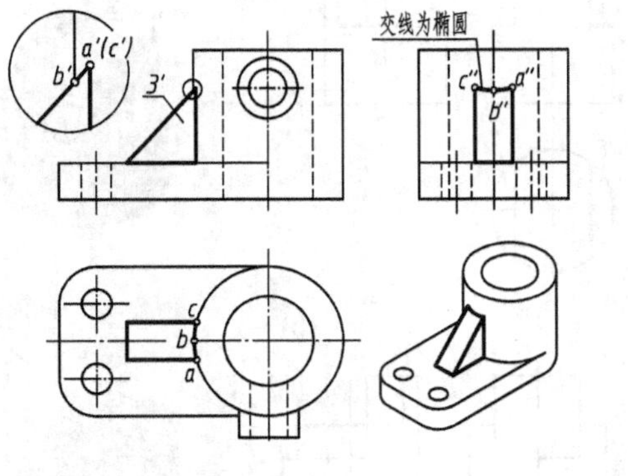

(c) 想象和画出三棱柱 *III*

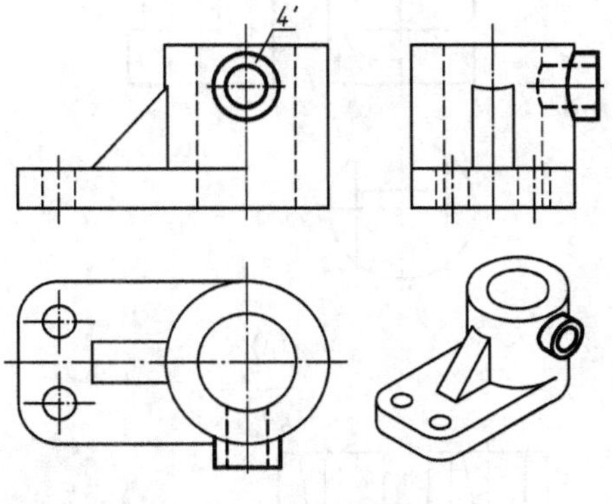

(d) 想象和画出圆柱体 *IV*

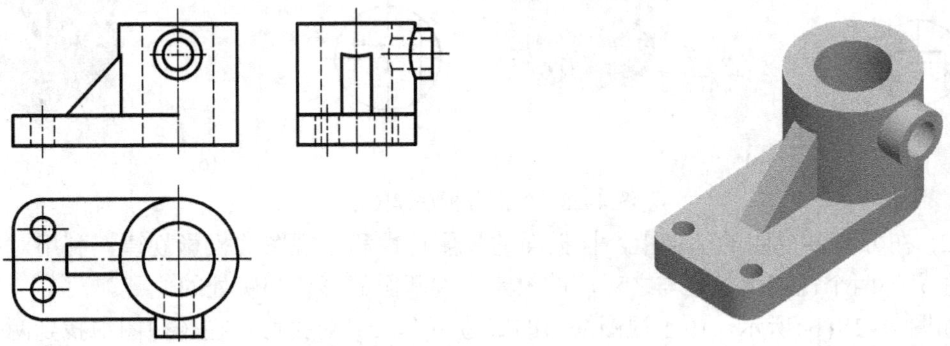

(e) 想象支架整体形状，校核，加深

图 4–27　读支架主、俯视图，补画左视图

(5) 根据底板、肋板和两个圆柱体的形状，以及它们之间的相对位置，可以想象出支架的整体形状。最后，按想出的整体形状校核补画的左视图，并按规定的线型加深，见图 4–27(e)。

4.4.3　线面分析法

读切割式组合体或综合式组合体的视图时，在运用形体分析法的同时，对于不易读懂的部分，还常用线面分析法来帮助想象和读懂这些局部形状。

线面分析法就是运用线面的投影规律，分析视图中的线条、线框的含义和空间位置，从而看懂视图。

构成物体的各个表面，不论其形状如何，它们的投影如果不具有积聚性，一般都是一个封闭线框，即在某一视图上分出的线框的其余投影遵循“**若非类似形，必有积聚性**”的规律。在读图过程中，常用线和面的投影特性来帮助分析物体各部分的形状和相对位置，从而想象出物体的整体形状。

下面以图 4–28(a)所示组合体为例，说明线面分析法在读图中的应用。

(1) 根据外围轮廓想基本体(挖切前的形体)，明确该切割式组合体是在什么样的基本体下挖切而成的。由于图 4–28(a)所示组合体的俯视图的外形轮廓是圆形，主、左视图都是有缺口的矩形，可判断该组合体是由一个圆柱体被切割掉若干部分所形成。

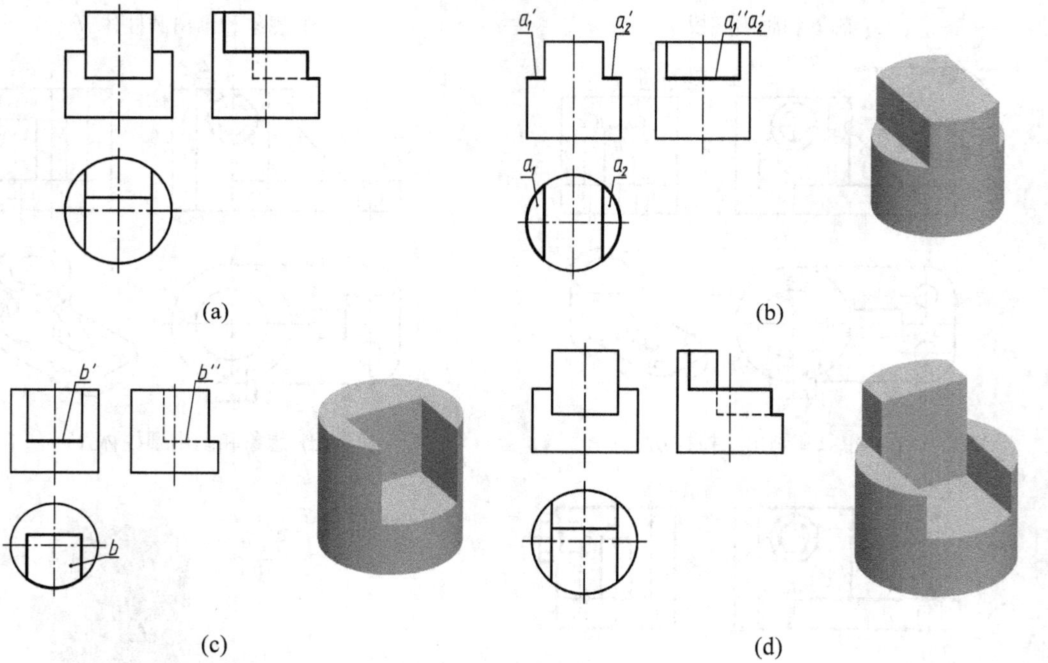

图 4–28　线面分析法读图示例

(2) 在分解各视图的基础上，根据面的投影特性和三视图的投影规律，利用对投影的方法在另外两个视图上找到与之对应的投影，判断面的形状和所处的位置。

如图 4–28(b)所示，由主视图缺口的底边 a_1'、a_2' 对投影，在俯视图中找到两个左、右对称的线框 a_1、a_2，在左视图中找到对应的投影线 a_1''、a_2''。对照思考，可想象出这是圆柱体的上部左、右两侧，各用一个侧平面和一个水平面切割出的缺口的底部，从而想出这个缺口。

如图 4–28(c)所示，由俯视图中间的线框 b 对投影，从俯、左视图中对应的投影线对照思考，可以想象出是在圆柱体上部中间前侧，用左右对称的两个侧平面、一个水平面和一个正平面切割出的一个缺口的底部，从而想出这个缺口。

(3) 通过上述线面分析，可想象出该组合体是一个圆柱体在上部左、右两侧各用一个侧平面和一个水平面切割后，再在上部中间前侧用左右对称的两个侧平面、一个水平面和一个正平面切割一个缺口而形成的，从而想出这个组合体的整体形状，见图 4–28(d)。

当求作基本几何体被两个以上的平面切割后所形成的组合体的投影时，关键在于求交线。为使问题简化，可将前一次切割得到的立体当作后一次切割的基本体，这样一个个切割下去，可使复杂问题得到简化，方便了作图。

【例 4–4】如图 4–29 所示，补画组合体三视图中所缺的图线。

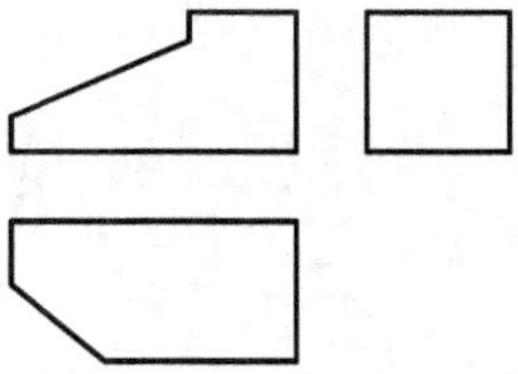

图 4–29　补画组合体三视图中所缺的图线

【解】分析：从已知的三视图的外围轮廓可判断该组合体是由一个长方体被几个不同位置的平面切割而成。结合形体分析和线面分析，采用边想象切割，边补线的方法逐个画出三视图中的漏线。在补图过程中，应充分应用“长对正、高平齐、宽相等”的投影规律，并可徒手画出立体草图，记录构思想象的过程。

作图：

(1) 画基本长方体的三视图，如图 4–30(a)所示。

(2) 画出一正垂面和一侧平面截去长方体左上角后的投影，如图 4–30(b)所示。

(3) 画出一正垂面截去前一步形成的立体左前角的投影，如图 4–30(c)所示。

(4) 线面分析法检查投影是否正确。

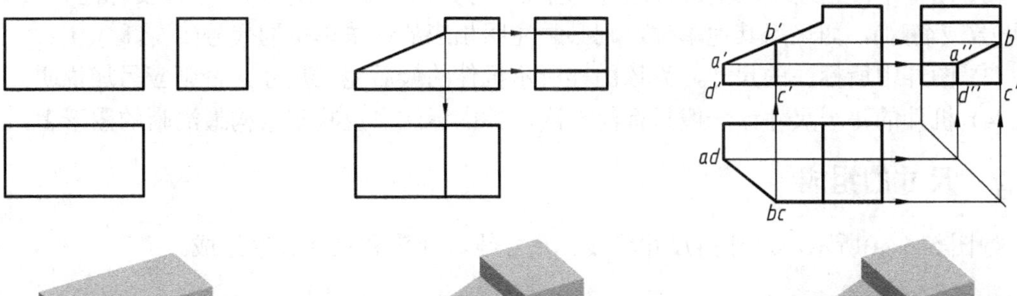

(a)　(b)　(c)

图 4–30　补画组合体三视图中所缺的图线

工程上物体的形状是千变万化的，所以在读图时不能局限于某一种方法，而是根据具体图形灵活应用形体分析法和线面分析法。

本章习题集答案

第5章　尺寸标注

5.1　尺寸标注的方法

5.1.1　基本规则

图样中的图形只能表达机件的形状，而机件的大小则必须通过标注尺寸来表示。标注尺寸是制图中一项极为重要的工作，必须认真细致，一丝不苟，以免给生产带来不必要的困难和损失。标注尺寸时必须按国家标准的规定标注。

国家标准(GB/T 4458.4—2003《机械制图　尺寸注法》、GB/T 16675.2—2012《技术制图　简化表示法　第 2 部分：尺寸注法》)对于尺寸的标注规定如下：

(1) 机体的真实大小应以图样上所注的尺寸数值为依据，与图形的大小(即与绘图比例)及绘图的准确度无关。

(2) 图样中(包括技术要求和其他说明)的尺寸，以毫米为单位时，不需要标注计量单位的代号(或名称)，如采用其他单位，则必须注明相应的计量单位的代号(或名称)。

(3) 图样中所标注的尺寸，为该图样所示机件的最后完工尺寸，否则应另加说明。

(4) 机件的每一尺寸，一般只标注一次，并应标注在反映该结构最清晰的图形上。

5.1.2　尺寸的组成

如图 5–1(a)所示，尺寸由尺寸界线、尺寸线、箭头和尺寸数字组成。

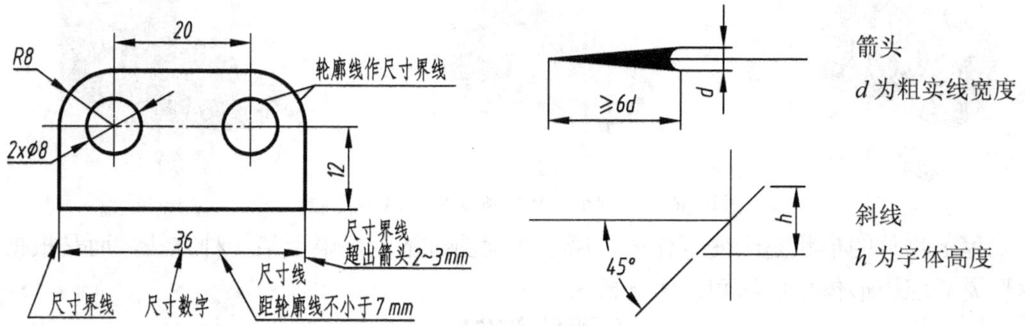

(a) 尺寸标注示例　　(b) 尺寸线终端形式放大图

图 5–1　尺寸的组成

1. 尺寸界线

尺寸界线表示所注尺寸的范围，用细实线绘制，并从图中的轮廓线、轴线、对称中心线等图线引出。也可利用轮廓线、轴线和对称中心线等图线作尺寸界线。尺寸界线一般应与尺寸线垂直(必要时才允许倾斜)，并超出尺寸线 2～3 mm。

2. 尺寸线

尺寸线用细实线绘制，表示尺寸度量方向。标注线性尺寸时，尺寸线必须与所标注的线段平行。尺寸线不得用其他图线代替，也不得与其他图线重合或在其延长线上。当有几条互相平行的尺寸线时，大尺寸要标注在小尺寸外面，以避免尺寸线与尺寸界线相交。在圆或圆弧上标注直径或半径尺寸时，尺寸线一般应通过圆心或延长线通过圆心。

3. 箭头

如图 5–1(b)所示，箭头是尺寸线的终端形式。终端形式也可以用斜线形式，若采用斜线形式，尺寸线与尺寸界线必须相互垂直。同一张图样只能采用一种形式。

4. 尺寸数字

尺寸数字表示所注机件尺寸的实际大小。线性尺寸的数字一般注在尺寸线上方，也可注在尺寸线中断处。但同一张图样中标注形式应尽量统一。图中所注尺寸数字不允许任何图线通过，当不可避免时，必须把图线断开，见图 5–2。

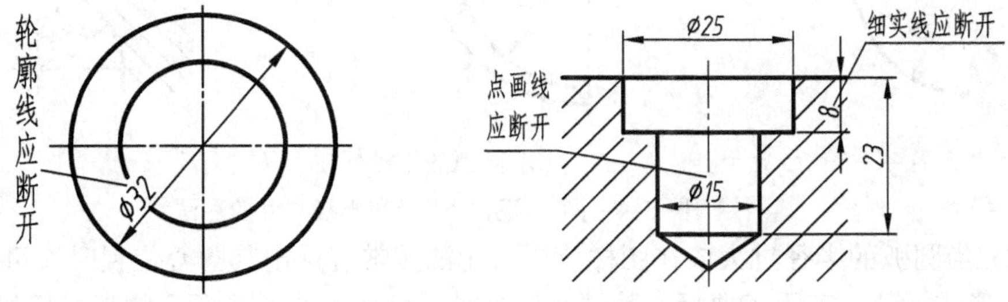

图 5–2　尺寸数字不允许被任何图形通过

5.1.3　尺寸标注的基本方法

1. 线性尺寸

标注线性尺寸时，尺寸数字应按图 5–3(a)所示的方向注写。

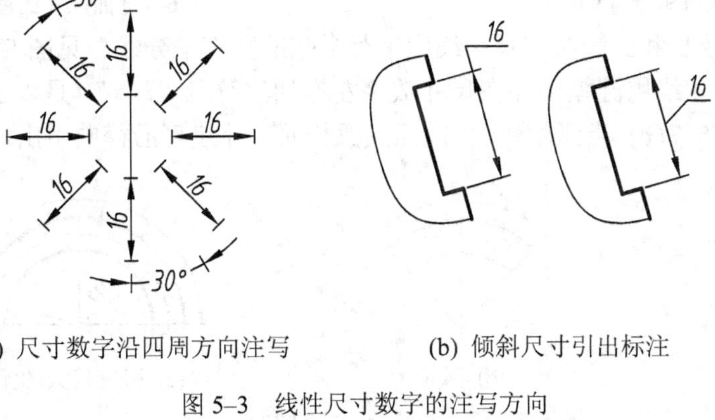

(a) 尺寸数字沿四周方向注写　　(b) 倾斜尺寸引出标注

图 5–3　线性尺寸数字的注写方向

水平方向的尺寸注写在尺寸线的上方，字头向上。垂直方向的尺寸注写在尺寸线的左方，字头向左。倾斜方向的尺寸注写在尺寸线的斜上方，字头也向着斜上方，并尽可能避免在图示 30°范围内标注尺寸。当无法避免时，可按图 5–3(b)所示的形式引出标注。

2. 圆、圆弧及球面尺寸

(1) 标注圆的直径时，应在尺寸数字前加注符号“ *ϕ*”；标注圆弧半径时，应在尺寸数字前加注符号“*R*” (通常对小于或等于 180°的圆弧注半径，对大于 180°的圆弧则注直径)。圆和圆弧的直径标注如图 5–4(a)所示，圆弧的半径标注如图 5–4(b)所示。

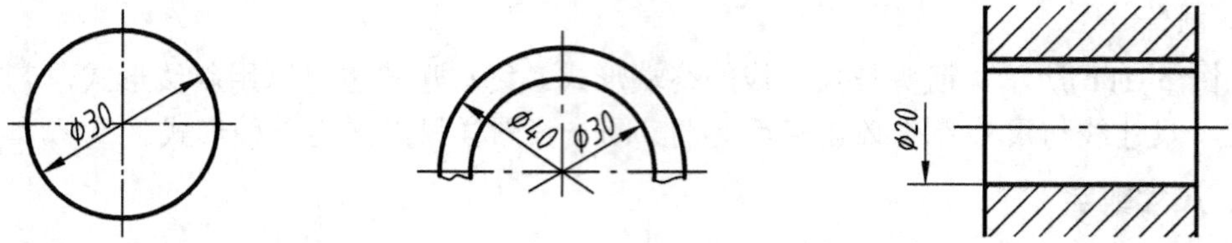

(a) 圆和圆弧的直径标注

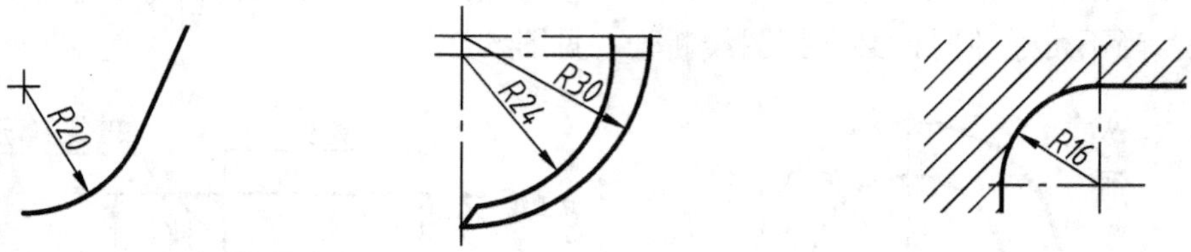

(b) 圆弧的半径标注

图 5–4 圆、圆弧的直径和半径尺寸的注法

(2) 当圆弧的半径过大或在图样范围内无法按常规标出其圆心位置时，可按图 5–5(a)所示的形式标注；若不需要标出其圆心位置时，可按图 5–5(b)所示的形式标注。

(3) 标注球面的直径或半径时，应在尺寸数字前分别加注符号“*S ϕ*”或“*SR*”，见图 5–6。

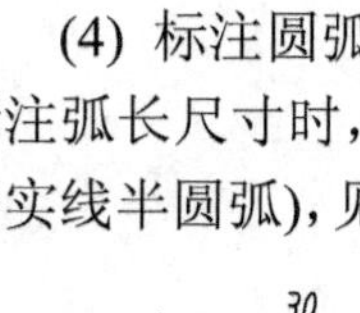

(a) 圆弧半径过大时

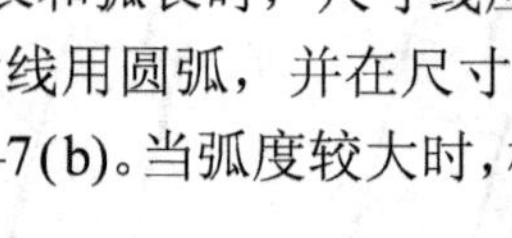

(b) 不需标出其圆心时

图 5–5 大圆弧尺寸的注法

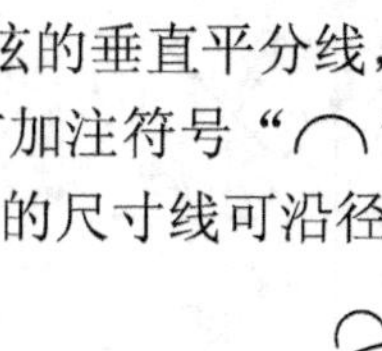

(a) 标注直径时

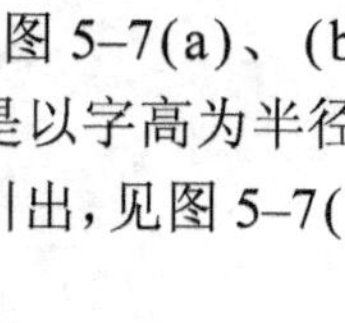

(b) 标注半径时

图 5–6 球面尺寸的注法

(4) 标注圆弧的弦长和弧长时，尺寸线应平行于弦的垂直平分线，见图 5–7(a)、(b)。标注弧长尺寸时，尺寸线用圆弧，并在尺寸数字左方加注符号“⌒”(是以字高为半径的细实线半圆弧)，见图 5–7(b)。当弧度较大时，标注弧长的尺寸线可沿径向引出，见图 5–7(c)。

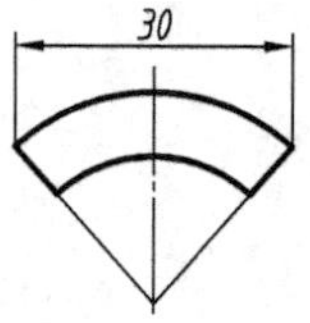

(a) 弦长

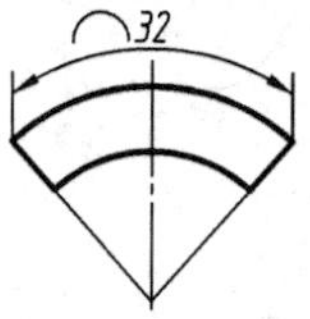

(b) 弧长

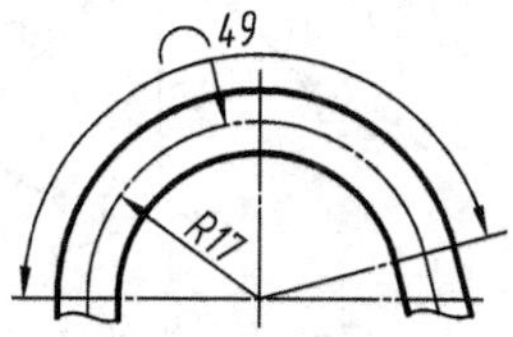

(c) 弧度较大的弧长

图 5–7 弧长和弦长尺寸的注法

3. 角度尺寸

如图 5–8(a)所示，标注角度时，尺寸界线应自径向引出，尺寸线画成圆弧，圆心是该角的顶点。角度的尺寸数字一律写成水平方向，一般注写在尺寸线的中断处(见图 5–8(b))，必要时可标注在尺寸线的外侧或上方，也可引出标注(见图 5–8(c))。角度尺寸必须注明单位“°”。

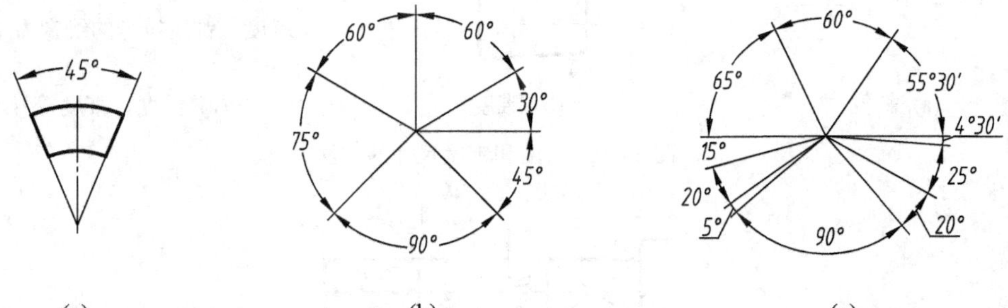

图 5–8　角度尺寸的注法

4. 小尺寸

对于小尺寸，在没有足够的位置画箭头或注写数字时，可按图 5–9 所示的形式标注，即尺寸箭头可从外向里指到尺寸界线，并可用实心小圆点代替箭头，尺寸数字可采用旁注或引出标注。

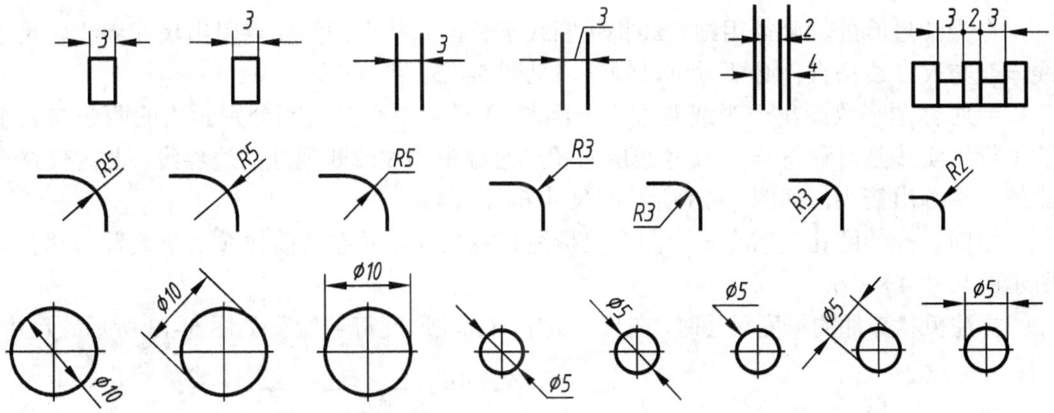

图 5–9　小尺寸的注法

5. 斜度和锥度尺寸

斜度和锥度可按图 5–10(a)、(b)所示的方法标注。斜度、锥度符号的画法如图 5–10(c)所示。标注时，符号的方向应与斜度、锥度的方向一致。一般不需在标注锥度的同时，再注出其圆锥角 α 的角度值，如需注出，可按图 5–10(b)所示方法标注。

6. 正方形结构尺寸

如图 5–11 所示，标注机件的断面为正方形结构尺寸时，可在边长尺寸数字前加注符号“□”(边长等于字高的正方形)，或用“$B\times B$”标注(B 是正方形断面的对边距离)。图中相交的两条细实线是平面符号，当图形不能充分表达平面时，可用这个符号表示平面。

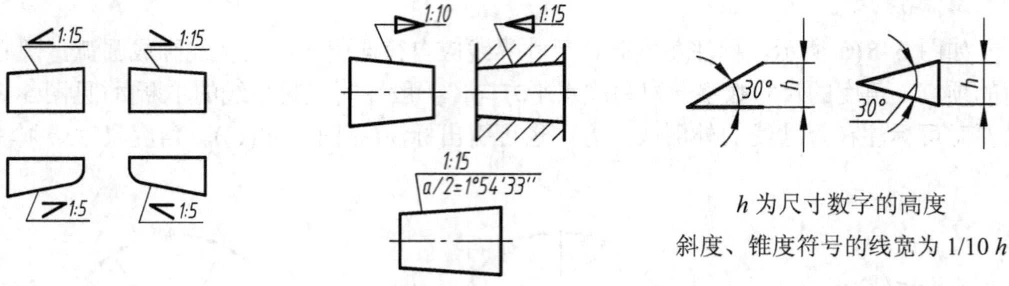

(a) 斜度　　(b) 锥度　　(c) 斜度、锥度符号

图 5–10　斜度和锥度尺寸的注法

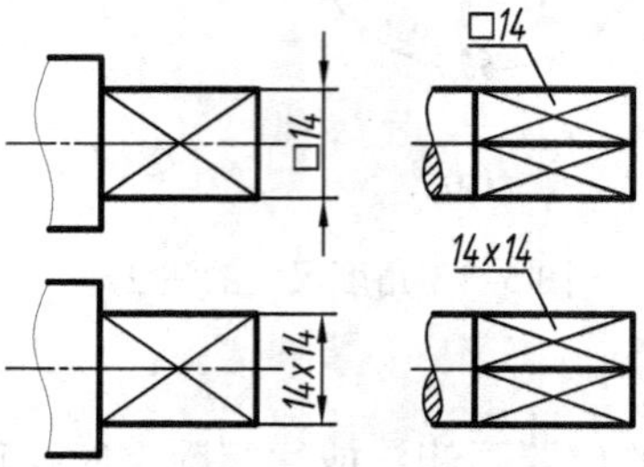

图 5–11　正方形结构尺寸的注法

7. 其他尺寸

在光滑过渡处，必须用细实线将轮廓线延长，并从它们的交点引出尺寸界线。尺寸界线一般与尺寸线垂直，必要时可以倾斜，见图 5–12。

当对称图形只画出一半或略大于一半时(在对称中心线两端分别画出的两条与其垂直的平行细实线是对称符号)，尺寸线应略超过对称中心线或断裂处的边界线，此时仅在尺寸线的一端画出箭头，如图 5–13 所示的尺寸 64 和 84。

相同直径的圆孔只需在一个圆孔上标注直径尺寸，并在其前加注“个数”，如图 5–13 所示的尺寸 4 × ϕ6。

标注板状零件的厚度尺寸时，在尺寸数字前加注厚度符号“*t*”，如图 5–13 所示的尺寸 *t*2。

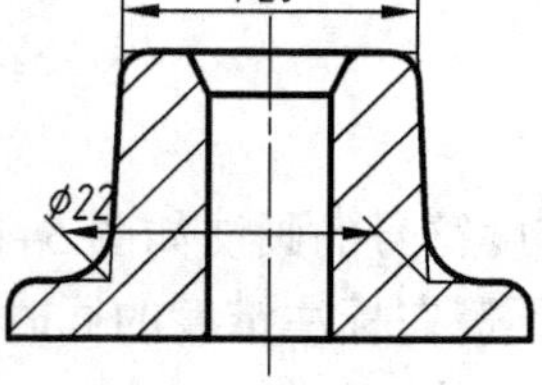

图 5–12　光滑过渡处尺寸的注法

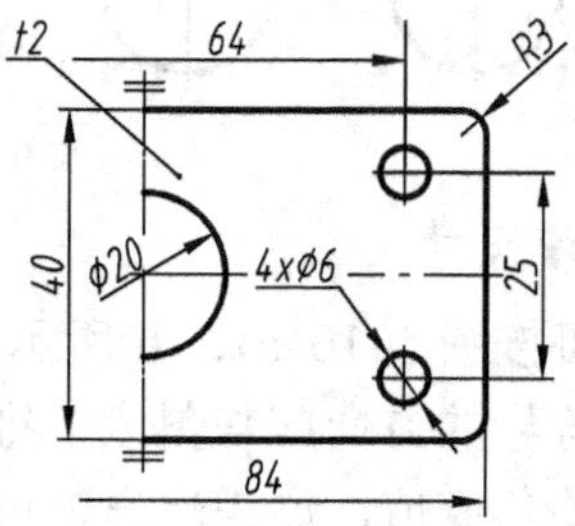

图 5–13　板状零件厚度、只画一半的图形及相同孔尺寸的注法

5.1.4　尺寸标注的简化表示法

标注尺寸时，应尽可能使用符号和缩写词。常用的符号和缩写词见表 5–1。

表 5-1　标注尺寸时常用的符号和缩写词

厚度	正方形	45°倒角	深度	沉孔或锪平	埋头孔	均布
t	□	*C*	↧	⌴	⌵	EQS

GB/T 16675.2——2012 中所述的一部分简化注法列举如下：

1. 涂色标记法

在同一图形中具有几种尺寸数值相近而又重复的要素(如孔等)时，可采用涂色标记来区别，孔的尺寸和数量可直接注在图形上，见图 5–14。

2. 均布缩写词 EQS

对于均匀分布的成组要素(如孔等)，只需在一处标注出确定其形状大小和位置的尺寸、个数及均布缩写词 EQS，其他各处可省略标注，见图 5–15(a)。当成组要素的定位和分布情况在图中已明确时，还可不标注角度和均布缩写词 EQS，见图 5–15(b)。

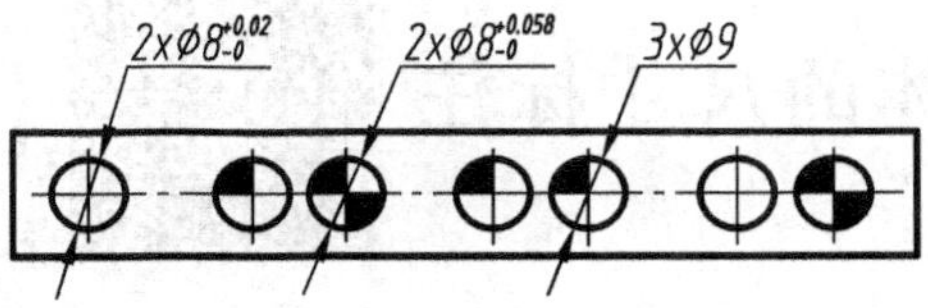

图 5–14　重复要素的涂色标记

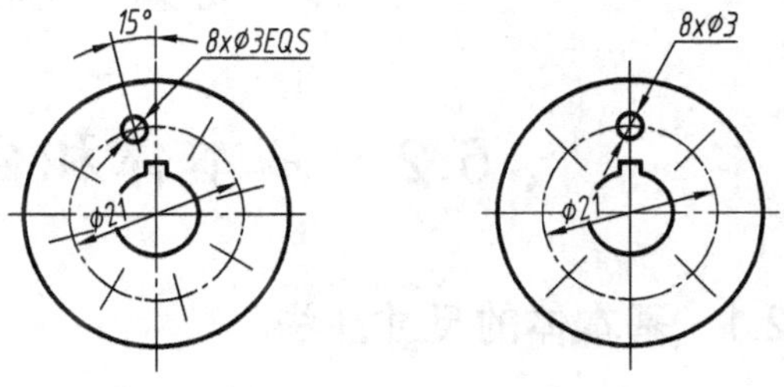

(a)　(b)

图 5–15　均布、成组要素的缩写词标注

3. 各种孔的符号旁注法

各种孔(光孔、螺孔、埋头孔、锪平孔等)除了用普通注法标注尺寸外，还可采用如图 5–16 所示的标注方法，即采用符号以旁注法标注。沉孔或锪平符号的后面加注深度符号和深度尺寸时为沉孔，否则为锪平，即只要按沉头座尺寸刮出垂直于孔轴线的圆平面即可，无深度要达到多少的要求。有关螺孔的规定画法和标记，将在 8.1 节中介绍。

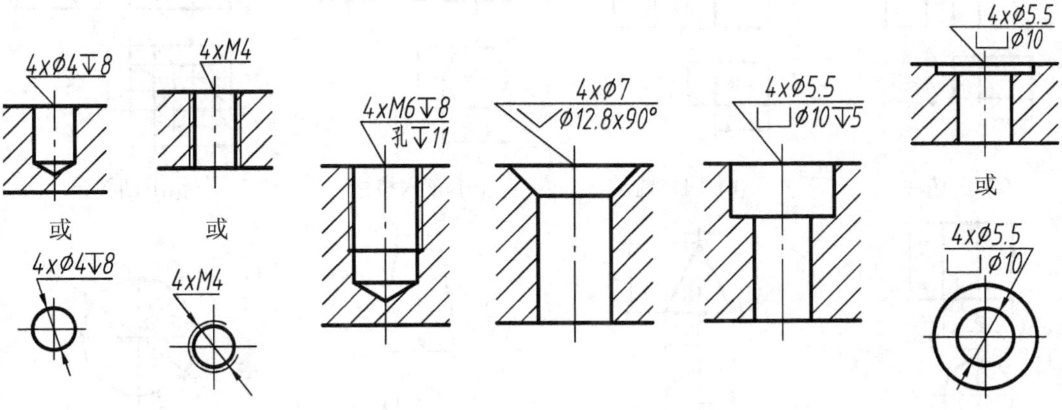

(a) 光孔　(b) 通螺孔　(c) 盲螺孔　(d) 埋头孔　(e) 沉孔　(f) 锪平

图 5–16　各种孔的符号旁注法

5.1.5 尺寸标注示例

图 5–17 用正误对比的方法，列举了标注尺寸时的一些常见错误。

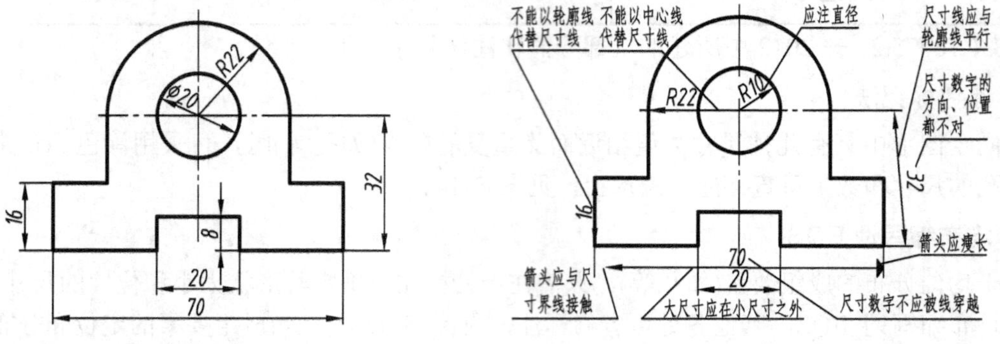

(a) 正确　　(b) 错误

图 5–17　尺寸标注的正误对比

5.2 基本体和截切体的尺寸标注

5.2.1 基本体的尺寸注法

一般情况下，标注基本体的尺寸时，应标注出长、宽、高三个方向的形状尺寸。图 5–18 是一些常用基本体的尺寸注法。注意：① 正六棱柱的底面尺寸一般只注出正六边形的对角尺寸(外接圆直径)或对边尺寸(内切圆直径)，若两个尺寸同时标注，其中一个尺寸应作为参考尺寸，即在尺寸数字两侧加上括号。② 圆柱、圆台、球等回转体，其直径尺寸一般注在非圆的视图上。当完整标注了它们的尺寸后，只用一个视图就能确定其形状和大小，其他视图可省略不画。

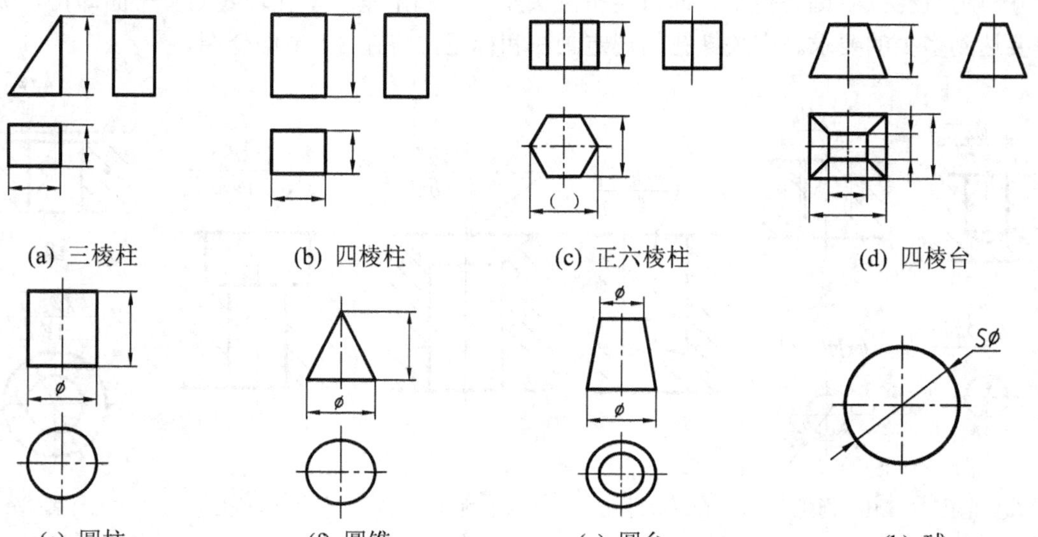

(a) 三棱柱　(b) 四棱柱　(c) 正六棱柱　(d) 四棱台

(e) 圆柱　(f) 圆锥　(g) 圆台　(h) 球

图 5–18　基本体尺寸标注示例

5.2.2　截切体的尺寸注法

当基本体被平面截切，表面具有截交线时，除了标注基本体的形状尺寸外，还需标注截平面的相对位置尺寸，不允许直接在截交线上标注尺寸，如图 5–19 所示，图上画“×”号的尺寸均为错误标注。

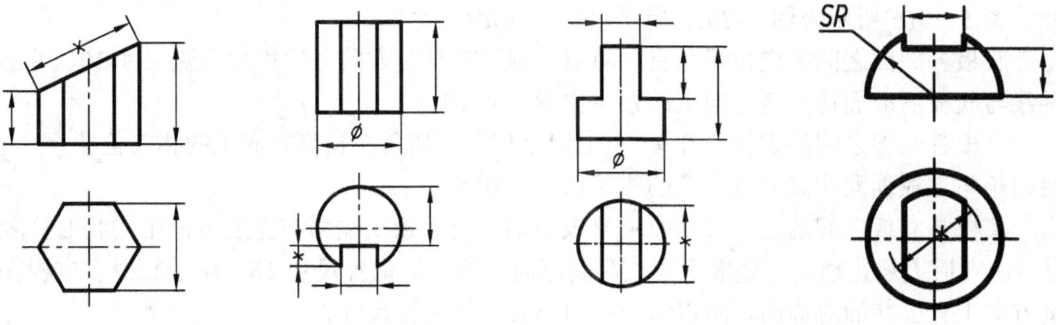

(a)　(b)　(c)　(d)

图 5–19　截切体尺寸标注示例

5.3　组合体的尺寸标注

5.3.1　组合体尺寸标注的基本要求

视图只能反映组合体的形状结构，不能表明组合体的大小及各基本体间的相对位置，因而需要标注组合体各部分的尺寸。组合体尺寸标注的基本要求如下：

(1) 正确。所注尺寸应符合国家标准中有关尺寸注法的基本规定。

(2) 完整。将确定组合体各部分形状大小及相对位置的尺寸标注完全，既不能遗漏，也不要重复。

(3) 清晰。尺寸标注要布置匀称、清楚、整齐，便于读图。

5.3.2　组合体的尺寸分析

图 5–20(a)所示可看成由底板和立板叠加后形成的组合体，图 5–20(d)为已标注了尺寸的组合体的两视图。下面通过这个例图对组合体的尺寸进行分析。

1. 尺寸基准

确定尺寸位置的几何元素点、直线和平面称为尺寸基准。标注组合体的尺寸时，形体长、宽、高三个方向各有一个主要尺寸基准，有时还有一个或几个辅助尺寸基准。通常，可选择组合体的对称平面、端面、底面以及主要回转体的轴线等作为主要尺寸基准。图 5–20(a)所示的组合体左右对称，前后及上下均不对称，故选择左右对称平面、底板后端面和底板底面，作为长、宽和高三个方向的主要尺寸基准。

2. 尺寸分类

组合体的尺寸分为**定形尺寸**、**定位尺寸**和**总体尺寸**。

(1) 定形尺寸。确定组合体分解后各基本形体形状大小的尺寸称为定形尺寸。图 5–20(b)所示为图 5–20(a)分解后的底板和立板的定形尺寸：底板已注出长、宽、高的尺寸 42、25、6，底板上圆角和圆孔的尺寸 *R*6 和 2× *ϕ*6；立板已注出长、宽、高的尺寸 22、7、24 和圆孔尺寸 *ϕ*12。

(2) 定位尺寸。确定基本体各细部之间以及各基本体之间相对位置的尺寸称为定位尺寸。图 5–20(c)所示为图 5–20(a)所示组合体的定位尺寸。

底板各细部之间的定位尺寸有：两圆孔轴线在长度方向上的相对位置尺寸 30、两圆孔轴线与底板后端面在宽度方向上的相对位置尺寸 19。

立板各细部之间的定位尺寸有：左上切角与右上切角在长度方向上的相对位置尺寸 16，两切角与立板顶面在高度方向上的相对位置尺寸 5。

底板与立板之间的定位尺寸有：立板后端面与底板后端面在宽度方向上的相对位置尺寸 4，立板上圆孔轴线与底板底面在高度方向上的相对位置尺寸 18。由于底板和立板在长度方向上有公共的对称面，所以这个方向不必标注定位尺寸。

(3) 总体尺寸。确定组合体的总长、总宽和总高尺寸。有时总体尺寸会和基本体的定形尺寸重合。图 5–20 所示组合体的总长和总宽与底板的长和宽重合，不必重复标注。总高尺寸为 30，需要注出。由于立板高 24 等于总高 30 减去底板高 6，故省去该尺寸，以避免形成封闭的尺寸链。最后的尺寸标注结果如图 5–20(d)所示。

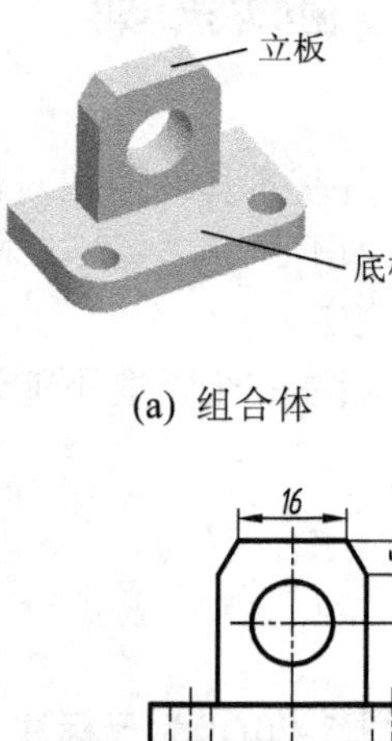

(a) 组合体

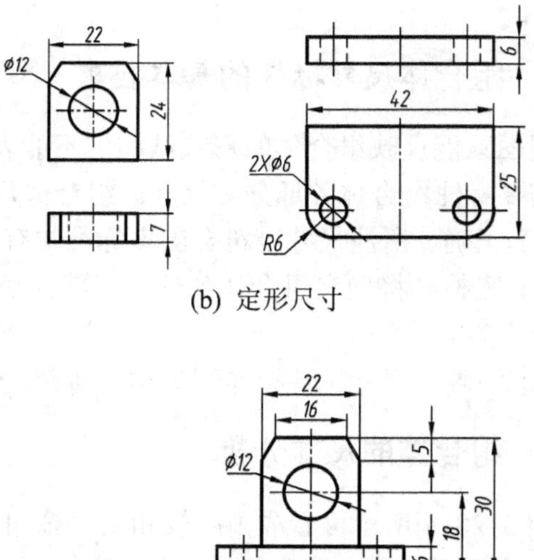

(b) 定形尺寸

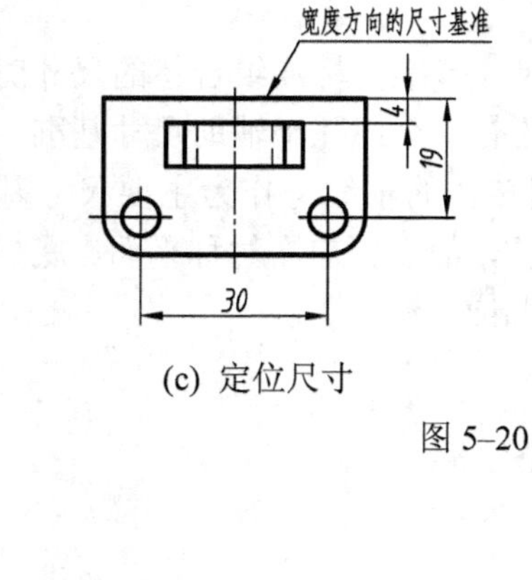

(c) 定位尺寸

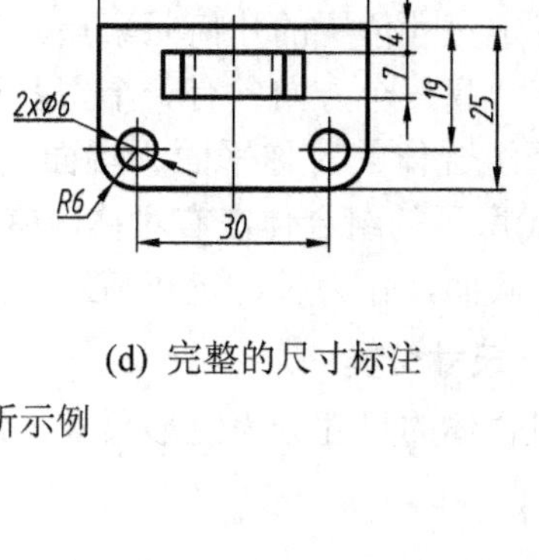

(d) 完整的尺寸标注

图 5–20　组合体的尺寸分析示例

5.3.3　组合体尺寸标注的注意事项

组合体尺寸标注的注意事项如下：

(1) 尺寸应尽量标注在视图外，以免尺寸线、尺寸数字与视图的轮廓线相交。同时，应避免在虚线上标注尺寸。

(2) 同一形体的定形尺寸及相关联的定位尺寸尽量集中标注，如图 5–20d 所示。

(3) 确定回转体的位置时，应确定其轴线位置，而不是轮廓线，如图 5–20c 中的尺寸 18。

(4) 同轴回转体的直径最好标注在非圆视图上，均匀分布的小孔的直径则必须标注在投影为圆的视图上，且在符号“ ϕ”前加注相同圆孔的数目，如图 5–21 中的尺寸 4× ϕ6。

(5) 圆弧的半径尺寸应标注在反映圆弧实形的视图上，且相同的圆角半径只标注一次。不能在符号“*R*”前加注圆角数目，如图 5–22 所示。

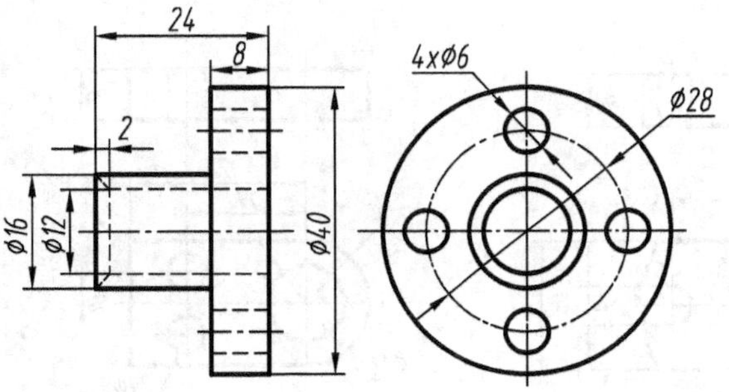

图 5–21　向轴回转体和均布小孔尺寸的注法

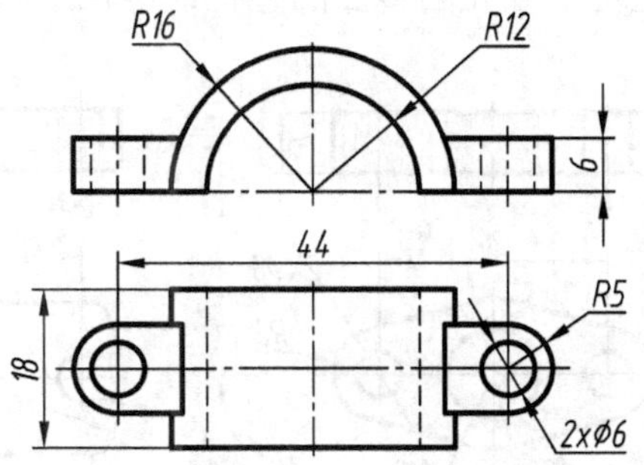

图 5–22　圆弧半径尺寸的注法

(6) 尺寸应标注在反映形体形状特征最明显的视图上，如图 5–23 所示。

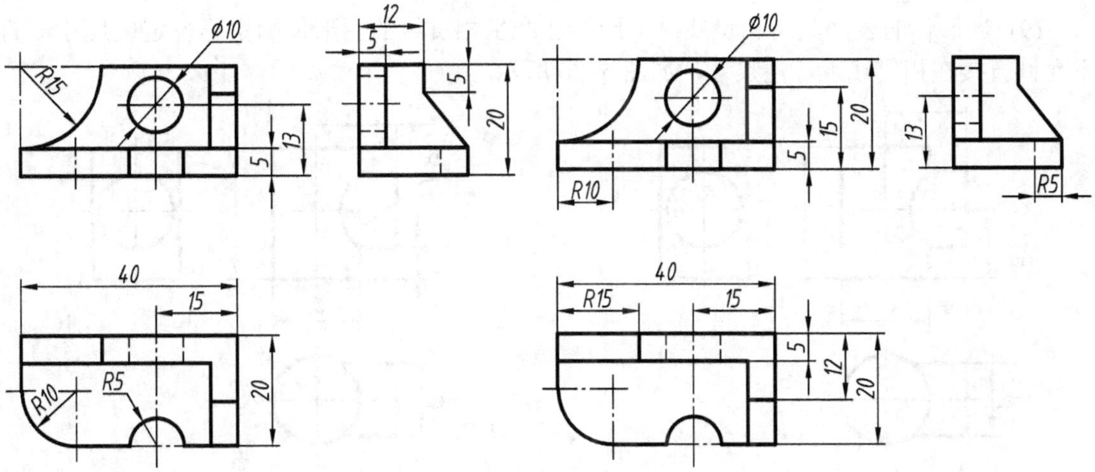

(a) 好　　(b) 不好

图 5–23　尺寸应标注在反映形体形状特征最明显的视图上

(7) 同一方向上连续标注的几个尺寸应尽量配置在少数几条线上，并避免标注封闭尺寸，如图 5–24 所示。

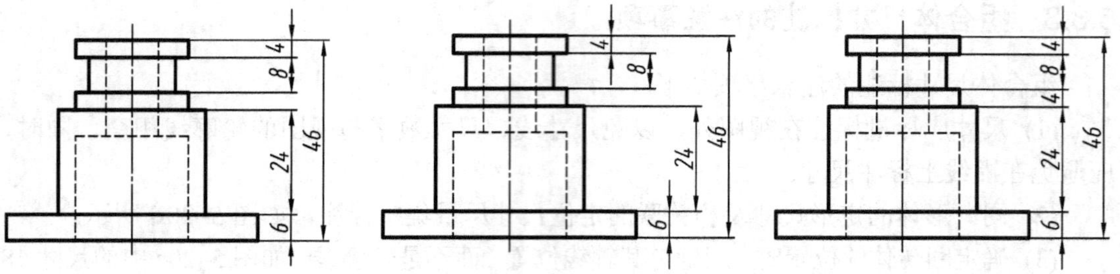

(a) 好　　(b) 不好　　(c) 错误

图 5–24　同一方向上的连续尺寸的注法

(8) 当组合体的端部是回转面时，该方向一般不标注总体尺寸，而由确定回转面轴线的定位尺寸和回转面的直径或半径来间接确定，如图 5–25 所示。

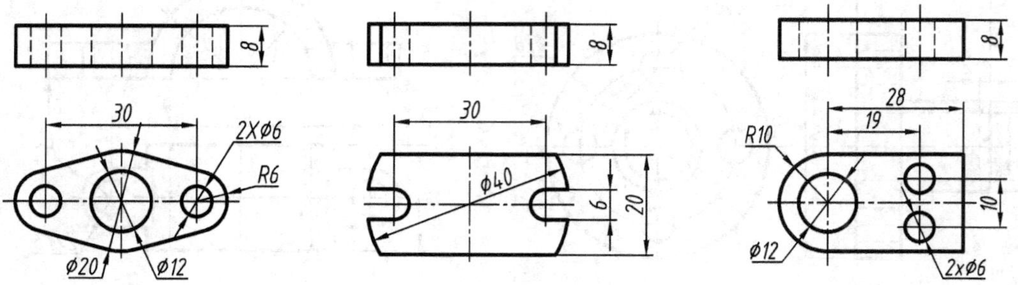

(a)　　(b)　　(c)

图 5–25　端部是回转面的总长尺寸不标注

(9) 当形体的表面具有相贯线时，应标注产生相贯线的两形体的定形、定位尺寸，而不允许直接在相贯线上标注尺寸，如图 5–26 所示。

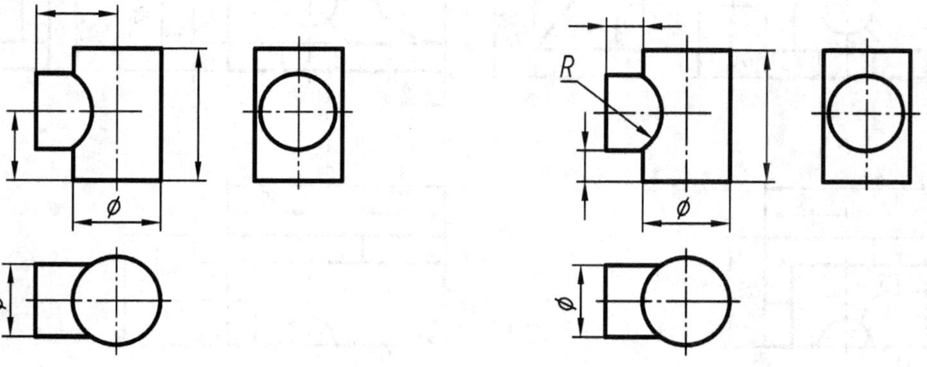

(a) 好　　(b) 不好

图 5–26　表面具有相贯线时尺寸的标柱

5.3.4　组合体尺寸标注的步骤

现以图 5–27 所示的组合体为例来说明组合体尺寸标注的步骤。

(1) 形体分析。组合体由底板和立板组成。初步考虑底板和立板的定形尺寸，如图 5–27(a)所示。

(2) 选择尺寸基准。长度方向以底板右端面为基准，宽度方向以底板后端面为基准，高度方向以底板底面为基准，如图 5–27(b)所示。

(3) 逐个标注各形体的定形和定位尺寸。

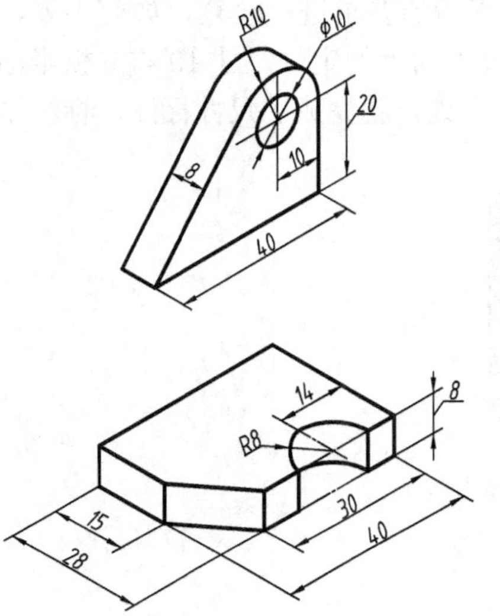

(a) 形体分析和初步考虑各基本体定形尺寸

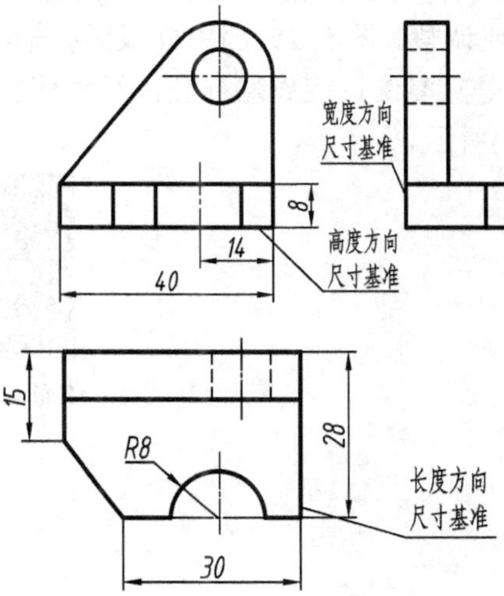

(b) 选择尺寸基准，标注底板尺寸

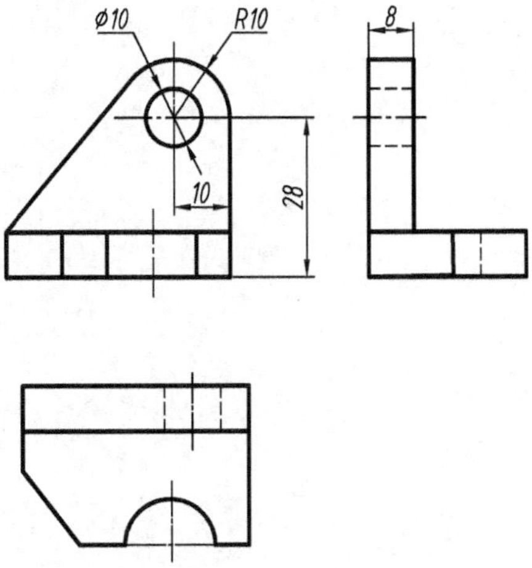

(c) 标注立板尺寸，考虑总体尺寸

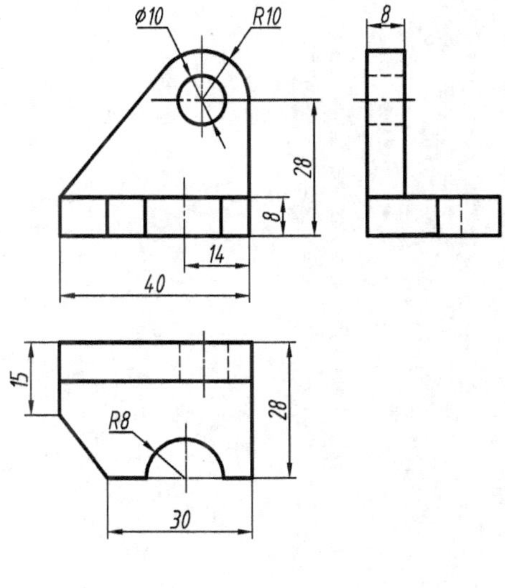

(d) 经校核后的标注结果

图 5–27　组合体尺寸标注举例

① 底板。如图 5–27(b)所示，底板的定形尺寸包括底板的长 40、宽 28、高 8 和半圆柱槽的半径 $R8$。底板的定位尺寸包括半圆柱槽轴线与底板右端面之间的相对位置尺寸 14、左切角与底板右端面和后端面的相对位置尺寸 30 和 15。

② 立板。如图 5–27(c)所示，立板的定形尺寸包括立板的宽 8、圆孔直径 $\phi10$ 和半圆

头的半径 $R10$。立板底面的长和底板的长重复，不需再注出。立板的高等于圆孔轴线到立板底面的高度加半圆头的半径之和，可省略标注。立板的定位尺寸包括圆孔轴线在长度和高度方向上与尺寸基准间的距离 10 和 28。

(4) 标注总体尺寸。该组合体的总长与底板的长度重合，总宽与底板的宽度重合，总高由立板与底板在高度方向的定位尺寸 28 和立板半圆头半径 $R10$ 确定，均不再标注。

(5) 校核。对已标注的尺寸，按正确、完整、清晰的要求进行检查，如有不妥，应作适当修改或调整。图 5–27(c)中立板圆孔轴线在长度方向上的定位尺寸 10 与立板半圆头的半径 $R10$ 是重复的，应省略标注。经校核后无不妥之处，就完成了尺寸标注，标注结果如图 5–27(d)所示。

本章习题集答案

第6章 轴 测 图

轴测图是一种能同时反映立体的正面、侧面和水平面形状的单面投影图，直观性强。但它不能同时反映各面的实形，度量性差，作图也麻烦，因此在生产中一般作为辅助图样。

6.1 轴测投影的基本知识

6.1.1 轴测图的形成和投影特性

GB/T 14692–2008《技术制图 投影法》规定：轴测投影是将物体连同其参考直角坐标系，沿不平行于任一坐标面的方向，用平行投影法将其投射在单一投影面上所得的具有立体感的图形，轴测投影也称轴测投影图或轴测图。如图 6–1 所示，生成轴测图的投影面 P 称为轴测投影面，坐标轴 O_OX_O、O_OY_O、O_OZ_O 的轴测图 OX、OY、OZ 称为轴测轴，分别简称 X 轴、Y 轴、Z 轴。

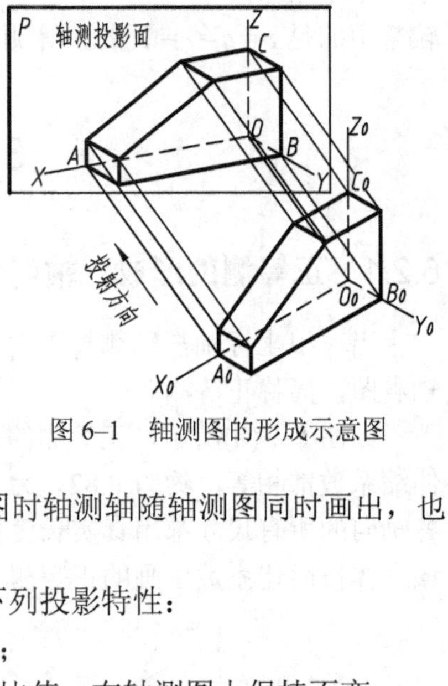

图 6–1 轴测图的形成示意图

GB/T 14692 还提出：轴测图中，应用粗实线画出物体的可见轮廓，必要时可用细虚线画出物体的不可见轮廓；三根轴测轴应配置成便于作图的特殊位置，绘图时轴测轴随轴测图同时画出，也可省略不画。

由于轴测图是用平行投影法得到的，因此必然具有下列投影特性：

(1) 立体上互相平行的线段，在轴测图上仍互相平行；

(2) 立体上两平行线段或同一直线上的两线段长度之比值，在轴测图上保持不变；

(3) 立体上平行于轴测投影面的直线和平面，在轴测图上反映实长和实形。

6.1.2 轴间角和轴向伸缩系数

在轴测图中，每两根轴测轴之间的夹角 $\angle XOY$、$\angle YOZ$、$\angle XOZ$ 称为轴间角；轴测轴上的单位长度与相应直角坐标轴上的单位长度的比值，称为轴向伸缩系数，简称伸缩系数。例如，在图 6–1 中，OX、OY、OZ 轴上的伸缩系数分别用 p_1、q_1 和 r_1 表示，则：

$$p_1 = OA / O_0A_0, \quad q_1 = OB / O_0B_0, \quad r_1 = OC / O_0C_0$$

轴测轴的伸缩系数可以简化，简化后称为简化伸缩系数，简称简化系数，分别用 p、q、r 表示。

在轴测图中，物体上的平行于参考直角坐标系中坐标轴的直线段的轴测图，仍与相应的轴测轴平行；且该线段的轴测图与原线段的长度比，就是该轴测轴的轴向伸缩系数。因此，当确定了物体在参考直角坐标体系中的位置后，就可按选定的轴向伸缩系数和轴间角作出它的轴测图。

6.1.3 轴测图的分类

轴测图按投影方法可分为正轴测图和斜轴测图两大类：当投射方向垂直于轴测投影面时，称为正轴测图；当投射方向倾斜于轴测投影面时，称为斜轴测图。

轴测图按轴测轴的伸缩系数是否相等而分成三种：当三根轴测轴的伸缩系数都相等时，称等测图，简称等测；只有两根相等时，称二等测图，简称二测；三根都不相等时，称三测图，简称三测。

综合起来，轴测图可分为六种：正等测图、正二测图、正三测图、斜等测图、斜二测图、斜三测图，分别简称正等测、正二测、正三测、斜等测、斜二测、斜三测。机械制图较常用的是 $p=q=r=1$ 的正等测和 $p_1=r_1=1$、$q_1=1/2$ 的斜二测。下面介绍它们的画法。

6.2 正　等　测

6.2.1 正等测的形成、轴间角和伸缩系数

当三根坐标轴与轴测投影面倾斜的角度都相同时，用正投影法得到的投影图称为正等轴测图，简称正等测。

如图 6–2(a)所示，正等测的三个轴间角都是 120°(其中 OZ 轴画成垂直方向)，各轴向伸缩系数都相等，约为 0.82。为了作图简便，规定采用简化系数 1 来作图，画出的图形沿各轴向的所有尺寸都用真实长度量取。图 6–2(b)所示为立体的正投影图，图 6–2(c)所示为该立体按简化系数 1 画的正等测。

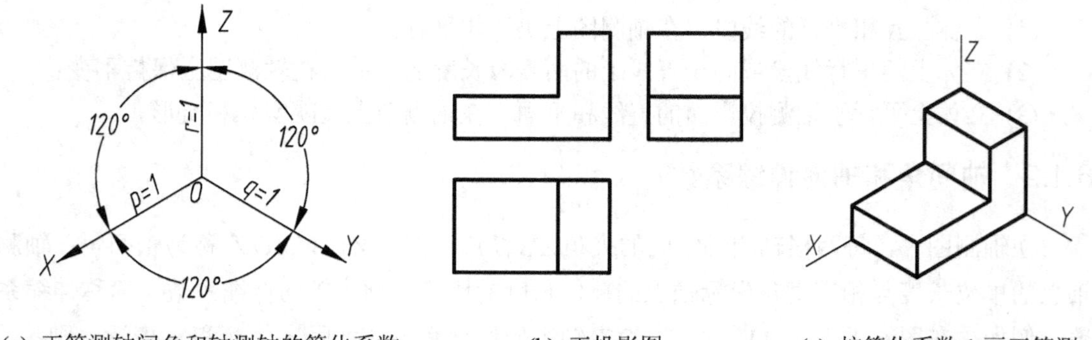

(a) 正等测轴间角和轴测轴的简化系数　　(b) 正投影图　　(c) 按简化系数 1 画正等测

图 6–2　正等测

画轴测图的方法常用坐标法或综合法。坐标法用于画简单立体或叠加型组合体；综合法用于画切割型组合体或综合型组合体，也就是先用坐标法画出简单立体或叠加型组合体后，再切割成所画物体的轴测图。

通常可按下列步骤作物体的正等测：

(1) 对物体进行形体分析，确定坐标轴，选择画轴测图的方法；

(2) 作轴测轴，按坐标关系画出物体上的点和线，从而连成物体的正等测。

应该注意：在确定坐标轴和具体作图时，要考虑作图简便，有利于按坐标关系定位和度量，并尽可能减少作图线。

6.2.2　平面立体正等测的画法

根据立体表面上各顶点的坐标值，找出它们的轴测投影，连接各顶点，即可完成平面立体的轴测图。下面举例说明其画法。

【例 6–1】求作图 6–3(a)所示正六棱柱的正等轴测图。

【解】正六棱柱的顶面和底面为平行于水平投影面的正六边形，顶面在轴测图中可见，六条顶边均要画出，所以取顶面的中心点 O 为原点，确定轴测坐标轴，从两视图中平行于坐标轴的直线量取尺寸，用坐标法作轴测图。作图过程见图 6–3(b)～(e)。

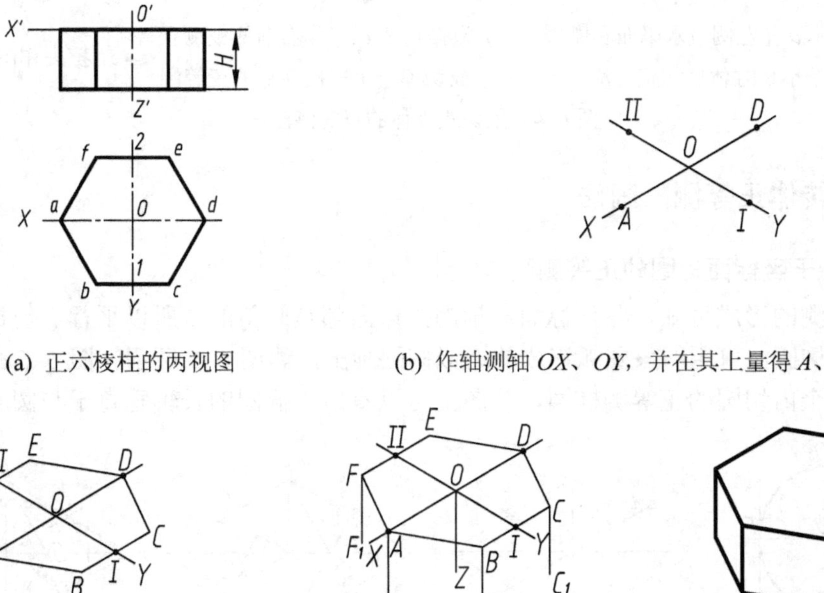

(a) 正六棱柱的两视图　　(b) 作轴测轴 OX、OY，并在其上量得 A、D 和 I、II

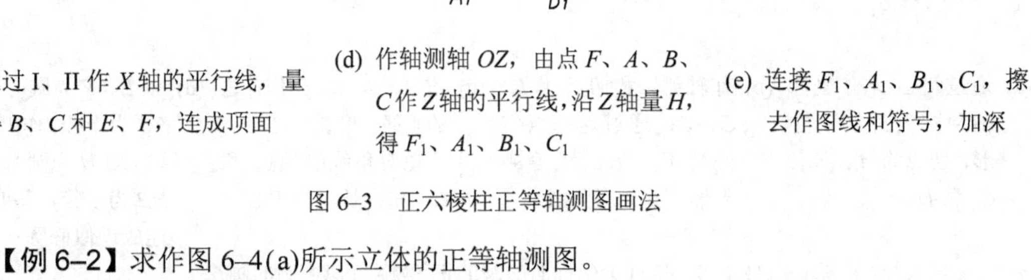

(c) 通过 I、II 作 X 轴的平行线，量得 B、C 和 E、F，连成顶面　　(d) 作轴测轴 OZ，由点 F、A、B、C 作 Z 轴的平行线，沿 Z 轴量 H，得 F_1、A_1、B_1、C_1　　(e) 连接 F_1、A_1、B_1、C_1，擦去作图线和符号，加深

图 6–3　正六棱柱正等轴测图画法

【例 6–2】求作图 6–4(a)所示立体的正等轴测图。

【解】该立体可以看成是由长方体被一个水平面、一个侧平面(左侧)和一个侧垂面(右前侧)切割形成的挖切式组合体。所以，可先用坐标法画出长方体的正等测，然后把长方体上需要切掉的部分逐个切去，即可完成该立体的正等测。作图过程见图 6–4(b)～(e)。

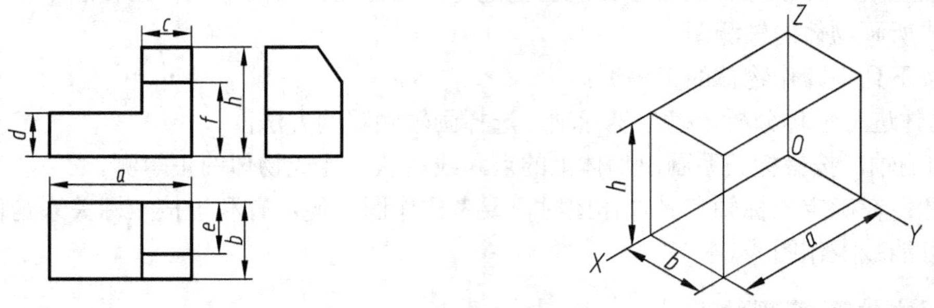

(a) 立体的三视图　　(b) 作轴测轴，并按尺寸 a、b、h 画出未切割时的长方体正等测

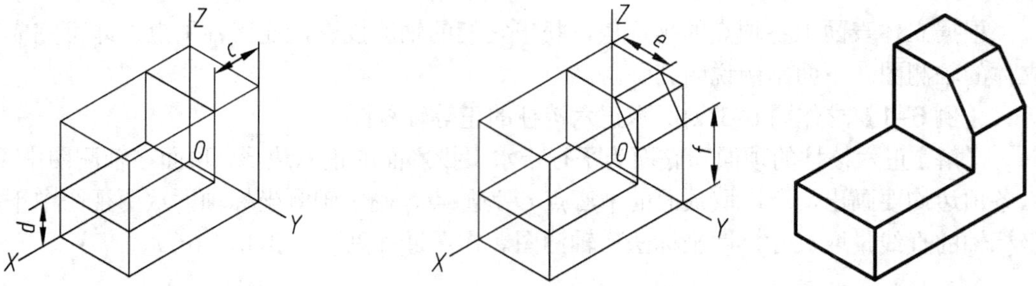

(c) 根据尺寸 c、d 作左侧被水平面和侧平面切掉一个小长方体后的正等测　　(d) 根据尺寸 e、f 作右前侧被侧垂面切掉一个三棱柱后的正等测　　(e) 擦去作图线，加深

图 6–4　挖切式立体的正等测画法

6.2.3　回转体正等测的画法

1. 平行于坐标面的圆的正等测画法

从正等测的形成可知，各坐标面对轴测投影面都是倾斜的，所以平行于坐标面的圆的正等测都是椭圆，可用四段圆弧连成的近似椭圆画出，如图 6–5 所示。图 6–6 画出了立方体表面上三个内切圆的正等测椭圆，从图上可以看出：椭圆的长轴垂直于与圆平面垂直的

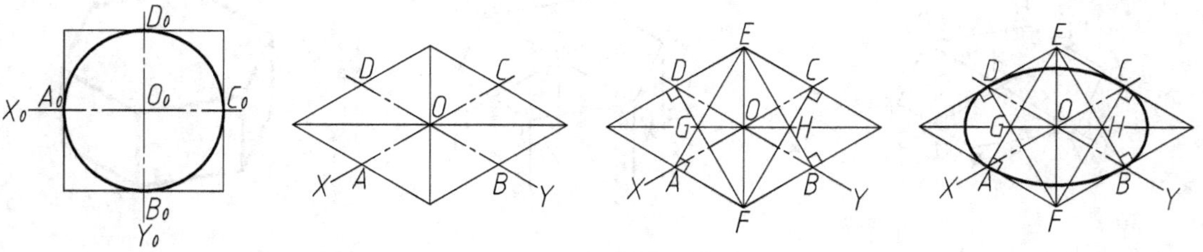

(a) 通过圆心 O_O 作坐标轴和圆的外切正方形，切点为 A_O、B_O、C_O 和 D_O　　(b) 作轴测轴和切点 A、B、C、D，通过这些点作外切正方形的正等测菱形，并作对角线　　(c) 过 A、B、C、D 作各边的垂线，交得圆心 E、F(短对角线的顶点)和 G、H(在长对角线上)　　(d) 以 E、F 为圆心，EA、FC 为半径，作 $\overset{\frown}{AB}$ 、$\overset{\frown}{CD}$；以 G、H 为圆心，GA、HB 为半径，作 $\overset{\frown}{AD}$ 、$\overset{\frown}{BC}$，连成近似椭圆

图 6–5　平行于坐标面的圆的正等测–近似椭圆的画法

坐标轴的轴测投影(轴测轴)，短轴则平行于这条轴测轴。例如，平行于水平面的圆的正等测椭圆的长轴垂直于 Z 轴，短轴则平行于 Z 轴。用简化系数画出的正等测椭圆，其长轴约等于 1.22*d*(*d* 为圆的直径)，短轴约等于 0.7*d*。

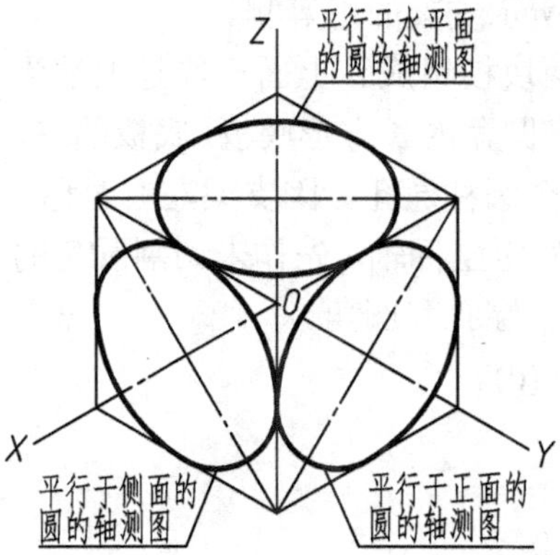

图 6–6 平行于坐标面的圆的正等测

2. 圆柱体的正等测画法

图 6–7 所示为轴线垂直于水平面的圆柱体正等轴测图的作图步骤，椭圆的作图过程可参阅图 6–5 中的有关内容。

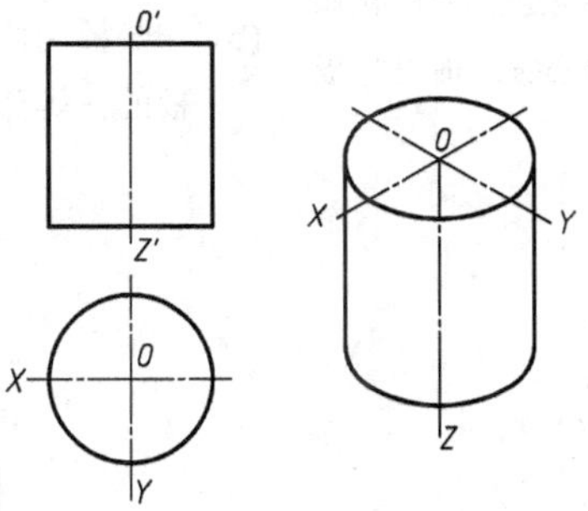

(a) 两投影图 (b) 正等轴测图

图 6–7 轴线垂直于水平面的圆柱体的正等测

【例 6–3】作如图 6–8(a)所示截切圆柱体的正等轴测图。

【解】图 6–8(a)所示为从圆柱体上部切去两块后形成的立体，其正等测作图步骤见图 6–8(b)～(d)。

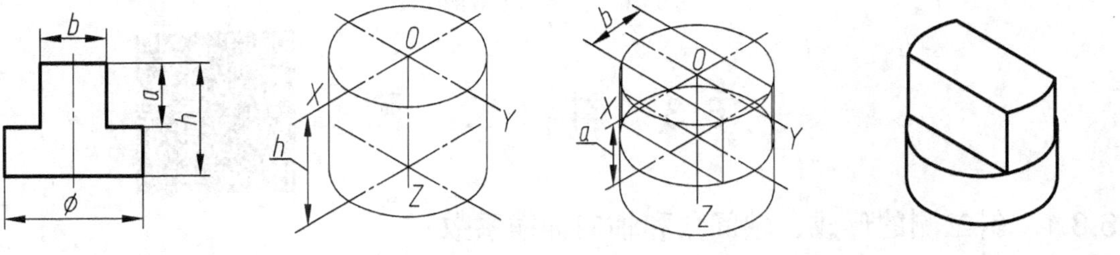

(a) 截切圆柱体的主视图 (b) 按直径作基本圆柱体的正等测 (c) 根据尺寸 *a* 和 *b* 做出上部的切口 (d) 擦去作图线，加深

图 6–8 作截切圆柱体的正等测

6.2.4 组合体正等测的画法

画组合体的轴测图，应用形体分析法。

【例 6–4】作如图 6–9 所示支架的正等测。

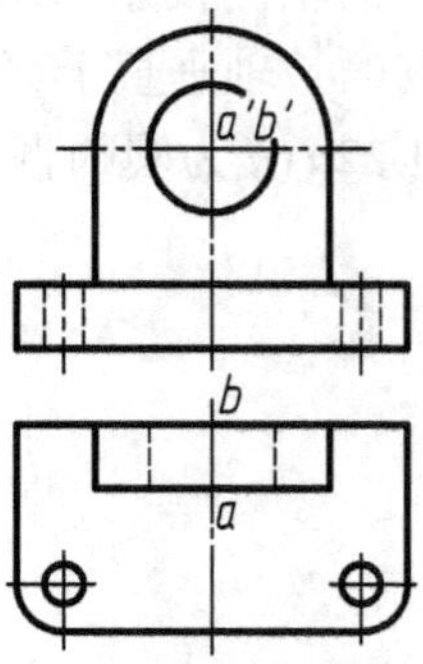

图 6–9 支架的两视图

【解】 支架由上、下两块板组成。上面一块是顶端为圆柱面的竖板，下面一块是带圆角的长方形底板，底板的左、右两边和竖板的中间各有一个圆柱通孔。因支架左右对称，可取后底边的中点为原点，确定坐标轴，先作未切割圆角的长方形底板，再依次作竖板、穿孔和圆角。

作图过程见图 6–10(a)～(d)。

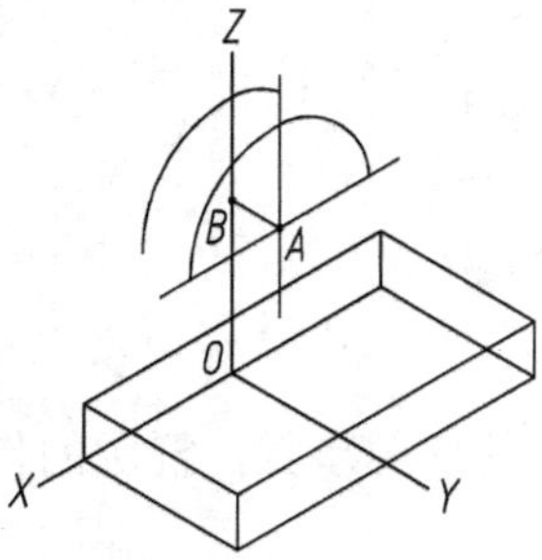

(a) 作轴测轴，先画底板的轮廓，再确定竖板后孔口的圆心 *B*，由 *B* 定出前孔口的圆心 *A*，画出竖板顶部圆柱面的正等测近似椭圆

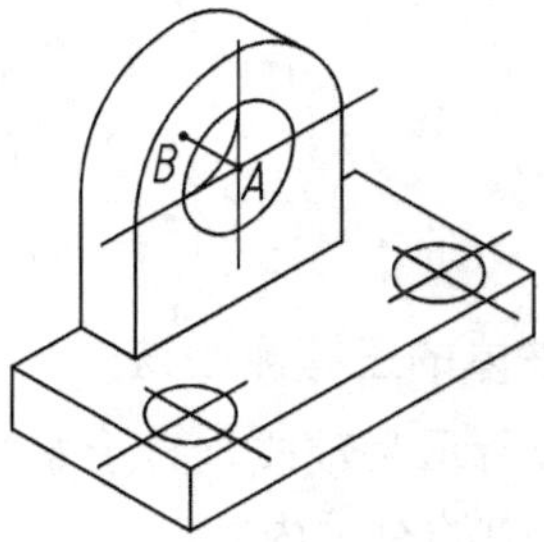

(b) 作竖板两侧轮廓和圆柱通孔的正等测，完成竖板的正等测。完成底板上两个圆柱孔的正等测

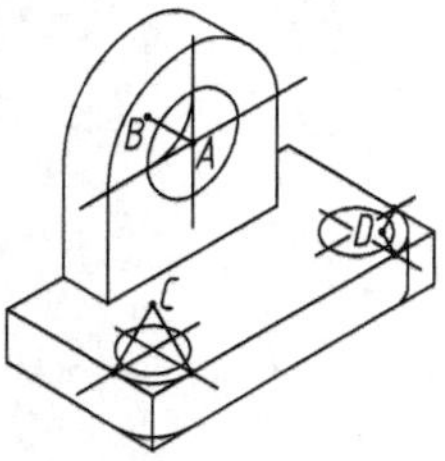

(c) 从底板顶面上圆角的切点作切线的垂线，交得圆心 *C*、*D*，再分别在切点间作圆弧，得顶面圆角的正等测。再作出底面圆角的正等测。最后作右边两圆弧的公切线，完成带圆角底板的正等测

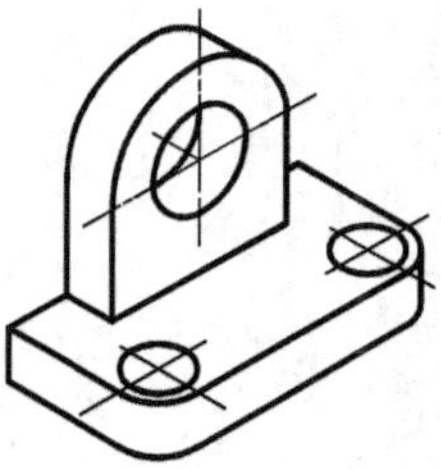

(d) 擦去作图线，加深

图 6–10 支架的正等测画法

6.3 斜 二 测

6.3.1 斜二测的形成、轴间角和轴向伸缩系数

1. 斜二测的形成

如图 6–11(a)所示，将直角坐标系的坐标轴 O_0Z_0 放置为垂直位置，并使 $X_0O_0Z_0$ 坐

标面平行于轴测投影面。在轴测投影面上作与坐标轴 O_0X_0、O_0Z_0 平行的轴测轴 OX、OZ，当所选择的斜投射方向使 OY 与 OX、OZ 都成 135°，且 OY 轴的伸缩系数为 1/2 时，得到的轴测图就称为斜二轴测图，简称斜二测。

2. 轴间角和轴向伸缩系数

从斜二测图的形成可知，轴间角 $\angle XOY = \angle YOZ = 135°$、$\angle XOZ = 90°$，轴向伸缩系数 $p_1 = r_1 = 1$、$q_1 = 1/2$，如图 6–11(b)所示。

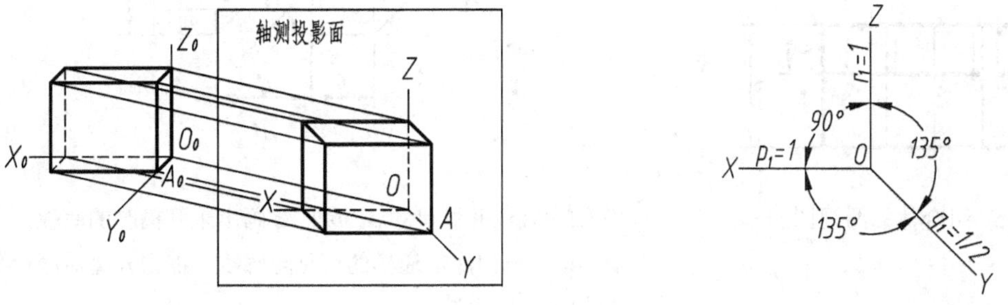

(a) 斜二测的形成示意图　　(b) 轴间角和轴测轴的伸缩系数

图 6–11　斜二轴测图

6.3.2　斜二测的画法

图 6–12 画出了立方体表面上三个内切圆的斜二测，其中，平行于 $X_0O_0Z_0$ 坐标面的圆的斜二测是反映实形的圆，而平行于 $X_0O_0Y_0$、$Y_0O_0Z_0$ 坐标面的圆的斜二测是椭圆。由于斜二测椭圆的作法较繁(具体画法可参阅参考文献[2])，因此，当物体只有平行于 $X_0O_0Z_0$ 坐标面的圆时，采用斜二测最有利。当有平行于 $X_0O_0Y_0$、$Y_0O_0Z_0$ 坐标面的圆时，则宜选用正等测。

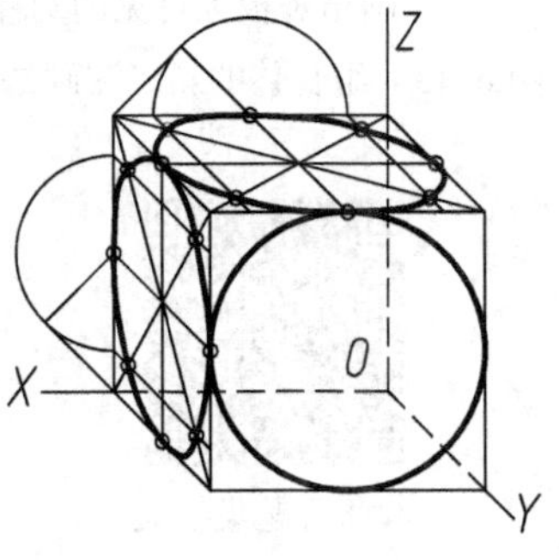

图 6–12　平行于坐标面的圆的斜二测

【例 6–5】作如图 6–13(a)所示组合体的斜二测。

【解】如图 6–13(a)所示，组合体由一块底部带有通槽的长方形底板和一块左、右两端为圆角的竖板组成，竖板上还带有圆柱通孔。作图时，宜先画出未切割通槽的长方形底板，然后开槽，再画未穿孔时的竖板，然后穿孔。由于组合体左右对称，可取底板后底边的中点为原点，确定坐标轴，按各部分的尺寸和伸缩系数作这个组合体的斜二测。作图过程见图 6–13(b)～(e)。

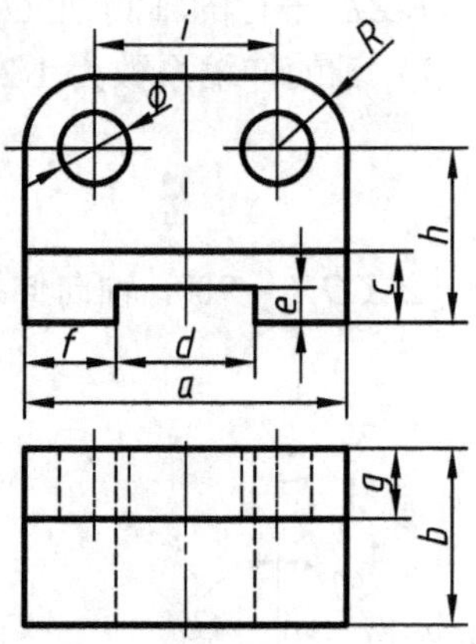

(a) 组合体的两视图

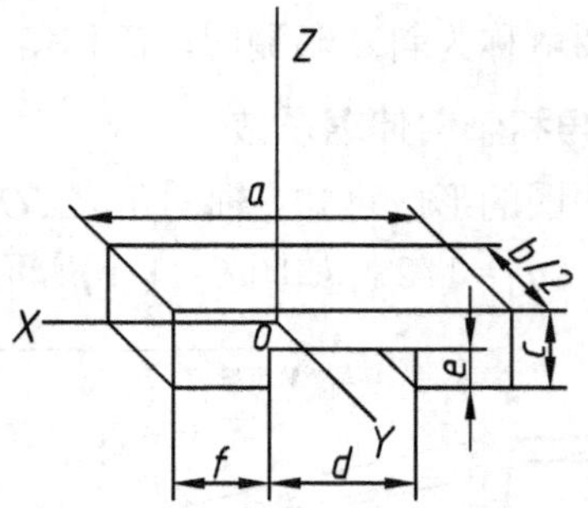

(b) 作轴测轴，并按尺寸 *a*、*b*/2、*c* 画出未开槽时的底板，由尺寸 *d*、*e*、*f* 画出底部通槽的可见轮廓线，擦去开槽后底板被剖切掉的一段前底边

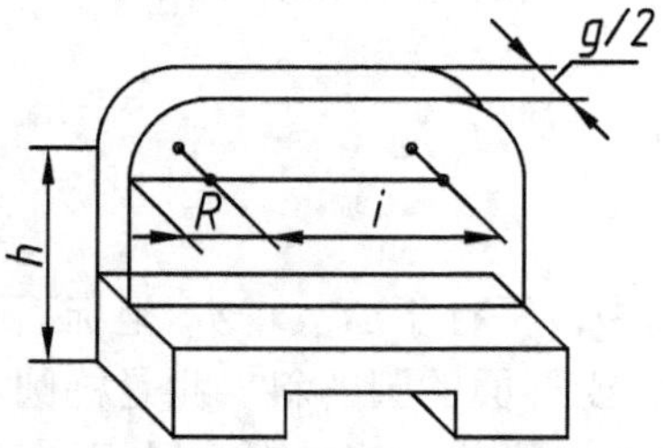

(c) 擦去轴测轴，由尺寸 *g*/2、*h* 作竖板，再由 *i*、*R* 在前、后壁找出圆角的圆心，画出圆角的可见轮廓线

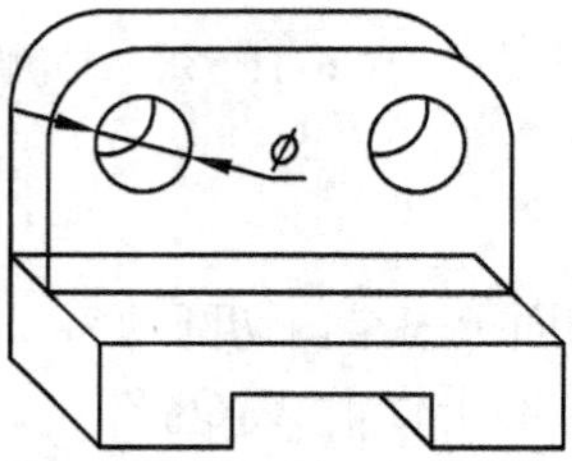

(d) 分别以竖板前、后壁圆角轮廓的圆心为圆心，由尺寸 *Φ* 画出竖板上可见的圆柱通孔

(e) 擦去多余的作图线，加深

图 6–13　组合体的斜二测画法

本章习题集答案

第 7 章　机件形状的常用表达方法

技术图样应采用正投影法绘制，并优先采用第一角画法。绘制技术图样时，应首先考虑看图方便。根据机件的结构特点，选用适当的表达方法，在完整、清晰表达机件形状的前提下，力求制图简便。

当机件的形状和结构比较复杂时，用前面所讲的两视图或三视图就难于把它们的内外形状准确、完整、清晰地表达出来。本章着重介绍一些机件的常用表达方法——视图、剖视图、断面图、局部放大图、简化画法和其他规定画法等。读者在掌握这些方法的基础上，要学会灵活应用它们，以满足上述要求。

7.1　视　　图

根据有关标准和规定，**用正投影法所绘制出的机件的图形，称为视图**。视图一般只画出机件的可见轮廓，必要时才画出其不可见轮廓。视图通常有基本视图、向视图、局部视图和斜视图，可按需选用。

7.1.1　基本视图

如图 7-1(a)所示，在原有三个投影面的基础上，再增设三个投影面，组成一个正六面体，这六个投影面称为基本投影面。**机件向基本投影面投射所得的视图，称为基本视图。**

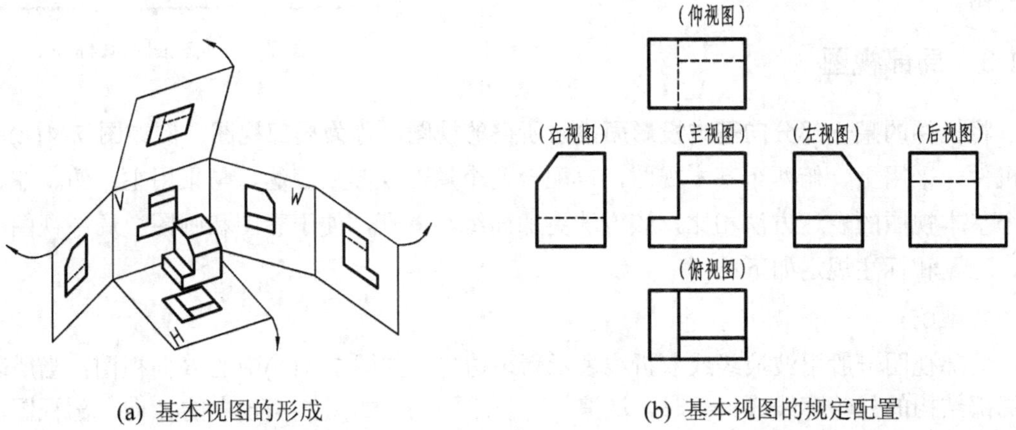

(a) 基本视图的形成　　(b) 基本视图的规定配置

图 7-1　基本视图的形成和配置

除前面学过的主视图、俯视图和左视图外，还有由右向左、由下向上、由后向前投射所得的右视图、仰视图和后视图。投影面的展开方法如 7–1(a)所示，展开后六个基本视图的配置关系如图 7–1(b)所示。在同一张图纸内按图 7–1(b)配置视图时，一律不标注视图的名称。

用视图表达机件的步骤是：首先，按自然位置(通常是它的工作位置，或加工位置，或安装位置)安放这个机件；然后，选定最能全面反映该机件各部分主要形状特征和相对位置的那个视图为主视图；最后，根据机件的结构特点，在明确表达机件的前提下，选用其他必要的基本视图，使视图(包括后面所讲的剖视图和断面图)的数量为最少。图 7–2 是用基本视图表达机件形状的实例。图中选用了主、左、右三个视图来表达机件的主体和左、右凸缘的形状，左、右两个视图中省略了不必要的虚线。

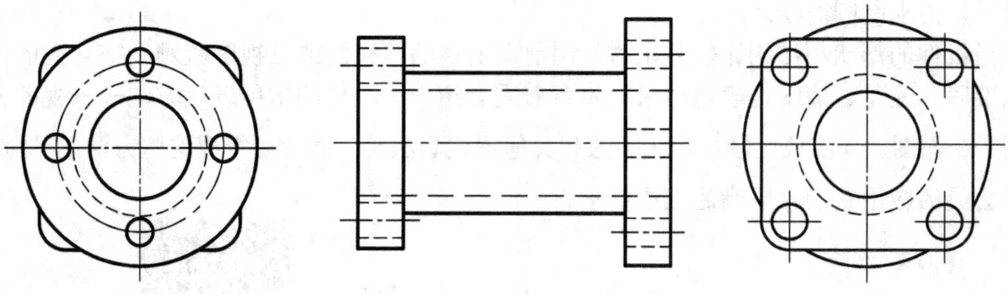

图 7–2　基本视图应用举例

7.1.2　向视图

向视图是可自由配置的视图。基本视图若不按图 7–1(b)的形式配置，或不能画在同一张纸上，则可画向视图。为了便于看图，应在向视图上方标注“×”(“×”为大写拉丁字母)，称为×向视图，在相应的视图附近用箭头指明投射方向，并标注同样的字母，如图 7–3 中的 *A* 向视图、*B* 向视图和 *C* 向视图。

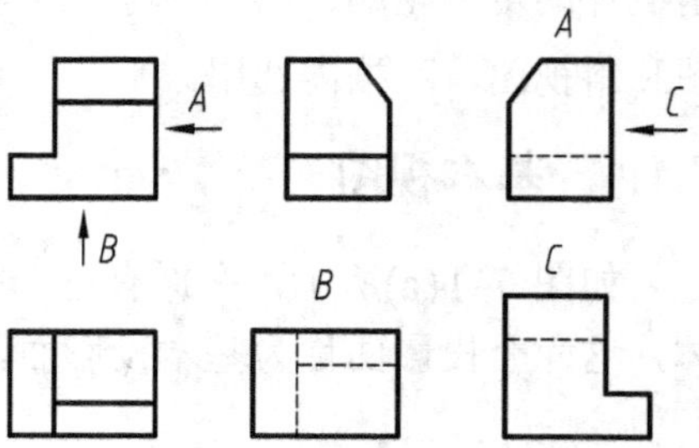

图 7–3　向视图及其标注

7.1.3　局部视图

将机件的某一部分向基本投影面投射所得的视图，称为局部视图。例如图 7–4(a)所示的机件，采用主、俯两个基本视图，再配合两个局部视图来表达，与采用主、俯、左、右四个基本视图的表达方法相比，该方法更加简练、清晰，便于看图和画图。局部视图的画法、配置和标注规定如下：

1. 画法

局部视图一般用波浪线或双折线表示断裂边界，如图 7–4(b)中的 *B* 向视图；当所表示的局部结构的外轮廓线成封闭时，波浪线可省略不画，如图 7–4(b)中的 *A* 向局部视图。注意：同一张图上断裂边界只能用同一种线。若画波浪线，波浪线应画到轮廓线为止，且只能画在表示物体的实体的图形上。若画双折线，双折线的两端应超出图形的轮廓线。

2. 配置和标注

(1) 按向视图的形式配置，如图 7–4(b)中的 *A* 向视图，必须标注；

(2) 按基本视图的形式配置，当中间没有其他图形隔开时，如图 7–4(b)中的 *B* 向局部视图，可以省略标注；

(3) 按第三角画法配置(具体的画法见 7.6)。

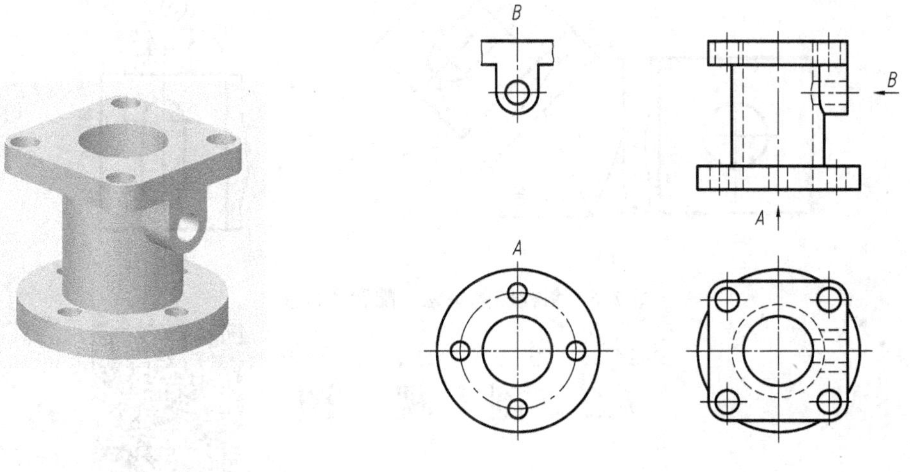

(a)　　　　　　　　　　　　　　(b)

图 7–4　局部视图应用举例

7.1.4　斜视图

将机件向不平行于基本投影面的平面投射所得到的视图，称为斜视图。如图 7–5 所示，为了清晰表达机件上倾斜结构的实形，用一个平行于倾斜结构的平面作为新投影面，将倾斜结构按垂直于新投影面的方向作投影，就可得到反映它的真形的视图。斜视图的画法、配置和标注规定如下：

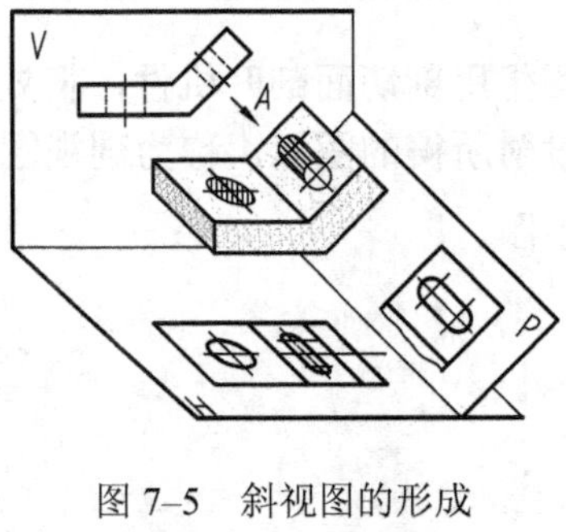

图 7–5　斜视图的形成

1. 画法

斜视图一般只需表达机件倾斜结构的形状，所以画出了倾斜结构的真形后，就可用波浪线或双折线断开，不画其他部分的视图，成为一个局部斜视图。如果所需表达的倾斜结构的外轮廓线是封闭的，波浪线可省略不画。

2. 配置和标注方法

斜视图通常按向视图的形式配置并标注，最好按投影关系配置，如图 7–6(a)所示，也可平移到其他位置；必要时，允许将斜视图旋转配置，这时，图名应加旋转符号，旋转符号箭头的指向应与图的旋转方向一致，表示该视图名称的大写拉丁字母“×”应靠近旋转符号的箭头端，也允许将旋转角度标注在字母之后，如图 7–6(b)、(c)所示。旋转符号是半径为字母高度的半圆弧，符号笔画宽度为字母高度的 1/10 或 1/14。

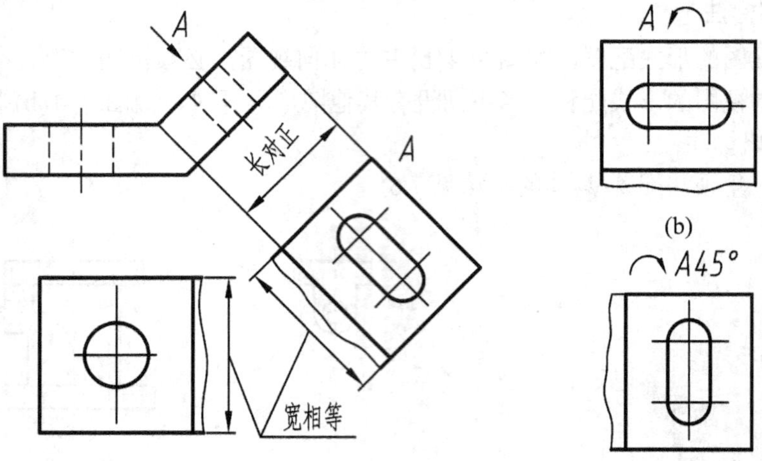

(a)　(b)　(c)

图 7–6　斜视图的画法、配置和标注

7.2　剖　视　图

当机件内部结构比较复杂时，视图中就会存在较多虚线，给读图、画图和标注尺寸带来不便，因此，实际绘图中常用剖视图来表达机件的内部结构。

7.2.1　剖视图的概念和基本画法

假想用剖切面剖开机件，将处在观察者和剖切面之间的部分移去，而将其余部分向投影面投射所得的图形，称为剖视图，简称剖视。图 7–7(b)的主视图就是图 7–7(a)所示机件的剖视图。

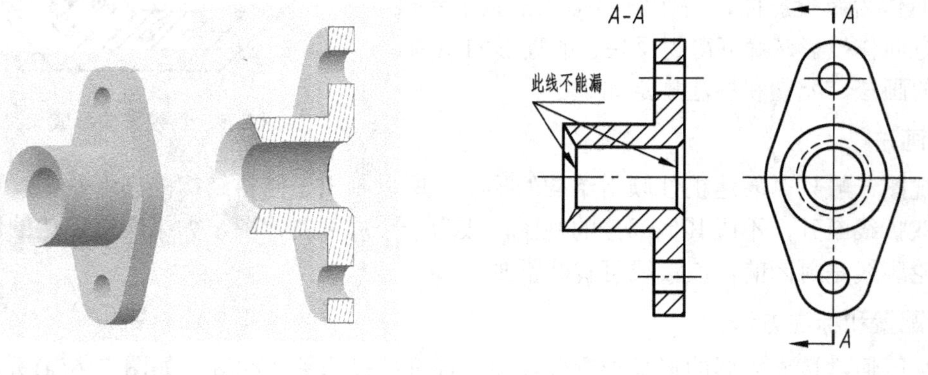

(a) 剖视图的形成　(b) 剖视图

图 7–7　剖视图的概念

下面以画图 7–7(a)所示机件的剖视图为例，说明剖视图的画法要点：

1. 确定剖切面及剖切位置

剖切面一般是平面，也可以是曲面。剖切位置应尽量与机件的对称面重合，或通过所需表达的内部孔、槽的轴线或对称中心线。图 7-7 中选取的剖切面为平行于正面的平面，剖切位置通过机件的前后对称面。

2. 画剖视图

机件被假想面剖开后，用粗实线画出剖切面与机件接触部分(称为剖面区域)的图形和剖切面后面的可见轮廓线。为了使剖视图清晰反映机件上需要表达的结构，必须省略不必要的细虚线。

画剖视图时应注意以下几点：

(1) 剖切面后可见结构的投影线应全部画出，不要遗漏，例如图 7–7 中所示机件左、右两侧倒角圆锥面与圆柱面交线的投影；

(2) 剖视图是假想剖切物体后画出的，因此，当物体的某一个视图画成剖视图后，其他视图仍应完整地画出，如图 7–7(b)所示的左视图。

3. 画剖面符号

在剖面区域中应画出表示机件材料的特定剖面符号，剖面符号如表 7–1 所示。例如，图 7–7(b)所示机件的剖视图中，画出了表示这个机件为金属材料的剖面符号。

表 7-1　剖 面 符 号

金属材料(已有规定剖面符号者除外)	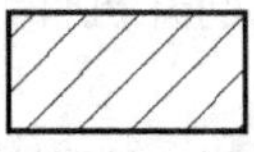	玻璃及供观察用的其他透明材料	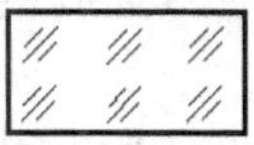	混凝土	
线圈绕组元件	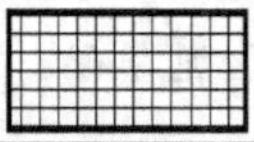	木材　纵剖面		钢筋混凝土	
转子、电枢、变压器和电抗器等的叠钢片		木材　横剖面	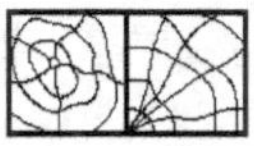	砖	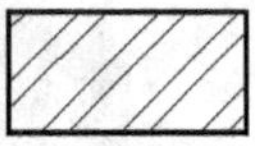
非金属材料(已有规定剖面符号者除外)		木质胶合板(不分层数)		格网(筛网、过滤网等)	
型砂、填砂、粉末冶金、砂轮、陶瓷刀片、硬质合金刀片等	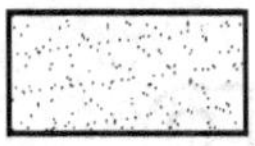	基础周围的泥土		液体	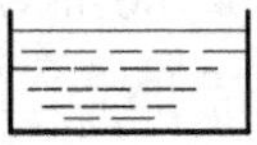

注：1. 剖面符号仅表示材料的类别，材料的代号和名称必须另行注明；

2. 叠刚片的剖面线方向，应与束装中叠刚片的方向一致；

3. 液面用细实线绘制。

表示金属材料的剖面符号常称为剖面线，若不需表示材料类别时，剖面符号也可按习惯用剖面线表示。剖面线应以适当角度的同方向、等间距的细实线绘制，最好与主要轮廓线或剖面区域的对称线成 45°。在零件图中，各个剖面区域中的剖面线的方向和间距必须一致；在装配图中，同一零件的各个剖面区域应使用相同的剖面线，相邻零件的剖面线应该用方向不同或间距不同的剖面线。

4. 标注剖视图

一般应在剖视图的上方用大写的拉丁字母标出剖视图的名称“×-×”。在相应的视图上用剖切符号指示剖切面起、讫、转折位置(用粗短画表示)和投射方向(用箭头表示)，并标注相同的字母“×”。必要时，可在剖切符号之间画出剖切线(用细点画线表示)表示剖切面的位置。

标注可以部分或全部省略：① 当剖视图按基本视图形式配置，中间又没有其他图形隔开时，可省略箭头；② 当单一剖切面通过机件的对称面或基本对称面，且满足条件一，可省略标注。

7.2.2 剖视图的分类

按照剖切面不同程度地剖开机件的情况，剖视图分为全剖视图、半剖视图和局部剖视图。全剖视图适用于表达外形较简单而内形较复杂、具有对称或基本对称性的机件，半剖视图适用于表达内、外形状都比较复杂且具有对称或基本对称性的机件，局部剖视图则广泛应用于内、外形状都较复杂的机件，不受对称性的限制。

1. 全剖视图

用剖切平面完全地剖开机件所得的视图，称为全剖视图。

例如，图 7–8(a)用平行于正面的平面从机件前后对称面完全地剖开机件，图 7–8(b)用平行于侧面的平面从机件前、后臂通孔的左右对称面完全地剖开机件，得到图 7–8(c)的主、左视图都是全剖视图。

国标规定：对于机件的肋、轮辐及薄壁等，如按纵向剖切，这些结构通常按不剖绘制，即不画剖面符号，而用粗实线将它与邻接部分分开(具体画法见 7.4)。

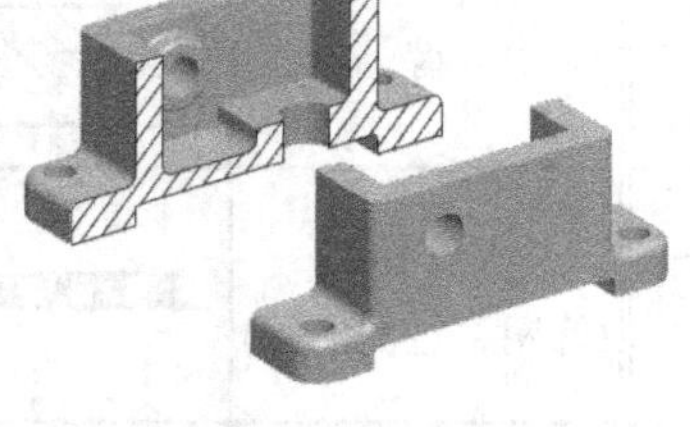

(a) 剖切后主视图画为全剖视

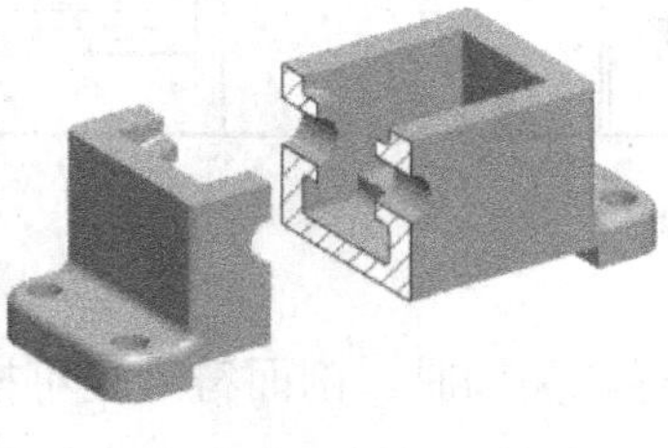

(b) 剖切后左视图画为全剖视

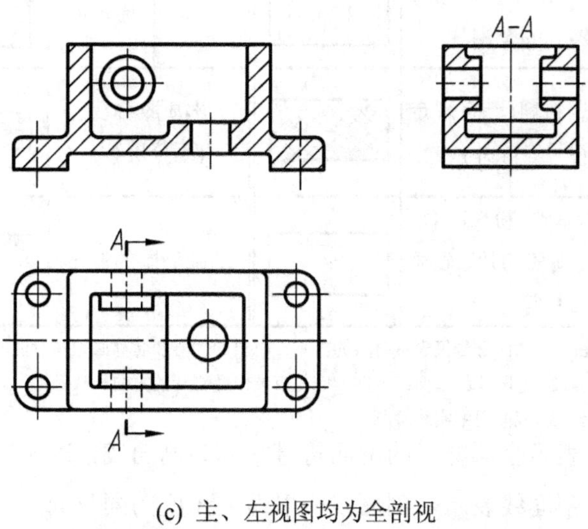

(c) 主、左视图均为全剖视

图 7–8　全剖视图的画法示例

2. 半剖视图

当机件具有对称平面时，向垂直于对称平面的投影面上投射所得的图形，以对称中心线为界，一半画成剖视图，另一半画成视图，这种剖视图称为半剖视图。例如，图 7–9(c)中的主视图和俯视图都是半剖视图。

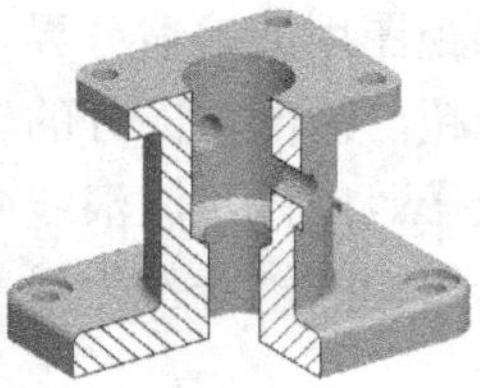

(a) 剖切后主视图画为半剖视

(b) 剖切后俯视图画为半剖视

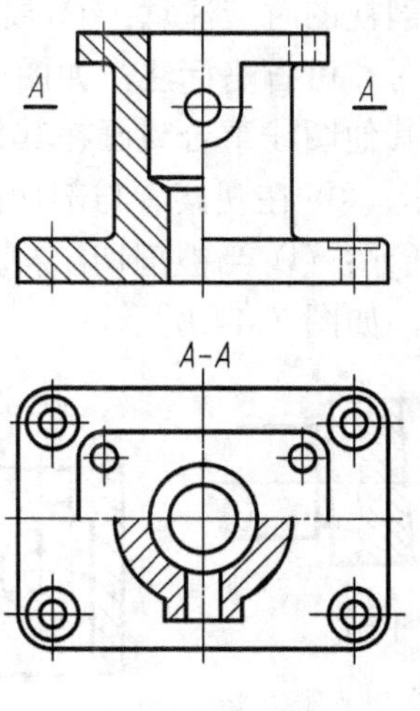

(c) 主、俯视图均为半剖视

图 7–9　半剖视图的画法示例

画半剖视图时应注意：① 半个视图和半个剖视的分界线是细点画线，不能画成粗实线；② 在半个剖视图中已用粗实线表达清楚的内部结构，在半个视图中，与这些结构对应或对称的细虚线不应画出。

当机件的形状接近于对称，且不对称部分已另有图形表达清楚时，也可画成半剖视。如图 7–10 所示，由于皮带轮的上下基本对称，不对称的局部只是在轴孔的键槽处，而轴孔和键槽已由 *A* 向局部视图表达清楚，所以可将主视图画成半剖视图。

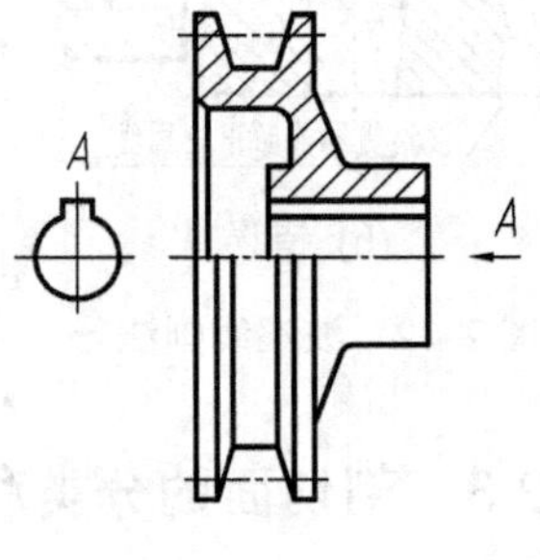

图 7–10　皮带轮的半剖视图

3. 局部剖视图

用剖切平面局部地剖开机件所得的剖视图，称为局部剖视图，例如，图 7–11(b)中的主、俯视图都是局部剖视图。在一个视图中，局部剖视的数量不宜过多，以免使图形过于破碎。

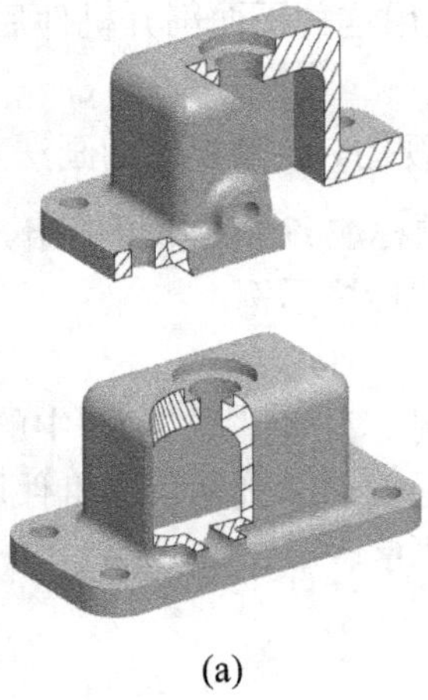

(a)

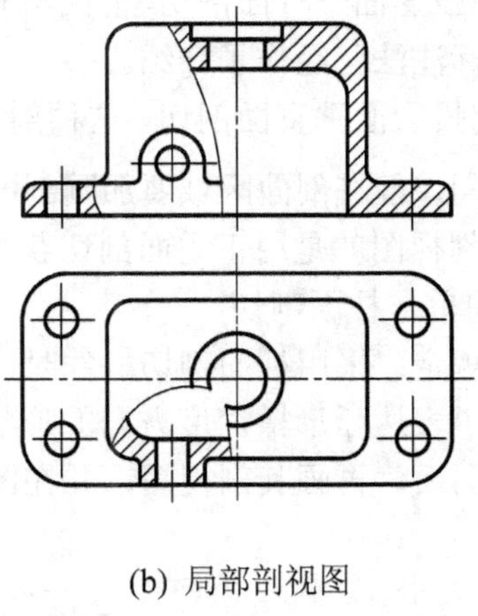

(b) 局部剖视图

图 7–11　局部剖视图的画法示例

画局部剖视图时应注意：① 局部剖视图一般应按规定标注，但当用一个平面剖切且剖切位置明显时，可省略标注，如图 7–11(b)所示；② 局部剖视图用波浪线分界，波浪线不能与图样中其他图线重合或画在其他线的延长线上，也不能超出被剖切部分的轮廓线，如图 7–12 所示；③ 在观察者与剖切面之间的通孔或缺口的投影范围内，波浪线必须断开，如图 7–13 所示；④ 当被剖切结构为回转体时，允许将这个结构的轴线作为局部剖视与视图的分界线，如图 7–14 所示。

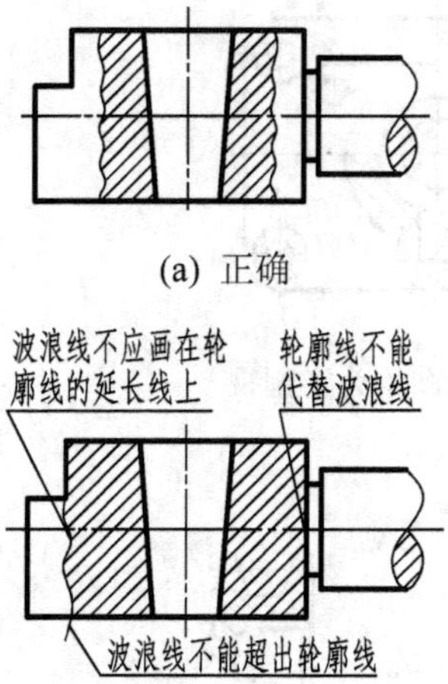

(a) 正确　(b) 错误

图 7–12　波浪线画法一

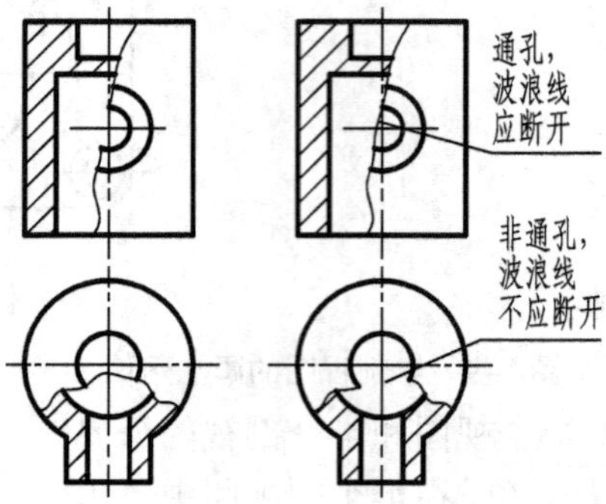

(a) 正确　(b) 错误

图 7–13　波浪线画法二

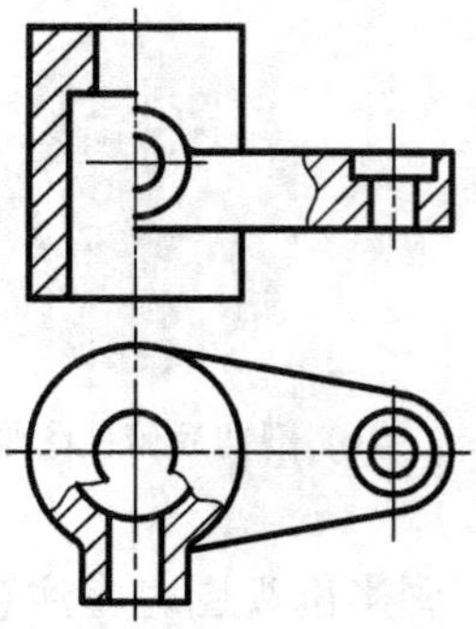

图 7–14　用回转体结构的轴线作为局部剖视与视图的分界线

7.2.3　剖切面的分类和剖切方法①

根据机件的结构特点，可选用以下的剖切面剖开机件：单一剖切面、几个平行的剖切平面和几个相交的剖切平面(交线垂直于某一投影面)。

1. 单一剖切面

(1) 用单一平面剖切。

① 用投影面平行面剖切。前面所有剖视图图例，都是采用这种平面剖开机件后获得的，其画法和标注法已经作了介绍。

② 用投影面垂直面剖切。这种剖视图习惯上称为斜剖视图。斜剖视图的画法和配置与斜视图相同，但在剖面区域要加画剖面符号。斜剖视图必须标注齐全，不可省略。图 7–15 中的 *A-A* 剖视图就是用正垂面剖切获得的斜剖视图的画法和标注示例。

(2) 用单一柱面剖切。

国标规定：采用柱面剖切机件时，剖视图应按展开绘制。例如，图 7–16 中的 *B–B* 剖视图，为了表达弧形槽深度方向的形状特点而采用单一柱面剖切，剖切后的机件展开成平行于投影面后，再画其剖视图，并在图名后加注“展开”二字。

---

① 摘自 GB/T 4458.6–2002《机械制图　图样画法　剖视图和断面图》。

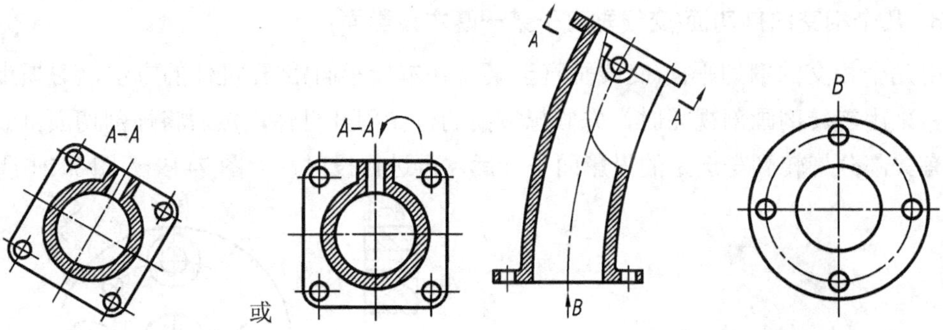

图 7–15　单一平面剖切所得斜剖视图的画法示例

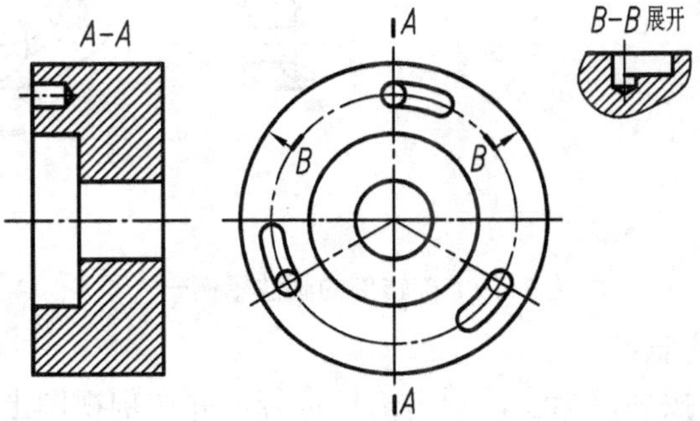

图 7–16　单一柱面剖切所得剖视图画法示例

2. 几个平行的剖切平面

用几个平行的剖切平面剖开机件的方法，习惯上称为阶梯剖。图 7–17(a)所示为用两个平行平面以阶梯剖的方法剖开机件，图 7–17(b)是用该方法得到的机件的阶梯剖视图。

画阶梯剖视图时应注意：

① 相邻剖切平面的剖面区域应连成一片，中间不能画分界线；

② 剖切平面的转折处不应与图中轮廓线重合，且在图形内不应出现不完整的要素。仅当两个要素在图形上具有公共对称中心线或轴线时，可各画一半，并以对称中心线或轴线为界，如图 7–18 所示。

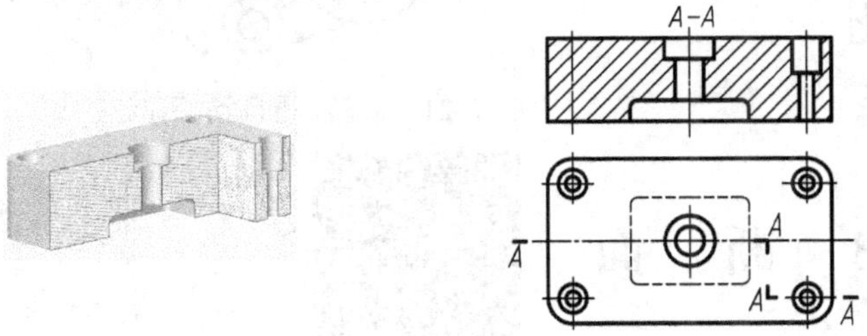

(a)　　(b)

图 7–17　阶梯剖的画法和标注示例

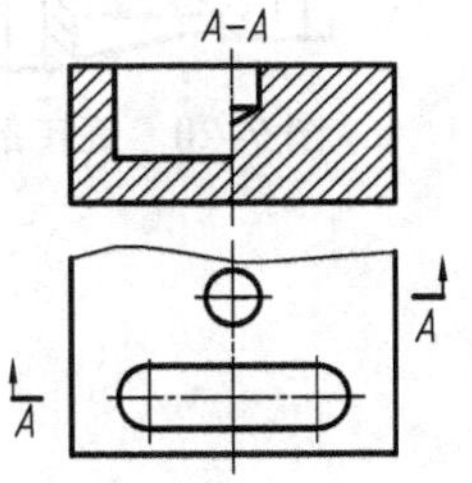

图 7–18　有不完整要素的阶梯剖视图示例

③ 阶梯剖视图必须按规定标注。当阶梯剖视图按投影关系配置且中间没有其他图形隔开时，可省略箭头，如图 7–17(b)所示；当剖切符号转折处位置有限，又不致引起误解时，可省略字母，如图 7–18 所示。

3. 几个相交的剖切面(交线垂直于某一基本投影面)

用几个相交的剖切平面(交线垂直于某一基本投影面)剖开机件的方法，习惯上称为旋转剖。采用旋转剖画剖视图时，先假想按剖切位置剖开机件，然后将被剖切面剖开的结构及其有关部分旋转到与选定的投影面平行后，再进行投射，如图 7–19～图 7–21 所示。

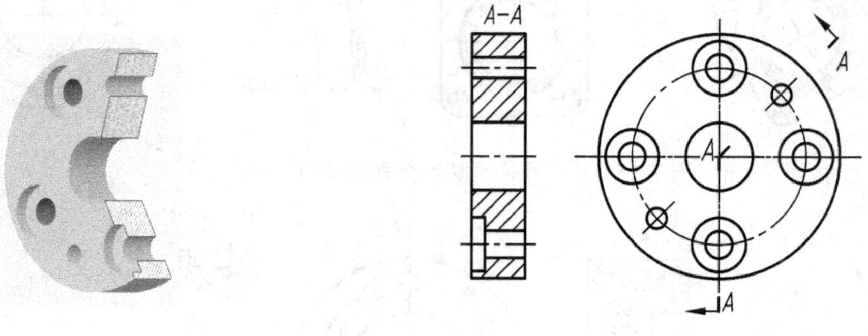

(a)　(b)

图 7–19　旋转剖的画法示例一

画旋转剖视图时应注意：

① 旋转剖视图必须按规定标注，画出剖切符号，并在剖视图上方注明剖视图的名称，如图 7–19(b)所示；当剖切符号转折处位置有限，又不致引起误解时，可省略字母，如图 7–20 所示。

② 在剖切平面后的其他可见结构，一般仍按原来位置投射，如图 7–20 中的油孔。

③ 当剖切后产生不完整要素时，应将此部分按不剖绘制，如图 7–21 中的臂。

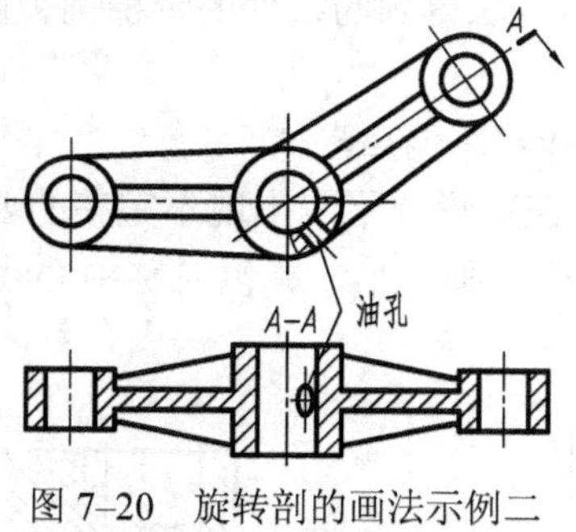

图 7–20　旋转剖的画法示例二

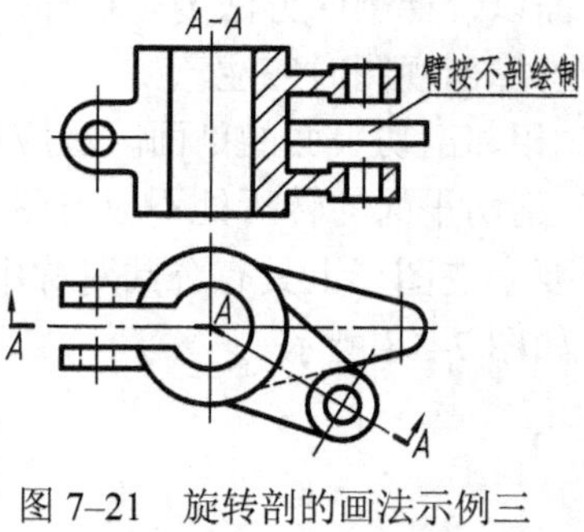

图 7–21　旋转剖的画法示例三

7.3　断　面

7.3.1　断面图的概念

假想用剖切面将机件的某处切断，仅画出该剖切面与机件接触部分的图形，这个图形称为断面图，简称断面。断面图常用来表示机件上某一局部的断面形状，如机件上的肋、轮辐、槽和孔等。

如图 7–22(a)、(b)所示，为了得到具有键槽的一段轴的断面的清晰形状，可假想在键槽处用一个垂直于轴的剖切平面将轴切断，画出它的断面图。在断面图上画出剖面符号，如图 7–22(c)所示。若画剖视图，则如图 7–22(d)所示。对比图 7–22(c)和(d)可知，断面图只画出机件的断面形状，而剖视图则除了断面形状以外，还要画出机件留下部分的投影。

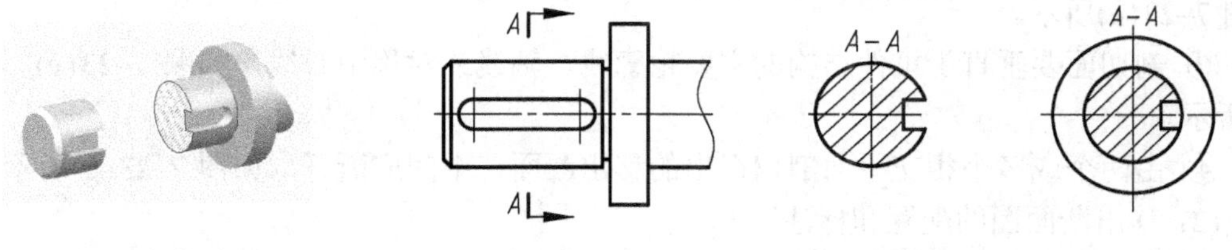

(a) 立体图　　(b) 主视图　　(c) 断面图　　(d) 剖视图

图 7–22　断面图的概念

7.3.2　断面图的分类

断面图分移出断面图和重合断面图两种。

1. 移出断面图

(1) 移出断面图的画法。

移出断面图应画在视图之外，其轮廓线用粗实线绘制，剖面区域一般画上剖面符号，如图 7–23 所示。

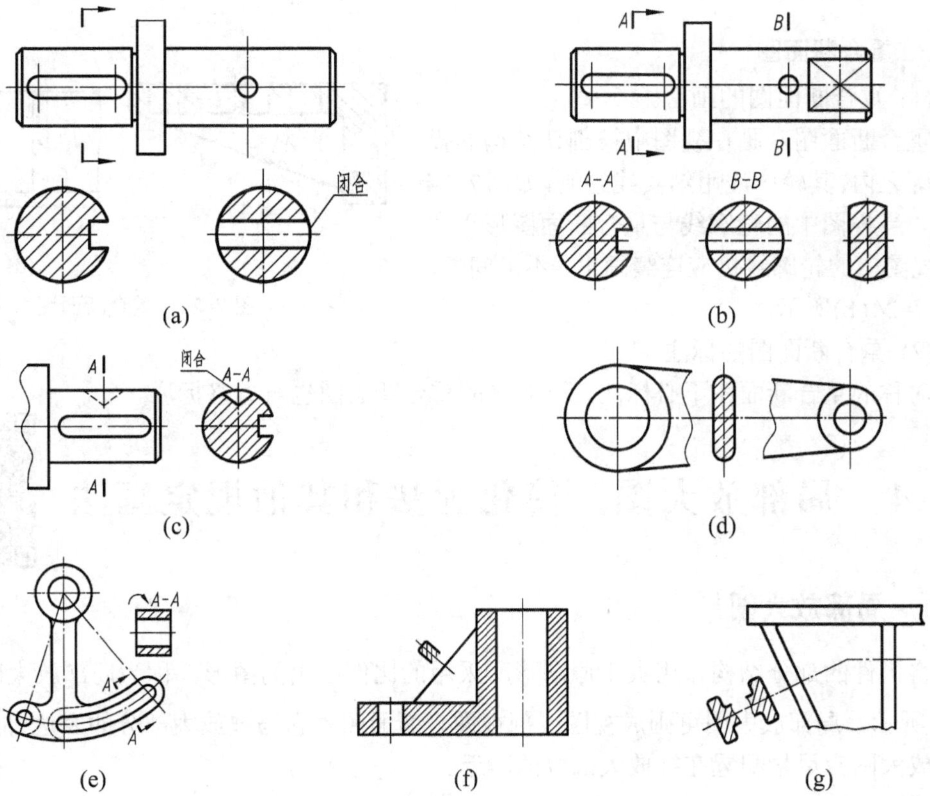

图 7–23　移出断面图

画移出断面图时要注意：

① 当剖切平面通过回转面形成的孔或凹坑的轴线时，这些结构应按剖视绘制，如图 7–23(a)的右边断面和图 7–23(c)所示。

② 当剖切平面通过非圆孔，导致出现完全分开的两个断面时，这些结构应按剖视绘制，如图 7–23(e)所示。

③ 剖切面要垂直于机件结构的主要轮廓线、轴线或对称中心线，如图 7–23(e)、(f)、(g)所示。

④ 由两个或多个相交平面剖切得出的移出断面，中间应断开，如图 7–23(g)所示。

(2) 移出断面图的配置和标注。

移出断面的基本标注方法与剖视图相似，如图 7–23(b)中的 *B–B* 断面。

移出断面的具体标注与它的配置形式有关：

① 配置在剖切符号或剖切线的延长线上，如图 7–23(a)、(f)所示。标注时可省略字母，若断面图是对称的，还可省略箭头。

② 按投影关系配置，如图 7–23(c)所示，标注时可以省略箭头。

③ 对称的断面图可画在视图的中断处，如图 7–23(d)所示，不要标注。

④ 配置在其他适当的位置，如图 7–23(b)所示，按基本标注方法标注，若断面图是对称的，可省略箭头。

⑤ 在不致引起误解时，允许将图形旋转，如图 7–23(e)所示，其标注方法与斜剖视图相同。

2. 重合断面图

(1) 重合断面图的画法。

重合断面图应画在视图中被剖切结构的投影轮廓之内，其轮廓线用细实线绘制，如图 7–24 所示。当视图中的轮廓线与重合断面图形重叠时，视图中的轮廓线仍应连续画出，不可间断，如图 7–24(b)所示。

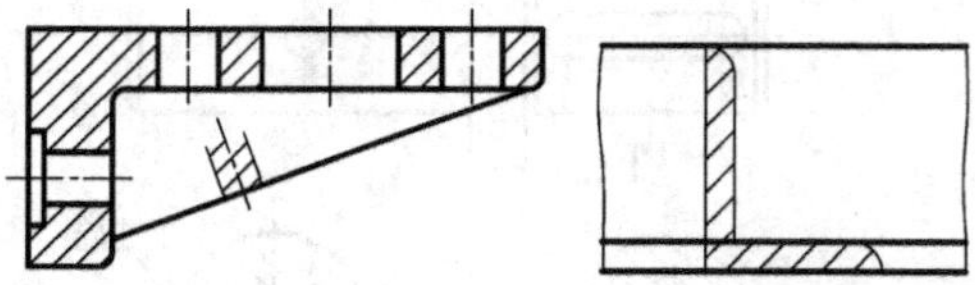

(a)　　(b)

图 7–24　重合断面图

(2) 重合断面图的标注。

对称的重合断面图不必标注，不对称的重合断面图也可省略标注。

7.4　局部放大图、简化画法和其他规定画法

7.4.1　局部放大图①

将机件的部分结构，用大于原图形所采用的比例画出的图形，称为局部放大图，如图 7–25 所示。局部放大图可画成视图、剖视图、断面图，它与被放大部分的表达方式无关。局部放大图应尽量配置在被放大部位的附近。

① 摘自 GB/T 4458.1——2002《机械制图　图样画法　视图》。

当同一机件上有几个被放大的部分时，必须用罗马数字依次标明被放大的部位，并在局部放大图的上方标出相应的罗马数字和所采用的比例，如图 7–25 所示。

当机件上被放大的部分仅一个时，在局部放大图的上方只需注明所采用的比例。同一机件上不同部位的局部放大图，当图形相同或对称时，只需要画出一个。必要时可用几个图形表达同一被放大部分的结构。

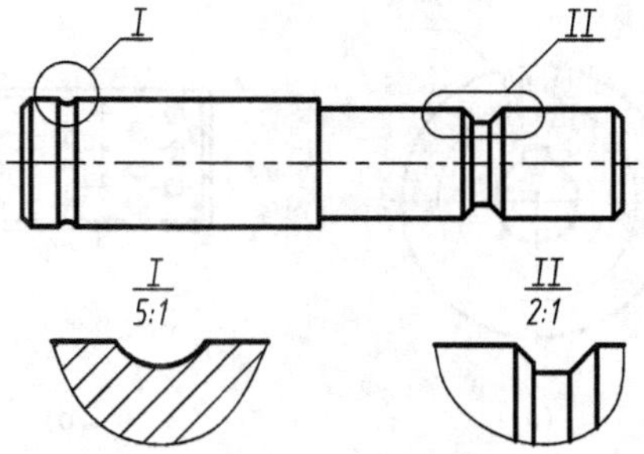

图 7–25　局部放大图

7.4.2　简化画法和其他规定画法[①]

简化画法是在视图、剖视、断面等图样画法的基础上，对机件上某些特殊结构，应用简化图形、省略视图等方法来表达其形状，从而简化技术图样、提高设计效率的画法。下面扼要地介绍一部分简化画法和其他规定画法。

(1) 零件上的肋、轮辐、紧固件和轴，若按纵向剖切，这些结构通常按不剖绘制，即不画剖面符号，而用粗实线将它与邻接部分分开，如图 7–26 中主视图中的肋；若按横向剖切，这些结构也要画剖面符号，如图 7–26 中俯视图中的肋。

(2) 当零件回转体上均匀分布的肋、孔等结构不处于剖切平面上时，可将这些结构转到剖切平面上画出，且对均布孔只需详细画出一个，另一个只画出轴线即可，如图 7–27 中所示的肋和孔。

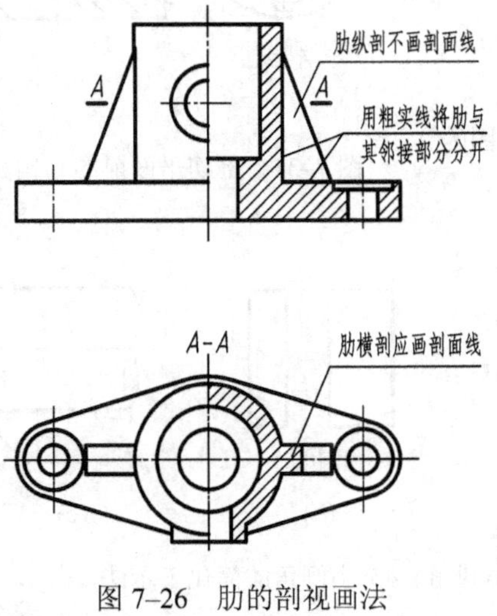

图 7–26　肋的剖视画法

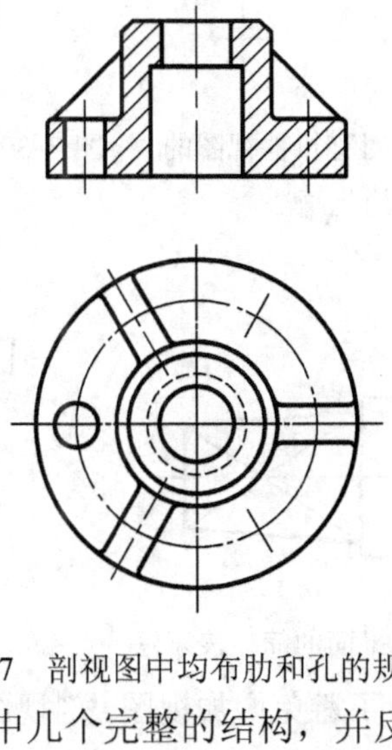
图 7–27　剖视图中均布肋和孔的规定画法

(3) 零件中成规律分布的重复结构，允许只画出其中几个完整的结构，并反映其分布情况，重复结构的数量和类型的表示应该遵循尺寸注法的有关要求。对称的重复结构用细点画线表示各对称结构要素的位置，如图 7–28(a)、(b)、(c)；不对称的重复结构，则用相连的细实线代替，如图 7–28(d)所示。

① 摘自 GB/T 4458.1–2002、GB/T 4458.6—2002、GB/T 16675.1—1996。

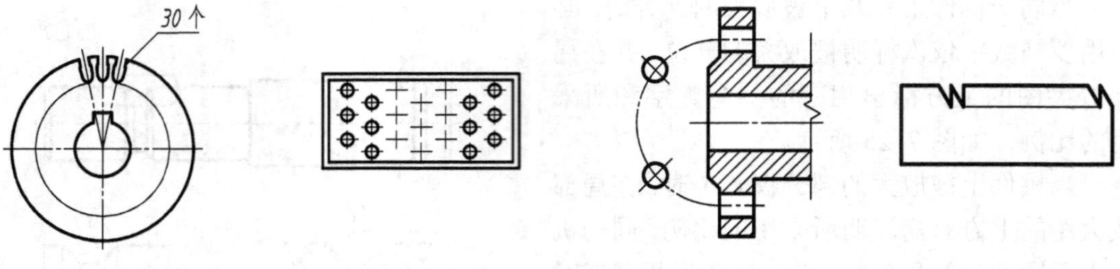

(a)　(b)　(c)　(d)

图 7–28　重复要素的简化画法举例

(4) 在不致引起误解时，对称机件的视图可只画一半或四分之一，并在对称中心线的两端画出两条与其垂直的平行细实线，作为对称符号，如图 7–29 所示。

(5) 基本对称的零件仍可按对称零件的方式绘图，但应对其中不对称的部分加以说明，如图 7–30 所示。

(6) 在需要表示位于剖切平面前的结构时，用细双点画线表示，如图 7–31 所示。

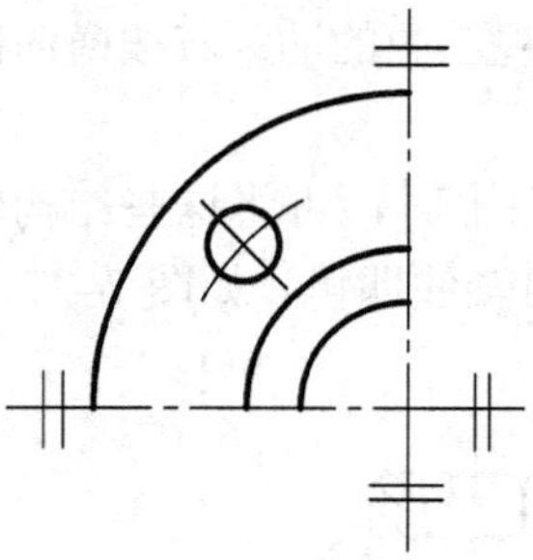

图 7–29　对称机件视图的简化画法

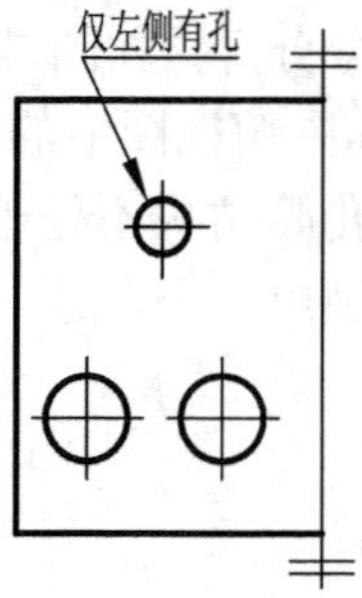

图 7–30　基本对称机件视图的简化画法

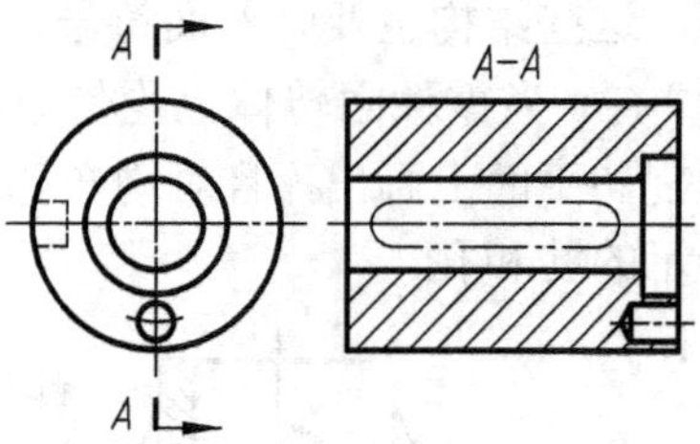

图 7–31　剖切平面前的结构画法

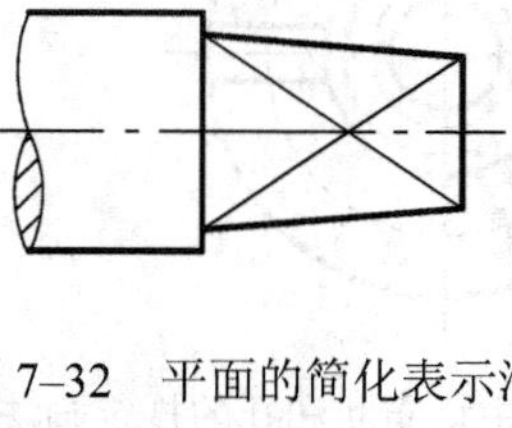

图 7–32　平面的简化表示法

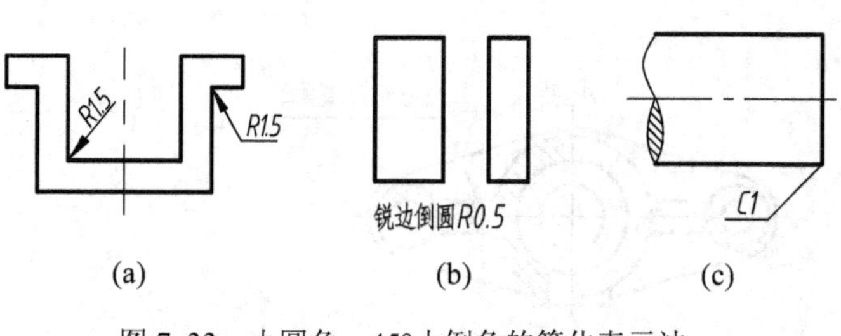

(a)　(b)　(c)

图 7–33　小圆角、45°小倒角的简化表示法

(7) 为了避免增加视图、剖视图或断面图，可用细实线绘出对角线表示平面，如图 7–32 所示。

(8) 在不致引起误解时，零件图中的小圆角或 45°小倒角允许省略不画，但必须注明尺寸或另加说明，如图 7–33 所示。

(9) 在不致引起误解时，图形中的过渡线、相贯线可以简化，包括用圆弧或直线代替非圆曲线、采用模糊画法表示相贯线，如图 7–34 所示。

(10) 当机件上较小的结构已在一个图形中表示清楚时，其他图形应当简化或省略，如图 7–35(a)所示铅垂圆锥孔在俯视图中的图形和图 7–35(b)所示圆柱左端被切割后的结构在主视图中的图形，就作了适当的简化或省略。

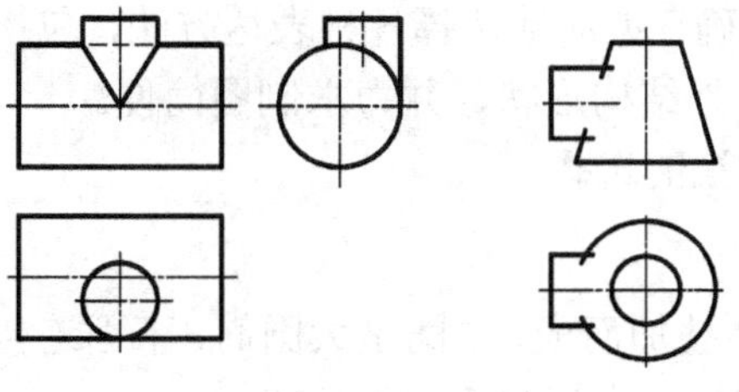

(a)　　(b)

图 7–34　过渡线、相贯线的简化画法

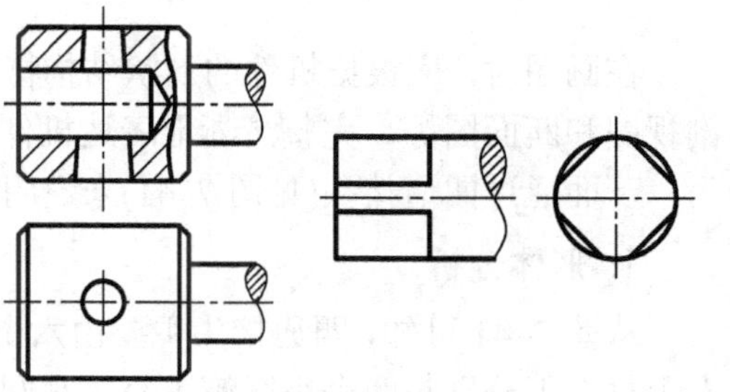

(a)　　(b)

图 7–35　较小结构的简化画法

(11) 与投影面倾斜角度小于或等于 30°的圆或圆弧，其投影可用圆或圆弧代替，如图 7–36 俯视图所示。

(12) 机件上斜度和锥度等较小的结构，若在一个图形中已表达清楚时，其他图形可按小端画出，如图 7–37 所示。

(13) 较长的机件(轴、杆、型材等)沿长度方向的形状一致或按一定规律变化时，可断开后缩短绘制，断裂处一般用波浪线表示，但长度尺寸应注实长，如图 7–38 所示。

(14) 滚花、槽沟等网状结构，应用粗实线完全或部分的表示出来，但也可以用简化表示法省略不画，在技术要求中注明这些结构的具体要求，如图 7–39 所示。

(15) 在不致引起误解时，在剖视图、断面图中允许省略剖面符号，也可以用涂色代替剖面符号，如图 7–40 所示。

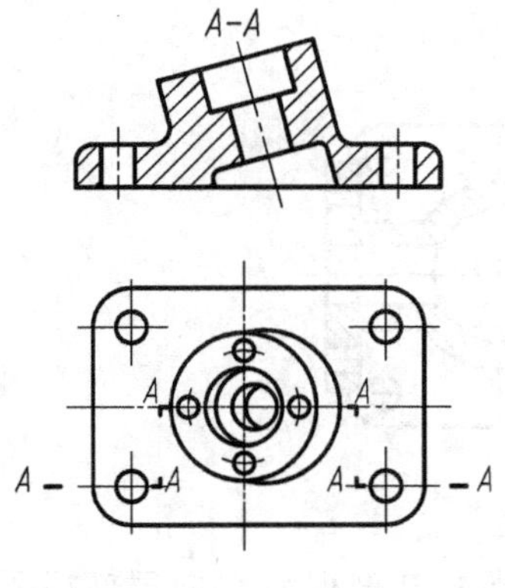

图 7–36　≤30°倾斜圆的简化画法

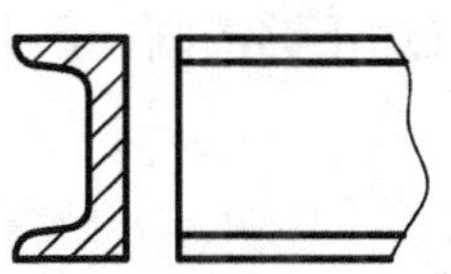

图 7–37　较小锥度和斜度结构的简化画法

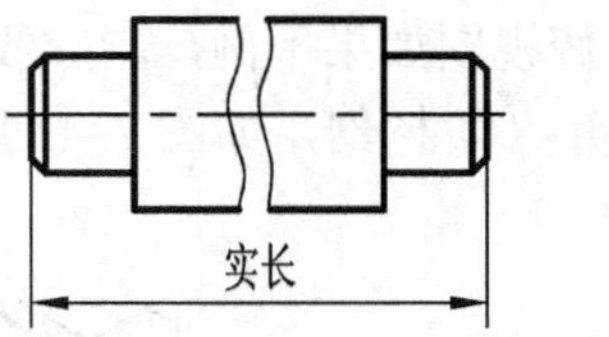

图 7–38　较长机件断开后的简化画法

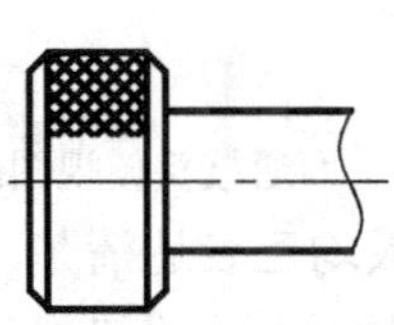

图 7–39　滚花简化画法

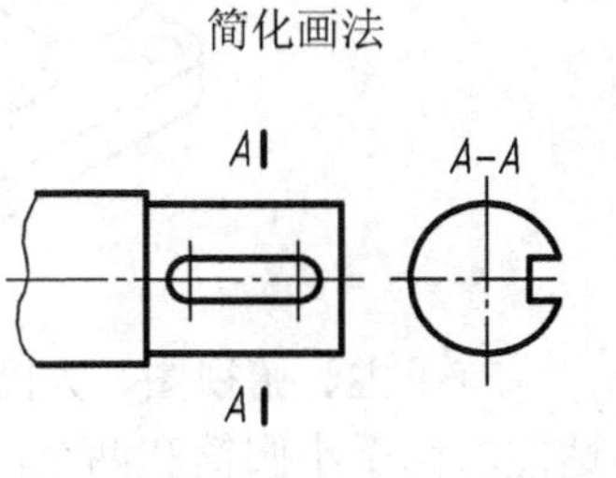

图 7–40　断面中省略剖面符号

7.5　表达方法的综合应用

在画图时，应根据机件的形状结构特点，正确、灵活地选择各种表达方法，包括视图、剖视图和断面图等，完整清晰地表达机件的内、外结构形状，并力求制图简便。

下面通过四通接头(见图 7–41)来说明表达方法的选择。

1. 形体分析

从图 7–41 可知，四通接头主要由六个简单体叠加而成，中间是大圆筒，下面连接底板，左上与右下分别与两个小圆筒正交，小圆筒各连接一个形状不同的凸缘。

2. 表达方案选择

为了将四通接头的内部结构清楚表达出来，需要采用剖视。由于两侧的凸缘结构不一样，所以主视图不可采用半剖，而应采用两次局部剖视，表达内孔的连接和底板的圆孔情况，如图 7–42 所示。

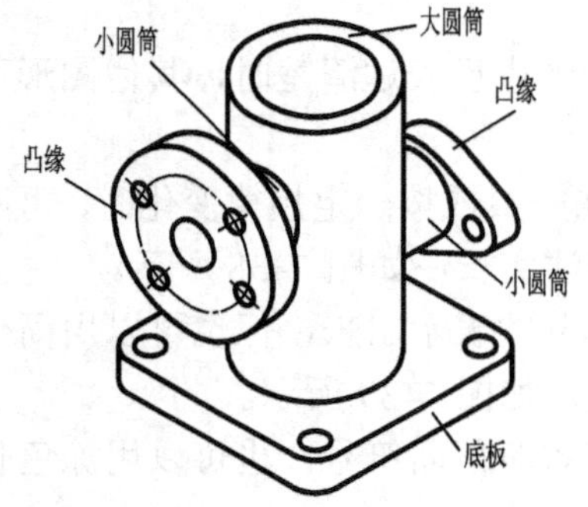

图 7 - 41　四通接头的轴测图

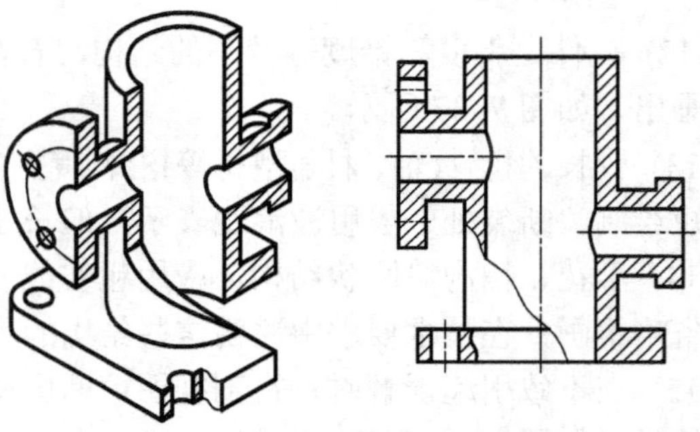

图 7 - 42　四通接头主视图的表达方法

为了表达两侧小圆筒和中间大圆筒的连接位置以及底板的形状，还必须配置俯视图。俯视图如果不剖，则虚线较多，表达不够清晰。因此，俯视图采用通过两个小圆筒轴线的 *A–A* 阶梯剖，如图 7–43 所示。

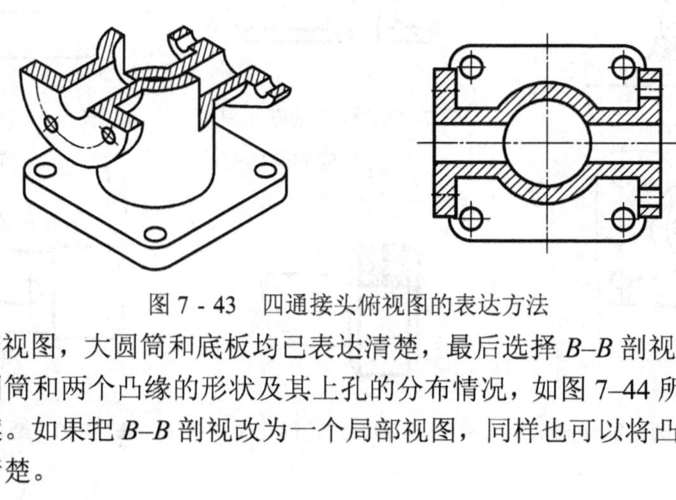

图 7 - 43　四通接头俯视图的表达方法

有了主、俯视图，大圆筒和底板均已表达清楚，最后选择 *B–B* 剖视和 *C* 向局部视图表达左右两个小圆筒和两个凸缘的形状及其上孔的分布情况，如图 7–44 所示，即为四通接头的最佳表达方案。如果把 *B–B* 剖视改为一个局部视图，同样也可以将凸缘形状及其上孔的分布情况表达清楚。

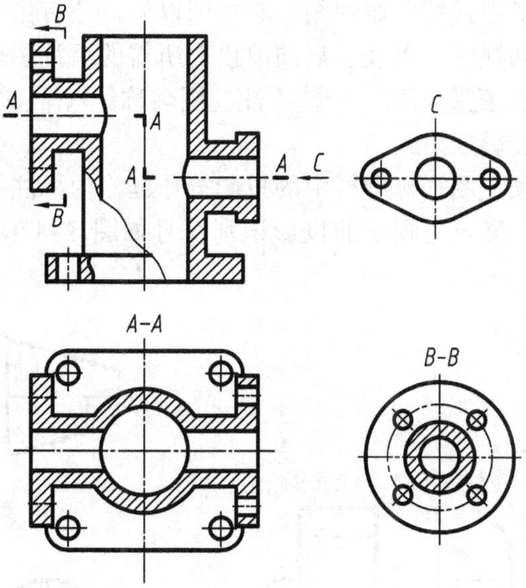

图 7 - 44　四通接头的表达方案

7.6　第三角画法简介

世界各国的技术图样有两种表示法：第一角画法和第三角画法。我国的技术图样优先采用第一角画法。为了消除单纯采用第一角画法所造成的交流障碍，国标规定：必要时(如按合同规定等)，允许采用第三角画法。下面对第三角画法作简单介绍。

第三角画法是将物体置于第三分角内，使投影面处于观察者和物体之间进行投射，然后按规定展开投影面而得到多面正投影图的画法。

采用第三角画法时，机件在 V 面上形成由前向后投射所得的主视图，在 H 面上形成由上向下投射所得的俯视图，在 W 面上形成由右向左投射所得的右视图，如图 7–45(a)所示。展开时，V 面不动，H 和 W 面按图 7–45(a)所示箭头方向绕相应投影轴旋转 90º，展开后三视图的配置形式如图 7–45(b)所示。

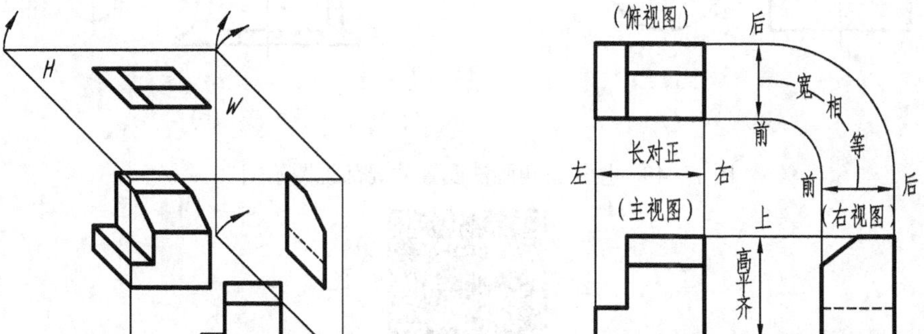

(a)　(b)

图 7 - 45　第三角画法三视图的形成和投影规律

采用第三角画法时，除了主视图、俯视图、右视图以外，还有由左向右投射所得的左视图，由下向上投射所得的仰视图，以及由后向前投射所得的后视图。六个基本视图的配置形式如图 7–46 所示，采用此配置形式，一律不注视图名称。六个基本视图同样存在“长对正、高平齐、宽相等”的投影规律。

采用第三角画法时，必须在图样标题栏中的投影符号框格内标注第三角画法的投影识别符号，如图 7–47(b)所示。第一角画法的投影识别符号如图 7–47(a)所示，必要时也应画出。

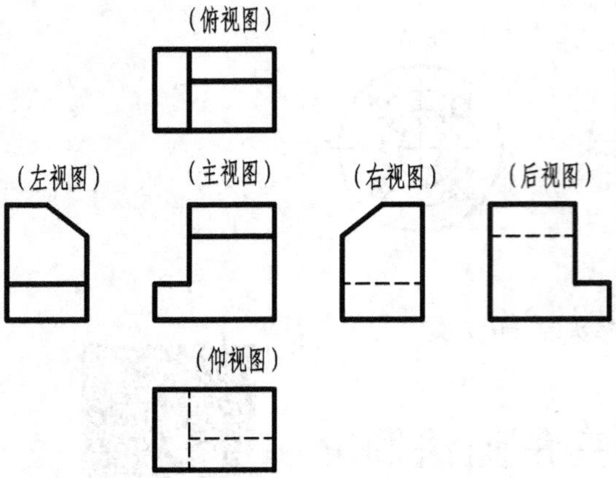

图 7 - 46　第三角画法六个基本视图的配置

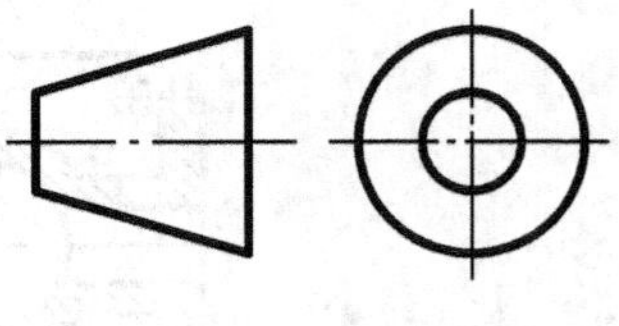

(a) 第一角画法

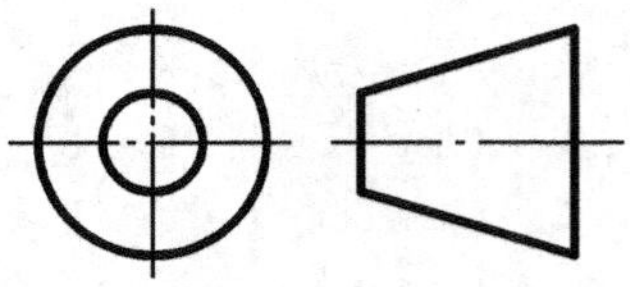

(b) 第三角画法

图 7 - 47　投影识别符号

在采用第一角画法绘制的图样中，允许按第三角画法绘制局部视图。按第三角画法配置的局部视图应配置在视图上所需表示机件局部结构的附近，并用细点画线将两者相连，如图 7–48 所示。

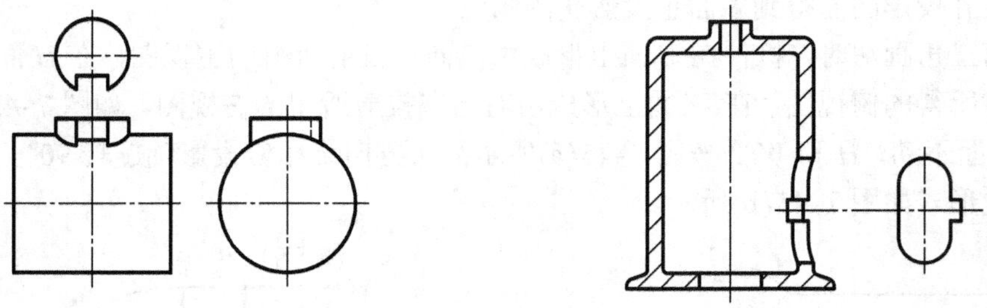

(a)　　(b)

图 7 - 48　按第三角画法配置的局部视图示例

本章习题集答案

第 8 章　标准件和常用件

8.1　螺　　纹

8.1.1　螺纹的形成、要素和结构

1. 螺纹的形成

螺纹是根据螺旋线的形成原理加工而成的。螺纹制作的方法很多，图 8–1 所示为在车床上车削螺纹的情况。在圆柱外表面上形成的螺纹称为外螺纹，在圆柱内表面上形成的螺纹称为内螺纹。

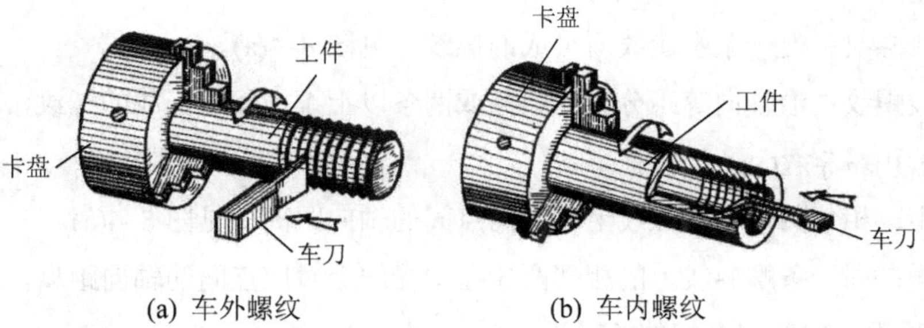

(a) 车外螺纹　　(b) 车内螺纹

图 8–1　车削螺纹

2. 螺纹的五要素

1) 牙型

沿螺纹轴线剖切的断面轮廓形状称为牙型，主要有普通螺纹、梯形螺纹、矩形螺纹、锯齿形螺纹及管螺纹等，见图 8–2。

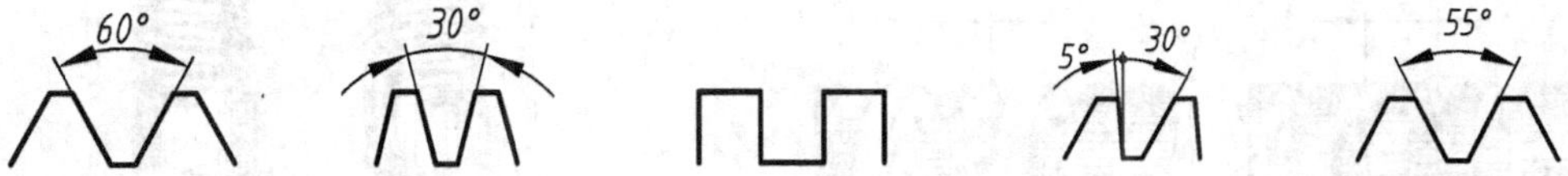

普通螺纹　梯形螺纹　矩形螺纹　锯齿形螺纹　管螺纹

图 8-2　螺纹的牙型

2) 直径

(1) 大径：与外螺纹牙顶或内螺纹牙底相重合的假想圆柱面的直径，又称为螺纹的公称直径。外螺纹大径用代号 d 表示，内螺纹大径用代号 D 表示。

(2) 小径：与外螺纹牙底或内螺纹牙顶相重合的假想圆柱面的直径。外螺纹小径用代号 d_1 表示，内螺纹小径用代号 D_1 表示。

(3) 中径：一个假想圆柱面的直径，即牙型的中间直径，该处牙型上沟槽和凸起的宽度相等。外螺纹中径用代号 d_2 表示，内螺纹中径用代号 D_2 表示。

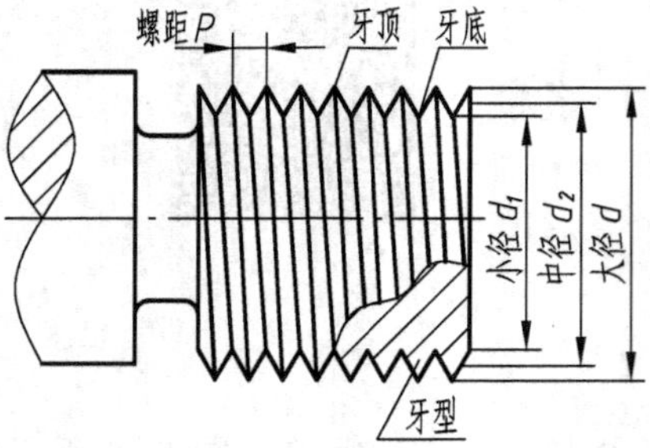

(a) 外螺纹

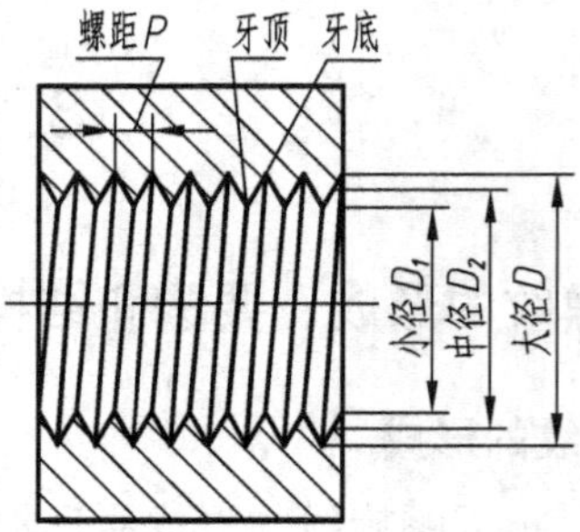

(b) 内螺纹

图 8-3　内、外螺纹的各部分名称和代号

3) 线数(n)

(1) 单线螺纹：沿一条螺旋线所形成的螺纹，见图 8–4(a)。

(2) 多线螺纹：沿轴向等距分布的两条或两条以上螺旋线所形成的螺纹，见图 8–4(b)。

4) 螺距(P)和导程(S)

(1) 螺距：相邻两牙在中径线上对应两点间的轴向距离，见图 8–4(a)。

(2) 导程：同一条螺旋线上的相邻两牙在中径线上对应点间的轴向距离，见图 8–4(b)。

螺距、导程、线数三者间的关系为

$$导程(S) = 螺距(P) \times 线数(n)$$

5) 旋向

螺纹按旋进的方向分为左旋螺纹和右旋螺纹，符合右手定则的螺纹称为右旋螺纹，反之则为左旋螺纹，见图 8–5。工程中常用右旋螺纹。

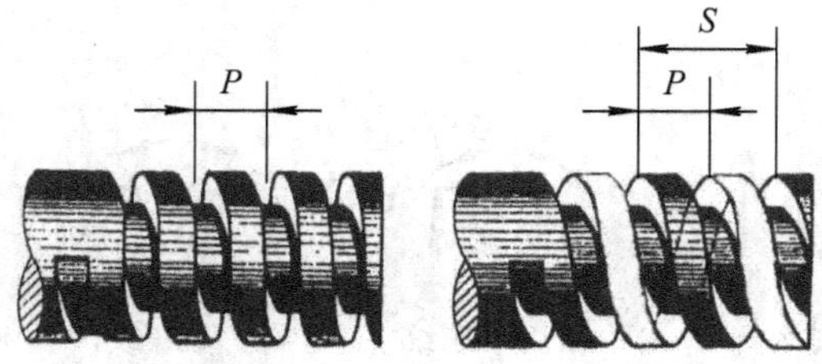

(a) 单线螺纹　(b) 双线螺纹

图 8-4　导程与螺距

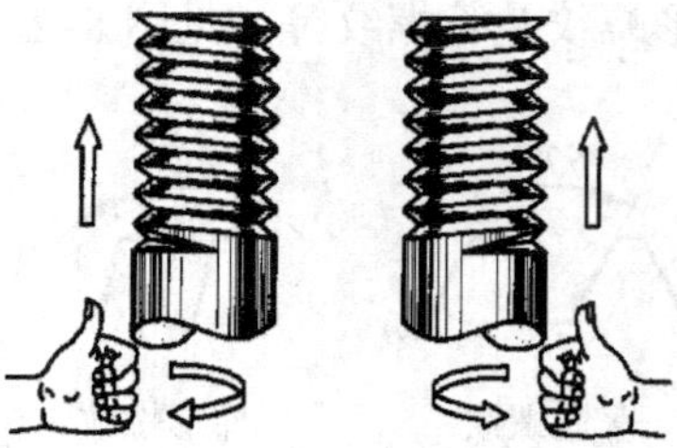

(a) 左旋　(b) 右旋

图 8-5　螺纹的旋向

五个结构要素相同的内、外螺纹才能旋合在一起。五个要素中，牙型、大径和螺距是决定螺纹结构的基本要素，国家标准规定，凡这三个要素都符合标准的螺纹称为标准螺纹，否则为非标准螺纹。

3. 螺纹的结构

1) *螺纹端部*

为了便于安装和防止螺纹端部损坏，通常将螺纹端部做成规定的形状，常见型式有倒角、倒圆等，如图 8–6 所示。

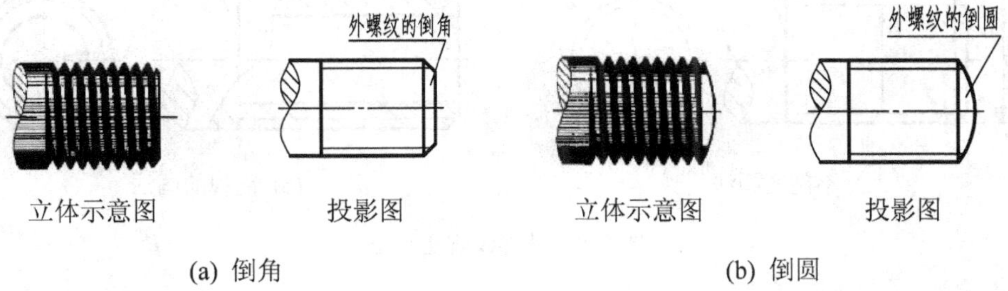

图 8-6　螺纹的端部

2) *螺尾和螺纹退刀槽*

当车削螺纹的车刀逐渐离开工件的螺纹终了处时，出现一段牙型不完整的螺纹，称为螺纹收尾，简称螺尾(见图 8–7(a))。为了便于退刀，并避免出现螺尾，可在螺纹终了处预先车出一个小槽，称为螺纹退刀槽，如图 8–7(b)、(c)所示。

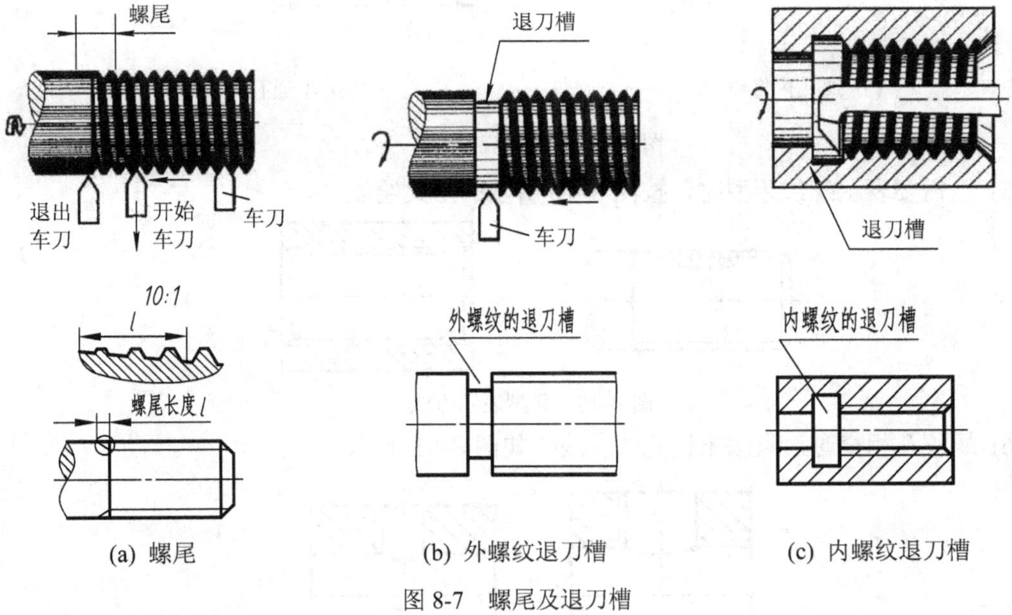

图 8-7　螺尾及退刀槽

8.1.2　螺纹的规定画法

为方便作图，国家标准规定了螺纹的画法，见图 8–8～图 8–12。

(1) 牙顶用粗实线表示，牙底用细实线表示并画到倒角或倒圆部分，螺纹终止线用粗实线表示。

(2) 在螺纹圆投影的视图中，表示牙底的细实线圆只画约 3/4 圈，倒角圆省略不画。

(3) 在螺纹的剖视图或断面图中，剖面线都必须画到螺纹终止线。

(4) 绘制不通孔螺纹时，一般将钻孔深度与螺纹部分的深度分别画出，钻头头部形成的锥顶角画成 120°，见图 8–9(b)。

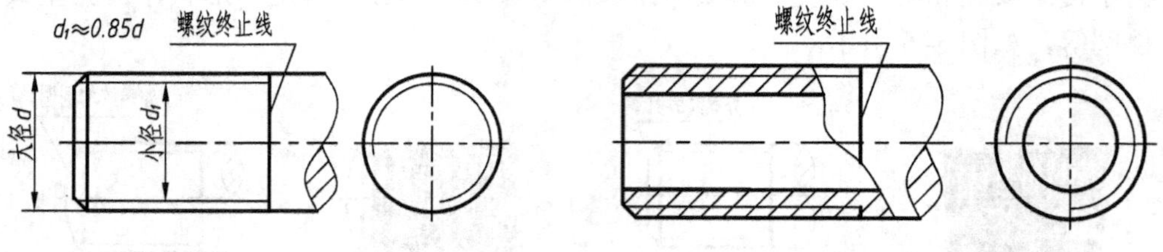

(a) 不剖的画法　　(b) 剖视的画法

图 8–8　外螺纹规定画法

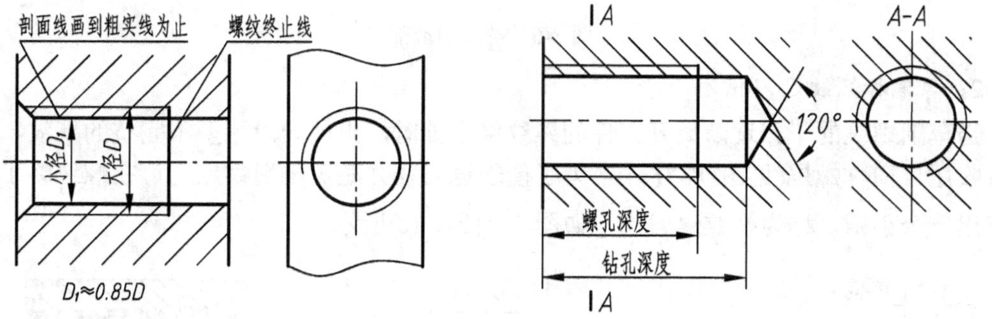

(a) 通孔内螺纹　　(b) 不通孔内螺纹

图 8–9　内螺纹规定画法

(5) 当需要表示螺纹牙型时，按图 8–10 所示的形式绘制。

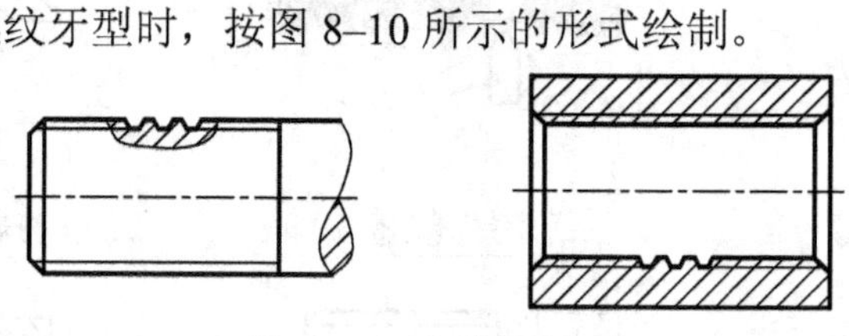

图 8–10　牙型表示方法

(6) 螺纹孔相交时，只画出钻孔的交线，如图 8–11 所示。

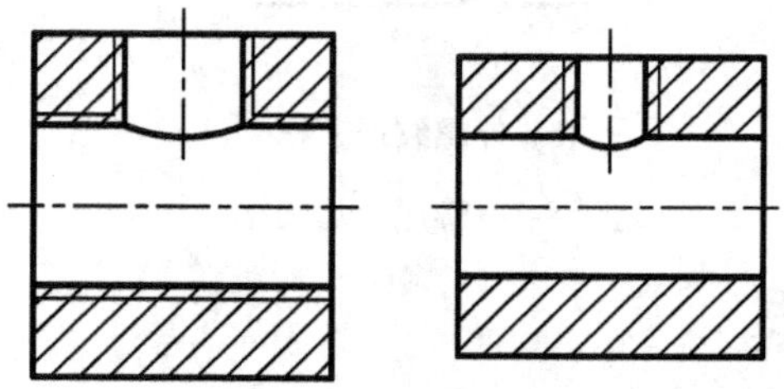

图 8–11　螺纹孔相交的画法

(7) 螺纹联接的画法。如图 8–12 所示，内、外螺纹的联接以剖视图表示时，其旋合部分按外螺纹画出，其余各部分仍按各自的画法表示。内、外螺纹的大、小径线必须分别位于同一条直线上。当剖切平面通过螺杆轴线时，螺杆按不剖绘制，见图 8–12(a)。如需将螺杆剖开，则需再应用一次局部剖视，见图 8–12(b)。对于传动螺纹，应在旋合处用局部剖视表示几个牙型，见图 8–12(c)。

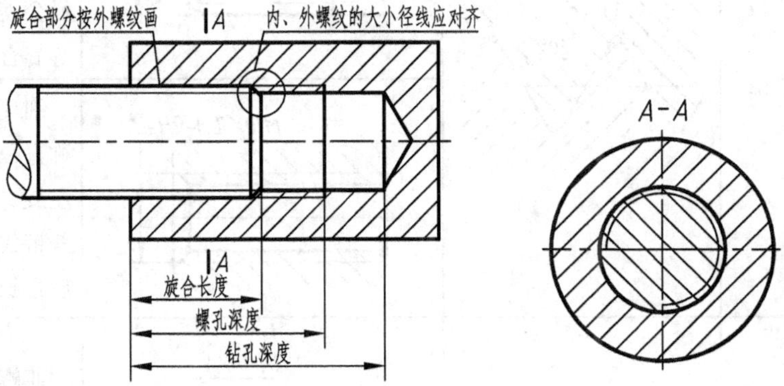

(a) 不通孔螺纹旋合、螺杆不剖的画法

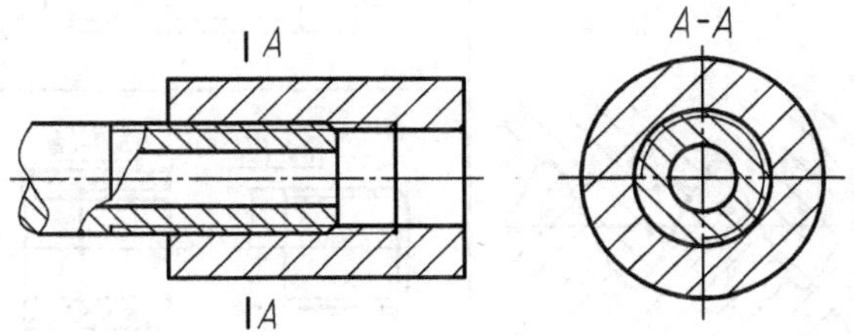

(b) 螺杆的局部剖视画法

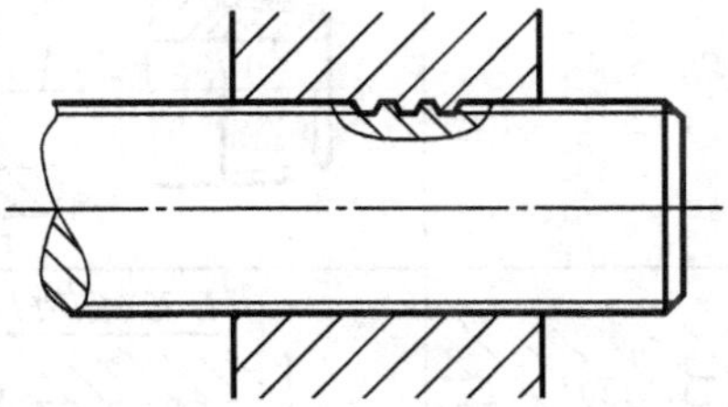

(c) 旋合处牙型的表示法

图 8–12　螺纹联接的画法

在内、外螺纹联接图中，同一零件在各个剖视图中剖面线的方向和间隔应一致；在同一剖视图中相邻两零件剖面线的方向或间隔应不同。

8.1.3　常用螺纹的分类和标记

常用螺纹的种类和标记见表 8–1。

表 8-1　常用标准螺纹的种类、牙型与标注

螺纹种类		特征代号	牙型略图	标注示例	说明
连接螺纹	粗牙普通螺纹	M	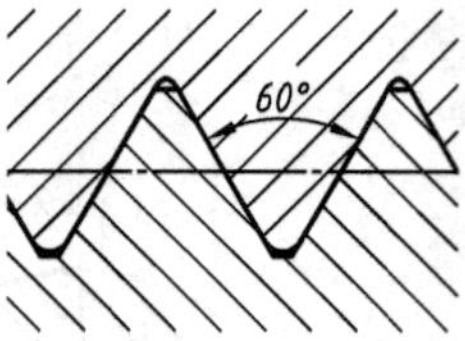	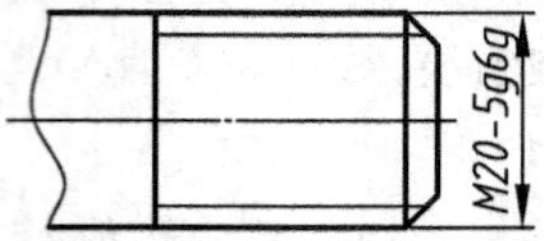	粗牙普通螺纹，公称直径 20，右旋。中径公差带代号 5g，大径公差带代号 6g，中等旋合长度
	细牙普通螺纹	M		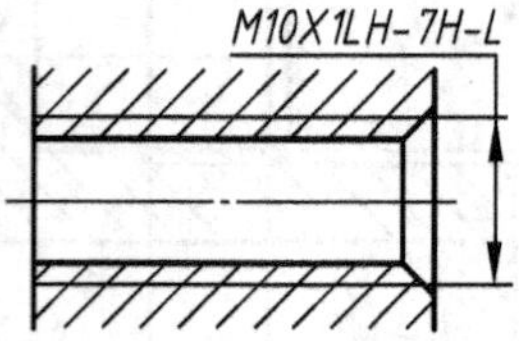	细牙普通螺纹，公称直径 10，螺距 1，左旋。中径和小径公差带代号均为 7H，长旋合长度
	非螺纹密封的管螺纹	G	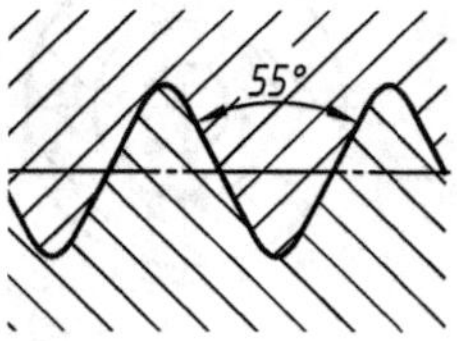	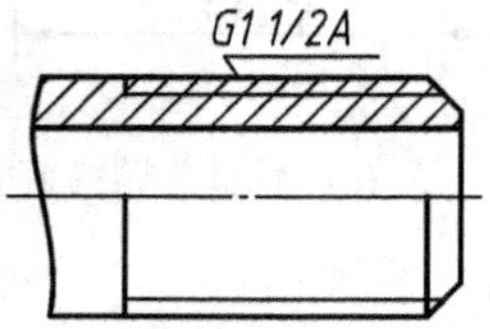	非螺纹密封的圆柱管螺纹，尺寸代号 $1\frac{1}{2}$，公差等级 A 级，右旋。用引出标注
	用螺纹密封的管螺纹：圆柱外螺纹	R_1		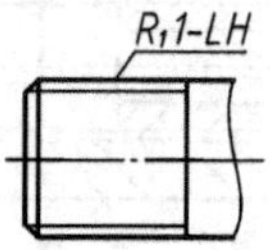 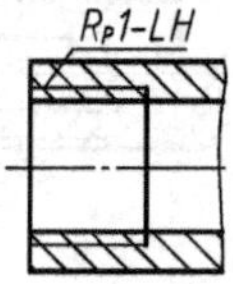	用螺纹密封的管螺纹，尺寸代号 1，左旋。用引出标注
	用螺纹密封的管螺纹：圆柱内螺纹	R_p			
	用螺纹密封的管螺纹：圆锥外螺纹	R_2		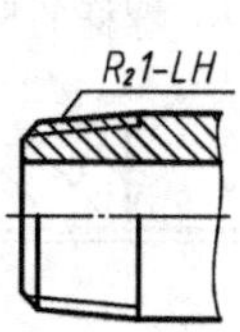 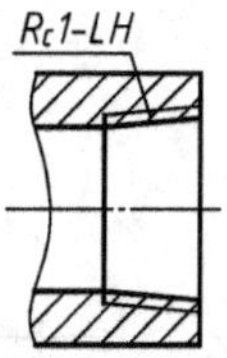	
	用螺纹密封的管螺纹：圆锥内螺纹	R_c			
传动螺纹	梯形螺纹	T_r	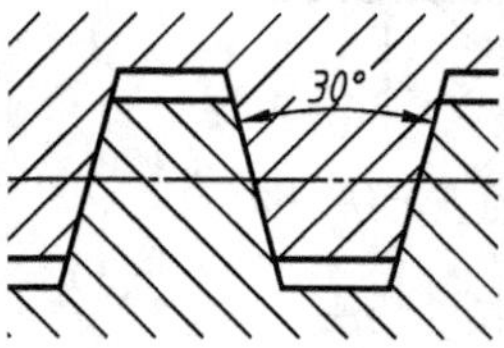	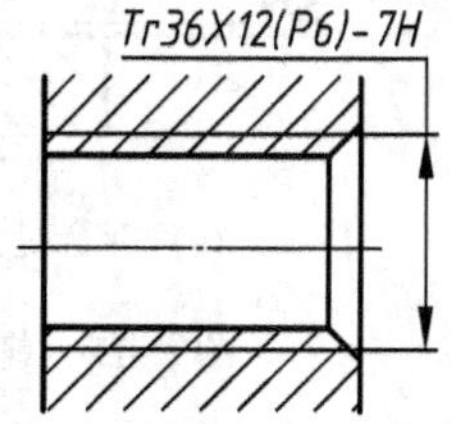	梯形内螺纹，公称直径 36，双线，导程 12，螺距 6，右旋。中径公差带代号 7H，中等旋合长度
	锯齿形螺纹	B	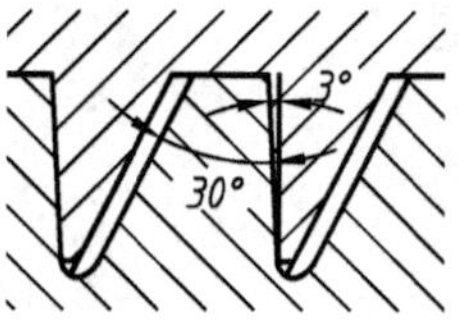	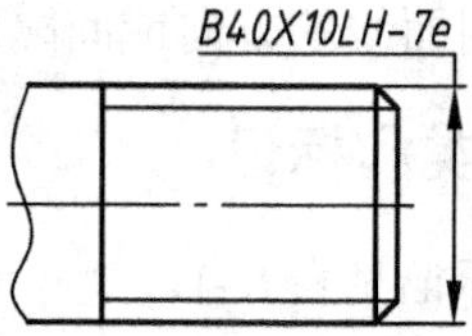	锯齿形外螺纹，公称直径 40，单线，螺距 10，左旋。中径公差带代号 7e，中等旋合长度

1. 普通螺纹

普通螺纹标记格式如下：

特征代号 公称直径 × 螺距 旋向 – 公差带代号 – 旋合长度代号

普通螺纹的特征代号用大写拉丁字母 M 表示。公称直径系螺纹大径。粗牙普通螺纹不标注螺距。左旋螺纹用 LH 表示，右旋螺纹不标注旋向。中径与大径的公差带代号均由表示公差等级的数字和表示公差带位置的字母组成，如 7H、5g 等(大写字母代表内螺纹，小写字母代表外螺纹)。若两者公差带相同，则只写一组。旋合长度分为短(S)、中(N)、长(L)三种，一般多采用中等旋合长度，其代号 N 省略不注。

2. 管螺纹

非螺纹密封的管螺纹标记格式如下：

特征代号 尺寸代号 公差等级 – 旋向

螺纹特征代号用 G 表示；尺寸代号用 1/2、3/4、…表示；公差等级代号对外螺纹分 A、B 两级标记，对内螺纹则不标记；左旋螺纹加注 LH，右旋螺纹不标注旋向。

用螺纹密封的管螺纹有圆柱外螺纹(R_1)、圆柱内螺纹(R_p)、圆锥外螺纹(R_2)和圆锥内螺纹(R_c)四种，其标记格式如下：

特征代号 尺寸代号 – 旋向

3. 梯形和锯齿形螺纹

梯形和锯齿形螺纹标记格式如下：

单线：特征代号 公称直径 × 螺距 旋向 – 公差带代号 – 旋合长度代号

多线：特征代号 公称直径 × 导程(*P* 螺距) 旋向 – 公差带代号 – 旋合长度代号

梯形螺纹和锯齿形螺纹的螺纹特征代号分别为 Tr 和 B；公称直径指螺纹大径。左旋螺纹用 LH 表示旋向，右旋螺纹不标注旋向。

8.2　常用螺纹紧固件

8.2.1　常用螺纹紧固件的种类和标记

螺栓、**螺柱**、**螺钉**、**螺母**和**垫圈**等统称为螺纹紧固件，它们主要起联接、紧固作用，其结构和尺寸都已经标准化，查相应的标准可得有关尺寸。常用紧固件的标记见表 8–2。

表 8–2　常用螺纹紧固件及其标注

种类	立体图示例	结构和规格尺寸	标记示例
六角头螺栓	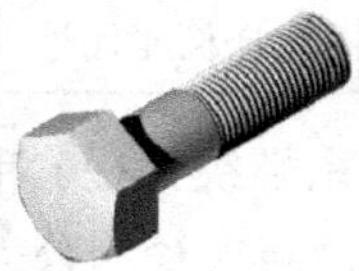	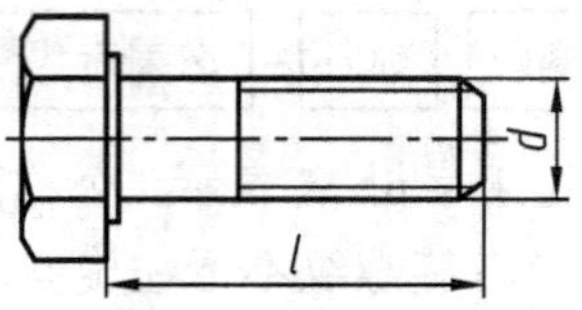	螺纹规格 *d* 为 M12，*l* = 50 mm，性能等级为 8.8 级，表面氧化的 A 级六角头螺栓： 螺栓　GB/T 5782　M12×50
双头螺柱	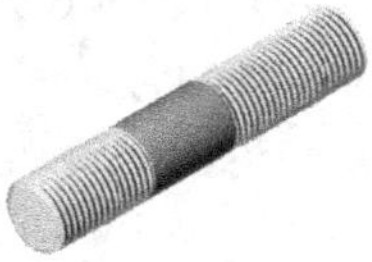	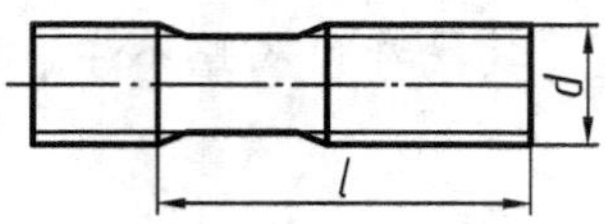	两端螺纹规格 *d* 均为 M12，*l* = 50 mm，性能等级为 4.8 级，不经表面处理的 B 型双头螺柱： 螺柱　GB/T 897　M12×50
开槽 盘头螺钉	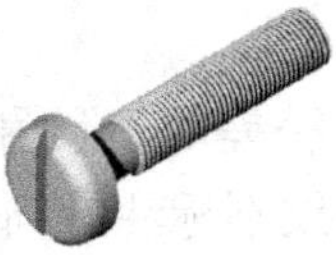	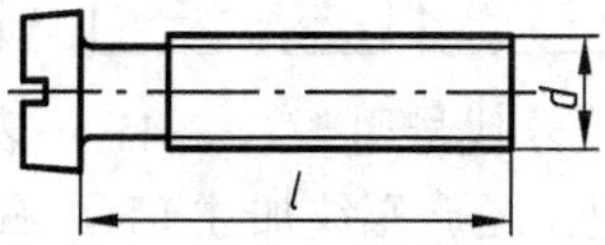	螺纹规格 *d* 为 M10，*l* = 45 mm，性能等级为 4.8 级，不经表面处理的开槽盘头螺钉： 螺钉　GB/T 67　M10×45
开槽锥端 紧定螺钉		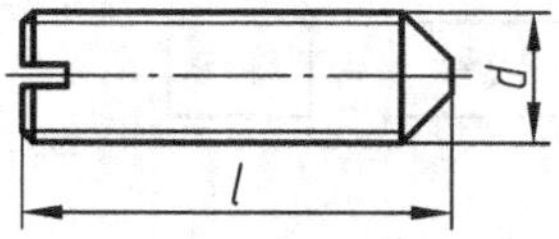	螺纹规格 *d* 为 M5，*l* = 20 mm，性能等级为 14H，表面氧化的开槽锥端紧定螺钉： 螺钉　GB/T 71　M5×20
1 型 六角螺母		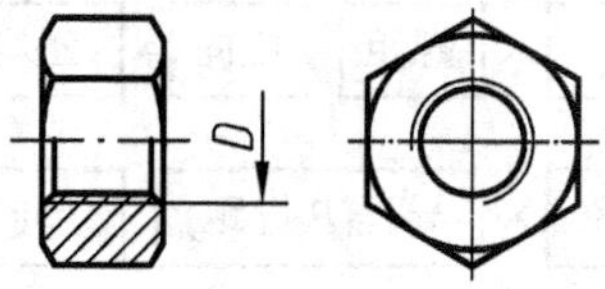	螺纹规格 *D* 为 M8，性能等级为 8 级，不经表面处理的 1 型六角螺母： 螺母　GB/T 6170　M8
平垫圈		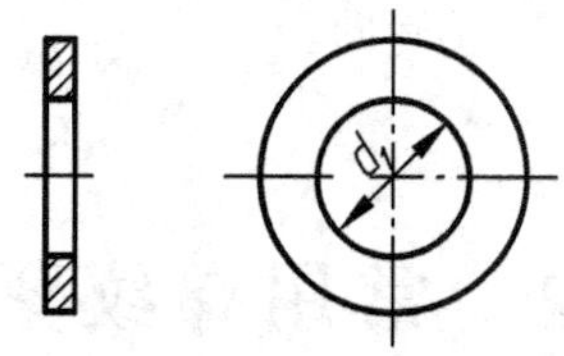	标准系列，规格为 8 mm，性能等级为 140HV，不经表面处理的 A 级平垫圈： 垫圈　GB/T 97.1　8
标准型 弹簧垫圈		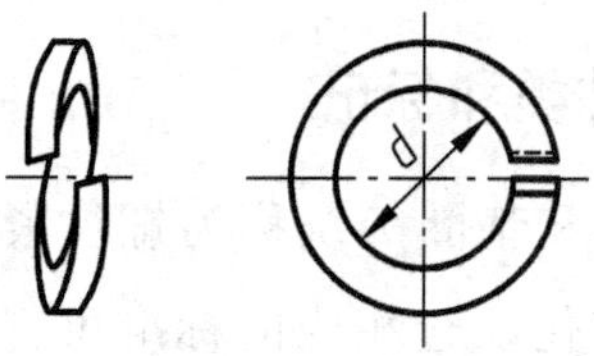	规格为 8 mm，材料为 65Mn，表面氧化的标准型弹簧垫圈： 垫圈　GB/T 93　8

8.2.2　常用螺纹紧固件的画法

螺纹紧固件都是标准件，根据它们的标记，在有关标准中可以查到它们的结构型式和全部尺寸。为了作图方便，在画图时，一般不按实际尺寸作图，而是采用按比例画出的简化画法，即除公称长度 L 需经计算，并查其标准选定标准值外，其余各部分尺寸都按与螺纹大径 d(或 D)成一定比例确定。

图 8–13～图 8–16 分别为六角螺母、垫圈、六角头螺栓和螺柱的简化画法。螺栓的六角头除厚度为 0.7d 外，其余尺寸与图 8–13 所示的六角螺母画法相同。

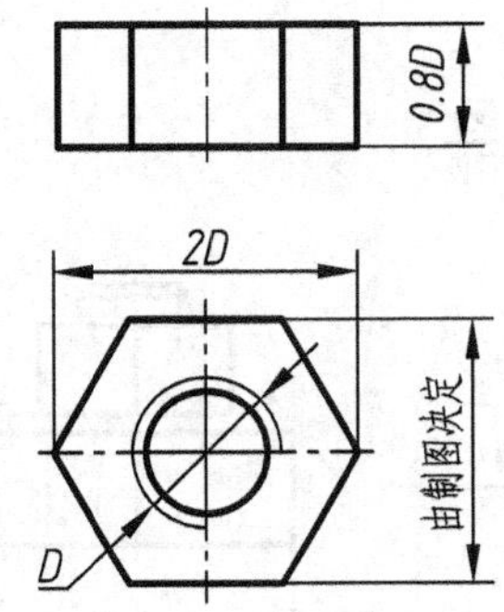

图 8–13　螺母简化画法

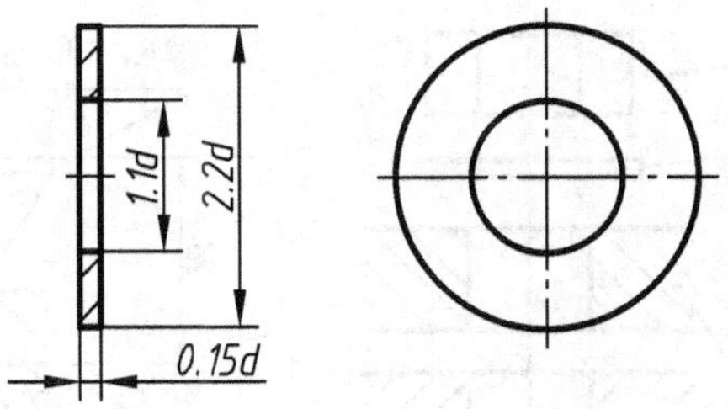

图 8–14　平垫圈简化画法

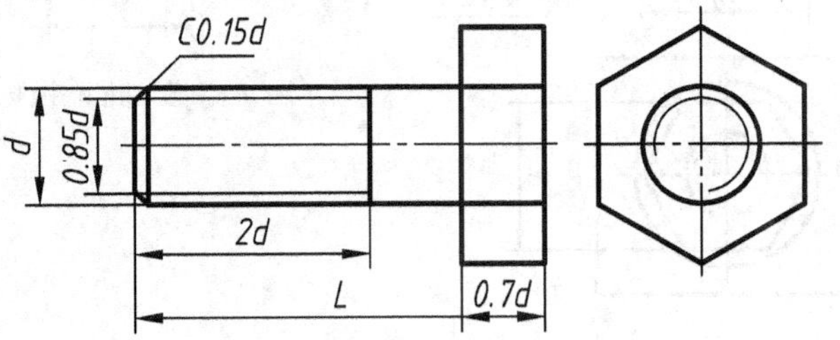

图 8–15　六角头螺栓简化画法

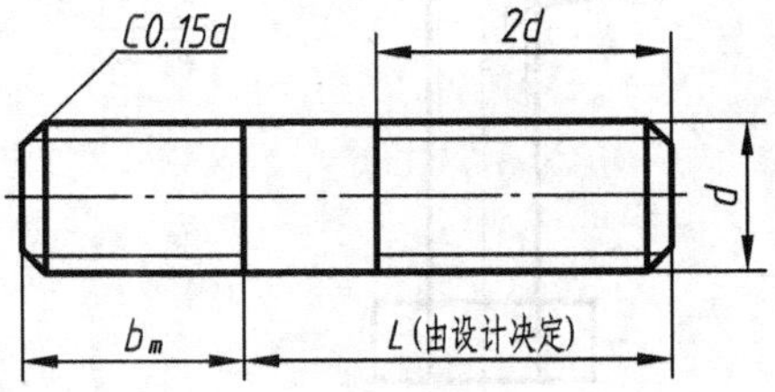

图 8–16　螺柱简化画法

8.2.3　螺栓连接

如图 8–17 所示，螺栓连接所用的螺纹紧固件有螺栓、螺母和垫圈，它常用于两个被连接件都不太厚，能制出通孔的情况。通孔的大小，可根据装配精度的不同，查机械设计手册确定。为便于成组(螺栓连接一般为 2 个或多个)装配，被连接件上的通孔直径比螺栓直径大，一般可按 1.1d 画出。螺栓连接装配图的画法如图 8–18 所示。

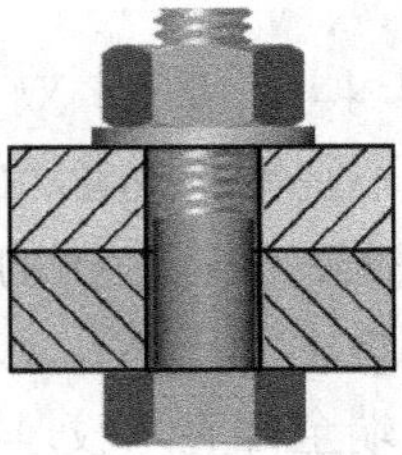

图 8–17　螺栓连接示意图

画螺栓连接装配图时，应注意以下几个问题：

(1) 螺栓的公称长度 L 的确定。

螺栓的公称长度 L 先按下式计算：

$$L_{计} = t_1 + t_2 + h + m + a$$

其中：t_1、t_2 分别是两个被连接件的厚度；h、m 分别为垫圈与螺母的厚度，可查阅本书附录中的附表 10 和附表 11 得出；a 为螺栓伸出螺母的长度，一般取 $0.3d$(d 是螺栓的螺纹规格，即螺纹大径)。按上式计算出数值后再查阅附表 4，在相应的螺栓标准所规定的长度系列中，选取与 $L_{计}$ 接近的标准长度值 L，即为螺栓标记中的公称长度。

(2) 在剖视图中，当剖切平面通过螺杆轴线时，螺栓、螺母和垫圈这些标准件均按不剖绘制。

(3) 两零件接触表面画一条线，不接触的表面画两条线。相邻两零件的剖面线方向应相反，或者方向一致、间隔不等。

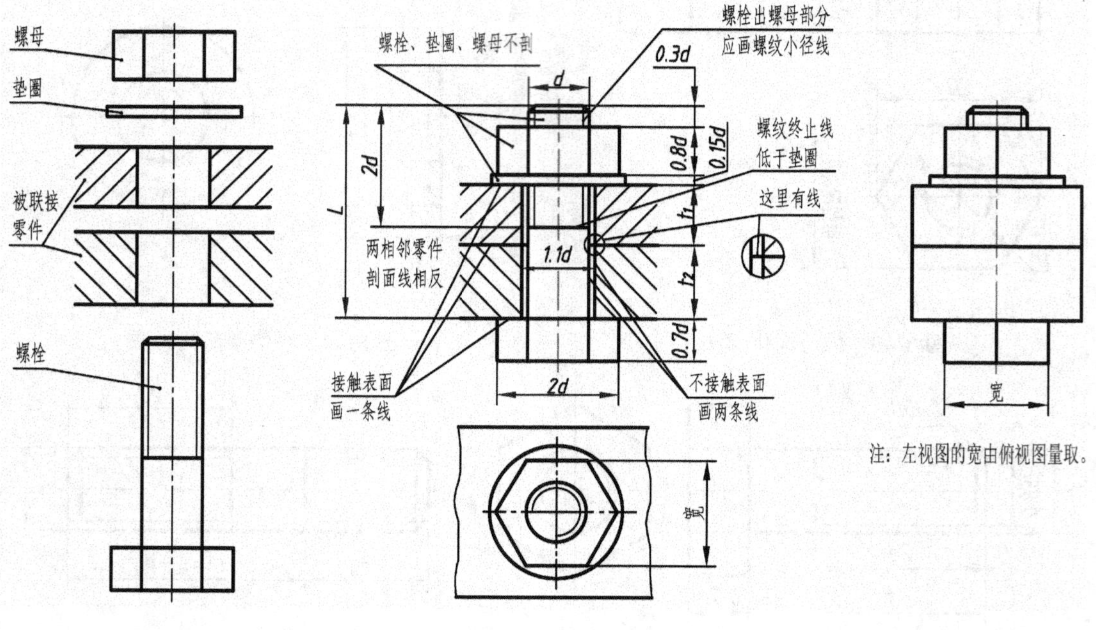

图 8–18　螺栓连接装配图的画法

8.2.4　双头螺柱连接

如图 8–19 所示，双头螺柱连接适用于被连接件之一比较厚，不宜钻孔或者经常拆卸又不宜采用螺钉连接的场合。连接前，先在较薄的零件上钻孔(孔径≈1.1d)，并在较厚的零件上制出螺孔。双头螺柱的两端都制有螺纹，连接时，一端全部旋入较厚零件的螺孔内，称为旋入端；另一端穿过较薄零件上的光孔，垫上垫圈，再用螺母拧紧，称为紧固端。

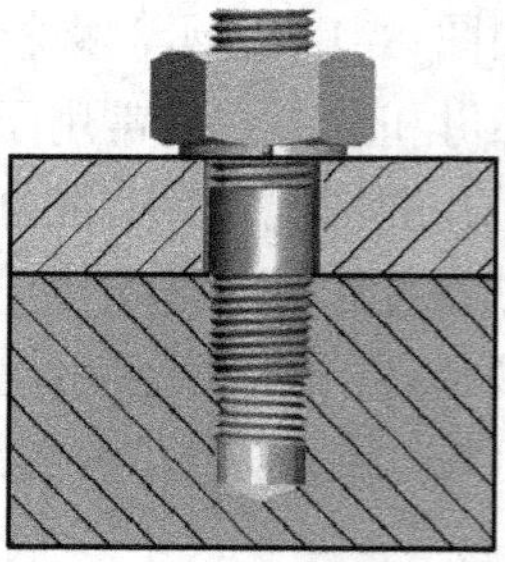

图 8–19　螺柱连接示意图

双头螺柱连接装配图的画法见图 8–20。

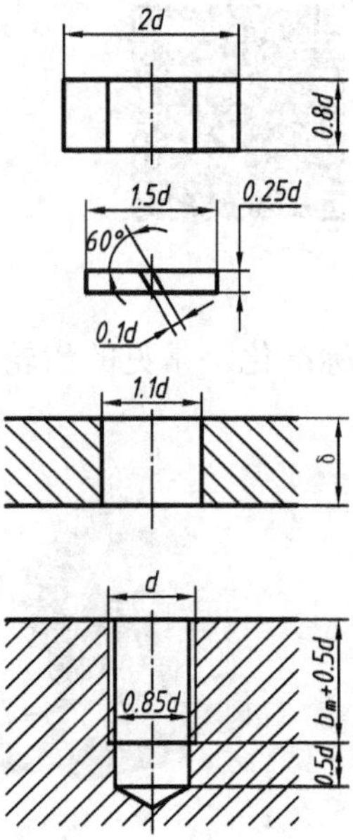

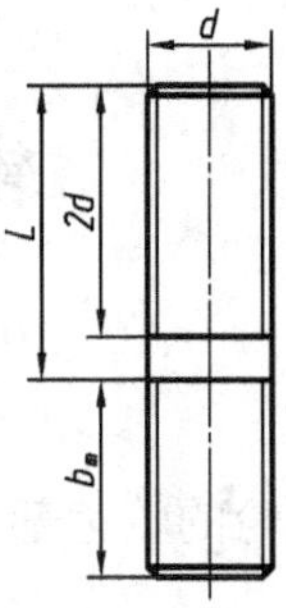

标准编号	b_m
GB/T 897	d
GB/T 898	1.25 d
GB/T 899	1.5 d
GB/T 900	2 d

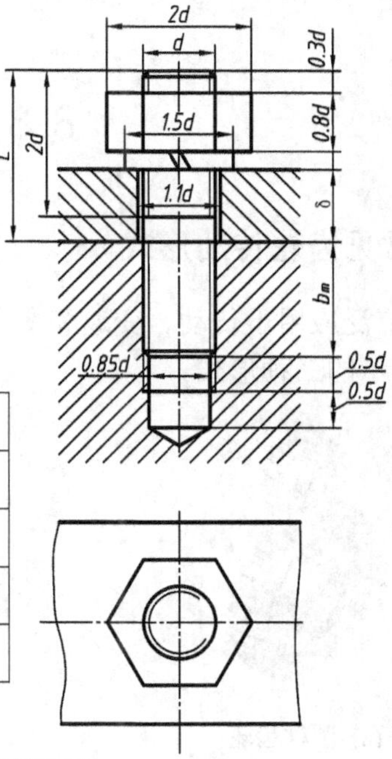

图 8–20　螺柱连接装配图的画法

8.2.5　螺钉连接

螺钉连接适用于被连接件受力不大、又经常拆卸的场合。

通常情况下，连接时将螺钉穿过一个被连接件的光孔，而旋入另一被连接件的螺孔中。螺钉种类很多，各种螺钉的形式、尺寸及其标记，可查阅本书附录中的附表 6～附表 9 或有关标准。

螺钉连接装配图的画法见图 8–21。在装配图中，螺孔有的是通孔(见图 8–21(a))，有的是盲孔(见图 8–21(b)、(c))，后者应尽可能画成图 8–9(b)所示的形式，但按惯例也可简化成图 8–21(b)、(c)所示的形式，即省略不画钻孔深度大于螺孔深度的一段。

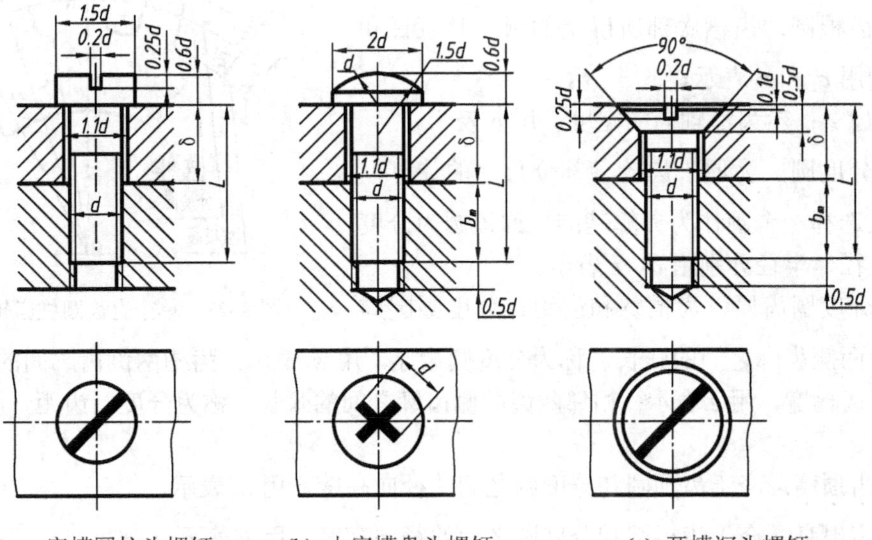

(a) 一字槽圆柱头螺钉　　(b) 十字槽盘头螺钉　　(c) 开槽沉头螺钉

图 8–21　螺钉连接装配图的画法

8.3　齿　　轮

8.3.1　常见齿轮传动形式

齿轮广泛应用于传动、变速和变向。齿轮的轮齿部分已标准化。常见的齿轮传动有如图 8–22 所示的三种形式。

(a) 圆柱齿轮

(b) 圆锥齿轮

(c) 蜗杆蜗轮

图 8–22　常见齿轮传动形式

8.3.2　直齿圆柱齿轮的几何要素和尺寸计算

1. 直齿圆柱齿轮的几何要素

直齿圆柱齿轮的几何要素如图 8–23 和图 8–25 所示。

(1) 齿顶圆：齿顶所确定的圆，其直径和半径分别用 d_a 和 r_a 表示。

(2) 齿根圆：齿槽底部所确定的圆，其直径和半径分别用 d_f 和 r_f 表示。

(3) 齿宽：轮齿沿轴向的宽度，用 b 表示。

(4) 分度圆：为便于齿轮各部分尺寸的计算，在齿轮上选择一个圆作为计算基准，称该圆为分度圆，其直径、半径分别用 d、r 表示。

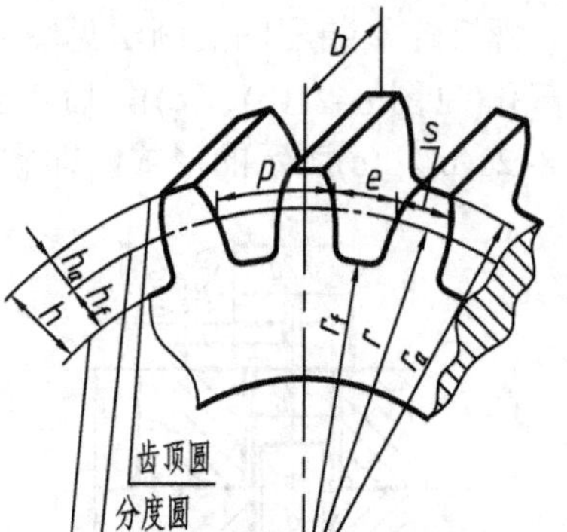

图 8–23　单个直齿圆柱齿轮示意图

(5) 分度圆齿厚、齿槽宽和齿距：分度圆圆周上，轮齿两侧齿廓之间的弧长，称为分度圆齿厚，用 s 表示；齿槽两侧齿廓间的弧长，称为分度圆齿槽宽，用 e 表示；相邻两齿同侧齿廓之间的弧长，称为分度圆齿距，用 p 表示，且 $p=s+e$ 。

(6) 齿顶高：介于齿顶圆和分度圆之间的径向高度，用 h_a 表示。

(7) 齿根高：介于齿根圆和分度圆之间的径向高度，用 h_f 表示。

(8) 齿高：齿顶圆和齿根圆之间的径向高度，用 h 表示，可以看出 $h=h_a+h_f$ 。

(9) 齿数：在齿轮整个圆周上轮齿的总数，用 z 表示。

(10) 模数：在分度圆上，根据齿轮周长 $\pi d = pz$，也就是 $d=\dfrac{p}{\pi}z$，令 $m=\dfrac{p}{\pi}$，则 $d=mz$，m 就是齿轮的模数，它是齿轮几何尺寸计算的基础。显然，m 越大，轮齿就越大，轮齿的抗弯曲能力也越强。图 8–24 是几种常用模数齿轮轮齿大小的比较。

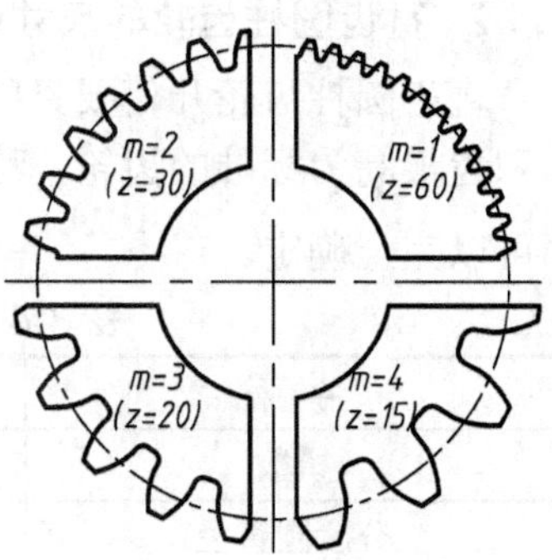

图 8–24　几种常用模数齿轮轮齿大小的比较

我国已规定标准模数系列，见表 8–3(摘自 GB/T 1357—1987)。

表 8–3　齿轮标准模数系列

第一系列	1　1.25　1.5　2　2.5　3　4　5　6　8　10　12　16　20　25　32　40　50
第二系列	1.75　2.25　2.75　(3.25)　3.5　(3.75)　4.5　5.5　(6.5) 7　9　(11)　14　18　22　28　36　45

注：优先采用第一系列，括号内模数尽可能不用。本表未摘录小于 1 的模数。

(11) 节点和节圆：图 8–25 所示为两个啮合的圆柱齿轮的示意图，O_1、O_2 分别为两啮合齿轮的中心，两齿轮的一对齿廓的啮合接触点是在 O_1 O_2 连心线上的点 P，称为节点。分别以 O_1、O_2 为圆心，O_1P、O_2P 为半径作圆，齿轮的传动可假想为这两个圆作无滑动的纯滚动。这两个圆就称为齿轮的节圆，其直径和半径分别以 d' 和 r' 表示。对于标准齿轮来说，节圆和分度圆是一致的。

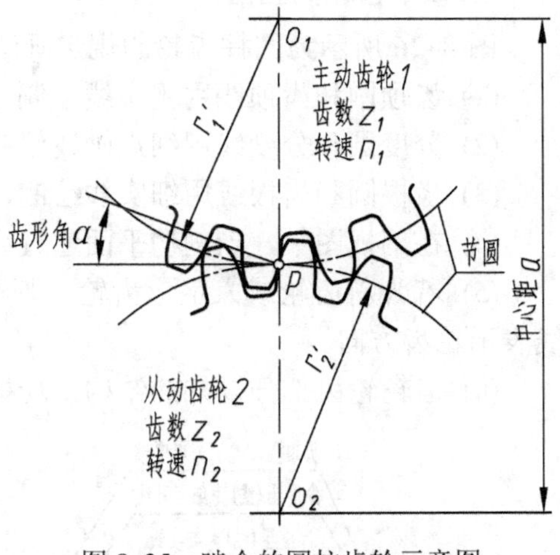

图 8–25　啮合的圆柱齿轮示意图

(12) 齿形角(又称分度圆压力角，简称压力角)：如图 8–25 所示，在节点 P 处，两齿廓曲线的公法线(即齿廓的受力方向)与两节圆的内公切线(即节点 P 处的瞬时运动方向)所夹的锐角，称为齿形角，用 α 表示。国标规定的标准齿形角为 20°。

(13) 传动比：主动齿轮的转速 n_1(r/min)与从动齿轮的转速 n_2(r/min)之比，用 i 表示。用于减速的一对啮合齿轮，其传动比大于 1。由 $n_1 z_1= n_2 z_2$ 可得

$$i=\frac{n_1}{n_2}=\frac{z_2}{z_1}$$

(14) 中心距：两圆柱齿轮轴线之间的最短距离，称为中心距，用 a 表示，即

$$a=r_1'+r_2'=m(z_1+z_2)/2$$

2. 直齿圆柱齿轮的尺寸计算

直齿圆柱齿轮几何要素的尺寸计算公式见表 8–4。分度圆齿厚和齿槽宽相等，且齿顶高和齿根高为标准的齿轮，称为标准齿轮。当 m、z、a 确定后，标准齿轮的主要尺寸和齿廓可以完全确定。

表 8-4　直齿圆柱齿轮几何要素尺寸计算公式

名　称	代　号	公　式
模数	m	强度计算后获得，并获取标准模数
分度圆直径	d	$d=mz$
齿顶高	h_a	$h_a=m$
齿根高	h_f	$h_f=1.25m$
全齿高	h	$h=2.25m$
齿顶圆直径	d_a	$d_a=m(z+2)$
齿根圆直径	d_f	$d_f=m(z-2.5)$
中心距	a	$a=m(z_1+z_2)/2$

8.3.3　圆柱齿轮的规定画法

1. 单个齿轮的画法

图 8–26 所示为圆柱齿轮的规定画法。

(1) 齿顶圆和齿顶线用粗实线绘制。

(2) 分度圆和分度线用细点画线绘制。

(3) 齿根圆和齿根线用细实线绘制，也可省略不画。剖视图中的齿根线用粗实线绘制。

(4) 在剖视图中，当剖切平面通过齿轮轴线时，轮齿一律按不剖画出。

(5) 若为斜齿轮或人字形齿轮，则在其投影为非圆的视图上，用三条互相平行的细实线表示轮齿方向。

(6) 齿轮轮齿部分以外的结构，均按其真实投影绘制。

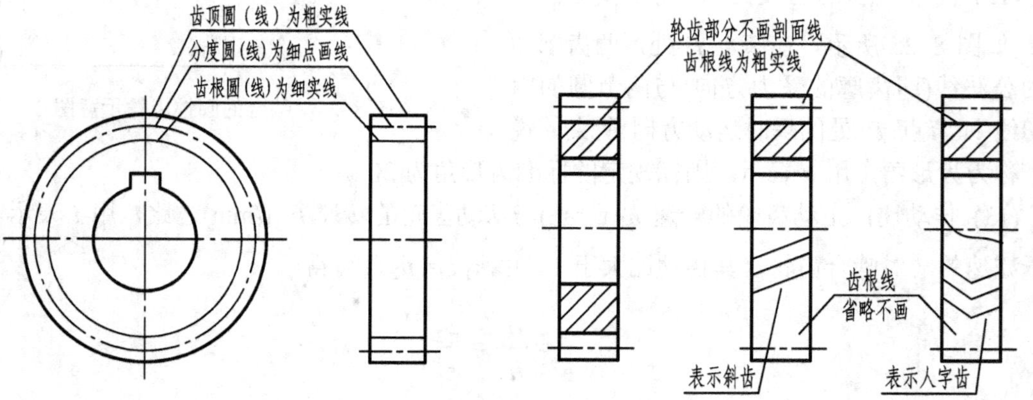

(a) 直齿(外形图)　(b) 直齿(全剖视图)　(c) 斜齿(半剖视图)　(d) 人字齿(局部剖视图)

图 8-26　圆柱齿轮的规定画法

2. 两齿轮啮合的画法

两标准齿轮啮合时，两齿轮分度圆相切，此时分度圆又称节圆。两齿轮啮合的画法，除啮合区外，其余部分的结构均按单个齿轮绘制。

(1) 在投影为圆的视图中：两分度圆(节圆)相切，两齿顶圆用粗实线绘制，见图 8–27(a)的左视图；啮合区内齿顶圆也可省略不画，齿根圆用细实线绘制，也可省略不画，见图 8–27(b)。

(2) 在投影非圆的视图中：剖视图中，两节线重合用细点画线绘制，齿根线用粗实线绘制，一个齿轮的齿顶线用粗实线绘制，另一个齿轮的齿顶线画虚线或省略不画，见图 8–27(a)的主视图。外形视图中，两分度线(节线)重合，用粗实线绘制，见图 8–27(c)。

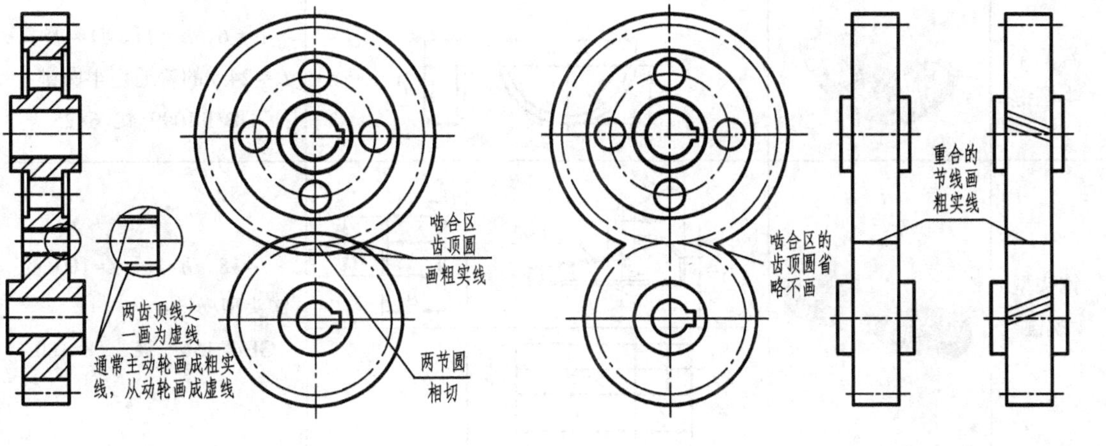

(a) 规定画法　　(b) 省略画法　　(c) 外形视图(直齿与斜齿)

图 8–27　圆柱齿轮啮合的画法

8.4　键　和　销

8.4.1　键联接

1. 键的种类和标记

键主要用来联接轴和轴上的齿轮、带轮等传动零件，起传递扭矩的作用。

键的种类较多，常用的有普通型平键、普通型半圆键和钩头型楔键等。

常用键的型式和标记示例见表 8–5。

2. 普通型平键联接的画法

图 8–28 所示的轴和齿轮需要用普通型平键联时，轴和齿轮轮毂孔上各有一个键槽，轴上的键槽深度 t_1 和轮毂孔上的键槽深度 t_2 可通过查阅附录中的附表 13 获取。

A型

表 8-5 键的型式和标记示例

名　称	立体图示例	结构和规格尺寸		标记示例
普通型平键		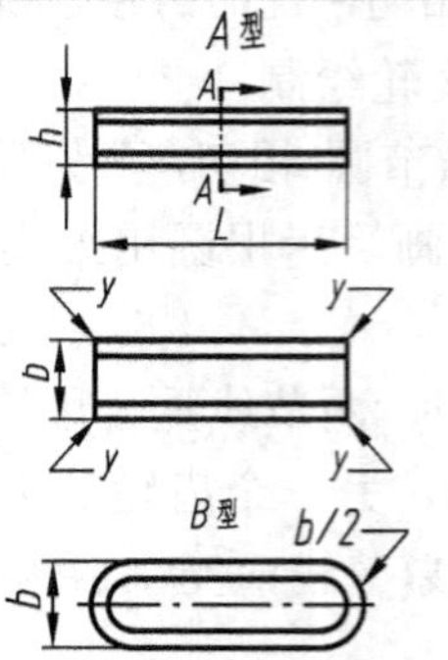		$b = 18$、$h = 11$、$L = 100$ 的普通 A 型平键：GB/T 1096 键 18×100
				$b = 18$、$h = 11$、$L = 100$ 的普通 B 型平键：GB/T 1096 键 B18×100
普通型半圆键	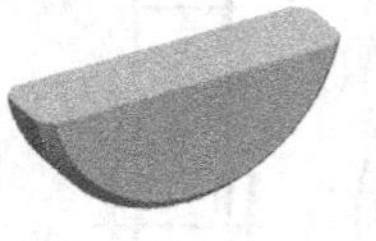	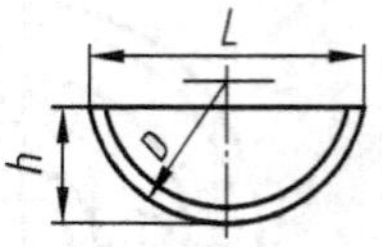	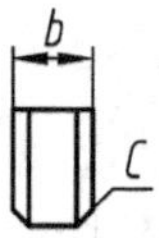	$b = 6$、$h = 11$、$D = 25$、$L = 24.5$ 的普通型半圆键：GB/T 1099 键 6×25
钩头型楔键		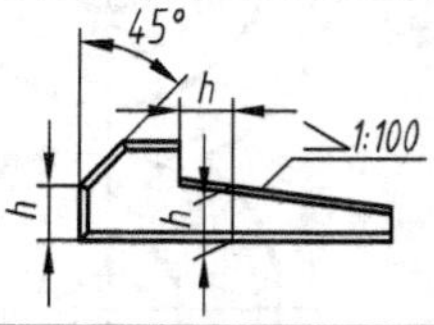	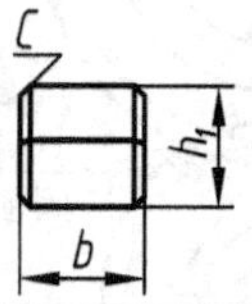	b=18、h=11、L=100 的钩头型楔键：GB/T 156 键 18×100
		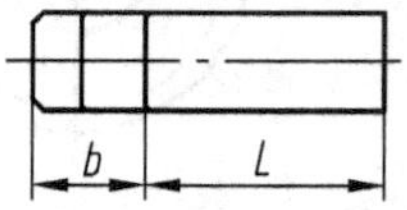		

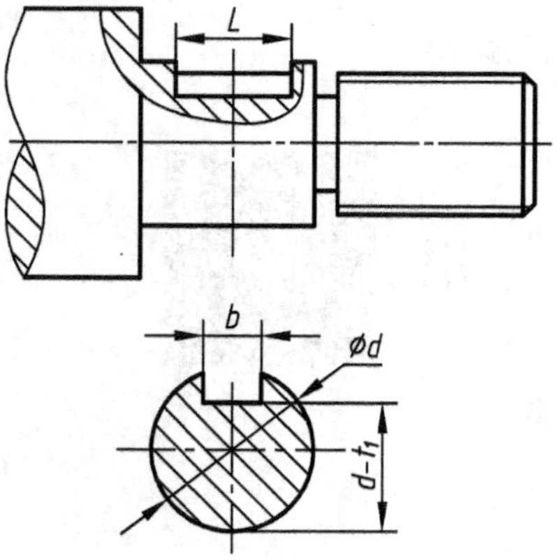

(a) 轴

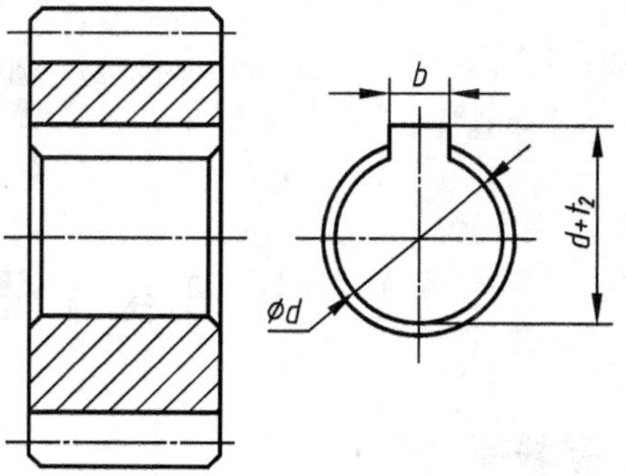

(b) 齿轮

图 8–28　轴和齿轮的键槽及其尺寸注法

如图 8–29 所示，画普通型平键联接装配图时，一般主视图采用轴向全剖视图，轴、键、垫圈和螺母等均按不剖处理，但为了表示轴上的键槽又采用了局部剖视。左视图采用断面图，反映键槽的宽度。注意，剖切面垂直于轴线时，剖开的键应画剖面线。

画图时还需注意键与轴、轮三者间的联接位置关系：键的侧面为工作面，与键槽的侧面无间隙，键的底面与轴上键槽的底面也是接触的，这些接触的表面在装配图上只画一条线；键与轮毂键槽的顶面为非工作面，有间隙，画图时应画两条线。

在装配图中，轴、轮、键和螺母的倒角、圆角均可省略不画。

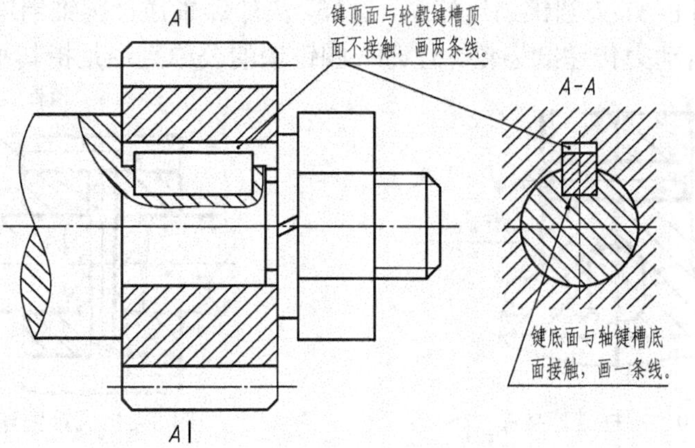

图 8–29　普通型平键联结图

8.4.2　销连接

1. 销的种类和标记

销是标准件，通常用于零件间的定位和连接。常用的销有圆柱销、圆锥销和开口销等。销的型式和标记示例见表 8–6。

表 8-6　销的型式和标记示例

名　称	立体图示例	结构和规格尺寸	标 记 示 例
圆柱销	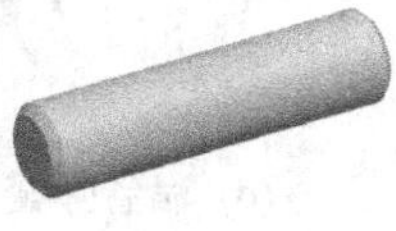	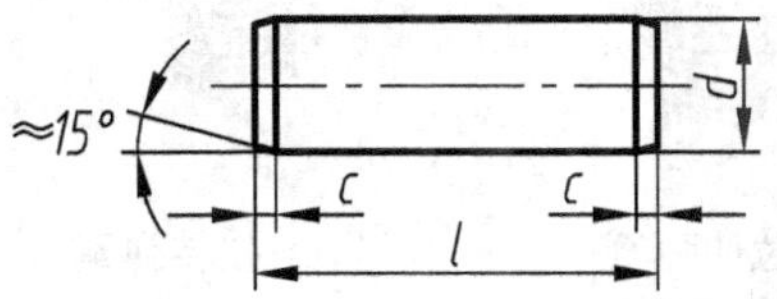	公称直径 d = 6 mm、公差 m6、公称长度 l = 30 mm、材料为钢，不经淬火、不经表面处理的圆柱销： 销　GB/T 119.1　6m6 × 30
圆锥销	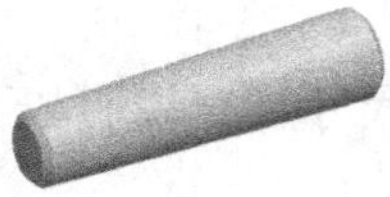	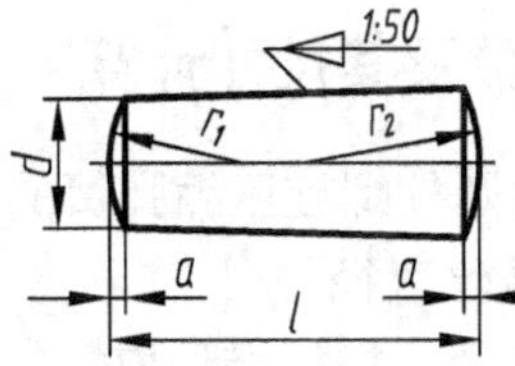	公称直径 d = 10 mm、公称长度 l = 60 mm、材料为 35 钢，热处理硬度(28～38)HRC、表面氧化处理的 A 型圆锥销： 销　GB/T 117　10 × 60
开口销	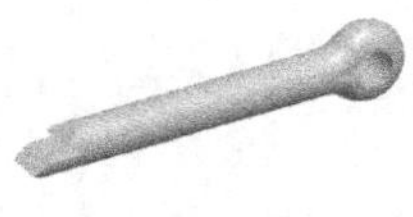	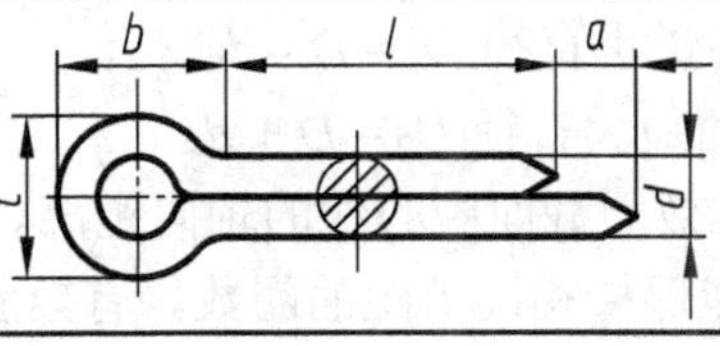	公称直径 d = 5 mm、长度 l = 50 mm、材料为低碳钢，不经表面处理的开口销： 销　GB/T 91　5×50

2. 销连接的画法

销在连接图中，当剖切平面通过其轴线时，按不剖处理。

圆柱销是在两零件上作有圆柱孔，然后用圆柱销将它们连接在一起，见图 8–30。这样，图中件 1 和件 2 的相对位置就固定下来了，取出圆柱销，件 1 和件 2 即可分开。

圆锥销连接用于零件的连接或定位，被连接的两零件上有圆锥孔，然后用圆锥销将它们连接在一起，图 8–31 为圆锥销连接图，这样，齿轮和轴通过圆锥销连接起来。若轴转动，即可通过圆锥销将动力传递给齿轮。注意：圆锥销的公称直径是指其小端直径。

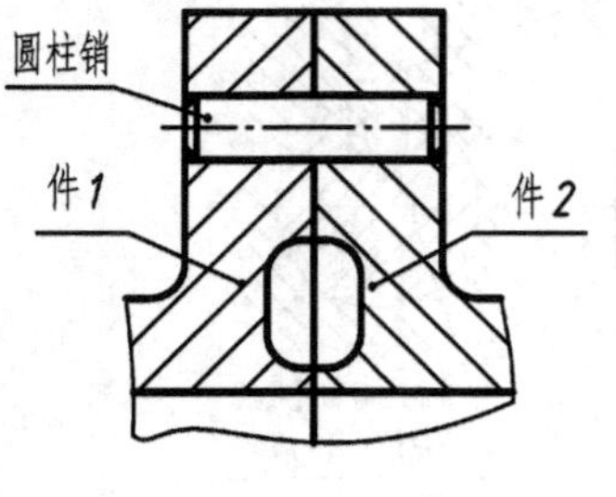

图 8–30　圆柱销连接图

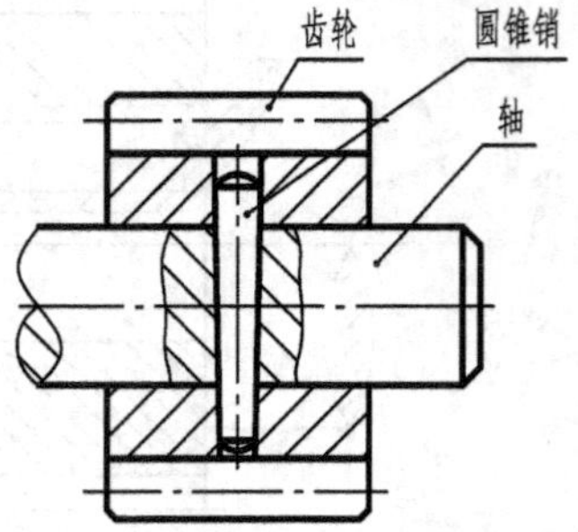

图 8–31 圆锥销连接图

8.5　弹　　簧

8.5.1　常用的弹簧

弹簧主要用于减震、夹紧、测力、储存和输出能量。弹簧是一种常用件，其种类很多，主要有压缩弹簧、拉伸弹簧、扭转弹簧、涡卷弹簧等，见图 8–32。这里只介绍圆柱螺旋压缩弹簧。

(a) 压缩弹簧

(b) 拉伸弹簧

(c) 扭转弹簧

(d) 涡卷弹簧

图 8–32　弹簧

8.5.2　圆柱螺旋压缩弹簧的参数及其尺寸计算

对照图 8–33 中所注的尺寸，对圆柱螺旋压缩弹簧的参数及尺寸计算说明如下：

(1) 簧丝直径 d ：制作弹簧的簧丝直径。

(2) 弹簧中径 D：弹簧的平均直径，按标准选取。

(3) 弹簧内径 D_1 ：弹簧的最小直径 $D_1 = D - d$。

(4) 弹簧外径 D_2 ：弹簧的最大直径 $D_2 = D + d$。

(5) 弹簧节距 t：两相邻有效圈截面中心线的轴向距离。

(6) 有效圈数 n：弹簧上能保持相同节距的圈数。有效圈数是计算弹簧刚度时的圈数。

(7) 支承圈数 n_z：为使弹簧受力均匀，放置平稳，一般都将弹簧两端并紧磨平，工作时起支承作用，这部分称为支承圈。支承圈有 1.5 圈、2 圈、2.5 圈三种，后两者较为常见。

(8) 总圈数 n_1：弹簧的有效圈数与支承圈数之和，$n_1 = n + n_z$。

(9) 弹簧的自由高度 H_0：弹簧在未受力时的高度，$H_0 = nt + (n_z - 0.5)d$。

(10) 展开长度 L：弹簧制造时坯料的长度，$L \approx n_1\sqrt{\pi D^2 + t^2}$ 。

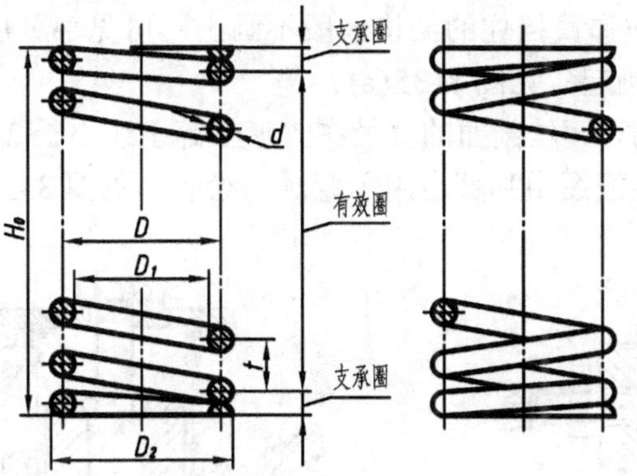

图 8–33　圆柱螺旋压缩弹簧画法

8.5.3　圆柱螺旋压缩弹簧的规定画法

1. 单个弹簧的规定画法

(1) 在平行于弹簧轴线的投影面上的视图中，弹簧各圈的轮廓线应画成直线，并按图 8–33 的形式绘制。

(2) 螺旋弹簧均可画成右旋，对必须保证的旋向要求应在“技术要求”中注明；左旋弹簧在弹簧标记中应注明旋向代号为左。

(3) 若弹簧两端并紧且磨平或制扁时，不论支承圈的圈数多少和末端贴紧情况如何，均按图中所示的支承圈为 2.5 的形式绘制。

(4) 有效圈数在 4 圈以上的螺旋弹簧，中间部分可以省略，省略后允许适当缩短图形的长度。

2. 圆柱螺旋压缩弹簧零件图

圆柱螺旋压缩弹簧零件图示例如图 8–34 所示。

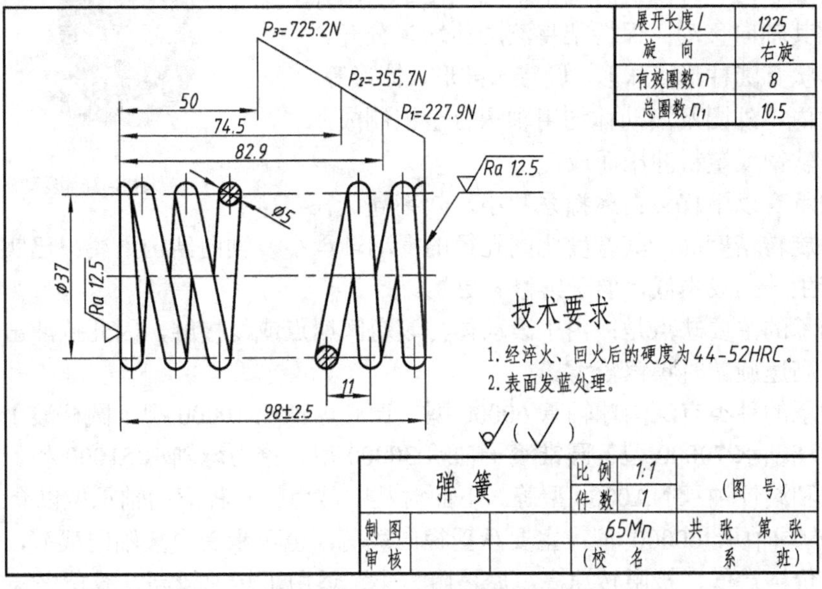

图 8–34　圆柱螺旋压缩弹簧零件图示例

3. 装配图中弹簧的规定画法

(1) 在装配图中，被弹簧挡住的结构一般不画出，可见部分应从弹簧的外轮廓线或从弹簧钢丝剖面的中心线画起，见图 8–35(a)。

(2) 当弹簧被剖切时，簧丝剖面的直径在图形上等于或小于 2 mm 时，剖面可以涂黑表示，见图 8–35(b)。在装配图中弹簧也用示意画法绘制，见图 8–35(c)。

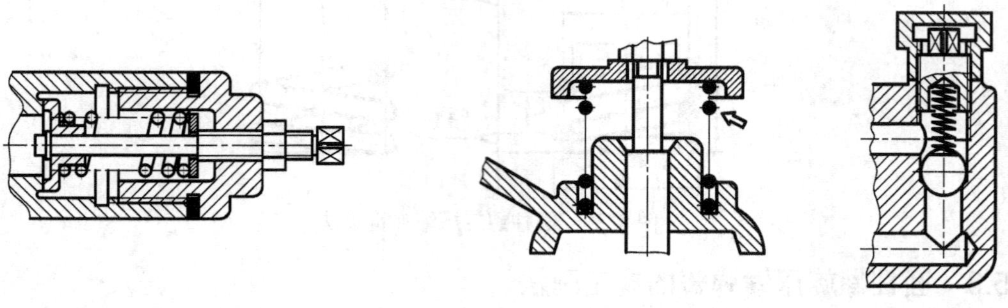

(a) 一般画法　　(b) 剖面涂黑画法　　(c) 示意画法

图 8–35　装配图中弹簧的画法

8.6　滚 动 轴 承

8.6.1　滚动轴承的结构和种类

滚动轴承用于支承轴及轴上零件使它们保持确定的位置，同时可以减少轴与支承间的摩擦和磨损。

如图 8–36 所示，滚动轴承由内圈、外圈、滚动体和保持架组成。内、外圈上有凹槽滚道，便于滚动体滚动并限制其轴向移动；保持架将滚动体均匀分开。滚动体的形状有圆柱形、球形、圆锥、鼓形、针形等。滚动轴承的内、外圈及滚动体均用轴承合金钢制成，保持架多用软钢或塑料冲压而成。

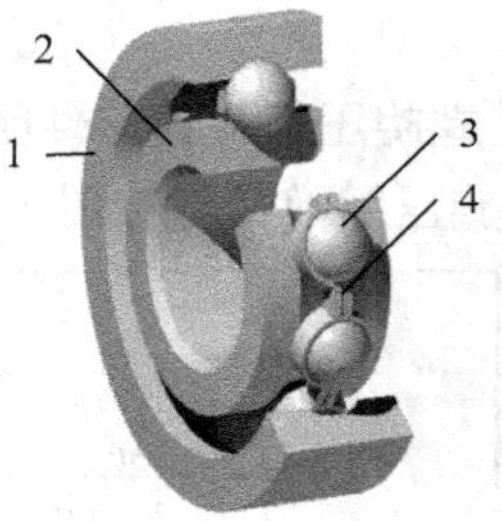

1—外圈；
2—内圈；
3—滚动体；
4—保持架

图 8–36 滚动轴承

滚动轴承有以下优点：摩擦系数小，效率高；径向游隙小，旋转精度高；其宽度比同孔径的滑动轴承小，轴向结构紧凑；已实现标准化，由专门厂家生产，成本低，便于维修和更换。

滚动轴承的主要缺点是：由于滚动体与滚道间属点或线接触，因此抗冲击能力差，径向尺寸大，高速旋转时噪声较大。

滚动轴承的种类有深沟球轴承 60000 型、调心球轴承 10000 型、圆柱滚子轴承 N0000 型、角接触球轴承 70000 型、圆锥滚子轴承 30000 型、推力球轴承 51000 型、调心滚子轴承 20000 型和滚针轴承 NA0000 型等。下面对其中常用的几种滚动轴承做以介绍。

(1) 深沟球轴承 60000 型：主要承受径向载荷，也可承受少量轴向载荷，该轴承结构简单紧凑，价格最低，极限转速高，摩擦阻力小，适用于转速较高、载荷平稳的场合。

(2) 圆锥滚子轴承 30000 型：可承受较大的径向和轴向载荷，滚动体为滚子，外圈可分离，安装调整方便，宜成对使用，对称安装，适用于旋转精度高、支点跨距小、轴的刚度较大的场合。

(3) 推力球轴承 51000 型：只能承受轴向载荷，适用于轴向载荷大、转速不高的场合。

8.6.2 滚动轴承的代号

滚动轴承种类很多，各类中又有不同的结构、尺寸、精度等，为便于组织生产和选用，国家标准规定了滚动轴承的代号并打印在轴承的端面上。GB/T 272—93 规定轴承代号用字母和数字表示，从左至右依次为

前置代号 – 基本代号 – 后置代号

前置代号表示轴承的某些特殊特征，用字母表示，如用 L 表示可分离轴承的可分离套圈。

后置代号用字母和数字表示轴承结构、公差等级等要求，如角接触轴承，接触角 $\alpha=15°$时用 C 表示、公差等级用/P2、/P4、/P5、/P6 等表示。

基本代号用来表示轴承的基本特征，如内径、直径系列、宽度系列和类型等，最多有五位数字，从左至右各位数字依次表示类型代号、宽度系列代号、直径系列代号和内径代号。

1. 类型代号

类型代号用数字表示，有的用字母表示。例如，深沟球轴承的类型代号为“6”，推力球轴承的类型代号为“5”，圆柱滚子轴承的类型代号为“N”。

2. 宽度系列代号

结构、内径及直径系列都相同时，为适应不同轴向尺寸而制定了轴承在宽度方面的变化系列。一般轴承为正常宽度系列(0 系列)时，代号可不标出，但调心滚子轴承和圆锥滚子轴承，0 应标出。

3. 直径系列代号

结构、内径相同的轴承，根据受力大小不同，可选用不同的滚动体，该数字即表示外径和宽度变化的系列。0、1 表示特轻系列，2 为轻系列，3 为中系列，4 为重系列。

4. 内径代号

对内径尺寸为 20～495 mm 的轴承，这两位数字等于内径实际尺寸除以 5 得的商数，如 08 表示内径 $d=40$ mm。内径尺寸一般为 5 的倍数，当内径尺寸为 10、12、15 和 17 mm 时，分别表示为 00、01、02 和 03；内径小于 10 mm 和大于 500 mm 的轴承，另有规定，可参见 GB/T 272—93。

下面举例说明轴承代号的意义：

(1) 6206：内径 30 mm，轻系列深沟球轴承，正常宽度，正常结构，0 级公差。

(2) 7322B/P2：内径 110 mm，中系列角接触球轴承，正常宽度，接触角 $\alpha=15°$，2 级公差。

8.6.3 滚动轴承的画法

滚动轴承在装配图中若按真实投影画出，不仅费工费时，图形复杂，而且有关结构也

表达不清楚和不完整，所以，国标给出了它们的特征画法和规定画法。表 8–7 是常用滚动轴承的规定画法示例。常用滚动轴承的主要参数见本书附录中的附表 17～附表 19。

表 8-7　常用滚动轴承规定画法示例

<table>
<tr><td>名称和标准号</td><td>深沟球轴承
GB/T 276—1994</td><td>圆锥滚子轴承
GB/T 297—1994</td><td>推力球轴承
GB/T 301—1995</td></tr>
<tr><td>结构型式</td><td></td><td></td><td></td></tr>
<tr><td>规定画法(具体尺寸查阅相应标准)</td><td>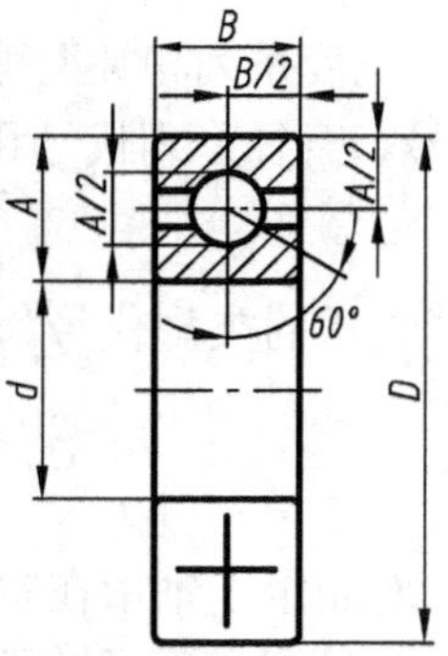
</td><td>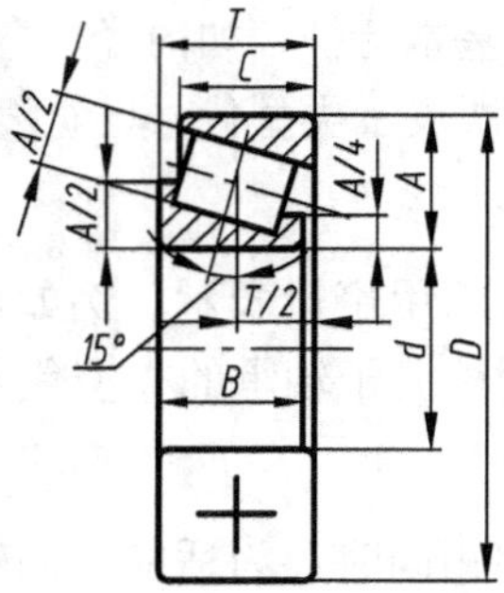
</td><td>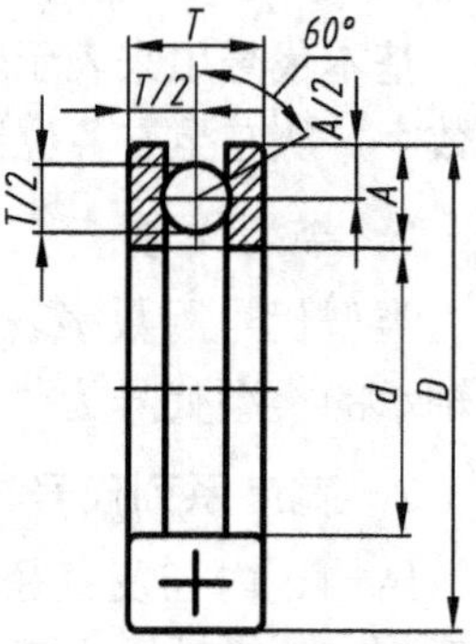
</td></tr>
</table>

本章习题集答案

第9章　零　件　图

9.1　零件图概述

任何机器或部件都是由若干零件组成的。表达单个零件的图称为零件图，它是制造和检验零件的主要依据。图 9–1 是齿轮的零件图。

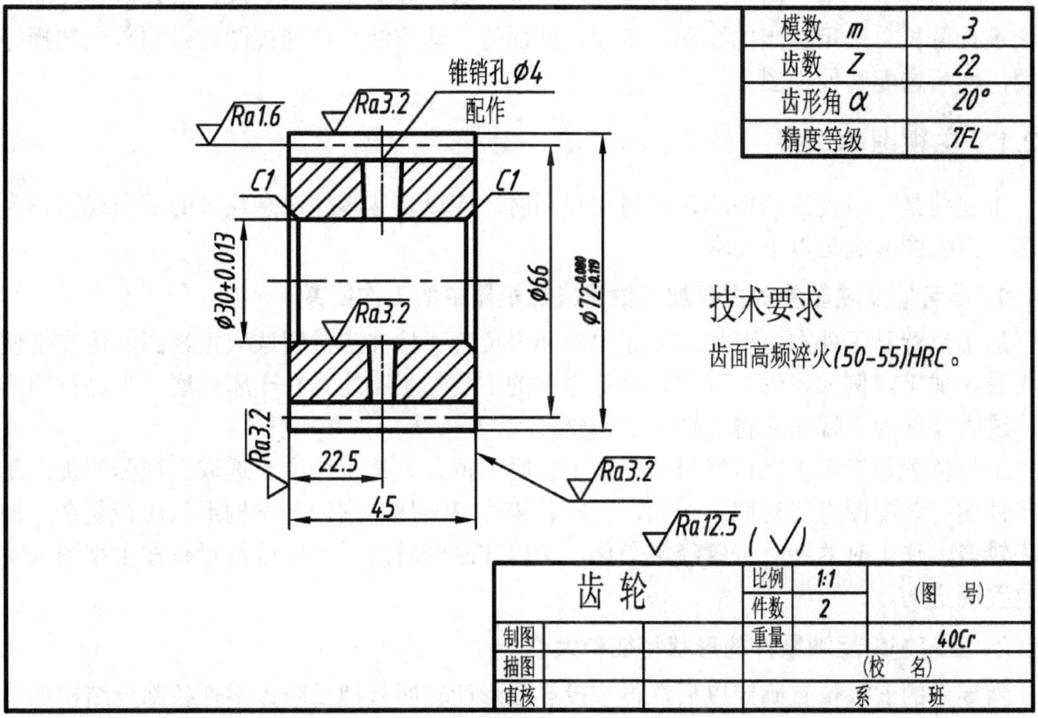

图 9–1　齿轮的零件图

零件图要表达零件的结构形状、大小和有关技术要求，应包含以下内容：

1) 一组视图

用一组视图完整、清晰地表达零件的内外结构形状。

2) 完整的尺寸

零件图中应正确、完整、清晰、合理地标注零件在制造和检验时所需要的全部尺寸。

3) 技术要求

用规定的符号、代号、标记和简要的文字表达出零件制造和检验时所应达到的各项技术指标和要求，例如，尺寸公差、几何公差、表面结构要求、表面处理等。

4) 标题栏

填写零件的名称、材料、比例、图号、制图单位名称以及设计、审核、批准人员的签名与日期等。

本章主要介绍零件图的视图选择、零件图的尺寸标注、表面结构的表示法、公差与配合的注法、几何公差、零件的常见工艺结构和读零件图等内容。

9.2 零件图的视图选择

零件图要求完整、清晰地表达零件的结构形状。要满足这些要求，就要对零件的结构形状进行分析，选用适当的视图、剖视、断面等表达方法。选择视图时必须首先选择好主视图，然后选配其他视图。

9.2.1 主视图的选择

主视图是一组视图的核心，选择主视图时，应以表达零件信息最多的那个视图作为主视图。主视图应满足以下要求：

1. 尽可能反映零件的主要加工位置或在机器中的工作位置

加工位置是零件在主要加工工序中的装夹位置。按加工位置选取主视图的优点是便于工人看图加工。例如，轴、套和轮盘等零件的主要加工工序是在车床或磨床上进行的，因此，这类零件的主视图应将其轴线水平放置。

工作位置是指零件在机器或部件中工作时的位置。按工作位置选取主视图的优点是便于零件图与装配图直接对照。例如，支座、箱壳等零件，它们的结构形状比较复杂，加工工序较多，加工时的装夹位置经常变化，所以在画图时的零件安放位置是按主视图反映工作位置确定的。

2. 应较好地反映零件的形状特征和大小

当零件的安放位置确定以后，再按投影图形能较明显地反映该零件各部分结构形状和它们之间相对位置的一面作为主视图，从而选定主视图的投射方向。此外，还应考虑其他视图中的细虚线较少和合理利用图纸幅面。

9.2.2 其他视图的选择

主视图确定以后，要分析该零件在主视图上还有哪些尚未表达清楚的结构，对这些结构应按以下原则选配其他视图：

(1) 优先选用基本视图以及在基本视图上做适当的剖视，尽量避免使用细虚线；

(2) 每个视图都有表达的重点，几个视图互相补充而不重复；

(3) 在充分表达机件结构形状的前提下，尽量减少视图数量，力求绘图和读图简便。

9.2.3　视图表达方案选择实例

1. 回转体类零件

回转体类零件一般指轴、套、盘、盖等。这类零件的结构特点是各组成部分多为同轴线的回转体，通常按加工位置将轴线水平横放来得到主视图，用以表达零件的主体结构。

轴、套类零件除主视图外，可按需再用局部剖视或其他辅助视图表达局部结构形状。如图 9–2 所示的泵轴，除主视图采用了局部剖视外，又补充了断面图，用来表达销孔和键槽等局部结构。

盘、盖类零件常用两个基本视图表达，主视图用全剖视表达内部结构，另一视图表达外形轮廓和其他组成部分，如图 9–3 所示的法兰盘。

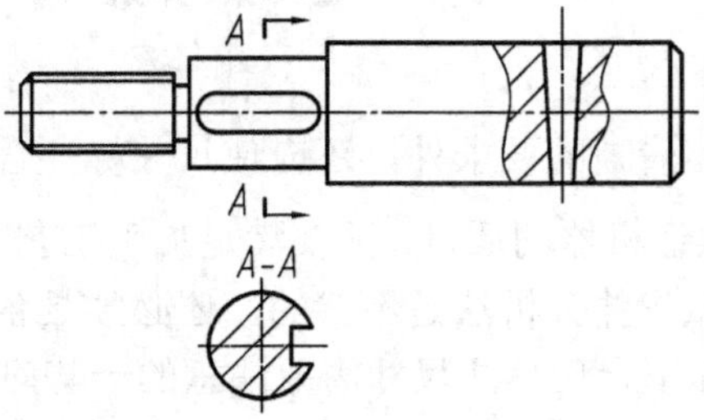

图 9–2　泵轴的视图选择

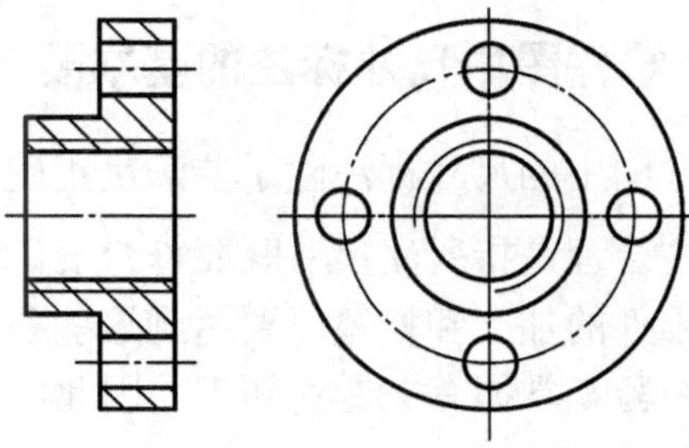

图 9–3　法兰盘的视图选择

2. 非回转体类零件

非回转体类零件一般指叉、架、箱体等。这类零件形状比较复杂，加工位置多变，通常以自然位置或工作位置安放，选定投射方向，将能比较明显反映形状特征和相对位置的一面作为主视图。一般要 2 到 3 个或更多的基本视图，并按需要选用合适的辅助视图，以适当的表达方法来表达其复杂的内、外结构形状。同一个零件可以有不同的表达方案。

如图 9–4(a)所示的轴承座由轴承(圆筒)、十字肋板和底板三部分组成：上部是轴承，其内部为阶梯孔，左端有四个均布的螺孔，顶部有一个凸台；中间是十字肋板，连接轴承和下部底板，底板四角有四个安装孔。轴承形状较复杂，底板和十字肋板的形状比较简单。

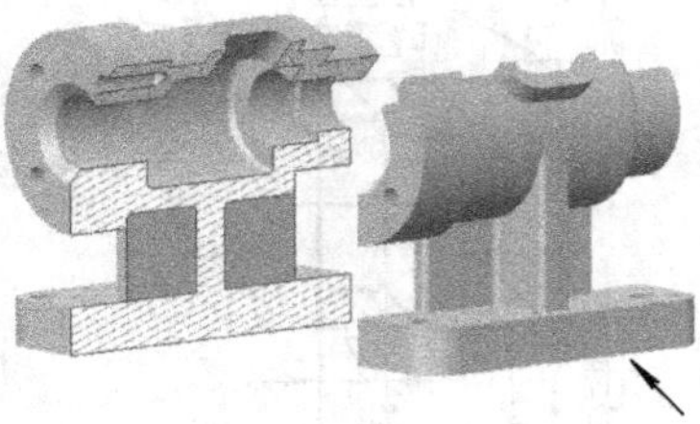

(a)

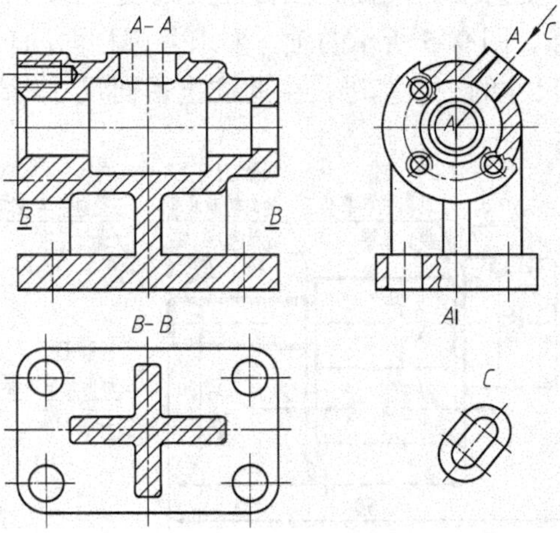

(b)

图 9–4　轴承座的视图选择

(1) 主视图的选择：主视图按工作位置放置，根据形状特征原则，选择图 9–4(a)中箭头所示的方向作为主视图的投射方向。为了表达清楚轴承内的阶梯孔，主视图采用全剖视，左端的螺孔按简化画法画出。

(2) 其他视图的选择：图 9–4(b)除主视图外，选配了俯视图和左视图，可以表达清楚轴承座的结构形状。俯视图采用 *A-A* 剖视，反映十字肋板的断面形状、底板的形状和底板上安装孔的分布；左视图采用局部剖视，表达上部凸台的方位、左端螺孔的分布和底板安装孔的孔深。

9.3　零件图中的尺寸注法

9.3.1　零件图中尺寸标注的基本要求

零件图中的尺寸标注除了要满足正确、完整和清晰的要求外，还应使尺寸标注合理。尺寸标注合理是指所注尺寸既要符合设计要求，保证机器的质量，又要满足加工工艺要求，以便于零件的加工和检验。要达到这些要求，仅靠形体分析法是不够的，还必须具备一定的生产经验和掌握有关专业知识。因此，本节仅介绍合理标注尺寸需要注意的一些问题。

9.3.2　尺寸基准的选择

尺寸基准就是标注尺寸的起点。由于每个零件都有长、宽、高三个方向的尺寸，因此每个方向都至少有一个主要尺寸基准，在同一方向上还可以有一个或几个与主要尺寸基准有尺寸联系的辅助基准。

尺寸基准按用途可分为设计基准和工艺基准。正确选择尺寸基准才能合理标注尺寸。

1. 设计基准

设计基准是为保证零件的设计要求而选定的一些基准，常选其中之一作为尺寸标注的主要基准，一般是根据零件的工作原理确定的点、直线、平面和确定零件在机器中方位的接触面、对称面、端面、回转面的轴线等。

例如，图 9–5 所示的轴，要求各圆柱面同轴线，所以轴线是设计基准，也是径向(高度和宽度)尺寸的主要基准，由此注出径向尺寸$\phi 26$、$\phi 18$、M10 等；轴在机器中的方位由端面

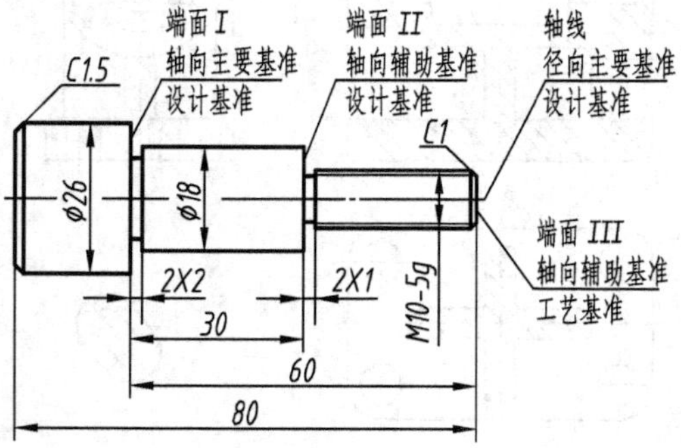

图 9–5　设计基准举例

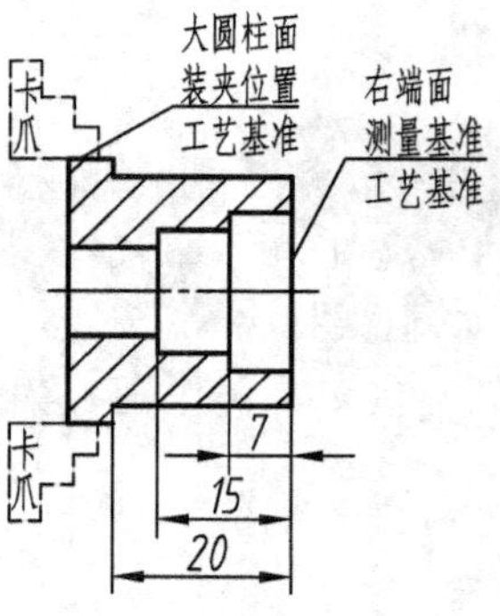

图 9–6　工艺基准举例

I、II 确定，所以端面 I、II 是设计基准，端面 I 是轴向(长度)尺寸的主要基准，由此注出尺寸 30、60 和 2×2；端面 II 是轴向尺寸的辅助基准，由此注出尺寸 2×1。

2. 工艺基准

工艺基准是为便于加工和测量而选定的一些基准，一般是零件在机床上加工时的装夹位置和测量零件尺寸时所利用的点、线、面等。例如，图 9–6 所示的轴套在车床上加工时，测量有关轴向尺寸 20、15 和 7 时以右端面为起点，这个面就是工艺基准。

9.3.3　尺寸标注应注意的一些问题

1. 主要尺寸必须直接注出

主要尺寸是指直接影响零件性能、装配精度和互换性的尺寸，如零件间的配合尺寸、重要的安装定位尺寸等。图 9–7(a)所示的轴承座，轴承孔的中心高 h_1 和安装孔的间距 l_1 必须直接注出，图 9–7(b)要通过尺寸 h_2 和 h_3、l_2 和 l_3 间接计算，从而造成尺寸误差的累积。

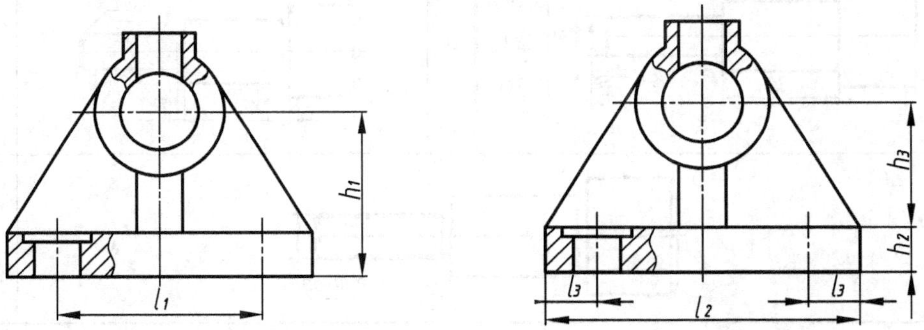

(a) 正确注法　　　(b) 错误注法

图 9–7　轴承座主要尺寸直接注出示例

2. 避免出现封闭尺寸链

封闭尺寸链是首尾相接，一个尺寸接一个尺寸形成一整圈的一组尺寸。图 9–8(b)中，尺寸 l_1、l_2、l_3、l_4 就是一组封闭尺寸。因为 l_1 是 l_2、l_3、l_4 之和，而每个尺寸在加工后都有误差，则 l_1 的误差为另外三个尺寸误差的总和，可能达不到设计要求。因此，应选一个次要尺寸(如 l_4)空出不注，将所有尺寸误差累积到这一段，从而保证主要尺寸的精度。没有注出的尺寸称为开口环，在某些情况下，为了避免加工时做加、减计算，把开口环尺寸加上括号注出来，称为参考尺寸。

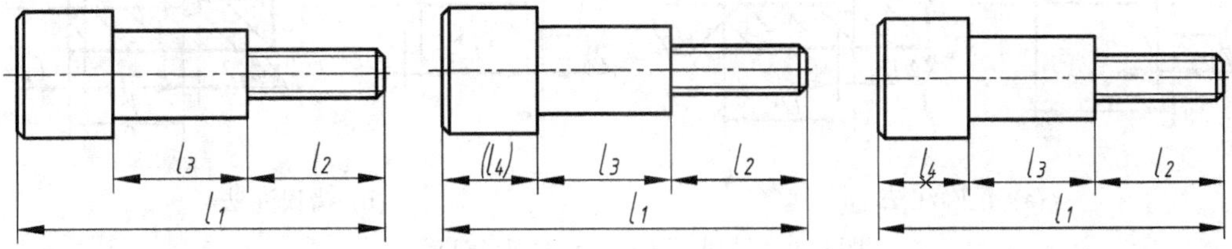

(a) 正确注法　　　(b) 错误注法

图 9–8　避免出现封闭尺寸链示例

3. 标注尺寸要符合工艺要求

标注尺寸要考虑符合加工工序、测量、检验方便等要求。

表 9–1 是图 9–5 所示的轴的车削工序。两者对照可看出，图中注出的尺寸是每一道加工工序所需尺寸的总和。

表 9-1　轴的车削工序

序号	加工简图	说明	序号	加工简图	说明
1	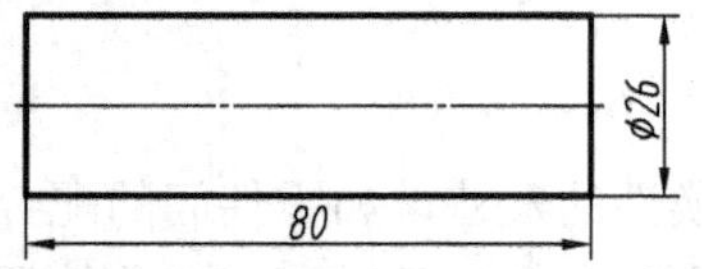	车Φ26 长 80	2	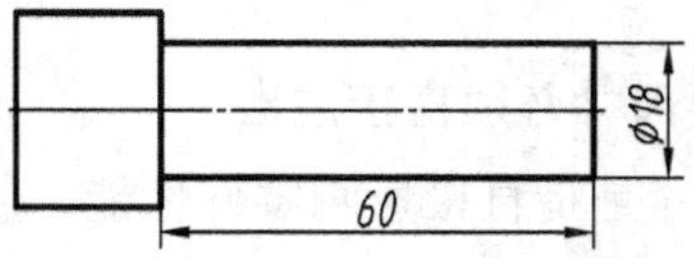	车Φ18 长 60
3	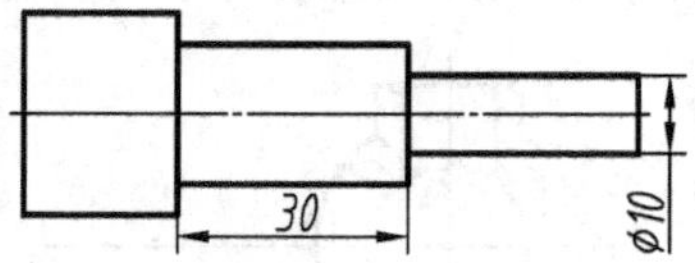	车Φ10 留长 30	4	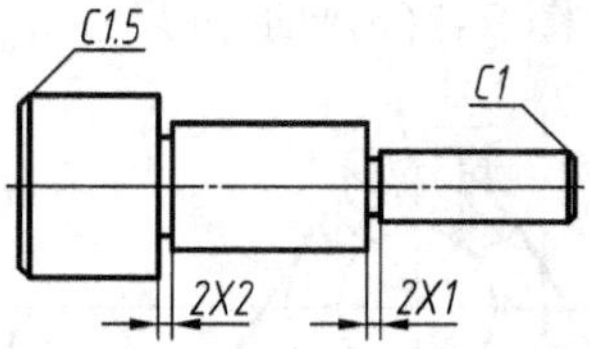	车退刀槽 2x2、2x1 车倒角 C1.5、C1
5	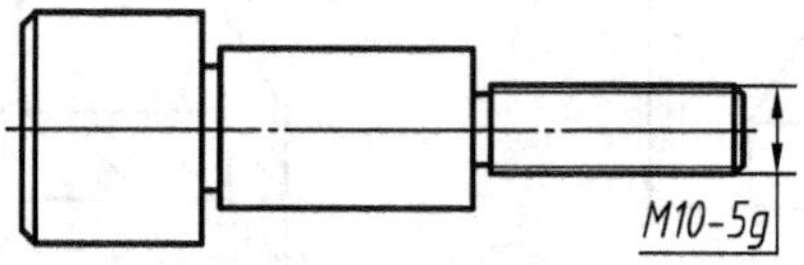				车螺纹 M10-5g

注：尺寸 30 是设计要求的主要尺寸。

标注与倒角和退刀槽有关的尺寸时，应注意：

(1) 倒角与退刀槽的定形尺寸应直接注出，退刀槽的尺寸简化注法为“槽宽×直径”(如图 9–9(a)中的 2× ϕ8、2 × ϕ12)或“槽宽×槽深” (如图 9–9(b)中的 2 × 1)，45°倒角的注法为“*C* 倒角深度”，如“C2”，用引线标注(见图 9–9(a))或按线性尺寸标注(见图 9–9(b))。

(2) 在标注倒角和退刀槽所在孔或轴的长度尺寸时，必须把这些工艺结构包括在内，如图 9–9(a)中的尺寸 16；图 9–9(b)中的长度尺寸 12 和 14 都是错误的。

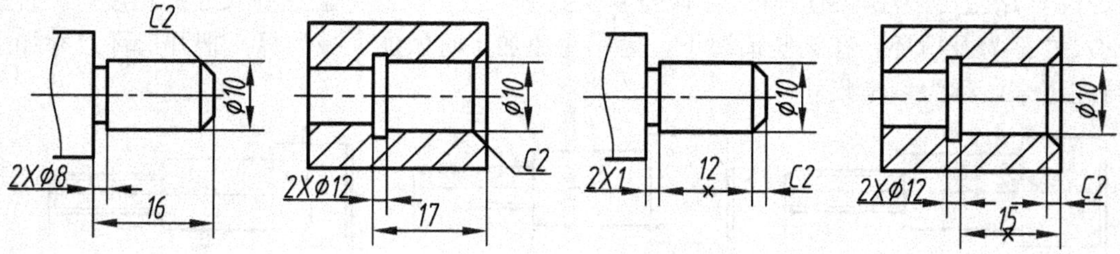

(a) 正确注法　　(b) 错误注法

图 9–9　轴段(孔段)长度的尺寸注法

标注与盲孔(即不通孔)、扩孔和阶梯孔有关的尺寸时，应注意：

(1) 用钻头钻出的盲孔或扩孔，其末端的圆锥坑或大孔与小孔中间的圆锥孔为工艺结构，画成120°，图上不注此角度尺寸，孔的深度尺寸应不包括锥坑或锥孔深度，如图9–10(a)、(b)的尺寸19。

(2) 阶梯孔的加工顺序一般是从端面起按相应深度先小孔后大孔，在标注轴向尺寸时，应从端面起标注大孔的深度，以便测量，如图9–10(c)的尺寸4和10。

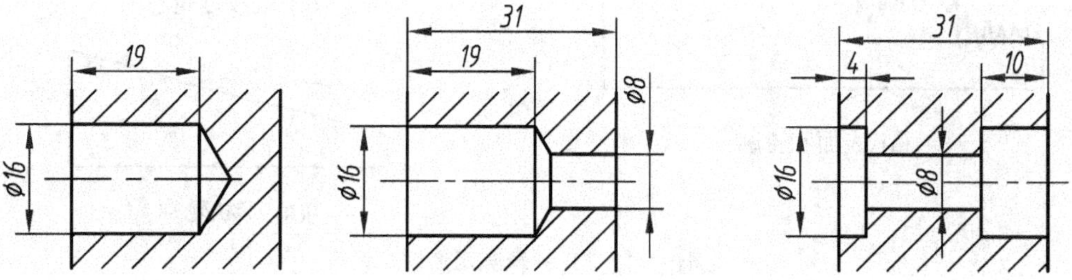

(a) 盲孔　(b) 扩孔　(c) 阶梯孔

图9–10　盲孔、扩孔和阶梯孔深度的尺寸注法

标注与毛面(不加工表面)有关的尺寸时，应注意：同一个方向上，在加工面与毛面之间只能有一个尺寸联系，其余则为毛面与毛面之间或加工面与加工面之间的联系。图9–11(a)表示零件的左右两个端面为加工面，其余都是毛面，尺寸A为加工面与毛面的尺寸联系。图9–11(b)的注法是错误的，因为毛坯加工误差大，加工面不可能同时保证对两个及两个以上毛面的尺寸要求。

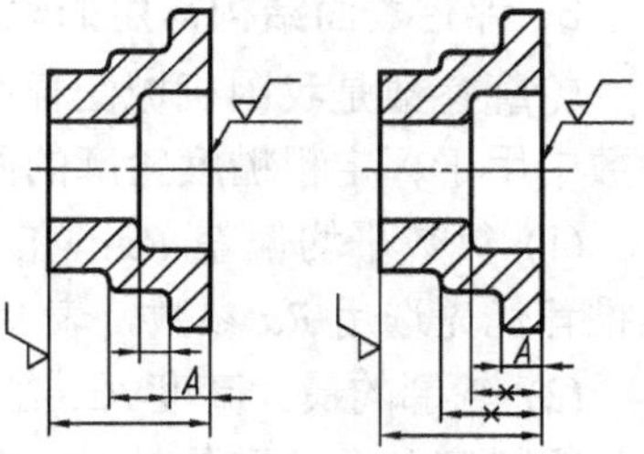

(a) 正确注法　(b) 错误注法

图9–11　毛面的尺寸注法

9.4　表面结构的表示法

9.4.1　基本概念及术语

零件在加工过程中受到各种因素的影响，其表面具有各种类型的不规则形态。零件图中除了图形和尺寸外，还要根据功能需要对零件的表面质量即表面结构给出要求。表面结构包括粗糙度、波纹度和几何形状等，对它们的研究采用轮廓法进行。图9–12(a)表示某一表面的实际轮廓，图9-12(b)、(c)和(d)表示从该实际轮廓中分离出来的粗糙度轮廓、波纹度轮廓和形状轮廓。

1. 表面粗糙度

表面粗糙度是指零件加工表面上具有的较小间距和峰谷所组成的微观几何形状特性，它对于零件的配合、耐磨、抗腐蚀及密封性等都有显著影响，是零件图中必不可少的一项技术指标。

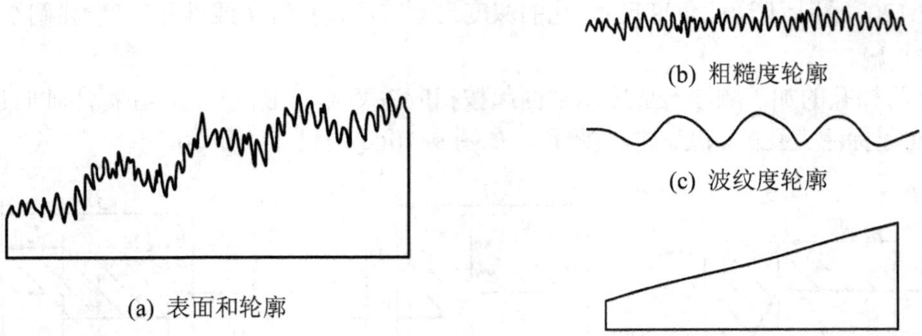

(a) 表面和轮廓　(b) 粗糙度轮廓　(c) 波纹度轮廓　(d) 形状轮廓

图 9–12　几种轮廓示意图

2. 表面波纹度

表面波纹度是指因机床、工件和刀具系统等的振动而在工件表面形成的间距比粗糙度大得多的表面不平度，它是影响零件使用寿命和引起振动的重要因素。

3. 评定表面结构常用的轮廓参数

轮廓参数是我国机械图样中最常用的评定零件表面结构状况的参数。本节仅介绍轮廓参数中用于评定粗糙度轮廓的两个高度参数：*Ra* 和 *Rz*，如图 9–13 所示。

(1) 算数平均偏差 *Ra*：在一个取样长度内，纵坐标 *Z(x)*绝对值的算数平均值。国家标准推荐优先选用 *Ra* 参数，表 9–3 是国家标准给定的 *Ra* 系列值。

(2) 轮廓的最大高度 *Rz*：在一个取样长度内，最大轮廓峰高与最大轮廓谷深之间的高度。

粗糙度参数的取值越小，则零件表面的质量越高，但加工成本也越高。一般情况下，凡是零件上有配合要求或有相对运动的表面，粗糙度参数值要小，其他的表面则在满足使用要求的前提下尽量选用较大的粗糙度参数值，以降低成本。

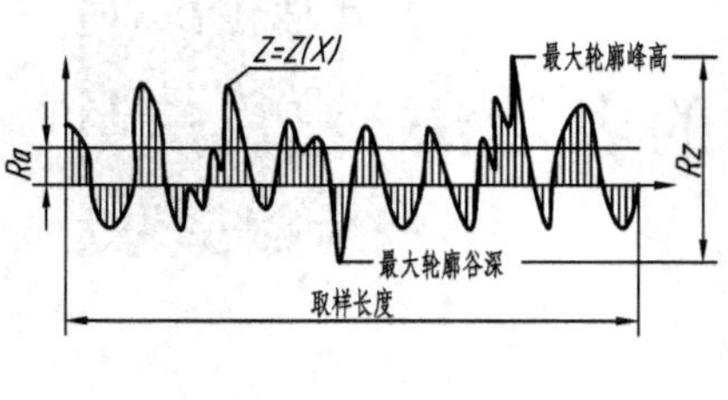

图 9–13　*Ra* 和 *Rz*

表 9-3　*Ra* 系列值　μm

Ra	0.012	0.2	3.2	
	0.025	0.4	6.3	50
	0.05	0.8	12.5	100
	0.1	1.6	25	

4. 有关检验规范的基本术语

检验评定表面结构的参数值必须在特定条件下进行。国家标准规定，图样中注写参数代号及其数值要求的同时，还应明确其检验规范。有关检验规范方面的基本术语有**取样长度和评定长度**、**轮廓滤波器和传输带**以及**极限值判定规则**。

(1) 取样长度和评定长度。在 *X* 轴上选取一段适当的长度进行轮廓参数的测量，这段长度称为取样长度。为取得表面粗糙度最可靠的值，一般取几个连续取样长度的参数平均值作为测量的参数值。这个在 *X* 轴方向上用于评定轮廓的、包含着一个或几个取样长度的测量段称为评定长度。当参数代号后未注明取样长度个数时，评定长度即默认为 5 个取样长度，否则应注明个数。例如 *Ra* 3.2 和 *Rz*3 0.4 分别表示评定长度为 5 个和 3 个取样长度。

(2) 轮廓滤波器和传输带。粗糙度等三类轮廓各有不同的波长范围，这些波长范围称为轮廓的传输带，用截止短波波长值–截止长波波长值表示，例如 0.008–0.8。轮廓滤波器的功能是将表面实际轮廓进行滤波以获得所需波长范围的轮廓。供测量用的滤波器有三种，其截止波长值按由小到大的顺序依次为 λs、λc 和 λf。应用 λs 滤波器修正表面轮廓后形成的轮廓称为原始轮廓(*P* 轮廓)；在 *P* 轮廓上再应用 λc 滤波器修正后形成的轮廓为粗糙度轮廓(*R* 轮廓)；对 *P* 轮廓连续应用 λf 和 λc 滤波器修正后形成的轮廓称为波纹度轮廓(*W* 轮廓)。

(3) 极限值判断规则。完工零件的表面按检验规范测得轮廓参数后，需与图样上给定的参数比较，以判断其是否合格。极限值判断规则有两种：

① 16%规则(默认规则)。被检表面测得的全部参数值中超过极限值的个数不多于总个数的 16%时，该表面是合格的。当参数代号后未注写时(如 *Ra* 0.8)运用本规则。

② 最大规则。被检表面测得的全部参数值一个也不超过给定的极限值时，该表面是合格的。当参数代号后注写“max”字样时(如 *Ra* max 0.8)运用本规则。

9.4.2　表面粗糙度代号

表面粗糙度代号由标注表面粗糙度的图形符号和注写在图形符号不同位置处的具体参数值和补充要求共同组成。

1. 表面粗糙度图形符号

标注表面粗糙度的图形符号及其含义见表 9–4，图形符号的尺寸见表 9–5。

表 9-4　标注表面粗糙度的图形符号及其含义

符　号	含　义
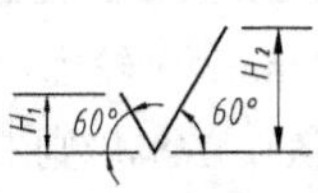	基本图形符号。未指定工艺方法的表面，当通过一个注释解释时可单独使用
	基本图形符号。用去除材料方法获得的表面；仅当其含义是“被加工表面”时可单独使用
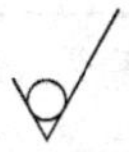	基本图形符号。用不去除材料方法获得的表面；也可用于保持上道工序形成的表面，不管这种状况是通过去除或不去除材料形成的
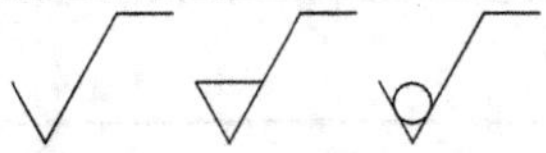	完整图形符号。在以上各种符号的长边上加以横线，注写对表面粗糙度的各种要求
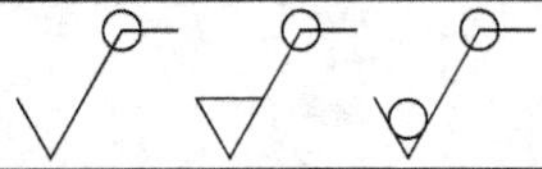	当在视图上构成封闭轮廓的各表面有相同的表面粗糙度要求时，在完整图形符号上加一圆圈，标注在封闭轮廓线上

表 9-5　图形符号的尺寸　　mm

图样中尺寸数字与字母的高度 h	2.5	3.5	5	7	10	14	20
图形符号高度 H_1	3.5	5	7	10	14	20	28
图形符号高度 H_2(最小值)	7.5	10.5	15	21	30	42	60

注：图形符号的线宽 = h/10 mm。

2. 表面粗糙度要求的注写位置

为了明确表面粗糙度要求，除了标注表面粗糙度参数和数值外，必要时应标注补充要求，包括传输带、取样长度、加工工艺、表面纹理及方向、加工余量等。这些要求在图形符号中的注写位置如图 9–14 所示。

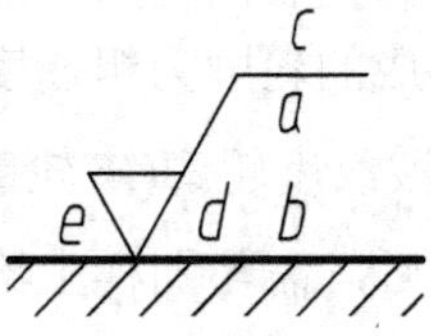

位置 *a*	注写表面粗糙度的单一要求
位置 *a* 和 *b*	注写两个或多个表面粗糙度要求，每个要求写成一行
位置 *c*	注写加工方法，如“车”“磨”等
位置 *d*	注写表面纹理方向，如“=”“×”等
位置 *e*	注写加工余量

图 9–14　表面粗糙度要求的注写位置

3. 表面粗糙度代号示例

表面粗糙度图形符号中注写了具体参数代号及参数值等要求后，称为表面粗糙度代号。表面粗糙度代号及其含义示例见表 9–6。

表 9-6　表面粗糙度代号及其含义示例

序号	代号示例	含义/解释
1	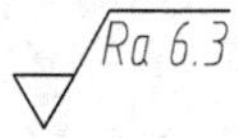	表示去除材料，单向上限值，默认传输带，*R* 轮廓，粗糙度算数平均偏差为 6.3 μm，评定长度为 5 个取样长度(默认)，16%规则(默认)
2	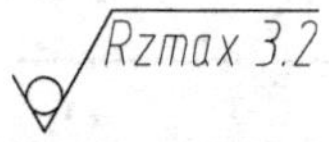	表示不允许去除材料，单向上限值，默认传输带，*R* 轮廓，粗糙度轮廓高度的最大值为 3.2 μm，评定长度为 5 个取样长度(默认)，最大规则
3	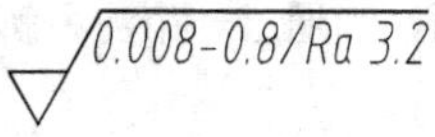	表示去除材料，单向上限值，传输带 0.008～0.8 mm，*R* 轮廓，粗糙度算数平均偏差为 3.2 μm，评定长度为 5 个取样长度(默认)，16%规则(默认)
4	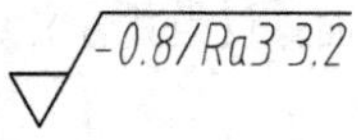	表示去除材料，单向上限值，传输带 0.0025 (默认值)～ 0.8 mm，*R* 轮廓，算数平均偏差为 3.2 μm，评定长度为 3 个取样长度，16%规则(默认)
5	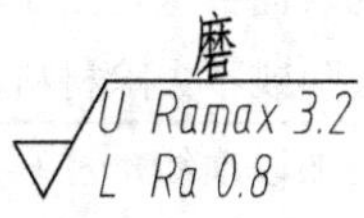	表示用磨削加工获得的表面，双向极限值，默认传输带，*R* 轮廓，评定长度为 5 个取样长度(默认)。上限值，算数平均偏差为 3.2 μm，最大规则；下限值，算数平均偏差为 0.8 μm，16%规则(默认)

9.4.3　表面粗糙度要求在图样中的注法

(1) 表面粗糙度要求对每一表面一般只标注一次，并尽可能注在相应的尺寸及其公差的同一视图上。除非另有说明，所标注的表面粗糙度要求是对完工零件表面的要求。

(2) 表面粗糙度要求的注写和读取方向与尺寸的注写和读取方向一致。

(3) 表面粗糙度要求可标注在轮廓线上，其符号从材料外指向并接触表面(见图 9–15)。必要时，表面粗糙度要求可也用带箭头或黑点的指引线引出标注(见图 9–16)。

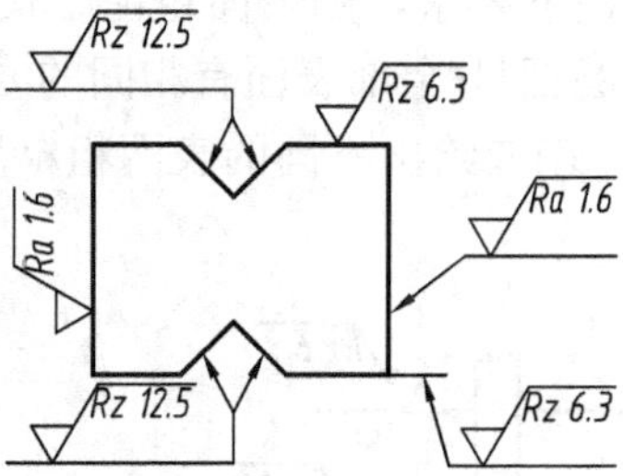

图 9–15　表面粗糙度要求在轮廓线上的标注

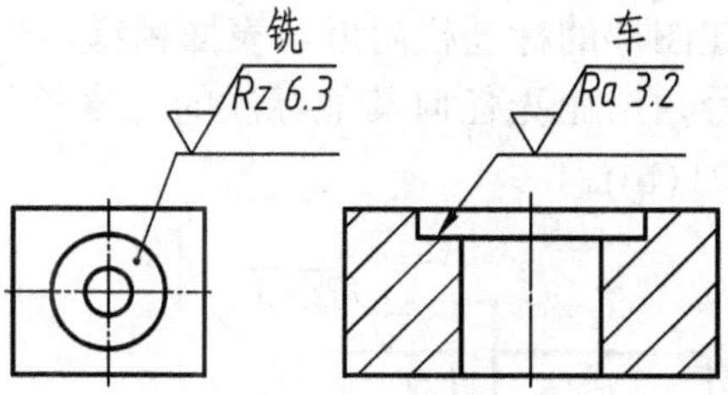

图 9–16　表面粗糙度要求用指引线引出标注

(4) 在不致引起误解时表面粗糙度要求可以标注在给定的尺寸线上(见图 9–17)。

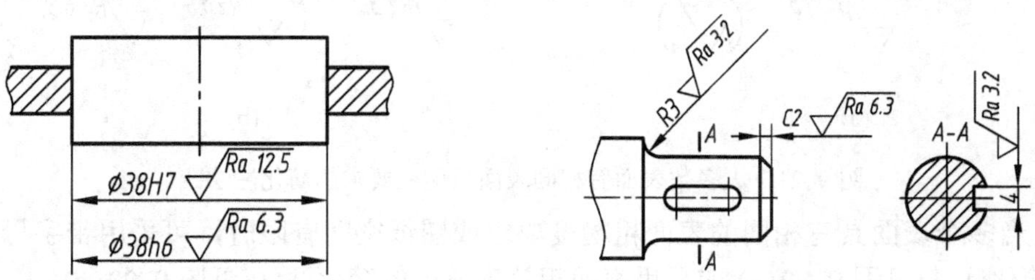

(a)　　　　(b)

图 9–17　表面粗糙度要求标注在尺寸线上

(5) 表面粗糙度要求可标注在几何公差框格的上方(见图 9–18)。

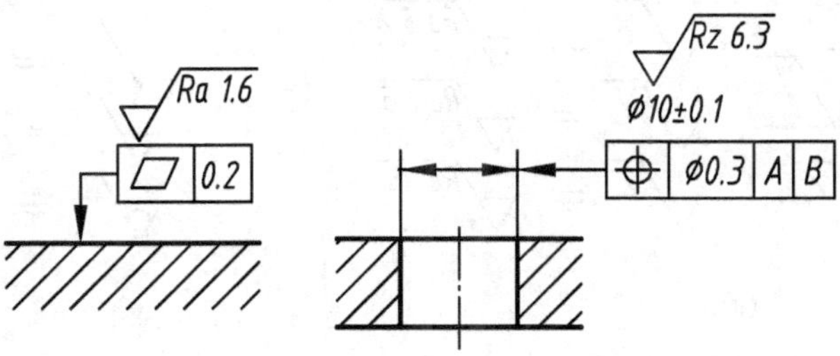

图 9–18　表面粗糙度要求标注在几何公差框格的上方

(6) 圆柱和棱柱的表面粗糙度要求只标注一次(见图 9–19)。如果每个棱柱表面有不同的表面粗糙度要求，则应分别单独标注(见图 9–20)。

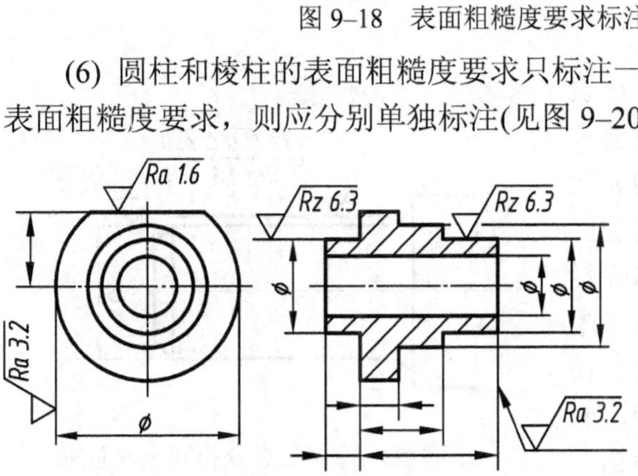

图 9–19　圆柱表面粗糙度要求的标注

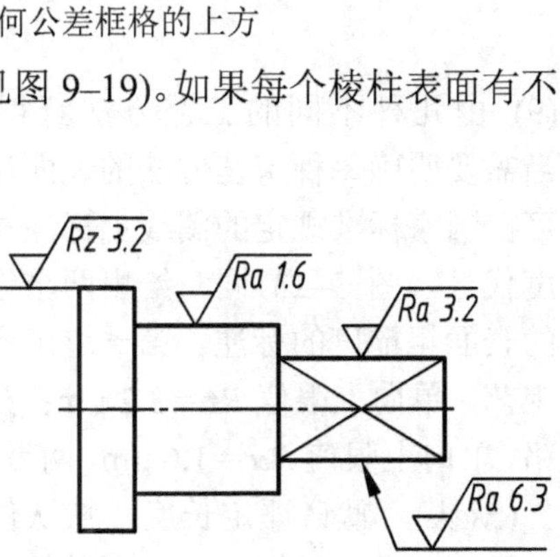

图 9–20　棱柱表面粗糙度要求不同时的注法

(7) 如果工件的全部或多数表面有相同的表面粗糙度要求，则表面粗糙度代号可统一标注在图样的标题栏附近。表面粗糙度代号后面应有圆括号(全部表面有相同的要求除外)，圆括号内给出无任何其他标注的基本符号(见图 9–21(a))或给出不同的表面粗糙度要求(见图 9–21(b))。

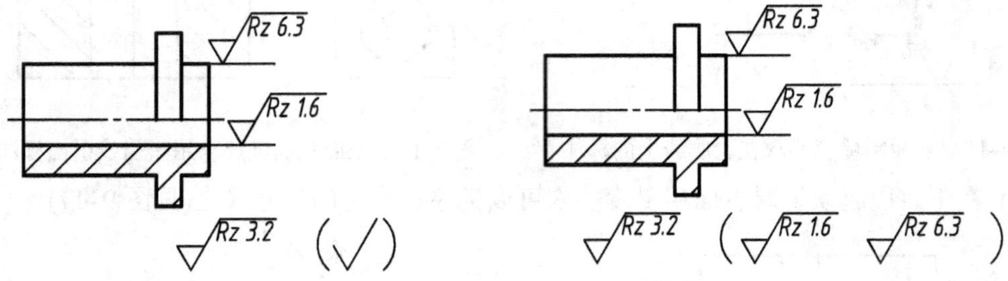

(a)　　(b)

图 9–21　大多数表面有相同表面粗糙度要求的简化注法

(8) 当多个表面具有相同的表面粗糙度要求或图纸空间有限时，可采用带字母的完整符号的简化注法(见图 9–22(a))或只用表面粗糙度符号的简化注法(见图 9–22(b))。

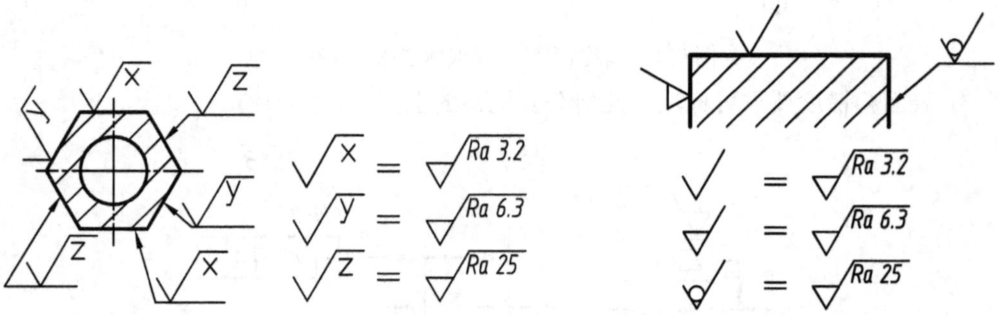

(a)　　(b)

图 9–22　对有相同表面粗糙度要求的表面的简化注法

(9) 由几种不同的工艺方法获得的同一表面，当需要明确每种工艺方法的表面粗糙度要求时，可在国家标准规定的图线上标注相应的表面粗糙度代号。图 9–23 同时给出两个连续的加工工序的表面粗糙度的标注。第一道工序为去除材料的工艺，单向上限值 $Rz = 3.2$ μm；第二道工序为镀铬，单向上限值 $Ra = 1.6$ μm，两者均为“%16 规则”(默认)，默认评定长度，默认传输带，表面纹理没有要求。(图中 Fe 表示基体材料为钢，Ep 表示加工工艺为电镀)。

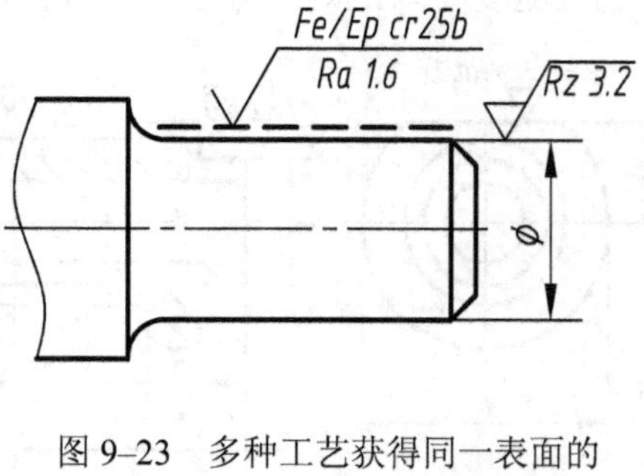

图 9–23　多种工艺获得同一表面的表面粗糙度要求的注法

9.5　极限与配合

9.5.1　基本概念

1. 零件的互换性

一批规格相同的零件，在装配一台机器或部件时不需要经过选择或修配，就能立即装到机器或部件上，并能保证使用要求，这种性质称为互换性。零件具有互换性，便于装配和维修，有利于组织生产协作，提高劳动效率和经济效益。建立极限制和配合制是保证零件具有互换性的必要条件。

2. 公差与极限

零件在制造过程中，由于加工或测量等因素的影响，完工后的尺寸与公称尺寸总会存在一定的误差。为保证零件的互换性，必须对尺寸限定一个变动范围，这个允许的尺寸变动量称为尺寸公差，简称公差。下面以图 9–24 圆柱轴的尺寸ø18 $^{+0.043}_{+0.016}$ 为例，介绍有关公差的一些主要术语：

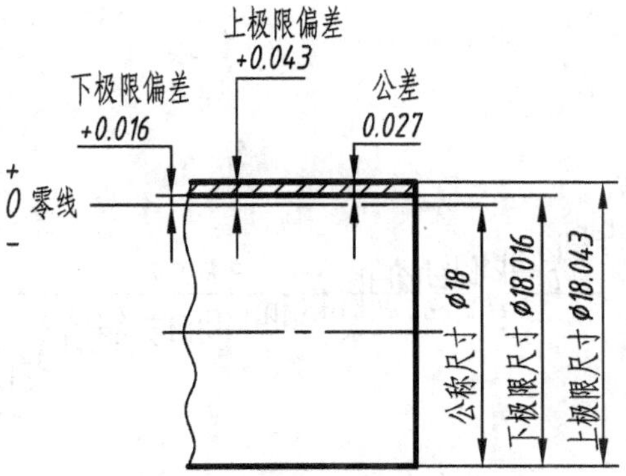

图 9–24　极限与配合制中的一些术语解释

(1) 公称尺寸(ø18)：由图样规范确定的理想形状要素的尺寸。

(2) 极限尺寸：允许尺寸变动的两个极限值。

上极限尺寸(ø18.043)：允许的最大尺寸。

下极限尺寸(ø18.016)：允许的最小尺寸。

(3) 极限偏差：极限尺寸减公称尺寸所得的代数差。轴的上、下极限偏差代号分别用小写字母 es 和 ei 表示，孔的上、下极限偏差代号分别用大写字母 ES 和 EI 表示。

上极限偏差(+0.043)　es (ES) = 上极限尺寸 – 公称尺寸

下极限偏差(+0.016)　ei (EI) = 下极限尺寸 – 公称尺寸

(4) 尺寸公差(0.027)：允许尺寸的变动量。尺寸公差是一个没有符号的绝对值。

公差 = 上极限尺寸 – 下极限尺寸 = 上极限偏差 – 下极限偏差

(5) 公差带、公差带图和零线：公差带是表示公差大小和相对零线位置的一个区域。

为简化起见，一般只画出上、下极限偏差围成的矩形框简图，称为公差带图(如图 9–25)，在公差带图中，零线是表示公称尺寸的一条直线，以其为基准确定偏差和公差。零线通常沿水平方向绘制，正偏差位于其上，负偏差位于其下。

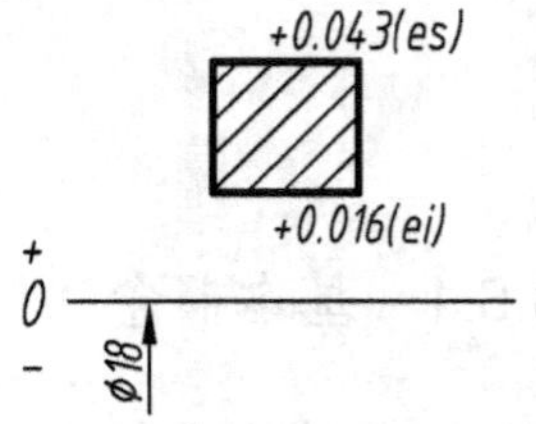

图 9–25　轴的公差带图

(6) 极限制：经标准化的公差与偏差制度，称为极限制。

3. 标准公差与基本偏差

国家标准规定，孔、轴公差带由标准公差和基本偏差两个要素组成。标准公差确定公差带大小，基本偏差确定公差带位置。

1) 标准公差(IT)

标准公差的数值由公称尺寸和公差等级来确定，其中公差等级确定尺寸的精确程度。极限制将标准公差顺次分为 20 个等级，其代号为 IT01、IT0、IT1、…IT18。IT 表示公差，数字表示公差等级，IT01 公差值最小，精度最高；IT18 公差值最大，精度最低。IT5～IT12 用于一般机器的配合尺寸中，在保证产品质量的前提下，应选用较低的公差等级。附录中附表 26 列出了公称尺寸至 500 mm、公差等级由 IT1 至 IT18 级的标准公差值。

2) 基本偏差

基本偏差一般是指孔和轴的上、下极限偏差中靠近零线的那个偏差。当公差带在零线上方时，基本偏差为下极限偏差；反之则为上极限偏差。国家标准对孔和轴各规定 28 个基本偏差，如图 9–26 所示。

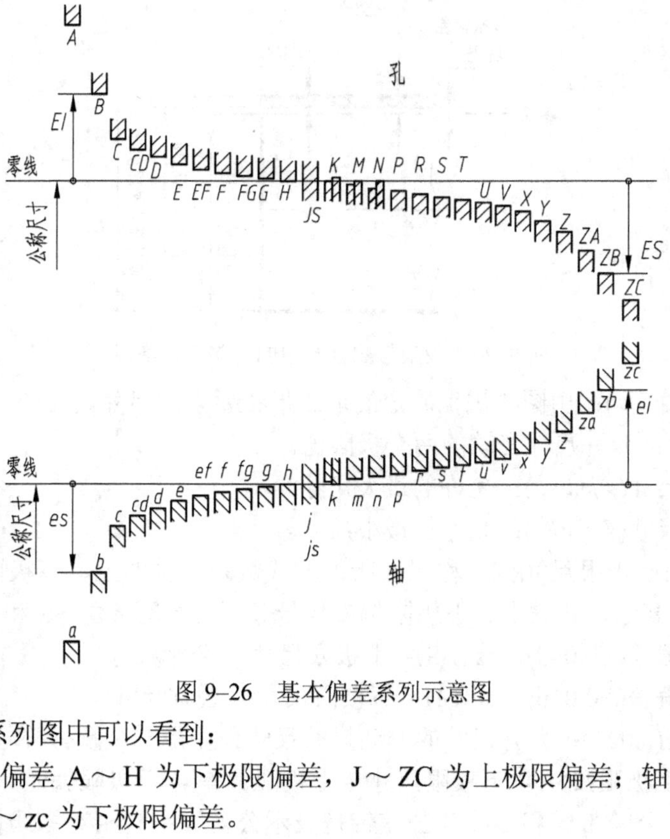

图 9–26　基本偏差系列示意图

从基本偏差系列图中可以看到：

(1) 孔的基本偏差 A～H 为下极限偏差，J～ZC 为上极限偏差；轴的基本偏差 a～h 为上极限偏差，j～zc 为下极限偏差。

(2) JS 和 js 没有基本偏差，其上、下极限偏差对零线对称，孔和轴的上、下极限偏差分别都是 $+\frac{IT}{2}$、$-\frac{IT}{2}$。

(3) 基本偏差系列示意图只表示公差带的位置，不表示公差的大小，因此，公差带的一端是开口的，开口的另一端由标准公差限定。

孔和轴的公差带由基本偏差代号与公差等级数字表示，如$\phi18h7$、$\phi26C11$等。

当基本偏差和标准公差等级确定时，可根据公差的定义计算另一个极限偏差，从而确定公差带位置和大小：

$$es\,(ES) = ei\,(EI) + IT \quad 或 \quad ei\,(EI) = es\,(ES) - IT$$

4. 配合

公称尺寸相同的、相互结合的孔和轴公差带之间的关系，称为配合。制造完工后，孔的尺寸减去相配合轴的尺寸之差为正时是间隙，为负时是过盈。

相配合的孔和轴公差带之间的关系分为三类：间隙配合、过盈配合、过渡配合。

(1) 间隙配合：具有间隙(包括最小间隙等于零)的配合。此时，孔的公差带在轴的公差带之上，如图 9–27(a)所示。间隙配合时，轴在孔中一般可做相对运动。

(2) 过盈配合：具有过盈(包括最小过盈等于零)的配合。此时，孔的公差带在轴的公差带之下，如图 9–27(b)所示。过盈配合时，通常需要一定的外力或使带孔的零件加热膨胀后才能将轴装入孔中，所以轴与孔装配后不能做相对运动。

(3) 过渡配合：可能具有间隙或过盈的配合。此时，孔的公差带与轴的公差带相互交叠，如图 9–27(c)所示。

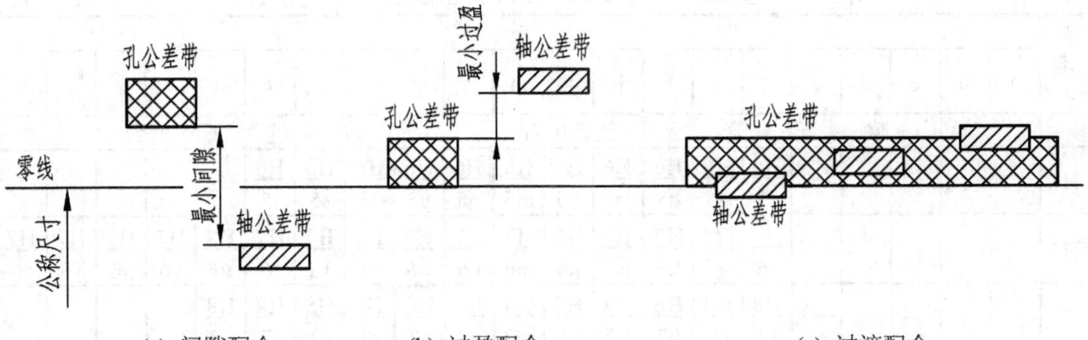

图 9–27　三类配合中孔、轴公差带的关系

5. 配合制和配合代号

同一极限制的孔和轴组成一种配合制度，称为配合制。为了便于设计和制造，国家标准配合制规定了基孔制配合和基轴制配合。

基孔制配合是基本偏差代号为 H 的孔的公差带与不同基本偏差的轴的公差带形成各种配合的一种制度，如图 9–28 所示。基孔制配合的孔称为基准孔，其下极限偏差为零，即它的下极限尺寸等于公称尺寸。

基轴制配合是基本偏差代号为 h 的轴的公差带与不同基本偏差的孔的公差带形成各种配合的一种制度，如图 9–29 所示。基轴制配合的轴称为基准轴，其基本偏差代号为 h，上极限偏差为零，即它的上极限尺寸等于公称尺寸。

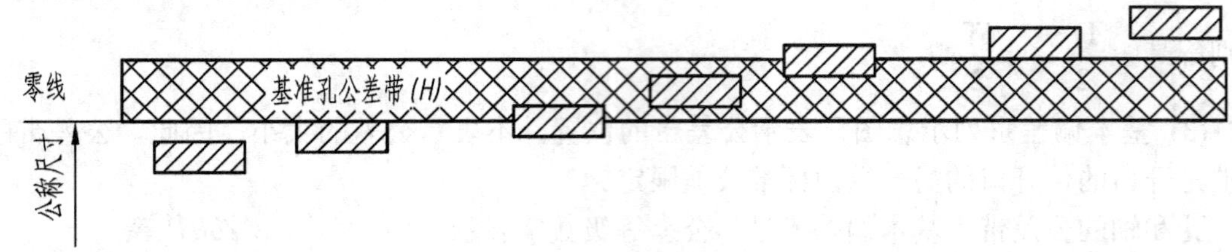

图 9–28　基孔制配合

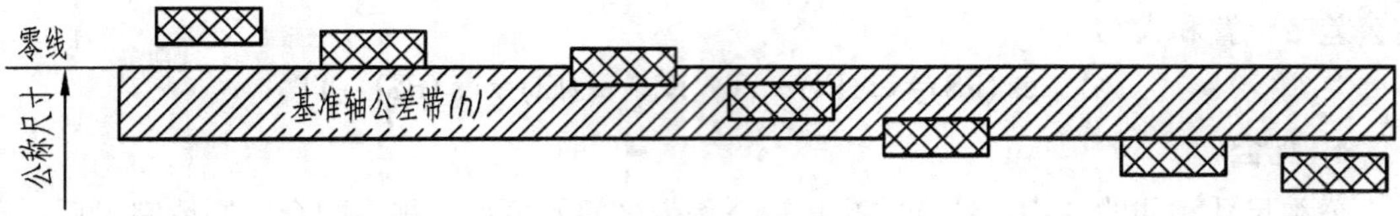

图 9–29　基轴制配合

配合代号由组成配合的孔、轴公差带代号组成，写成分数形式，分子为孔的公差带代号，分母为轴的公差带代号，例如：$\frac{H8}{f7}$、$\frac{F8}{h7}$，也可写成 H8/f7、F8/h7。

6. 优先、常用配合

公称尺寸相同的孔与轴可以组成的配合是大量的，不利于生产和使用，为此，国家标准“公差带和配合的选择”在公称尺寸至 500 mm 的范围内，规定了“优先选用”、“其次选用”和“最后选用”的孔、轴公差带及相应的优先和常用的配合。基孔制常用配合共 59 种，其中优先配合 13 种，见表 9–7；基轴制常用配合共 47 种，其中优先配合 13 种，见表 9–8。

表 9-7　基本尺寸至 500 mm 基孔制优先、常用配合

基准孔	轴																				
	a	b	c	d	e	f	g	h	js	k	m	n	p	r	s	t	u	v	x	y	z
	间隙配合								过渡配合			过盈配合									
H6						H6/f5	H6/g5	H6/h5	H6/js5	H6/k5	H6/m5	H6/n5	H6/p5	H6/r5	H6/s5	H6/t5					
H7						H7/f6	**H7/g6**	**H7/h6**	H7/js6	**H7/k6**	H7/m6	**H7/n6**	**H7/p6**	H7/r6	**H7/s6**	H7/t6	**H7/u6**	H7/v6	H7/x6	H7/y6	H7/z6
H8					H8/e7	**H8/f7**	H8/g7	**H8/h7**	H8/js7	H8/k7	H8/m7	H8/n7	H8/p7	H8/r7	H8/s7	H8/t7	H8/u7				
				H8/d8	H8/e8	H8/f8		H8/h8													
H9			H9/c9	**H9/d9**	H9/e9	H9/f9		**H9/h9**													
H10			H10/c10	H10/d10				H10/h10													
H11	H11/a11	H11/b11	**H11/c11**	H11/d11				**H11/h11**													
H12		H12/b12						H12/h12	1. 粗体字为优先配合。 2. H6/n5、H7/p6 在公称尺寸小于或等于 3 mm 和 H8/r7 在小于或等于 100 mm 时为过渡配合												

表 9-8　基本尺寸至 500 mm 基轴制优先、常用配合

基准轴	孔																				
	A	B	C	D	E	F	G	H	JS	K	M	N	P	R	S	T	U	V	X	Y	Z
	间隙配合								过渡配合			过盈配合									
h5						F6/h5	G6/h5	H6/h5	JS6/h5	K6/h5	M6/h5	N6/h5	P6/h5	R6/h5	S6/h5	T6/h5					
h6						F7/h6	**G7/h6**	**H7/h6**	JS7/h6	**K7/h6**	M7/h6	**N7/h6**	**P7/h6**	R7/h6	**S7/h6**	T7/h6	**U7/h6**				
h7					E8/h7	**F8/h7**		**H8/h7**	JS8/h7	K8/h7	M8/h7	N8/h7									
h8				D8/h8	E8/h8	F8/h8		H8/h8													
h9				**D9/h9**	E9/h9	F9/h9		**H9/h9**													
h10				D10/h10				H10/h10													
h11	A11/h11	B11/h11	**C11/h11**	D11/h11				**H11/h11**													
h12		B12/h12						H12/h12	粗体字为优先配合												

9.5.2　极限与配合的查表与标注

1. 查表方式

相互配合的孔和轴，按公称尺寸和公差带可通过查阅 GB/T 1800.2—2009 中所列的表格获得上、下极限偏差数值。优先配合中的轴和孔的上、下极限偏差数值可直接查阅附表 27 和 28。

为了保证产品的质量，对零件上较低精度的非配合尺寸也要控制误差、规定公差，这种公差称为一般公差，它们的公差等级和极限偏差值可查阅 GB/T 1804—2000《一般公差为注公差的线性和角度尺寸的公差》。

【例 9–1】查表写出 ϕ25H7/s6 的上、下极限偏差值。

【解】配合尺寸 ϕ25H7/s6 是基孔制的优先配合，孔的尺寸是 ϕ25H7，轴的尺寸是 ϕ25s6。

(1) 由本书附录中附表 28 查得孔 ϕ25H7 的上、下极限偏差分别为 + 21 μm、0，所以 ϕ25H7 可以写成 $\phi 25^{+0.021}_{+0}$。

(2) 由本书附录中附表 27 查得轴 ϕ25s6 的上、下极限偏差分别为+ 48 μm、+ 35 μm，所以 ϕ25s6 可以写成 $\phi 25^{+0.048}_{+0.035}$。

2. 极限与配合在图样上的标注

1) *在零件图上的标注形式*

零件图上有配合要求的尺寸，应在公称尺寸的右边，按下列三种形式之一标注公差：

(1) 孔或轴的公差带代号，如图 9–30(a)所示。

(2) 孔或轴的极限偏差值(单位为 mm)。上极限偏差注写在公称尺寸的右上方，下极限偏差注写在公称尺寸的同一底线上，偏差值的字体比公称尺寸数字的字体小一号，如图 9–30(b)所示。

(3) 同时注出孔或轴的公差带代号和相应的上、下极限偏差数值，后者加圆括号，如

图 9–30(c)所示。

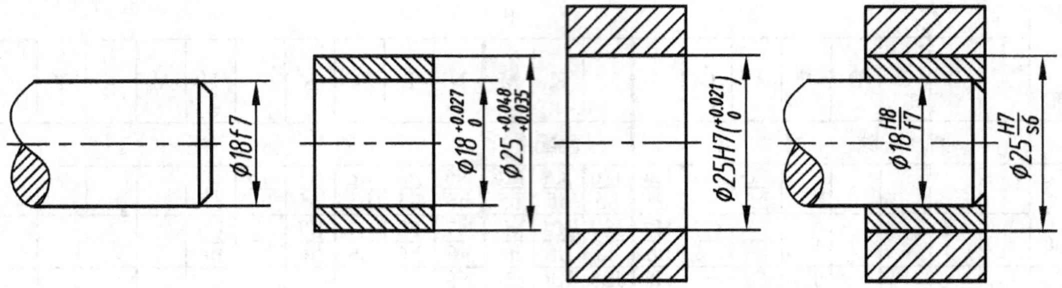

图 9–30　公差与配合在图样中的标注方法

2) 在装配图上的标注形式

在装配图上对有配合关系的尺寸要在其右边标注配合代号，如图 9–30(d)所示。

9.6　几 何 公 差

零件的几何特性是零件的实际要素对其几何理想要素的偏离情况，它是决定零件功能的因素之一。几何误差包括形状、方向、位置和跳动公差。为了保证机器的质量，必须限制零件几何误差的最大变动量，称为几何公差，允许变动量的值称为公差值。

下面摘要介绍 GB/T 1182—2008 规定的工件几何公差标注的基本要求和方法。

9.6.1　几何特征和符号

几何公差的类型、几何特征和符号见表 9–9。

表 9-9　几何公差的类型、几何特征和符号

公差类型	几何特征	符号	有无基准	公差类型	几何特征	符号	有无基准
形状公差	直线度	—	无	位置公差	位置度	⌖	有或无
	平面度	⏥			同心度(用于中心线)	◎	有
	圆度	○					
	圆柱度	⌭					
	线轮廓度	⌒			同轴度(用于轴线)		
	面轮廓度	⌓					
方向公差	平行度	∥	有		对称度	⌯	
	垂直度	⊥			线轮廓度	⌒	
	倾斜度	∠			面轮廓度	⌓	
	线轮廓度	⌒		跳动公差	圆跳动	↗	
	面轮廓度	⌓			全跳动	⌰	

9.6.2 附加符号及其标注

本节仅简要说明 GB/T 1182—2008 中标注被测要素几何公差的附加符号——公差框格，以及基准要素的附加符号。需用其他的附加符号时，读者可查阅该标准。

1. 公差框格和基准符号

标注几何公差时，公差要求注写在划分为两格或多格的矩形框格内。框格用细实线绘制，从左至右依次填入如图 9–31 所示的内容。如果没有基准，则只有前两格。

公差框格用带箭头的指引线与被测要素连接。指引线可引自框格的任意一侧，箭头应垂直于被测要素。

与被测要素相关的基准用一个大写字母表示。字母标注在基准方格内，与一个涂黑的或空白的三角形相连以表示基准，如图 9–32 所示，涂黑的和空白的基准三角形含义相同。

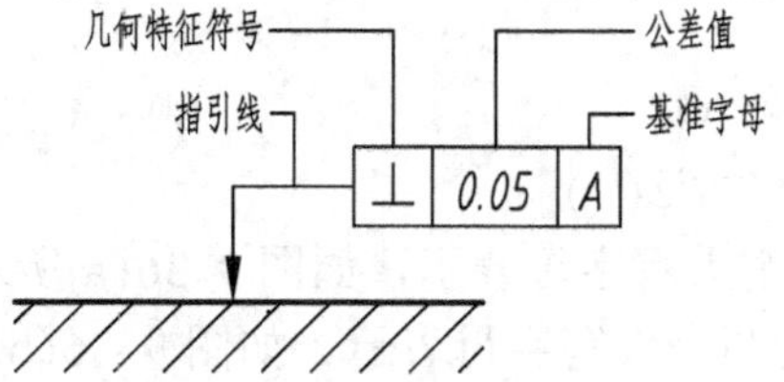

图 9–31　框格标注方法

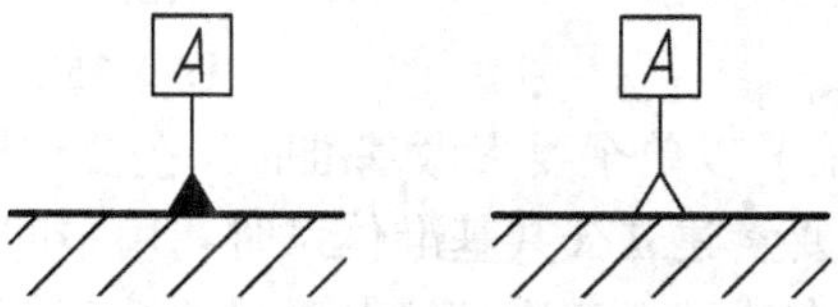

图 9–32　基准符号

2. 被测要素的标注方法

(1) 当公差涉及轮廓线或轮廓面时，箭头指向该要素的轮廓线或其延长线(应与尺寸线明显错开)，如图 9–33(a)、(b)所示。箭头也可指向引出线的水平线，引出线引自被测面，如图 9–33(c)所示。

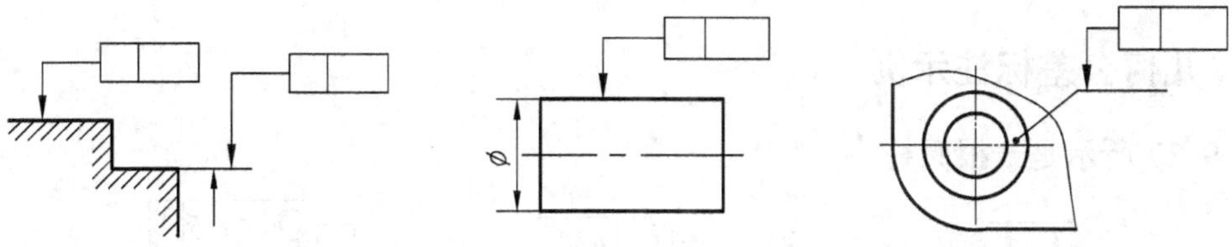

(a)　(b)　(c)

图 9–33　被测要素的标注方法(一)

(2) 当公差涉及要素的中心线、中心面或中心点时，箭头应位于相应尺寸的延长线上，被测要素指引线的箭头可代替一个尺寸箭头，如图 9–34 所示。

图 9–34　被测要素的标注方法(二)

3. 基准要素的标注方法

(1) 当基准要素是轮廓线或轮廓面时，基准三角形放置在要素的轮廓线或其延长线上(与尺寸线明显错开)，如图 9–35(a)所示；基准三角形也可放置在该轮廓面引出线的水平线上，如图 9–35(b)所示。

(2) 当基准是尺寸要素确定的轴线、中心平面或中心点时，基准三角形放置在该尺寸的延长线上，如图 9–35(c)所示。如果没有足够的位置标注基准要素尺寸的两个尺寸箭头，则其中一个箭头可用基准三角形代替，如图 9–35(d)所示。

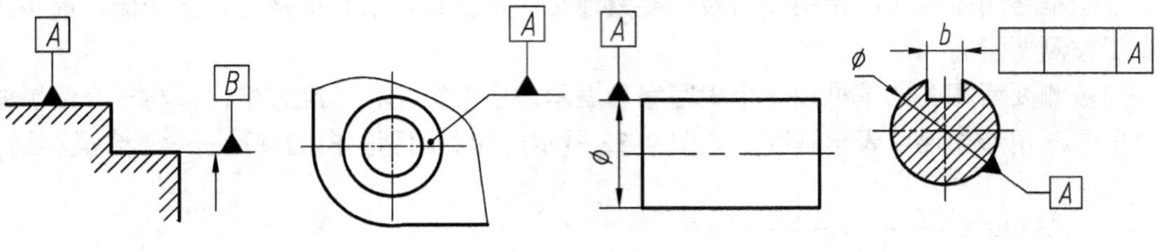

(a)　(b)　(c)　(d)

图 9–35　基准要素的标注方法(一)

(3) 以单个要素做基准时，在公差框格内用一个大写字母表示，如图 9–36(a)所示。以两个要素建立公共基准体系时，用中间加连字符的两个大写字母表示，如图 9–36(b)所示。以两个或三个基准建立基准体系(即采用多基准时)表示基准的大写字母按基准的优先顺序自左至右填在各个框格内，如图 9–36(c)所示。

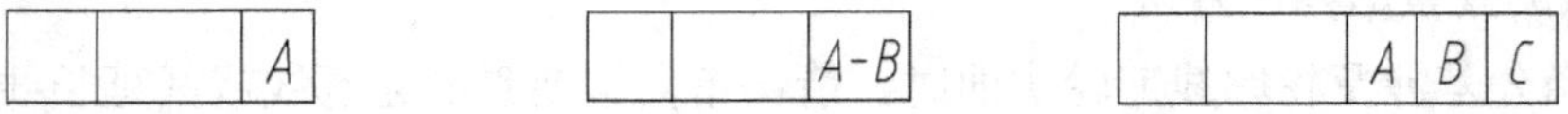

(a)　(b)　(c)

图 9–36　基准要素的标注方法(二)

9.6.3　几何公差标注示例

图 9–37 所示是一根阀杆。

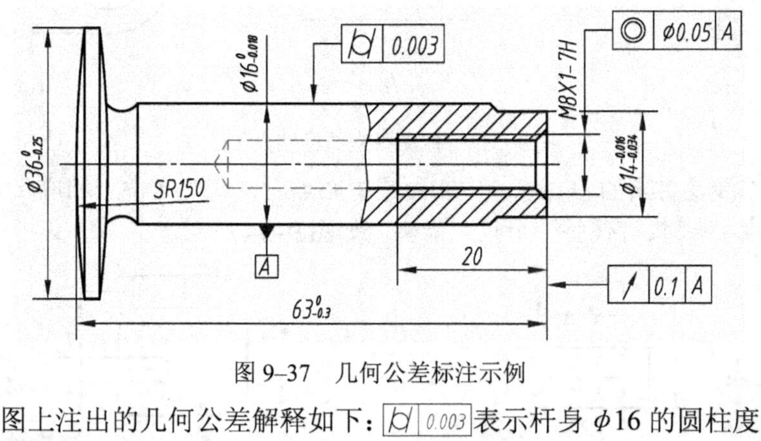

图 9–37　几何公差标注示例

对该零件图上注出的几何公差解释如下：⌭ 0.003 表示杆身 $\phi16$ 的圆柱度公差是 0.003；◎ φ0.05 A 表示 M8 × 1 螺纹孔的轴线对于 $\phi16$ 轴线的同轴度公差是 $\phi0.05$；↗ 0.1 A 表示底

部对于 $\phi16$ 轴线的圆跳动公差是 0.1。

9.7　零件的工艺结构

零件的结构形状主要由它在机器或部件中的作用决定，同时，也要满足制造工艺对它的某些要求。因此，在画零件图时，应使零件的结构既能满足使用上的要求，又要方便制造。下面举一些常见的工艺结构，供画图时参考。

9.7.1　铸造零件的工艺结构

1. 起模斜度

为了使铸造的零件便于从砂型中取出模样，零件表面沿起模方向应有适当的斜度，叫做起模斜度。对斜度有特殊要求时，如 1:20，应在图样上标记，如图 9–38(a)所示。若无特殊要求，则可在图样上不予表示，如图 9–38(b)所示。必要时，可以在技术要求中用文字说明。

2. 铸造圆角

在铸件毛坯各表面的相交处，都有铸造圆角，如图 9–38 所示，这样既能方便起模，保证铁水充满砂型转角处，又能避免浇铸铁水时砂型转角处冲毁或铸件在冷却时产生裂缝或缩孔。铸造圆角在图样上一般不予标注，常集中注写在技术要求中。

3. 铸件壁厚

在浇铸零件时，铸件壁厚应基本均匀或逐渐过渡，如图 9–39 所示，以避免因部分冷却速度不同而产生气泡、缩孔、变形或裂缝等。

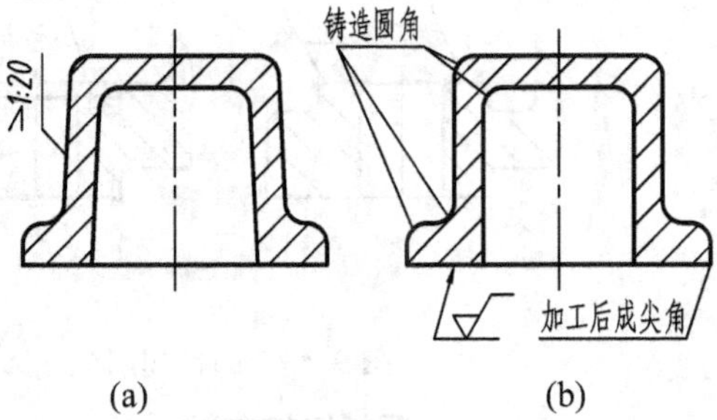

图 9–38　起模斜度和铸造圆角

图 9–39　铸件壁厚

9.7.2　零件加工面的工艺结构

1. 倒角和倒圆

如图 9–40 所示，为了去除零件的毛刺、锐边和便于装配，在轴或孔的端部，一般都加工成倒角；为了避免因应力集中而产生裂纹，在轴肩处通常加工成圆角的过渡形式，称为倒圆。倒角和倒圆的尺寸系列，可查阅本书附录中附表 21 和附表 22。

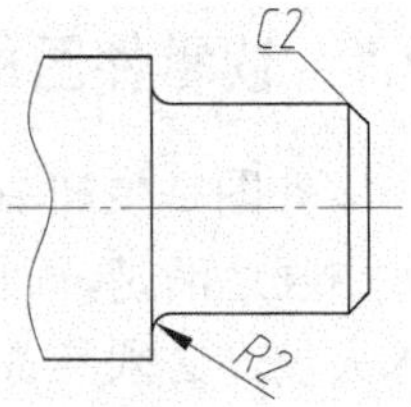

图 9–40　倒角和倒圆

2. 螺纹退刀槽和砂轮越程槽

在切削加工中，特别是在车螺纹和磨削时，为了便于退出刀具或使砂轮可以稍稍越过加工面，通常在零件待加工面的末端，先车出螺纹退刀槽或砂轮越程槽，如图 9–41 所示。螺纹退刀槽和砂轮越程槽的结构尺寸系列，可查阅本书附录中附表 23 和附表 24。

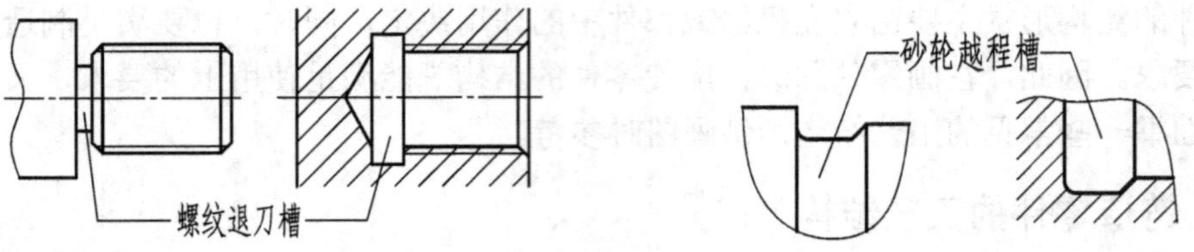

(a) 外螺纹　(b) 内螺纹　(c) 轴　(d) 孔

图 9–41　螺纹退刀槽和砂轮越程槽

3. 钻孔结构

用钻头钻出的盲孔，在底部有一个 120°的锥角，钻孔深度指的是圆柱部分的深度，不包括锥坑，如图 9–42(a)所示。在阶梯形钻孔的过渡处，也存在锥角 120°的圆台，其画法及尺寸注法如图 9–42(b)所示。

4. 凸台和凹坑

零件上与其他零件的接触面，一般都要加工。为了减少加工面积，并保证零件表面之间有良好的接触，通常在铸件上设计出凸台、凹坑等结构，如图 9–43 所示。

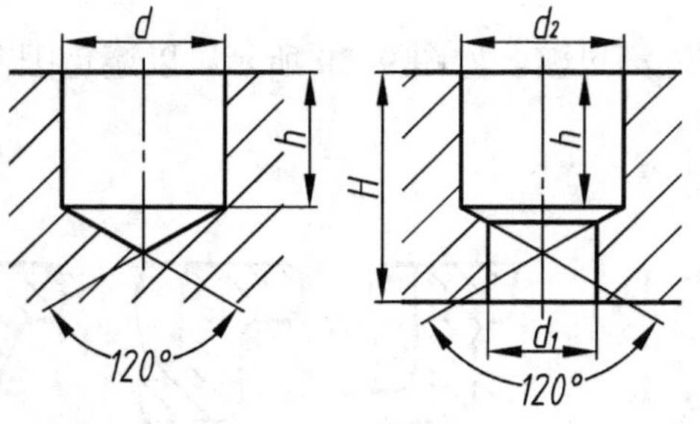

(a) 盲孔　(b) 阶梯孔

图 9–42　钻孔结构

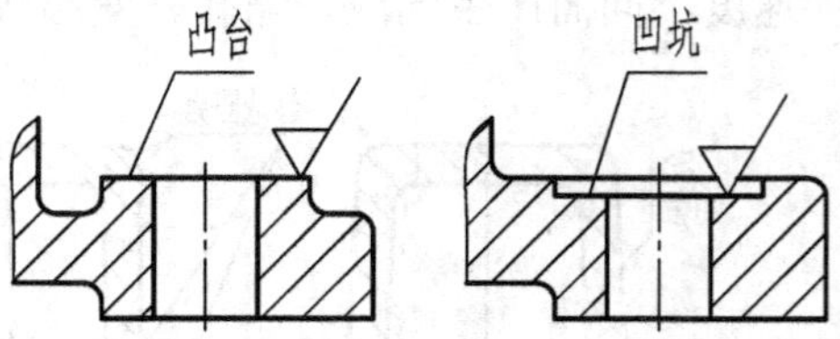

图 9–43　凸台和凹坑

9.8　读 零 件 图

9.8.1　读零件图的方法和步骤

零件图是生产中指导制造和检验该零件的主要图样，它不仅应将零件的材料、结构形状和大小表达清楚，而且还要对零件的加工、检验和测量提供必要的技术要求。从事各专业的技术人员，必须具备识读零件图的能力。读零件图时，应联系零件在机器或部件中的位置、作用，以及与其他零件的关系，才能理解和读懂零件图。读零件图的一般方法和步骤如下：

1. 一般了解

从标题栏了解零件的名称、材料和比例等，判断该零件属于哪一类零件，其加工方法为何，及估计零件的实际大小。必要时，最好对照机器、部件实物或装配图了解该零件的装配关系等。

2. 分析视图和零件的结构形状

弄清零件各视图之间的投影关系，运用形体分析法和线面分析法，结合零件上的常见结构知识，逐一读懂零件各部分结构，然后综合起来想象出零件的形状。读图的一般顺序是先整体后局部、先主体后分支、先简单后复杂。

3. 分析尺寸和技术要求

找出零件长、宽、高方向的尺寸基准，从基准出发查找各部分定形尺寸，并分析加工尺寸精度的要求。必要时还要联系机器或部件中与该零件有关的零件一起分析，以便深入理解尺寸之间的关系。分析技术要求，包括尺寸公差、几何公差和表面粗糙度等。

4. 综合归纳

将视图、尺寸和技术要求综合考虑，形成对这个零件的完整认识。

9.8.2　读零件图举例

下面以读图 9–44 说明识读零件图的方法和步骤。

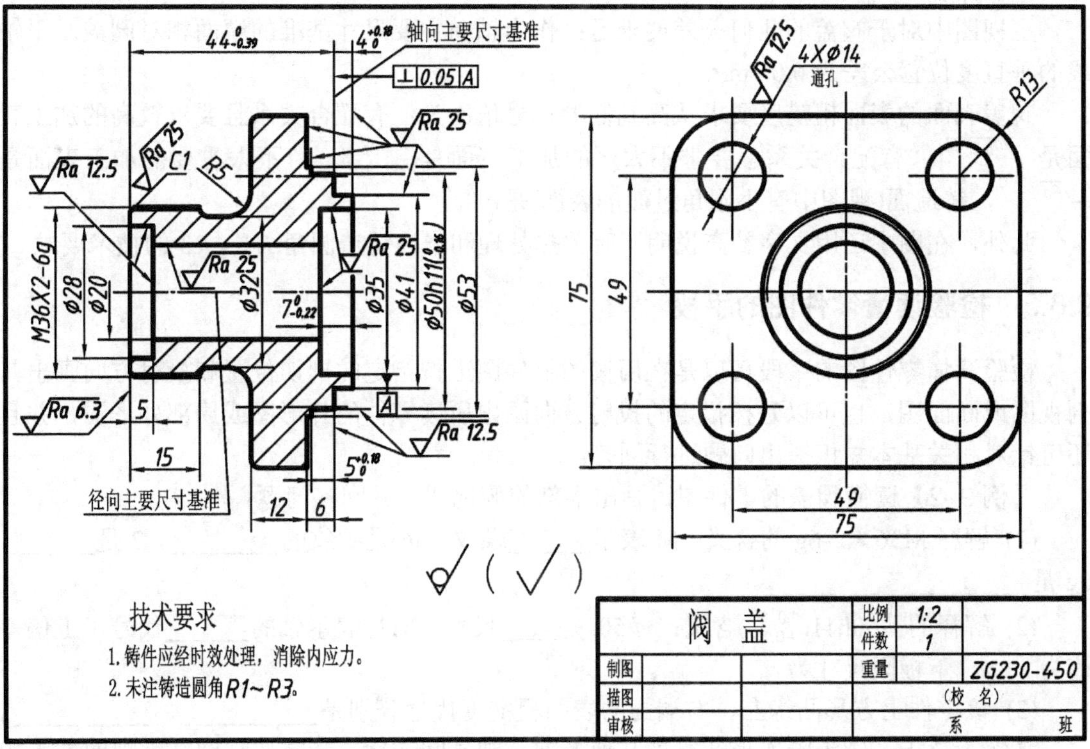

图 9–44　阀盖零件图

1. 一般了解

从标题栏可知，零件的名称为阀盖，材料为铸钢，按比例 1:2 绘制。从图中可见，阀盖除方形凸缘外其他各部分都是回转体，因而仍将它视为回转体类零件。阀盖的制造过程是先铸成毛坯，经时效处理后再切削加工而形成。

2. 分析视图和零件的结构形状

阀盖零件图由主视图和左视图表达，主视图按加工位置将阀盖轴线水平放置。主视图采用全剖视，表达内孔的形状、左端的外螺纹、右端的圆形凸缘以及它们之间的相对位置。左视图为外形视图，表达了带圆角的方形凸缘及其四个角上的通孔和其他可见的轮廓形状。

3. 分析尺寸和技术要求

以阀盖水平轴线作为径向(高度和宽度方向)主要尺寸基准，由此注出径向同轴线各部分的定形尺寸 M36 × 2-6g、$\phi28$、$\phi20$、$\phi32$、$\phi35$、$\phi41$、$\phi50\text{h}11(^{\ 0}_{+0.16})$、$\phi53$，以及方形凸缘的高 75、宽 75、四个角上通孔中心的定位尺寸 49、49。

以阀盖右端凸缘的端面作为轴向(长度方向)主要尺寸基准，由此注出尺寸 $4^{+0.18}_{\ 0}$、$44^{\ 0}_{-0.39}$、$5^{+0.18}_{\ 0}$ 和 6。以左端面为轴向第一辅助基准，注出尺寸 5 和 15；以右端面为轴向第二辅助基准，注出尺寸 $7^{\ 0}_{-0.22}$，以方形凸缘的右端面为轴向第三辅助基准，注出尺寸 12。

此外，在图中还注出了外螺纹左端的倒角尺寸 $C1$、方形凸缘上四个通孔的直径尺寸 $\phi14$ 和四个圆角的半径尺寸 $R13$、较大的铸造圆角的半径尺寸 $R5$ 等。

阀盖中比较重要的尺寸都标注了偏差值，说明零件该部分与其他零件有配合关系，如 $\phi50\text{h}11(^{\ 0}_{-0.16})$、$4^{+0.18}_{\ 0}$ 等。

主视图中对于阀盖的几何公差要求是：作为轴向主要尺寸基准的端面相对阀盖水平轴线的垂直度位置公差为 0.05 mm。

阀盖表面的表面粗糙度要求从高到低的代号依次为：有配合关系且要求较高的加工表面是 $\sqrt{Ra\ 6.3}$，有配合关系但要求不太严的加工表面是 $\sqrt{Ra\ 12.5}$，不太重要的加工表面是 $\sqrt{Ra\ 25}$，铸造面(视图中有小圆角过渡的表面)是 $\overset{\circ}{\surd}$。

此外，在图中还用文字补充说明了有关热处理和未注铸造圆角 $R1$～$R3$ 的技术要求。

9.8.3　检验读懂零件图的手段

检验读懂零件图的手段可以是在所读的零件图上按指定的剖切位置和投射方向画出其剖视图或断面图，也可以是按指定的投射方向画出所读零件的外形图或局部外形图，并且还可针对相关基本知识提出问题进行回答。

【例 9–2】 读懂阀盖的零件图，画出半剖的俯视图，并回答问题：

(1) 解释 M36 × 2-6g 的含义：M 表示______螺纹，36 是螺纹的________，2 是______，6g 是__________________。

(2) 解释的 $\phi50\text{h}11(^{\ 0}_{-0.16})$含义：$\phi50$ 是____尺寸，h11 表示轴的______代号，上偏差值为____，下极限尺寸为_________。

(3) 该零件上方形凸缘左、右端面的表面粗糙度代号分别是__________、__________。

【解】 分析：阀盖除方形凸缘外其他各部分都是回转体，故其俯视图与主视图基本相同，半剖的俯视图如图 9–45 所示。

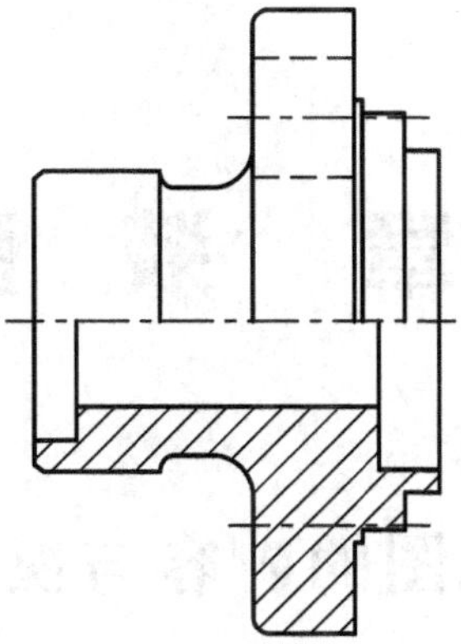

图 9–45　半剖俯视图

回答问题：

(1) 解释 M36 × 2-6g 的含义：M 表示 普通 螺纹，36 是螺纹的 公称直径 ，2 是 螺距 ，6g 是 螺纹中径和顶径的公差带代号 。

(2) 解释的 $\phi 50h11(^{\ 0}_{-0.16})$含义：$\phi 50$ 是 公称 尺寸，h11 表示轴的 公差带 代号，上偏差值为 0 ，下极限尺寸为 $\phi 49.84$ 。

(3) 该零件上方形凸缘左、右端面的表面粗糙度代号分别是 ◯√ 、 √Ra 25 。

本章习题集答案

第 10 章　装　配　图

10.1　装配图的内容与视图表达方法

装配图是用于表示产品及其组成部分的连接、装配关系的图样。装配图的作用主要是反映机器(或部件)的工作原理，各零件之间的装配关系，传动路线和主要零件的结构形状，是设计和绘制零件图的主要依据，也是装配生产过程中调试、安装、维修的主要技术文件。一般是先设计总体结构并绘制出装配图，然后再根据装配图，设计零件的具体结构，绘制零件图。

10.1.1　装配图的内容

如图 10–1 所示为旋阀的装配图，从图中可以看出，一张完整的装配图具备以下内容：

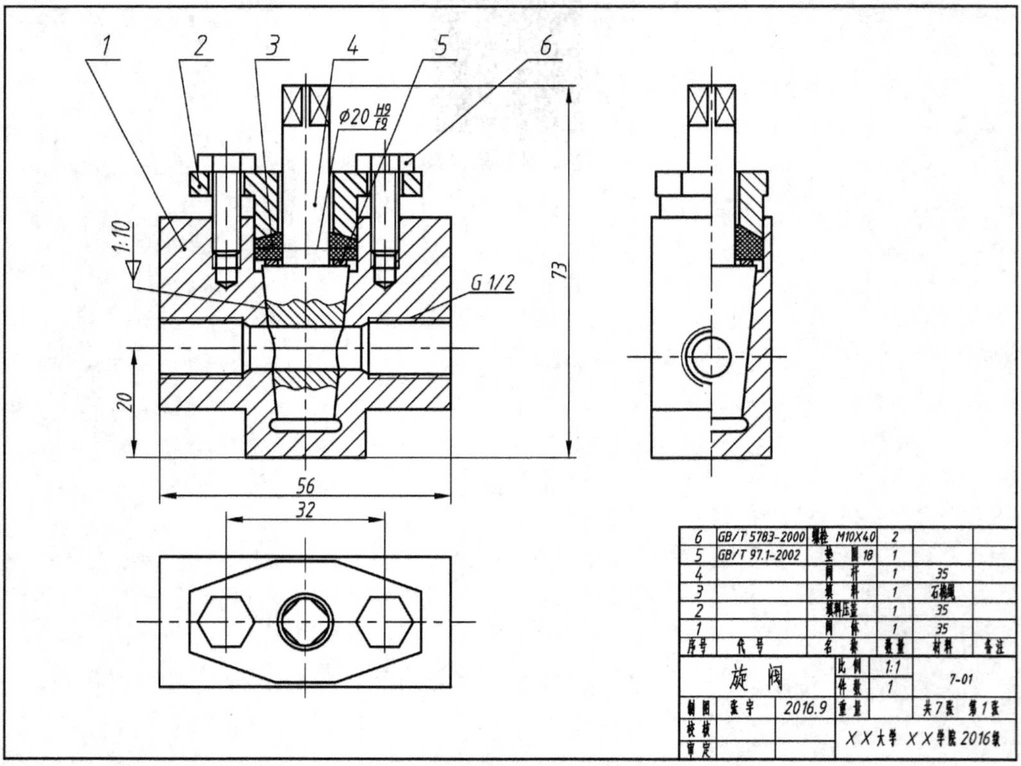

图 10–1　旋阀装配图

(1) 一组视图。用来表达机器的工作原理、装配关系、传动路线、各零件的相对位置、连接方式和主要零件的结构形状等。

(2) 必要的尺寸。装配图中只需注明机器(或部件)规格、性能、装配、检验、安装时所必须的尺寸。

(3) 技术要求。用文字说明机器(或部件)在装备、调试、安装和使用中的技术要求。

(4) 零件序号和明细栏。为了便于看图和生产管理，在装配图中必须对每种零件进行编号，并在标题栏上方绘制明细栏，明细栏中要按标号填写零件的名称、材料、数量以及标准的规格尺寸等。

(5) 标题栏。装配图标题栏的内容包括机器(或部件)名称、图号、比例、图样的设计者签名等内容。

10.1.2　装配图视图表达方法

装配图的表达方法和零件图基本相同，零件图中所应用的各种表达方法，装配图同样适用。但由于装配图与零件图表示的侧重点不同，针对装配图的特点，制图国家标准对它的表示方法又作了相应的规定。

1. 装配图的规定画法

1) 相邻两零件的画法

如图 10–2 所示，相邻两零件的接触面和配合面，只画一条轮廓线；当相邻两零件有关部分的基本尺寸不相同时，即使间隙很小，也要画出两条线。在图 10–3 中，滚动轴承与轴和机座上的孔均为配合面，滚动轴承与轴肩为接触面，只画一条线；轴与填料压盖的孔之间为非接触面，必须画两条线。

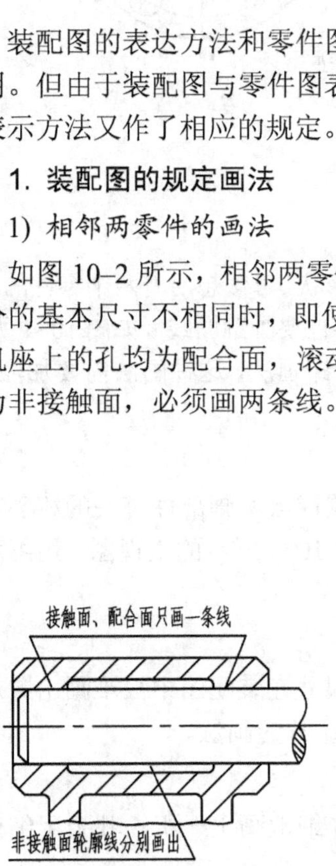

图 10–2　接触面和非接触面画法

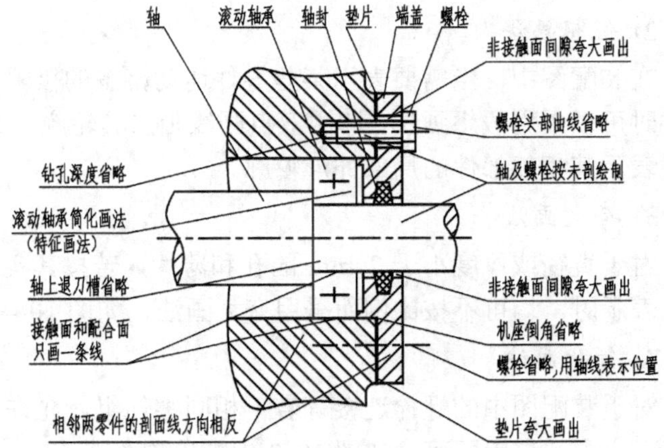

图 10–3　装配图中的规定画法和简化画法

2) 装配图中剖面线的画法

同一零件在不同的视图中，剖面线的方向和间隔应保持一致；相邻两零件的剖面线，应有明显的区别，即倾斜方向相反或间隔不等，以便在装配图中区分出不同的零件。在图 10–3 中，机座与轴承盖的剖面线方向相反。

3) 螺纹紧固件及实心件的画法

螺纹紧固件及实心的轴、手柄、键、销、连杆、球等零件，若按纵向剖切，即剖切平面通过其轴线或者基本对称面时，这些零件均按未剖绘制，如图 10–3 中的螺栓和轴；若按横向剖切，即当剖切平面垂直于轴线或基本对称面时，这些零件应按剖开绘制，如图 10–4 中 *A*–*A* 剖视中的螺栓剖面。

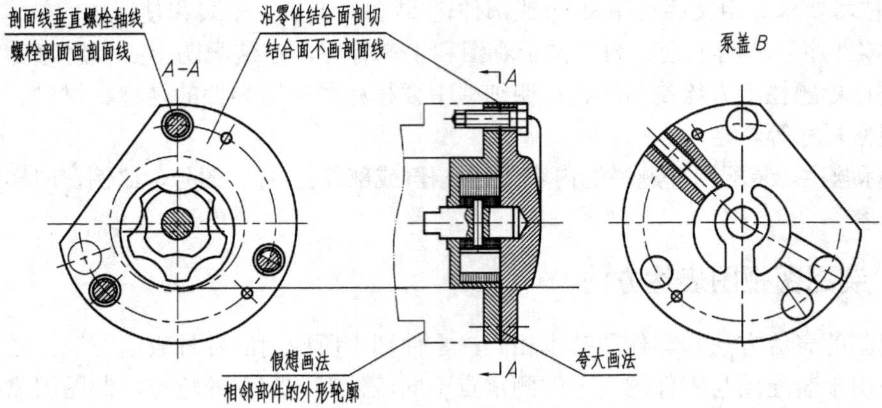

图 10–4　沿零件接合面剖切的画法

2. 装配图的特殊表达画法

1) 沿零件接合面剖切和拆卸画法

为了清楚地表达部件的内部结构或被遮挡住的部分结构形状，可假想沿着两个零件的结合面剖切，这时，零件的结合面不画剖面线，其他被剖切到的零件要画剖面线，如图 10–4 所示。

假想将某一个或几个零件拆卸后绘制，这种画法称为拆卸画法，这种画法需要加注“拆去某零件”。

2) 假想画法

在装配图中，当需要表示某些零件运动范围的极限位置或与所画部件有关的相邻零、部件时可以采用假想画法，即用双点画线画出其轮廓。如图 10–4 所示的主视图，用细双点画线表示其相邻部件的局部外形轮廓。

3) 夸大画法

对于直径或厚度小于 2 mm 的孔和薄片，若按其实际尺寸在装配图中很难画出或难以明显表示时，均可不按比例而采用夸大画法，如图 10–4 中垫片的画法。

4) 简化画法

对于装配图中的螺栓连接等若干相同零件组，允许仅详细地画出一组，其余用细点画线表示出中心位置即可，如图 10–3 中螺栓的画法。

在装配图中，零件上某些较小的工艺结构，如倒角、退刀槽等允许省略不画。

10.2　装配图的尺寸标注和技术要求

10.2.1　装配图的尺寸标注

装配图主要用于表达零、部件的装配关系，因此尺寸标注的要求不同于零件图。一般只需标注装配体的规格尺寸、装配尺寸、安装尺寸、外形尺寸和其他一些重要的尺寸。

1. 性能(或规格)尺寸

性能尺寸表明了装配体的性能或规格，这些尺寸在设计时就已经确定，它是设计和选用产品的主要依据。如图 10–1 中所示的孔尺寸 G1/2，它反映了该旋阀连接管的直径大小。

2. 装配尺寸

装配尺寸由两部分组成，一部分是零件间有公差与配合要求的尺寸，如图 10–1 中的 ϕ20(H9/f9)等。另一部分是表示零件间和部件间安装时必须保证相对位置的尺寸，如图 10–1 中孔中心高度的定位尺寸 20。

3. 总体尺寸

表示装配体的总长、总宽、总高的尺寸。它反映了机器或部件所占空间的大小，作为在包装、运输、安装以及厂房设计时考虑的依据，如图 10–1 中的 56 和 73。

4. 安装尺寸

安装尺寸表示将机器或部件安装到其他设备或基础上固定该装配体所需的尺寸。

5. 其他重要尺寸

在零部件设计时，经过计算或根据某种需要而确定的尺寸。例如，为了保证运动零件有足够运动空间的尺寸，安装零件需要的操作空间的尺寸以及齿轮的中心距等。

上述几类尺寸，并非在每一张装配图上都必须注全，有时同一尺寸就兼有几种意义，应根据装配体的具体情况而定。

10.2.2 装配图中的技术要求

装配图中的技术要求，一般可从以下几个方面来考虑：

(1) 装配体装配后应达到的性能要求。

(2) 装配体在装配过程中应注意的事项及特殊加工要求。例如，有的表面需装配后加工，有的孔需要将有关零件装好后配作等。

(3) 检验、试验方面的要求。

(4) 使用要求。如对装配体的维护、保养方面的要求及操作使用时应注意的事项等。

与装配图中的尺寸标注一样，不是上述内容在每一张图上都要注全，而是根据装配体的需要来确定。技术要求一般注写在明细栏的上方或图纸下部空白处。如果内容很多，也可另外编写成技术文件作为图纸的附件。

10.3 装配图的零件序号和明细栏

为了便于看图、便于配套图纸管理和生产组织工作，装配图中所有零、部件都必须编写序号，同时要编制相应的明细栏。

10.3.1 零(部)件序号

1. 序号的标注形式

零、部件序号标注的基本形式如图 10–5 所示， 标注一个完整的序号，一般应有三个部分：指引线、水平线(或圆圈)及序号数字。

(1) 指引线。指引线用细实线绘制，应自所指部分的可见轮廓内引出，并在可见轮廓内的起始端画一圆点。

(2) 水平线或圆圈。水平线或圆圈用细实线绘制，用以注写序号数字。

(3) 序号数字。在指引线的水平线上或圆圈内注写序号时，其字高比该装配图中所注尺寸数字高度大一号，也允许大两号。当不画水平线或圆圈，在指引线附近注写序号时，序号字高必须比该装配图中所标注尺寸数字高度大两号。

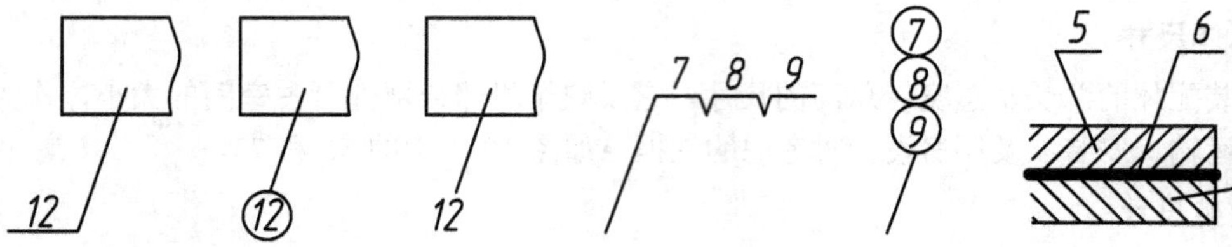

图 10–5　零件序号的标注形式

2. 序号的编排方法

序号应标注在视图周围，按水平或垂直方向排列整齐，序号数字可按顺时针或逆时针方向依次增大，以便查找。在一个视图上无法连续编完全部所需序号时，可在其他视图上按上述原则继续编写。

3. 其他规定

(1) 装配图中，尺寸规格完全相同的零、部件，只编写一个序号。

(2) 装配图中零、部件的序号应与明细栏中的序号一致。

(3) 同一张装配图中，编注序号的形式应一致。

(4) 当序号指引线所指部分内不便画圆点时(如很薄的零件或涂黑的剖面)，可用箭头代替圆点，箭头需指向该部分轮廓。

(5) 指引线可以画成折线，但只可曲折一次。

(6) 指引线不能相交。

(7) 当指引线通过有剖面线的区域时，指引线不应与剖面线平行。

(8) 一组紧固件或装配关系清楚的零件组，可采用公共指引线，但应注意水平线或圆圈要排列整齐。

10.3.2　明细栏

1. 明细栏的画法

(1) 如图 10–6 所示，明细栏应画在标题栏上方，若标题栏上方位置不够时，其余部分可画在标题栏的左方。

(2) 明细栏最上方(最末)的边线一般用细实线绘制。

(3) 当装配图中的零、部件较多，图纸位置不够画明细栏时，可作为装配图的续页按 A4 幅面单独绘制出明细栏。若一页不够，可连续加页。

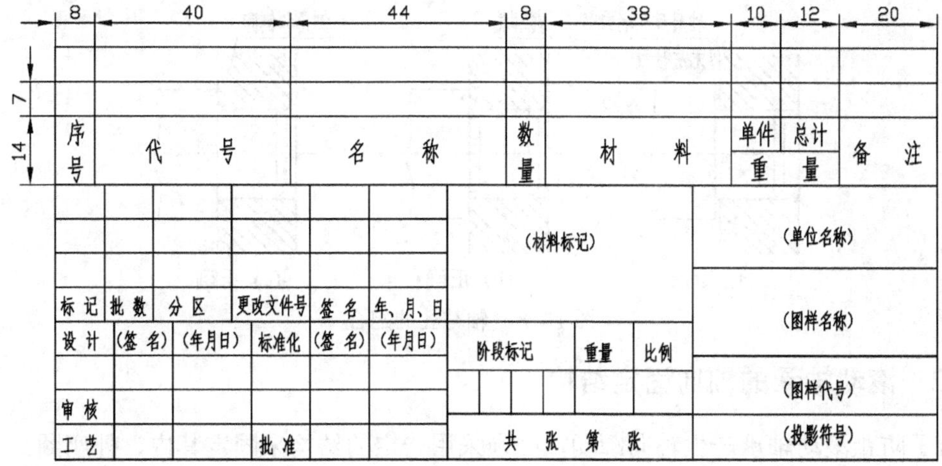

图 10–6　装配图中的明细栏画法

2. 明细栏的填写

(1) 当明细栏直接画在装配图中时，明细栏中的序号应按自下而上的顺序填写，以便发现有漏编的零件时，可继续向上填补。如果是单独附页的明细栏，序号应按自上而下的顺序填写。

(2) 明细栏中的序号应与装配图上编号一致，即一一对应。

10.4　装配结构的合理性简介

在设计和绘制装配图的过程中，应该考虑到装配结构的合理性，以保证机器和部件的性能要求，并给零件的加工和装拆带来方便。下面介绍几种常见的装配结构。

10.4.1　接触面要求

(1) 为了避免在装配时不同的表面互相发生干涉，两零件之间在同一方向上时，一般只宜有一对接触面，如图 10–7 所示，否则会给加工和装配带来困难。

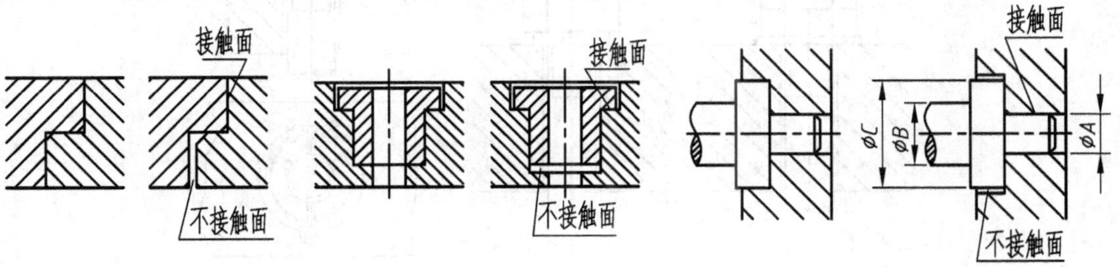

错误　　正确　　错误　　正确　　错误　　正确

(a)　　(b)　　(c)

图 10–7　接触面的结构

(2) 当轴与孔配合，且轴肩与孔的端面相互接触时，在两接触面的交角处(孔或轴的根部)应加工出退刀槽、越程槽、倒角或大小不同的倒圆，如图 10–8 所示，以保证两个方向的接触面均接触良好，从而保证装配精度。

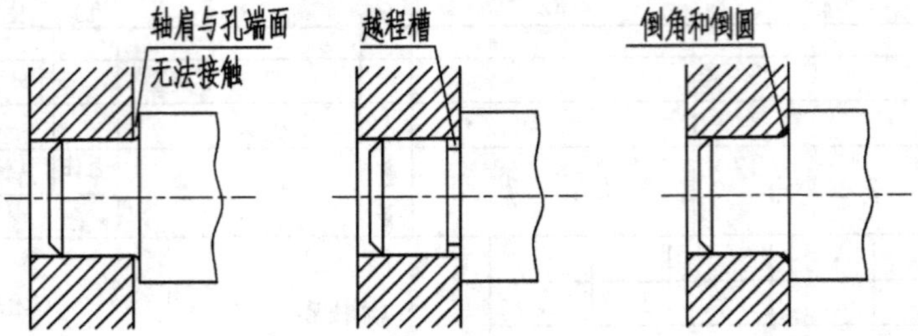

(a) 错误　(b) 正确　(c) 正确

图 10–8　轴与孔的配合

10.4.2　滚动轴承的轴向固定结构

为了防止滚动轴承产生轴向蹿动，必须采用一定的结构来固定其内、外座圈。常用的轴向固定结构形式有轴肩、弹性挡圈、端盖凸缘、圆螺母和止退垫圈等。如图 10–9 所示，若轴肩过高或轴孔直径较小，会给拆卸轴承带来困难。

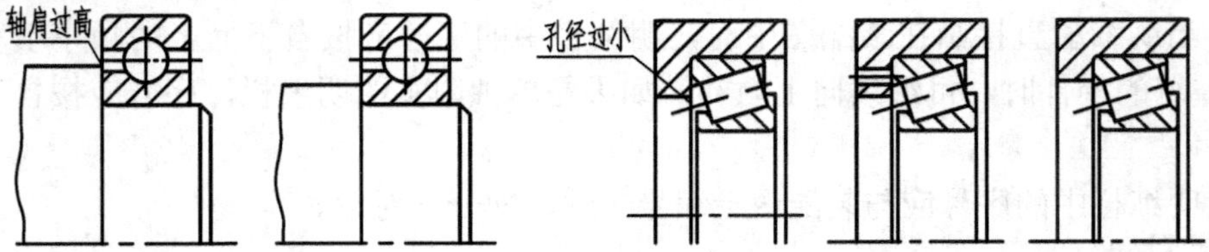

内圈结构不合理　合理　外圈结构不合理　合理　合理

图 10–9　滚动轴承的轴向固定结构

10.4.3　螺纹连接防松结构

为了防止机器在工作中由于振动而将螺纹连接松开，常采用螺纹防松装置，其结构形式如图 10–10 所示。

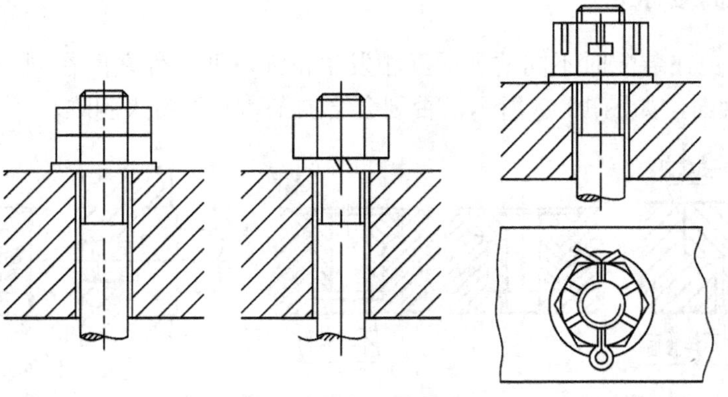

(a) 双螺母防松　(b) 弹簧垫圈防松　(c) 开口销防松

图 10–10　螺纹连接防松结构

10.4.4　螺栓连接结构

当用螺栓连接时，孔的位置与箱壁之间应有足够的空间，以保证装配的可能和方便，如图 10–11 所示。

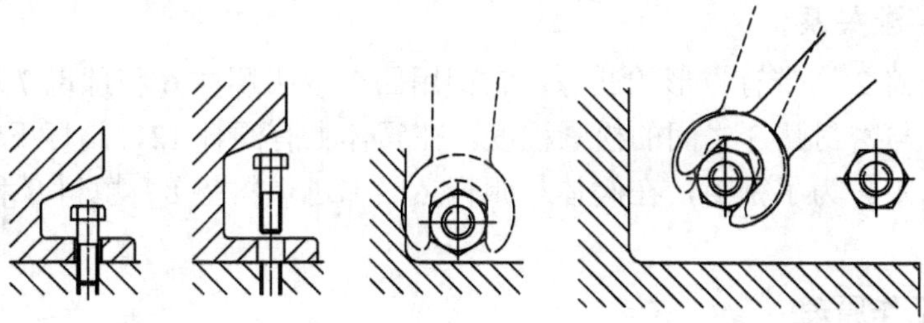

图 10–11　螺栓连接结构

10.5　由零件图画装配图

在机器或部件的设计、装配、检验和维修工作中，都需要识读或绘制装配图。因此，熟练地识读或绘制装配图，是每个工程技术人员必须具备的基本技能之一。

识读或绘制装配图的目的是：

(1) 了解或反映机器或部件的性能、用途和工作原理。

(2) 了解或反映各零件间的装配关系及拆卸顺序。

(3) 了解或反映各零件的主要结构形状和作用。

根据部件所属的零件图，依据部件的工作原理，可以拼画部件的装配图。下面以球阀为例，说明由零件图画装配图的方法和步骤。

10.5.1　了解部件的装配关系和工作原理

球阀是安装在管路中，用于启闭和调节流体流量的部件。阀的形式很多，球阀是阀的一种，它的阀芯是球形的。球阀的轴测装配图如图 10–12 所示。

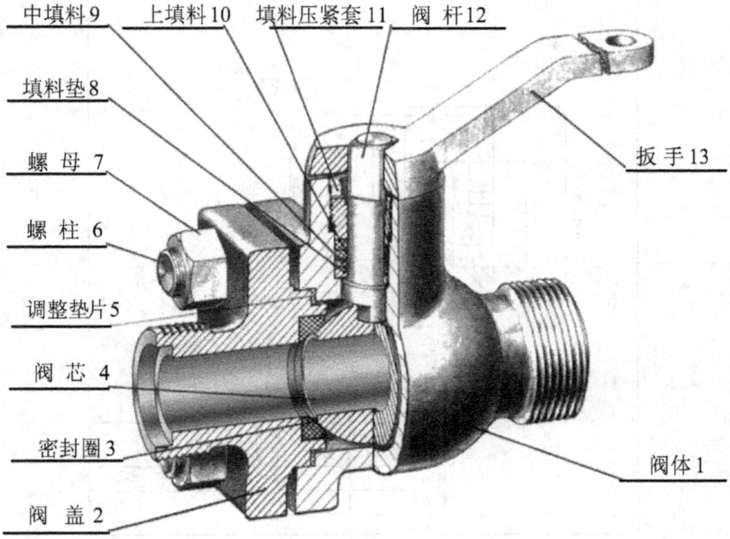

图 10–12　球阀轴测装配图

1. 球阀的装配关系

阀体 1 和阀盖 2 均带有方形的凸缘，它们用四个双头螺柱 6 和螺母 7 联接，用调整垫片 5 调节阀芯 4 与密封圈 3 之间的松紧程度。在阀体上有阀杆 12，阀杆下部有凸块，榫接阀芯 4 上的凹槽中。为了密封，在阀体与阀杆之间加进填料垫 8、填料 9 和 10，旋入填料压紧套 11 压紧。

2. 球阀的工作原理

扳手 13 的方孔套进阀杆 12 上部的四棱柱。当扳手处于图 10–12 所示的位置时，阀门全部开启，管道畅通；当扳手按顺时针方向旋转 90°时，阀门全部关闭，管道断流。图 10–13～图 10–15 是球阀的几个零件图。

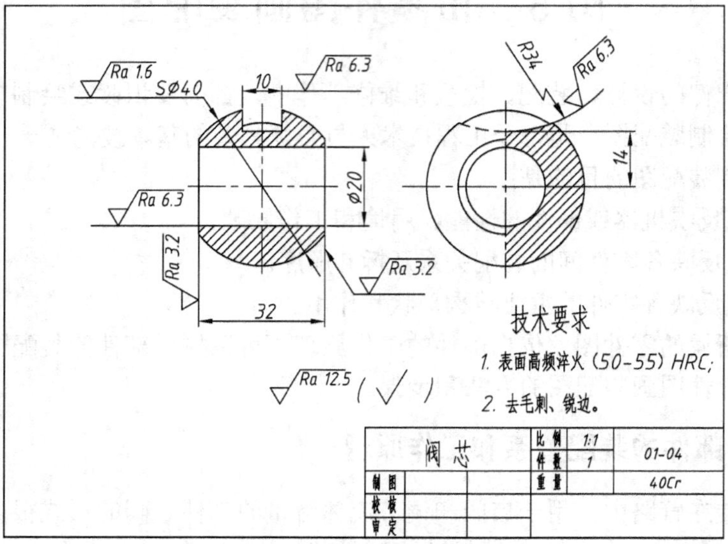

图 10–13　阀芯零件图

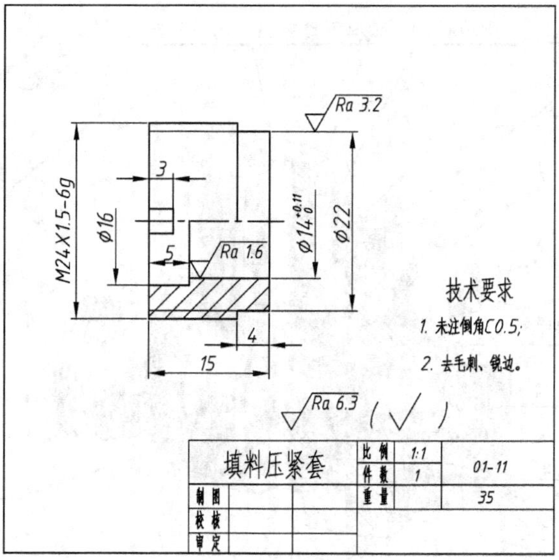

图 10–14　填料压紧套零件图

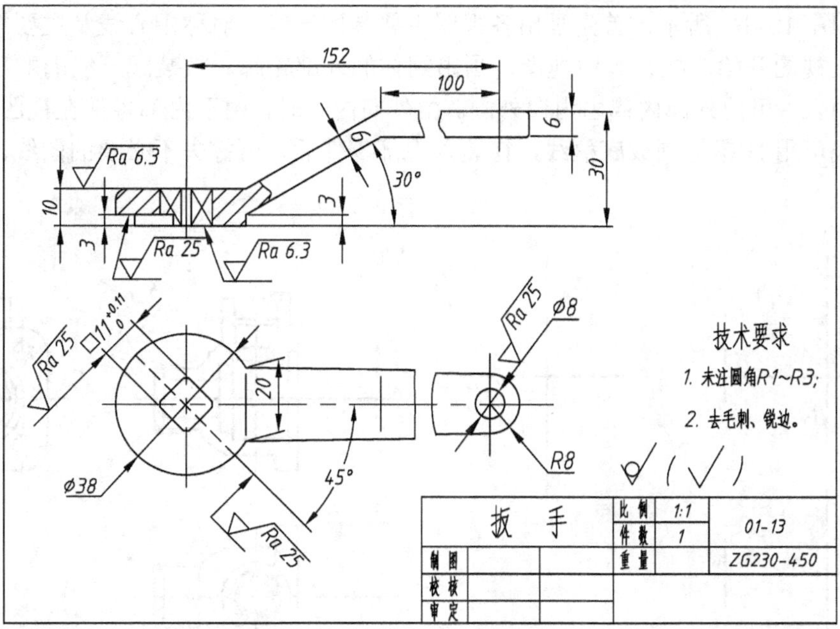

图 10–15　扳手零件图

10.5.2　装配图的视图选择

装配图中的视图必须清楚地表达各零件间的相对位置和装配关系、机器或部件的工作原理和主要零件的结构形状。在选择表达方案时，首先要选择好主视图，再选择其他视图。

1. 选择主视图

按机器的工作位置放置，并使主要装配干线、主要安装面处于水平或铅垂位置。将能够充分表达机器形状特征的方向作为主视图的投射方向，并作适当的剖切或拆卸，将其内部零件间的关系全部表达出来，以便清楚地表达机器主要零件的相对位置、装配关系和工作原理。

作为球阀，一般将其通径 $\phi20$ 的轴线水平放置，主视图投射方向选择垂直于阀体两孔轴线所在平面的方向，采用全剖视图来表达球阀阀体内两条主要装配干线。各个主要零件及其相互关系为：水平方向装配干线是阀芯 4、阀盖 2 等零件；垂直方向装配干线是阀杆 12、填料压紧套 11、扳手 13 等零件。

2. 选择其他视图

左视图采用半剖视图，进一步将阀杆 12 与阀芯 4 的关系表达清楚，同时又把阀体 1 的螺纹连接件的数量及分布位置表达出来。球阀的俯视图以反映外形为主，同时采取了 *B-B* 局部剖视，反映手柄 13 与阀体 1 限定位凸块的关系，该凸块用以限制扳手 13 的旋转。

10.5.3　画装配图

(1) 根据所选择的视图方案，确定图形比例和图幅大小。留出标注尺寸及明细栏、标题栏及注写技术条件的位置。

(2) 如图 10–16 所示，首先画出各视图主要装配干线、对称中心线及主要零件的基准线。先从主视图开始，配合其他视图，画出阀体的外部轮廓。按装配干线的顺序一件一件地将零件画入，可由外向内或由内向外画。由外向内画时，由于内部零件在视图中被遮挡，内部结构线可用 H 铅笔画成底稿线，待装入内部零件后，再擦去不必要的图线，避免做重复的工作。

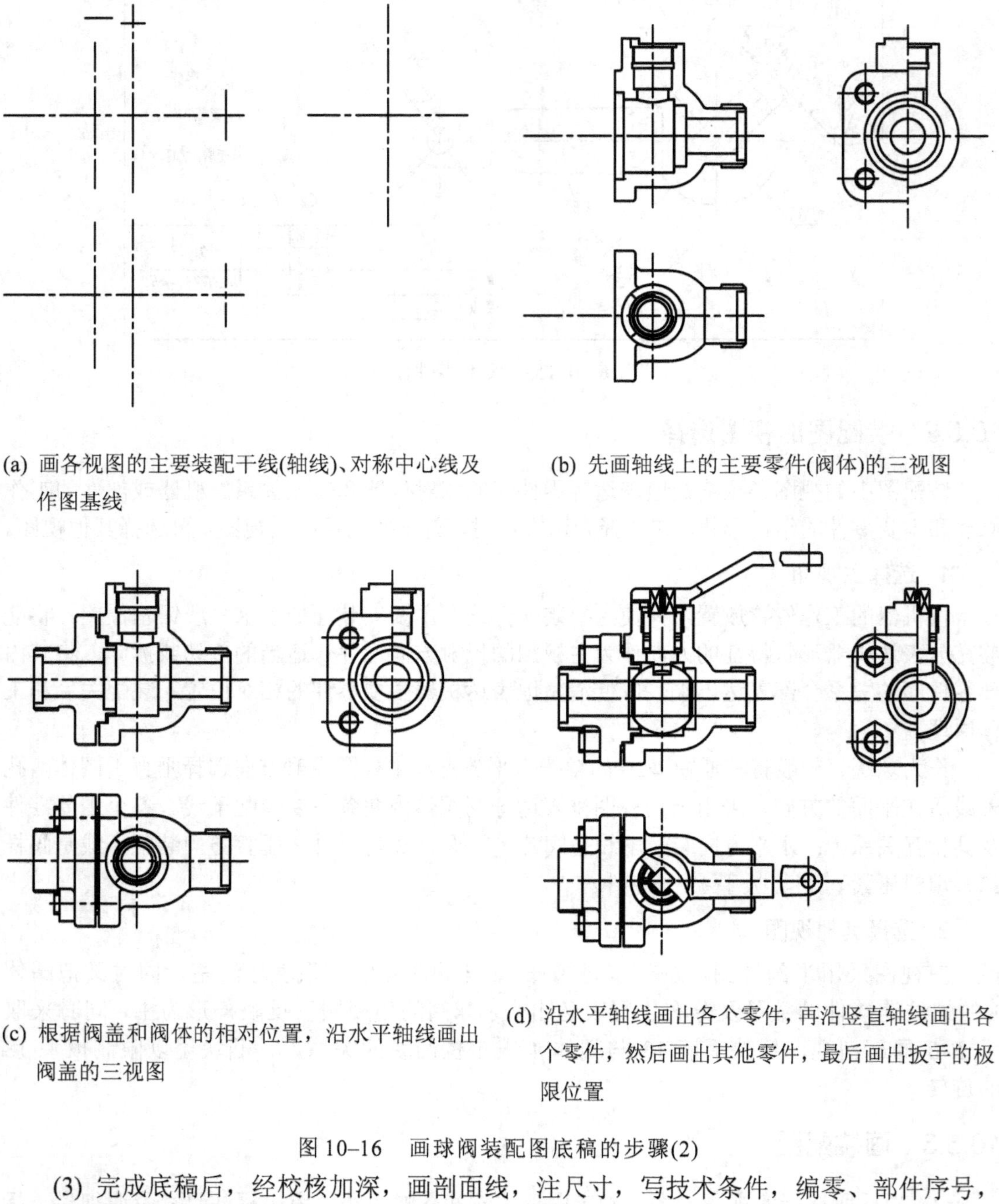

(a) 画各视图的主要装配干线(轴线)、对称中心线及作图基线

(b) 先画轴线上的主要零件(阀体)的三视图

(c) 根据阀盖和阀体的相对位置，沿水平轴线画出阀盖的三视图

(d) 沿水平轴线画出各个零件，再沿竖直轴线画出各个零件，然后画出其他零件，最后画出扳手的极限位置

图 10–16　画球阀装配图底稿的步骤(2)

(3) 完成底稿后，经校核加深，画剖面线，注尺寸，写技术条件，编零、部件序号，最后填写明细栏及标题栏，即完成装配图，如图 10–17 所示。

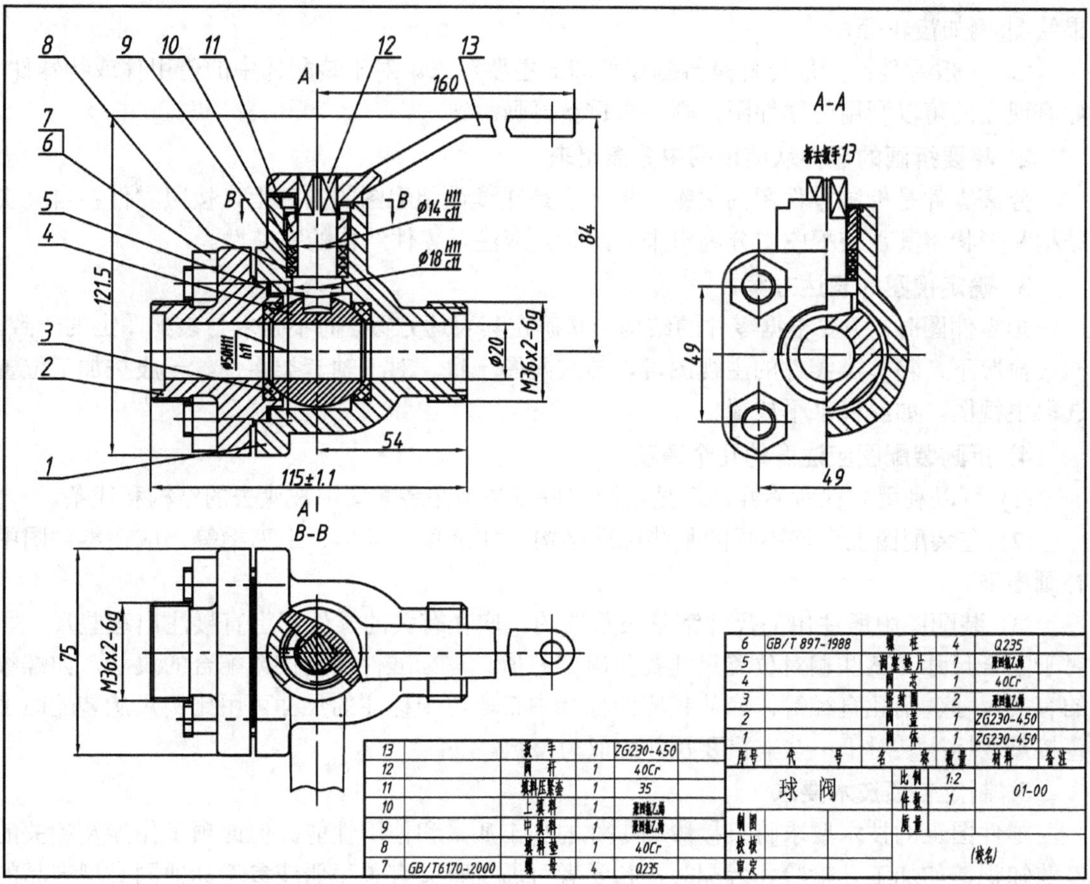

图 10–17　球阀装配图

10.6　由装配图拆画零件图

10.6.1　拆画要求

(1) 画图前，应认真阅读装配图，全面了解设计意图和装配体的工作原理、装配关系、技术要求及每个零件的结构形状。

(2) 画图时，不但要从设计方面考虑零件的作用和要求，而且还要从工艺方面考虑零件的制造和装配，应使所画的零件图符合设计与工艺两方面的要求。

10.6.2　拆画步骤

1. 对装配体中的零件进行分类

根据零件的编号和明细栏，了解整台机器或部件所含零件的种数，并进行如下分类。

(1) 标准件：标准件大部分属于外购件，不需要画出零件图，只要将它们的序号及规定的标记代号列表即可。

(2) 常用零件：应画出常用零件的零件图并且按照装配图提供的尺寸或设计计算的结

果绘图(例如齿轮等)。

(3) 一般零件：一般零件是拆画零件图的主要对象。对于装配体中的借用件或特殊件，如有现成的可以利用的零件图，则不必重新再画。

2. 将要拆画的零件从装配图中分离出来

分离零件是拆画零件图的关键一步，它是在读懂装配图的基础上，按照零件各自真实结构和形状将其从装配图中分离出来。此时，应注意零件结构的完整性。

3. 确定视图的表达方案

画零件图时，主要根据零件的结构形状确定其表达方案，而不强求与装配图上的一致。一般情况下，箱体类零件的主视图可以与装配图一致。对于轴套类零件，一般按加工位置选取主视图，如丝杆水平放置。

4. 拆画装配图应注意的几个事项

(1) 可以利用零件对称性、常见结构的特点补画在装配图中被遮去的结构和线条。

(2) 在装配图上允许不画的某些标准结构，如倒角、圆角、退刀槽等，应在零件图中补画出来。

(3) 装配图中所注出的尺寸都是很重要的，应在有关的零件图上直接注出这些尺寸。对于配合尺寸和某些相对位置尺寸要注出偏差值。与标准件相连接或配合的尺寸，如螺纹的有关尺寸、销孔直径等，应从相应的标准中查取。未标注的尺寸可用比例尺从装配图上直接量取标注。对于一些非重要尺寸应取为整数。

5. 制定各项技术要求

零件图上的技术要求将直接影响零件的加工质量和使用性能。但此项工作涉及相关的专业知识，如加工、检验和装配等，初学者可通过查阅有关手册或参考其他同类型产品的图纸加以比较后确定。

本章习题集答案

第 11 章　AutoCAD 绘图基础

随着计算机技术的迅猛发展，计算机辅助设计绘图已成为现代工业设计的重要组成部分。AutoCAD 是由美国 Autodesk 公司开发的通用计算机辅助设计软件平台，以其方便快捷、功能强大而得到广大用户的认可，是目前广泛应用于各类工程领域的设计绘图软件，是工程技术人员需要掌握的主要设计绘图工具，为工业设计行业甩掉图板提供了可能，也是当前我国许多高等院校相关专业的学生必须学习的一门课程。如何使初学者尽快地理解、掌握 AutoCAD 的基本绘图方法，是从事 AutoCAD 教学工作者应尽的职责。本书以 AutoCAD 2014 中文版为软件环境，介绍绘制二维图形和三维造型的基本方法。

11.1　AutoCAD 的基本知识

11.1.1　AutoCAD 的启动与退出

1. 启动

AutoCAD 的启动方法有如下四种：

方法一：双击桌面上 AutoCAD 2014 快捷方式图标。

方法二：单击桌面上 AutoCAD 2014 快捷方式图标，然后右击，在系统弹出的快捷菜单中选择“打开”命令。

方法三：双击已有的 AutoCAD 图形文件。

方法四：从开始菜单中，通过依次选择下拉菜单：所有程序→Autodesk→AutoCAD 2014→简体中文 (Simplified Chinese)，可以启动 AutoCAD 2014。

2. 退出

AutoCAD 的退出方法有如下三种：

方法一：在 AutoCAD 主标题栏中，单击“关闭”按钮。

方法二：从下拉菜单中，选择“退出 AutoCAD Mechanical 2014”命令。

方法三：在命令行中，输入命令“EXIT”或“QUIT”，然后按 Enter 键。

在退出 AutoCAD 时，如果还没有对每个打开的图形保存最近的更改，系统将提示是否要将更改保存到当前的图形中：单击“是”按钮将保存更改并退出 AutoCAD：单击“否”按钮将不保存更改退出 AutoCAD：单击“取消”按钮将不退出 AutoCAD，维持现有的状态。

11.1.2　中文版 AutoCAD 2014 的工作界面

中文版 AutoCAD 2014 的工作界面如图 11–1 所示，该工作界面中包括标题栏、菜单栏、快速访问工具栏、绘图区、命令行和状态栏等几个部分，下面将分别进行介绍。

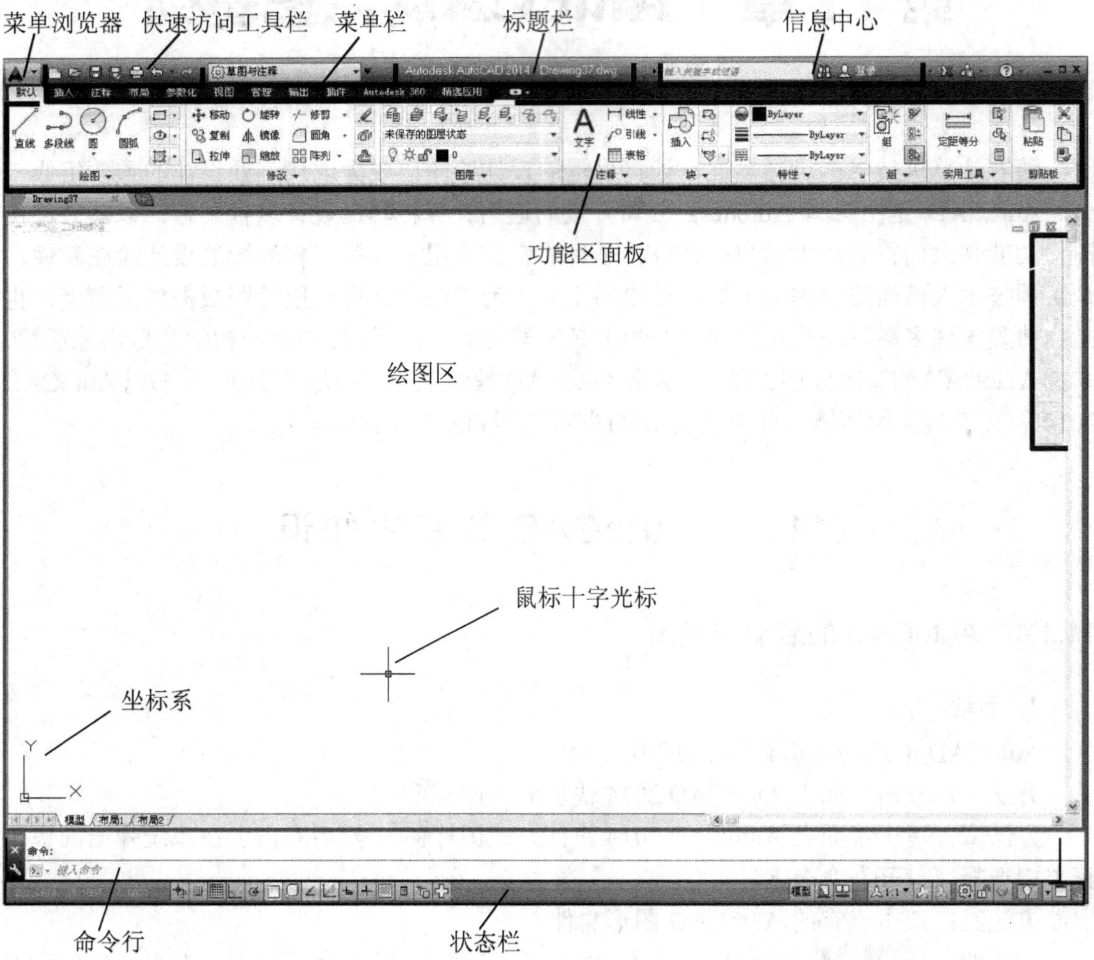

图 11–1　AutoCAD 2014 工作界面

(1) 菜单浏览器：位于界面左上角，其下拉列表中包含大部分常用的功能和命令。

(2) 快速访问工具栏：用来显示常用工具，也可向快速访问工具栏添加无限多的工具，超出工具栏最大长度范围的工具会以弹出按钮显示。

(3) 标题栏：位于屏幕顶部，用于显示当前正在运行的软件名称及当前编辑的图纸文件名。

(4) 功能区面板：位于绘图窗口上方，用于显示与基于任务的工作空间关联的按钮和控件。

(5) 绘图区：是绘制和显示图形的区域。

(6) 鼠标十字光标：绘图区上的光标呈十字线或拾取盒形状，用于作图、选择实体等。

(7) 命令行：是用户从键盘输入命令、显示命令提示信息的地方。AutoCAD 执行有些命令时会弹出相应的对话框，用于与用户直接交互，设置模式、选择参数或输入文字数据等。

(8) 状态栏：位于屏幕底部，用来反映当前的作图状态，如当前的光标位置，当前是否打开正交、捕捉等功能。

11.1.3 图形文件管理

1. 新建

在实际的产品设计中，当新建一个 AutoCAD 图形文件时，往往要使用一个样板文件。样板文件中通常包含与绘图相关的一些通用设置，如图层、线型、文字样式等。利用样板文件创建新图形不仅能提高设计效率，也能保证企业产品图形的一致性，有利于实现产品设计的标准化。使用样板文件新建一个 AutoCAD 图形文件的一般操作步骤如下：

Step 1. 选择下拉菜单→新建，或单击“快速访问工具栏”中的“新建”按钮。系统会弹出“选择样板”对话框，如图 11–2 所示。

图 11–2　“选择样板”对话框

Step 2. 在“选择样板”对话框的“文件类型”列表框中选择某种样板文件类型(如*.dwt、*. dwg 或*. dws)，然后在有关文件夹中选择某个具体的样板文件，此时在右侧的“预览”区域将显示出该样板的预览图像。

Step 3. 单击“打开”按钮，打开样板文件，此时便可以利用样板来创建新图形了。

2. 打开

操作步骤如下：

Step 1. 选择下拉菜单→打开，或单击“快速访问工具栏”中的打开按钮，此时系统弹出“选择文件”对话框，如图 11–3 所示。

Step 2. 在“选择文件”对话框的文件列表框中，选择需要打开的图形文件，在右侧的“预览”区域中将显示出该图形的预览图像。在默认的情况下，打开的图形文件的类型为 dwg。用户可以在“文件类型”列表框中选择相应类型。

Step 3．选择打开方式。用户可以在“打开方式”列表中选择“打开”、“以只读方式打开”、“局部打开”、“以只读方式局部打开”四种方式中一种打开图形文件。当以“打开”或“局部打开”方式打开图形时，用户可以对图形文件进行编辑；如果“以只读方式打开”或“以只读方式局部打开“方式打开图形，则用户无法对图形文件进行编辑。另外，使用“局部打开”方式可以只打开图形文件的一个部分，它只是加载以前保存的视图以及特定图层上所包含的几何要素。

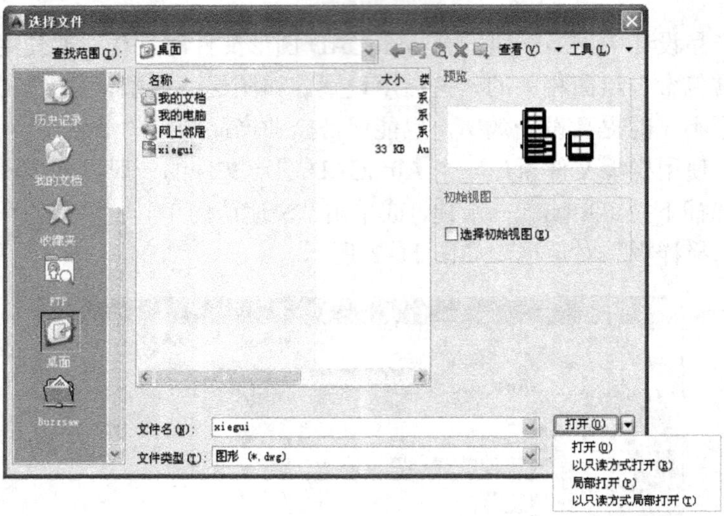

图 11–3　“选择文件”对话框

3. 保存

在设计过程中应经常保存图形，方法是选择下拉菜单→保存，或单击“保存”按钮，这样可确保在出现电源故障或其他意外时不致丢失重要的文件。另外，如果想要在保存对原文件所作修改的同时不更改原文件，可选择下拉菜单→另存为，以另一个文件名来保存该文件。

4. 退出

直接输入“Close”命令或执行“文件”→“关闭”菜单命令，或在绘图窗口右上角单击“关闭”按钮，可以关闭当前图形文件。在退出 AutoCAD 图形文件时，如果还没有对当前要退出的图形保存最近的更改，系统将提示是否要将更改保存到当前的图形中：单击“是”按钮将退出该图形文件并保存更改；单击“否”按钮则退出后不保存更改；单击“取消”按钮将不退出图形文件，维持现有的状态。

11.1.4　命令的输入

AutoCAD 的命令必须在命令行提示“命令：”的状态下输入。常用的命令输入方式以及与命令有关的操作主要有：

(1) 命令行输入。直接从键盘将命令的全名或别名(大、小写均可)输入到命令行“命令：”后面，然后按 Enter 键即可激活命令。这时命令行将出现提示信息或指令，可以根据提示进行相应的操作。

(2) 下拉菜单。单击菜单名，在弹出的下拉式菜单中选择所需的命令。

(3) 工具栏按钮。通过单击工具栏的按钮图标来激活命令。

(4) 重复命令。按 Enter 键或空格键可以重复执行上一个命令，或者在绘图区单击鼠标右键，在弹出的快捷菜单中选择“重复××”命令(××为上一个命令)。

(5) 确认命令。按 Enter 键、空格键或在绘图区单击鼠标右键可以确认命令。

(6) 终止命令。按 Esc 键可终止或退出当前命令，连续按两下进入待命状态。

(7) 取消上一个命令。输入“U”命令或单击工具栏上的图标后，可取消上一次执行的命令。

(8) 命令重做。输入“REDO”或单击工具栏上的图标后，可重做被取消的命令。

(9) 功能键。AutoCAD 中 F1～F12 这些常用功能键对应的功能如表 11–1 所示。

表 11–1　常用功能键与对应的功能

功 能 键	功能	功 能 键	功能
F1	打开 AutoCAD 2014 帮助系统	F7(栅格)	打开或关闭栅格显示
F2	文本显示与图形显示转换键	F8(正交)	正交方式开关
F3(对象捕捉)	打开或关闭对象捕捉模式	F9(捕捉)	栅格捕捉开关
F4(三维对象捕捉)	打开或关闭三维对象捕捉	F10(极轴追踪)	极轴追踪开关
F5	左、上、右的等轴测平面切换	F11(对象捕捉追踪)	对象捕捉追踪开关
F6	动态 UCS 开关	F12(动态输入)	动态输入开关

以上各项中，括号内为与功能键相对应的状态行上的控制按钮。

11.1.5　AutoCAD 的坐标系

AutoCAD 常用笛卡尔(直角)坐标系统，系统内有两个坐标系：一个是被称为世界坐标系(World Coordinator System，WCS)的固定坐标系，一个是被称为用户坐标系(User Coordinator System，UCS)的可移动坐标系。通常在二维视图中，WCS 的 X 轴水平，Y 轴垂直，WCS 的原点为 X 轴与 Y 轴的交点(0, 0)。默认情况下，这两个坐标系在新图形中是重合的，也可以重新定位和旋转用户坐标系，以便于使用坐标输入、栅格显示、栅格捕捉、正交模式和其他图形工具。如果仅画二维图形，不必移动和旋转 UCS，使用 WCS 就足够了。

除直角坐标系，AutoCAD 还使用极坐标系。极坐标系使用距离和角度来定位点。输入坐标时，需要给出点相对于坐标系原点或相对于其他点的距离和该点与原点或相对点之间的连线与 X 轴正向之间的夹角，默认情况下，逆时针方向旋转为正，顺时针方向旋转为负。

11.1.6　数据输入

1. 点的输入

当命令行窗口出现“指定××点：”(××为点的名称，如端点，角点等)的提示时，用户可通过多种方式指定点的位置：

(1) 使用十字光标。在绘图区内，移动十字光标到适当位置后单击左键，十字光标处点的坐标就自动输入为需指定点的坐标。

(2) 输入绝对直角坐标。绝对直角坐标是以坐标原点为参考的坐标。使用键盘以“x,y”的形式直接输入需指定点的坐标。例如，“10,15”表示该点相对原点 X 坐标增大 10，Y 坐标增大 15，见图 11–4(a)。绘制平面图形时，一般不需要输入 Z 坐标，而是由系统自动添上当前工作平面的 Z 坐标。如果需要，也可以“x,y,z”的形式给出 Z 坐标。

(3) 输入相对直角坐标。相对直角坐标是相对于当前点的坐标。使用键盘以“@x,y”的形式直接输入相对坐标。例如，“@10,5”表示该点相对当前点 X 坐标增大 10，Y 坐标增大 5，见图 11–4(b)。

(4) 输入绝对极坐标。绝对极坐标是以原点为参考的指定点的极坐标。使用键盘以“距离<角度”的形式直接输入绝对极坐标。例如，“15<30”表示指定点与原点的距离为 15，指定点与原点的连线与水平正向的夹角为 30°，见图 11–4(c)。

(5) 输入相对极坐标。相对极坐标是以当前点为参考的指定点的极坐标。使用键盘以“@距离<角度”的形式直接输入绝对极坐标。例如，“@10<80”表示指定点与当前点的距离为 10，指定点与当前点的连线与水平正向的夹角为 80°，见图 11–4(d)。

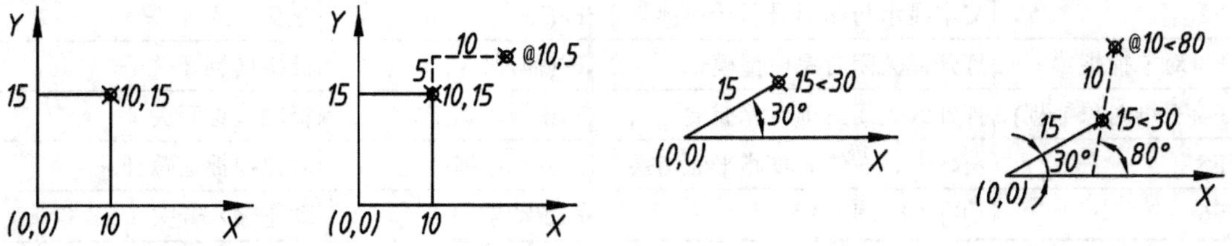

(a) 绝对直角坐标　　(b) 相对直角坐标　　(c) 绝对极坐标　　(d) 相对极坐标

图 11–4　坐标的 4 种输入形式

2. 角度的输入

AutoCAD 中角度默认以度为单位，以 X 轴正向为 0°，以逆时针方向为正，顺时针方向为负。在提示符“角度：”后可直接输入角度值，也可输入两点，第一点为起点，第二点为终点，起点和终点的连线与 X 轴正向的夹角为角度值。

3. 位移量的输入

位移量是指一个图形从一个位置平移到另一个位置的距离，其提示为“指定基点或位移：”，可用两种方式指定位移量：

(1) 输入基点(x_1, y_1)，再输入第二点(x_2, y_2)，则两点间的距离就是位移量，即

$$\Delta x = x_2 - x_1,\ \Delta y = y_2 - y_1$$

(2) 输入一点(x, y)，在“指定位移的第二点或<用第一点作位移>：”提示下直接回车，则位移量就是该点的坐标值 x，y，即 $\Delta x = x$，$\Delta y = y$。

11.1.7　作图环境和图形显示

1. 作图环境

建立作图环境相当于设置图纸的大小。如要建立 A3 作图环境，用户可利用 Limits 命令设置。

功能：在当前的“模型”或“布局”选项卡上，设置并控制栅格显示的界限。

命令激活方式：直接输入“Limits”命令或执行“格式(O)”→“图形界限(I)…”菜单命令。

操作步骤：

命令：Limits

指定左下角点或[开(ON)／关(OFF)]<0.0000，0.0000>：(回车，取系统默认值)

指定右上角点<420.0000，297.0000>：(回车，取系统默认值)

2. 图形显示

由于显示器屏幕的大小有限，绘图时，就要对图形的大小进行控制，使图形以合适的大小显示在屏幕上。

(1) 利用鼠标的中键滚轮。

显示控制最基本的方法是利用鼠标的中键滚轮，当滚轮向前滚时图形放大，向后滚时图形缩小；按下滚轮移动鼠标时，图形平移；双击鼠标中键滚轮显示全部图形。显示控制只改变图形在屏幕上显示的大小，并不改变图形实际的尺寸。如果出现图形缩小或放大到一定程度后不能继续放大或缩小，可在命令提示符下输入“REGEN”，重新生成图形，就可以继续放大或缩小。

(2) 利用 Zoom 命令。

Zoom 命令可以增大或减小当前视口中视图的比例。

命令激活方式：直接输入“Zoom”命令或执行“视图(V)”→“缩放(z)…”菜单命令。

操作步骤：

命令：Zoom

指定窗口的角点，输入比例因子(nX 或 nXP)，或者[全部(A)／中心(C)／动态(D)／范围(E)／上一个(P)／比例(S)／窗口(W)／对象(0)]<实时>:

11.2　AutoCAD 的基本操作

11.2.1　图层的设置与管理

绘制工程图时，需要用各种颜色、线型(图形的线条形式，如细实线、虚线、点画线等)和线宽等区分图线，并希望能分项管理。图层就是 AutoCAD 中用来实现这一要求的命令。图层好像极薄的透明纸，每个图层上可绘制同一幅图的不同部分，将它们重叠在一起就合成一张整图。一个图层可设定默认的一种线型、一种颜色和一种线宽。例如，绘制零件图时，可以将图形的粗轮廓线、剖面线、中心线、尺寸、文字和标题栏等分别放在不同的层上，这样既便于管理和修改，还可加快绘图速度。

1. 图层的特性

(1) 用户可以在一幅图中指定任意数量的图层。系统对图层数量没有限制，对每一图层上的实体数量也没有任何限制。

(2) 当开始绘一幅新图时，AutoCAD 会自动生成一个名为“0”的系统默认图层；尺寸标注时 AutoCAD 还会自动生成一个名为“Defpoints”的特殊图层。“0”层和“Defpoints”层的默认颜色均为白色、线型均为实线(Continuous)、线宽均为默认。这两个图层不能改名，不能删除。

(3) 由用户建立及命名的图层可以改名和删除。图层名最多可由 31 个字符组成，这些字符可以包括字母、数字和专用符号“$”、“-”(连字符)和“_”(下划线)。

(4) 虽然 AutoCAD 允许用户建立多个图层，但只能在当前图层上绘图，所以绘图时要先确认当前层。

(5) 若当前图形颜色、线型和线宽使用“Bylayer”，绘图时图形实体自动采用当前图层中设定的颜色、线型和线宽。

(6) 各图层具有相同的坐标系、绘图界限、显示时的缩放比例。

(7) 用户可以对各图层进行打开、关闭、冻结、解冻、锁定与解锁等操作。关闭、冻结的图层不可见；锁定的图层可见但不能被编辑；只有打开、解冻、解锁的图层可见而且又能被编辑。

2. 图层的管理

1) *命令激活方式*

命令行输入“Layer”或“LA”、菜单栏点击“格式”→“图层”或单击图层控制面板(见图 11–5)上的第一个图标。

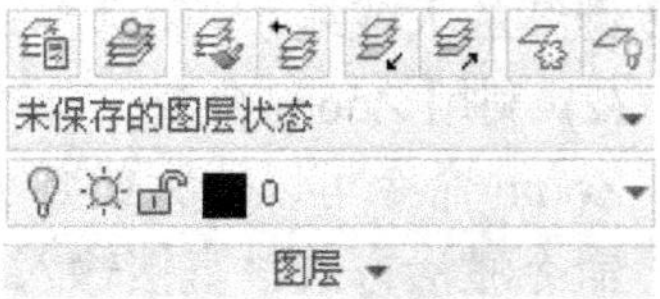

图 11–5　图层控制面板

2) *操作步骤*

激活命令后，弹出图 11–6 所示的“图层特性管理器”对话框。利用此对话框可进行创建新图层，设置图层的颜色、线型、线宽，控制图层状态，删除图层等操作。

(1) 创建图层。以创建名称为“中心线”，颜色为“红色”、线型为“Center”、线宽为“默认”的图层为例，其操作如下：

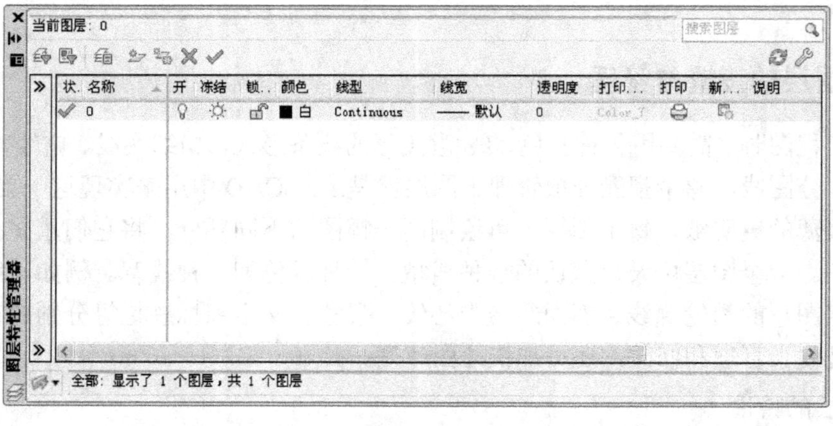

图 11–6　“图层特性管理器”对话框

① 单击“图层特性管理器”对话框中“新建图层”的图标，则会在列表框中新增一个“图层 1”。

② 单击图层名称“图层 1”，修改图层名称为“中心线”。

③ 单击颜色名称“白”，弹出“选择颜色”对话框，在此对话框中选择红色。

④ 单击线型名称“Continuous”，弹出“选择线型”对话框(见图 11–7(a))。初始状态下，线型列表中只有实线，单击“加载(L)…”按钮，此时会弹出“加载或重载线型”对话框(见图 11-7(b))，在此对话框中选取所需的线型(如 CENTER)后单击“确定”按钮，则所选线型被列入线型列表内。再在该列表中选中 CENTER 线型，单击“确定”按钮。对于非连续线型(如虚线、点画线等)，可单击“显示细节(D)”按钮，在“全局比例因子(G)”的编辑框中设置适当的线型比例。

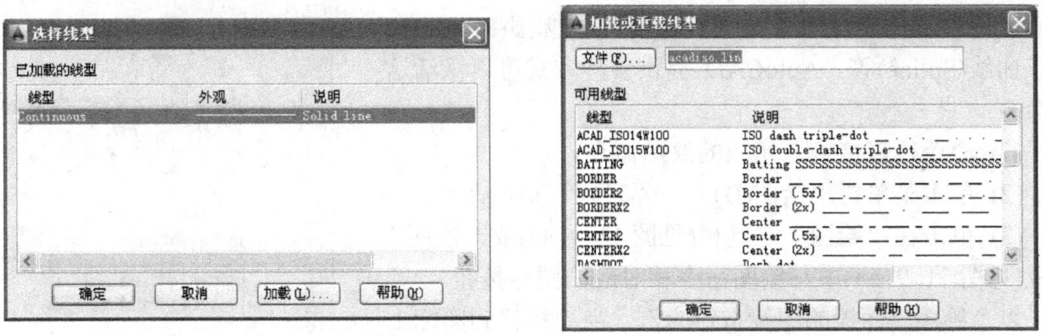

(a) “选择线型”对话框　　(b) “加载或重载线型”对话框

图 11–7　设置图层的线型

要新建多个图层，只需重复上述步骤，设置不同的名称、颜色、线型和线宽即可。图层的多少需要根据所绘制图形的复杂程度来确定，通常对于一些比较简单的图形，只需分别为中心线、粗实线、虚线、细实线、尺寸标注、文字注释等对象建立图层即可，常用图层的特性设置参见表 11–2。

表 11–2　常用图层的特性设置

图 层 名 称	颜　色	线　型	线　宽
中心线	红色	Center	默认
粗实线	黑色	Continuous	0.5 mm
虚线	黄色	Hidden	默认
细实线	黑色	Continuous	默认
尺寸标注	绿色	Continuous	默认
文字注释	绿色	Continuous	默认

(2) 切换图层。在实际绘图时，常常需要切换图层来绘制不同的图线。比较便捷的方法是：单击“图层”面板上“图层”工具栏右侧的小三角，在弹出的下拉列表框中，单击想要之成为当前图层的图层名称。如图 11–8 所示，移动鼠标至“中心线”层，该层以蓝色显示，单击即可将“中心线”层设置为当前图层。

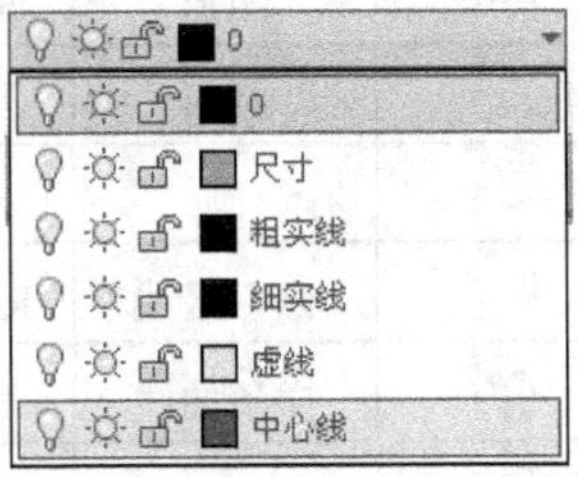

图 11–8　图层切换

(3) 删除图层。要删除不使用的图层，可先从“图层特性管理器”对话框中选择该图层，然后用鼠标单击对话框上部的✖图标，AutoCAD 将从当前图形中删除所选图层。

11.2.2 绘图命令

绘图是 AutoCAD 的主要功能，二维图形通常比较简单，只有熟练地掌握二维平面图形的绘制方法和技巧，才能更好地绘制复杂图形。

常用的基本绘图命令有：点(Point)、直线(Line)、圆(Circle)、圆弧(Arc)、正多边形(Polygon)、椭圆(Ellipse)、样条曲线(Spline)等。AutoCAD 提供多种方式可以激活这些命令：

(1) 命令行直接输入相应的绘图命令。

(2) 单击菜单栏“绘图(D)”→“××”菜单命令。

(3) 单击在“绘图”工具栏(见图 11–9(a))或“绘图”面板(见图 11–9(b))中与绘图命令相对应的图标按钮。

以“绘图”面板的图标按钮为例，当光标移到图标上时会显示此图标对应的命令名称，见图 11–9(c)。单击“绘图”两字右边的三角，还会弹出面板上没有显示出的其他常用的绘图命令，见图 11–9(d)。悬停在图标上时会显示此命令的简要操作举例。

表 11–3 列出了常用绘图命令的图标、名称、英文命令和简化命令，在命令行的命令提示符下输入英文命令或简化命令也可完成相应图元的绘制。使用简化命令可以提高绘图速度。

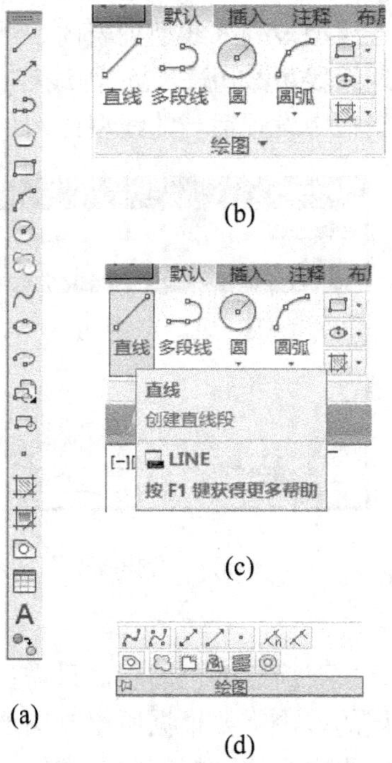

图 11–9 “绘图”工具栏和面板

表 11–3 常用绘图命令的图标、名称、英文命令和简化命令

工具图标	中文名称	英文命令	简化命令	工具图标	中文名称	英文命令	简化命令
	直线	Line	L		椭圆弧	Ellipse	EL
	构造线	Xline	XL		插入块	Insert	I
	多段线	Pline	PL		创建块	Block	B
	正多边形	Polygon	POL		点	Point	PO
	矩形	Rectang	REC		图案填充	Bhatch	BH、H
	圆弧	Arc	A		渐变色	Gradient	
	圆	Circle	C		面域	Region	REG
	修订云线	Revcloud			表格	Table	TB
	样条曲线	Spline	SPL	A	多行文字	Mtext	MT、T
	椭圆	Ellipse	EL		添加选定对象	Addselected	

下面介绍最基本的绘图命令。限于篇幅，这里只能介绍常用的功能，对于未作介绍的部分，如有需要，可以在执行命令时按 F1 键打开联机帮助取得信息。

1. 绘制直线

(1) 命令激活方式。

命令行输入“Line”或“L”、菜单栏点击“绘图”→“直线”或单击工具栏图标。

(2) 操作步骤。

激活命令后，命令行提示：

Line 指定第一点：(指定第一点)↙

指定下一点或[放弃(U)]：(指定下一点) ↙

指定下一点或[闭合(C)/放弃(U)]：(指定下一点或输入选项) ↙

(3) 执行结果。

指定起点后，只要给出下一点就能连续画出多个直线段，直至按回车键或鼠标右键结束命令。若输入“C”，则下一点自动回到起始点，形成封闭图形，同时退出直线命令，该选项只有在绘制了两条以上的线段后才可用；若输入“U”，则取消上一步操作，多次输入“U”则按绘制次序的逆序逐个取消线段。

2. 绘制正多边形

(1) 命令激活方式。

命令行输入“Polygon”或“POL”、菜单栏点击“绘图”→“多边形”或单击工具栏图标。

(2) 操作步骤。

激活命令后，命令行提示：

输入侧面数<当前值>：(输入一个 3 到 1024 之间的整数)↙

指定正多边形的中心点或[边(E)]：(指定一个点)↙

输入选项[内接于圆(I)/外接于圆(C)]<I>：(选择 I 直接回车，否则，输入 C) ↙

指定圆的半径：(输入一个数值)↙

(3) 执行结果。

绘制出指定边数、指定中心点、指定大小的正多边形。如果在命令行提示下输入“E”，则可以以指定的两个点作为正多边形一条边的两个端点，沿当前角度方向来绘制正多边形。绘制正六边形的情况如图 11–10 所示。

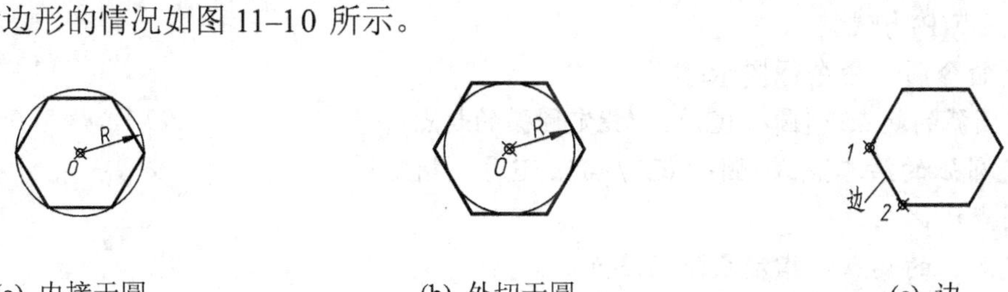

(a) 内接于圆　(b) 外切于圆　(c) 边

图 11–10　绘制正六边形的情况

3. 绘制矩形

(1) 命令激活方式。

命令行输入“Rectang”或“REC”、菜单栏点击“绘图”→“矩形”或单击工具栏图标。

(2) 操作步骤。

激活命令后，命令行提示：

指定第一个角点或[倒角(C)/标高(E)/圆角(F)/厚度(T)/宽度(W)]：(指定第一角点)↙

指定另一个角点或[面积(A)/尺寸(D)/旋转(R)]：(指定另一角点) ↙

(3) 执行结果。

绘制出对角点在指定的两点、边平行于当前坐标系 *X* 和 *Y* 轴的矩形。对命令提示中倒角(U)、圆角(F)和尺寸(D)的含义如下：

倒角(U)：绘制一个带倒角的矩形，此时需要指定矩形的两个倒角距离。

圆角(F)：绘制一个带圆角的矩形，此时需要指定矩形的圆角半径。

尺寸(D)：通过指定矩形的长度、宽度和另一角点的方向绘制矩形。

各种形式的矩形如图 11–11 所示。

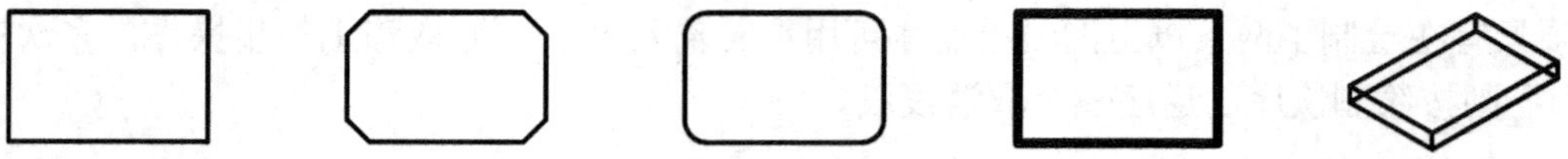

(a) 直角矩形　(b) 倒角矩形　(c) 圆角矩形　(d) 有宽度矩形　(e) 有厚度矩形

图 11–11　矩形的各种形式

4. 绘制圆弧

(1) 命令激活方式。

命令行输入“Arc”或“A”、菜单栏点击“绘图”→“圆弧”→选择一种具体的绘制方式，或单击工具栏图标。

(2) 操作步骤。

AutoCAD 提供了 11 种绘制圆弧的方式，默认方式为三点画圆弧。单击“圆弧”图标边上的小三角就会弹出图 11–12 所示的对话框，用户可根据已知条件选用合适的方式。下面给出常用的两种画法：

① 三点(P)方式。

激活命令后，命令行提示：

指定圆弧的起点或[圆心(C)]：(指定圆弧的起点)↙

指定圆弧的第二点或[圆心(C)/端点(E)]：(指定圆弧的中间点) ↙

指定圆弧的端点：(指定圆弧的终点) ↙

② 起点、端点、半径(R)方式。

激活命令后，命令行提示：

指定圆弧的起点或[圆心(C)]：(指定圆弧的起点)↙

指定圆弧的端点：(指定圆弧的终点) ↙

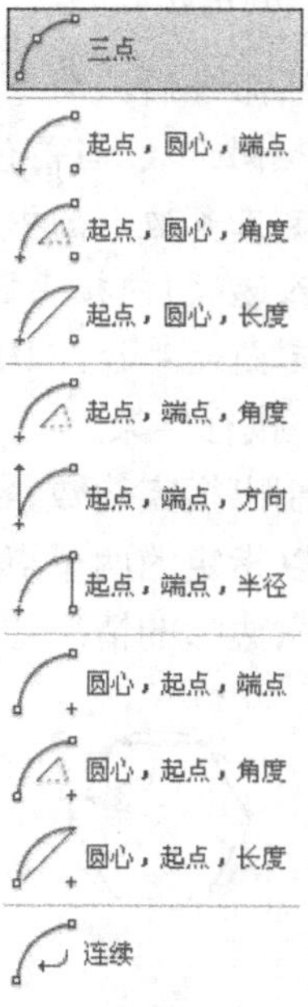

图 11–12　绘制圆弧的方式对话框

指定圆弧的圆心或[角度(A)/方向(D)/半径(R)]: _r 指定圆弧的半径: ↙

指定圆弧的半径: (输入半径 R 的数值) ↙

(3) 执行结果。

① 三点(P)方式绘制出经过指定的三个点的圆弧，如图 11–13(a)所示。

② 起点、端点、半径(R)方式绘制出经过指定的两个点且指定半径的圆弧，如图 11–13(b)所示。起点、端点、半径(R)方式可用来绘制相贯线的近似圆弧。注意：圆弧是按起点到端点的逆时针方向绘制的。

(a) 三点(P)方式　　(b) 起点、端点、半径(R)方式

图 11–13　绘制圆弧

5. 绘制整圆

(1) 命令激活方式。

命令行输入“Circle”或“C”、菜单栏点击“绘图”→“圆”→选择一种具体的绘制方式，或单击工具栏图标。

(2) 操作步骤。

AutoCAD 提供了 6 种绘制圆的方式，单击“圆”图标边上的小三角就会弹出图 11–14 所示的对话框，用户可根据已知条件选用合适的方式。下面给出常用的两种画法：

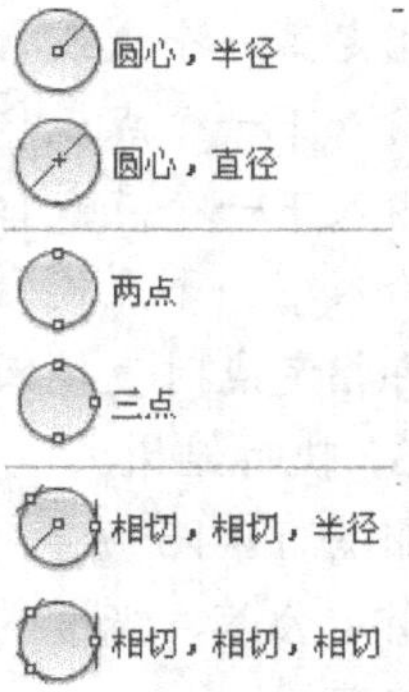

图 11–14　绘制圆的方式对话框

① 圆心、半径(R)方式。

激活命令后，命令行提示：

指定圆的圆心或[三点(3P)/两点(2P)/切点、切点、半径(T)]: (指定圆的圆心 O) ↙

指定圆的半径或[直径(D)]: (输入半径 R 的数值) ↙

② 相切、相切、半径(T)方式。

激活命令后，命令行提示：

指定圆的圆心或[三点(3P)/两点(2P)/切点、切点、半径(T)]: (T) ↙

指定对象与圆的第一个切点: (在与圆相切的对象 1 上拾取切点) ↙

指定对象与圆的第二个切点: (在与圆相切的对象 2 上拾取切点) ↙

指定圆的半径<最近一次画圆的半径值>: (输入半径 R 的数值) ↙

(3) 执行结果。

① 圆心、半径(R)方式：绘制出指定圆心和半径的整圆，如图 11–15(a)所示。

② 相切、相切、半径(T)方式：绘制出与两个对象(圆、圆弧或直线)相切且半径指定的整圆，如图 11–15(b)所示。

注意：相切、相切、半径(T)方式拾取切点后，系统在距拾取点最近的部位绘制相切的圆，因此拾取的位置不同，得到的结果也不一定相同。

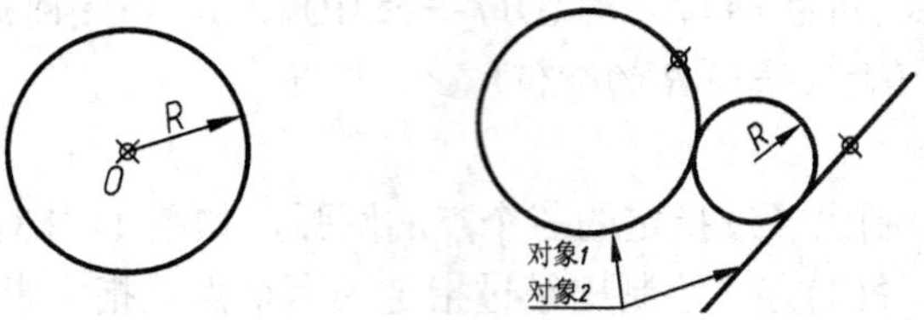

(a) 圆心、半径(R)方式　　(b) 相切、相切、半径(T)方式

图 11–15　绘制圆

6. 绘制样条曲线

(1) 命令激活方式。

命令行输入“Spline”或“SPL”、菜单栏点击“绘图”→“样条曲线”→选择一种具体的绘制方式，或单击工具栏图标。

(2) 操作步骤。

AutoCAD 提供了两种绘制样条曲线的方式：拟合点(F)和控制点(C)，默认的是拟合点(F)方式，下面给出这种方式的画法。

激活命令后，命令行提示：

指定第一个点或[方式(M)/节点(K)/对象(O)]：(指定一个点)↙

输入下一个点或[起点切向(T)/公差(L)]：(指定一个点)↙

输入下一个点或[端点相切(T)/公差(L)/放弃(U)]：(指定一个点)↙

输入下一个点或[端点相切(T)/公差(L)/放弃(U)/ 闭合(C)]：(可以继续指定点，不需要再指定点时直接回车)↙

(3) 执行结果。

如图 11–16 所示，在给定的一系列点的基础上，绘制出一条满足指定公差、光滑的样条曲线。可以使用该命令绘制机械图样中的波浪线。

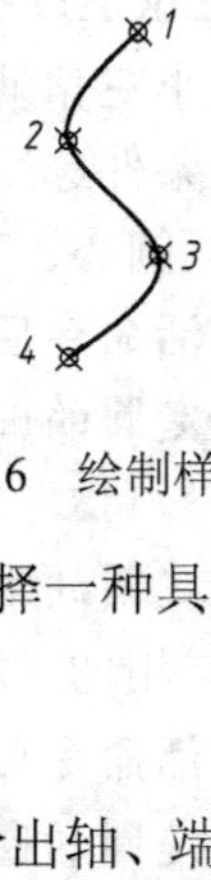

图 11–16　绘制样条曲线

7. 绘制椭圆

(1) 命令激活方式。

命令行输入“Ellipse”或“EL”、菜单栏点击“绘图”→“椭圆”→选择一种具体的绘制方式，或单击工具栏图标。

(2) 操作步骤。

AutoCAD 提供了两种绘制椭圆的方式：圆心(C)和轴、端点(E)。下面给出轴、端点 (E)方式的画法。

激活命令后，命令行提示：

指定椭圆的轴端点或 [圆弧(A)/中心点(C)]：(指定椭圆轴的端点 1)↙

指定轴的另一个端点：(指定椭圆轴的另一个端点 2)↙

指定另一条半轴长度或 [旋转(R)]：(指定另一条半轴的端点 3 或输入长度数值)↙

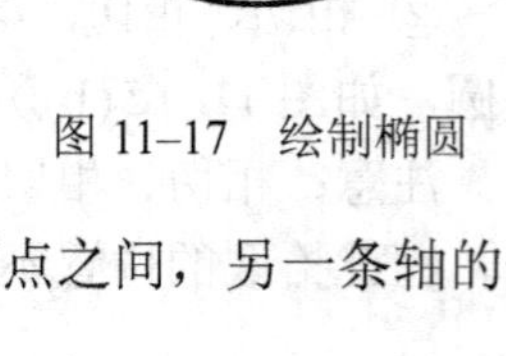

图 11–17　绘制椭圆

(3) 执行结果。

如图 11–17 所示，绘制出一个完整的椭圆，一条轴在指定的两点之间，另一条轴的长

度为输入数的两倍。

8. 绘制椭圆弧

(1) 命令激活方式。

命令行输入“Ellipse”或“EL”再输入“A”、菜单栏点击“绘图”→“椭圆”→“圆弧(A)”，或单击工具栏图标。

(2) 操作步骤。

激活命令后，命令行提示：

指定椭圆弧的轴端点或 [中心点(C)]：(指定椭圆轴的端点 1)↙

指定轴的另一个端点：(指定椭圆轴的另一个端点 2)↙

指定另一条半轴长度或 [旋转(R)]：(指定另一条半轴的端点 3 或输入长度数值)↙

指定起点角度或 [参数(P)]：(输入起点角度数)↙

指定端点角度或 [参数(P)/包含角度(I)]：(输入终点角度数)↙

(3) 执行结果。

如图 11–18 所示，绘制一段长、短轴长度指定且在起点角度和终点角度之间的椭圆弧。

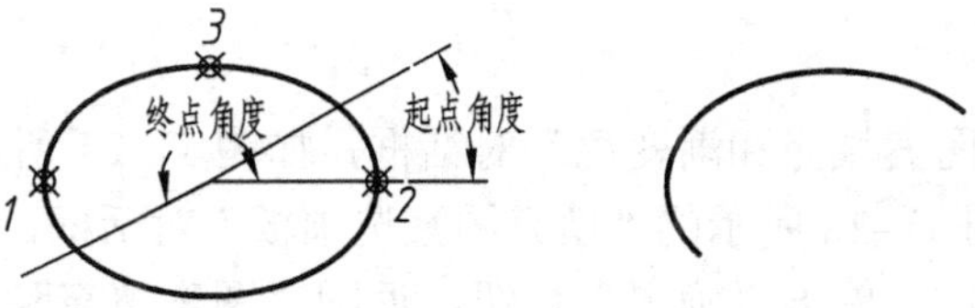

图 11–18　绘制椭圆弧

9. 绘制点

点在绘图中可以用作辅助点或者作为标记。绘制点时只要指定点的坐标就可以了。画点前一般应先用命令“DDPTYPE”或菜单栏“格式”→“点样式(P)...”或面板“实用工具”→“点样式...”打开如图 11–19 所示的“点样式”对话框，设定点的显示样式及其大小。

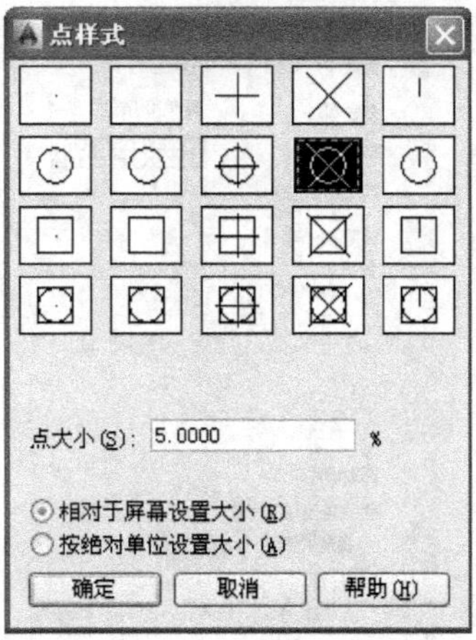

图 11–19　“点样式”对话框

(1) 命令激活方式。

命令行输入“Point”或“PO”、菜单栏点击“绘图”→“点”→选择一种具体的绘制方式，或单击工具栏图标。

(2) 操作步骤。

AutoCAD 提供了四种绘制点的方式：单点(S)、多点(P)、定数等分(D)和定距等分(M)。下面介绍多点(P)和定数等分(D)这两种方式。

① 多点(P)方式。

激活命令后，命令行提示：

当前点模式：　PDMODE = 35　PDSIZE = 0.0000

指定点：(输入点的坐标或在绘图区直接指定)↙

指定点：(继续指定点，或按 Esc 结束命令)↙

② 定数等分(D)方式。

激活命令后，命令行提示：

选择要定数等分的对象：(在绘图窗口点击需要等分的对象) ↙

输入线段数目或 [块(B)]：(输入 2 到 32767 的整数值)↙

(3) 执行结果。

① 多点(P)方式：在指定位置绘制一个点，此后命令重复，可以继续绘制点，直至按 Esc 键结束命令。

② 定数等分(D)方式：如图 11–20 所示，在指定的对象上按照指定数目绘制等分点。

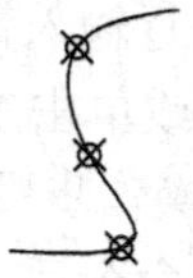

等分为四等分

图 11–20　用点定数等分对象

10. 图案填充

图案填充用来填充图案，绘制剖面线。可以使用预定义填充图案或使用当前线型定义简单的线图案，也可以创建更复杂的填充图案。要填充的区域必须是封闭的。

(1) 命令激活方式。

命令行输入“Bhatch”或“BH”、菜单栏点击“绘图”→“图案填充”或单击工具栏图标。

(2) 操作步骤。

激活命令后，弹出“图案填充和渐变色”对话框，如图 11–21 所示。单击“图案(P):”右边的 ... 按钮，弹出如图 11–22 所示的“填充图案选项板”对话框，在该对话框中选取所需的剖面线图案“ANSI31”，单击“确定”按钮，返回“图案填充和渐变色”对话框，在“角度和比例”选项区域内设置角度和比例数值。

图 11–21　“图案填充和渐变色”对话框

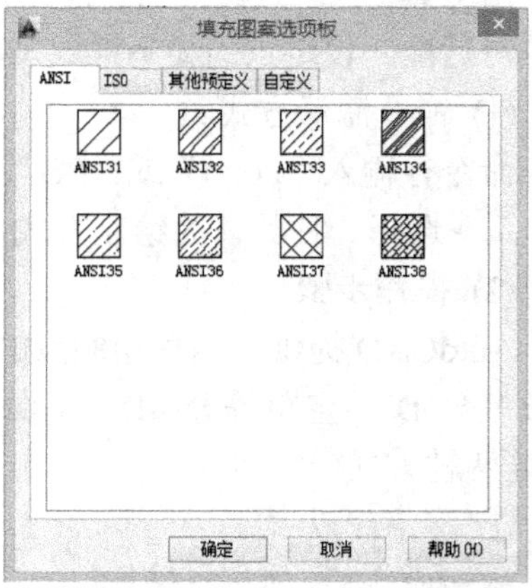

图 11–22　“填充图案选项板”对话框

单击“边界”选项区域中的“添加：拾取点”按钮，返回绘图区域，单击填充区域内任意一点，如图 11–23(a)所示，按 Enter 键，返回“图案填充和渐变色”对话框，单击“确定”按钮，返回绘图区。

(3) 执行结果。

剖面线绘制如图 11–23(b)所示。

在进行图案填充时，通常将位于一个已定义好的填充区域内的封闭区域称为**孤岛**。

单击“图案填充和渐变色”对话框右下角的按钮，可以对孤岛进行设置。孤岛的三种填充效果如图 11–24 所示。

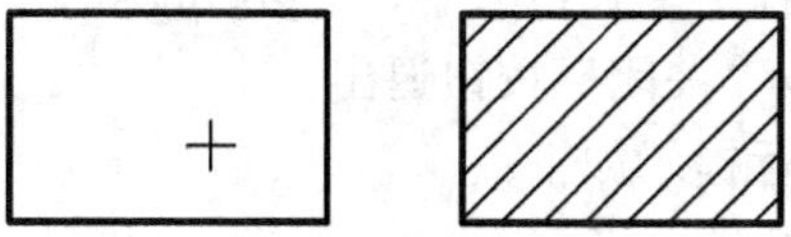

(a)　(b)

图 11–23　以拾取点方式填充图案

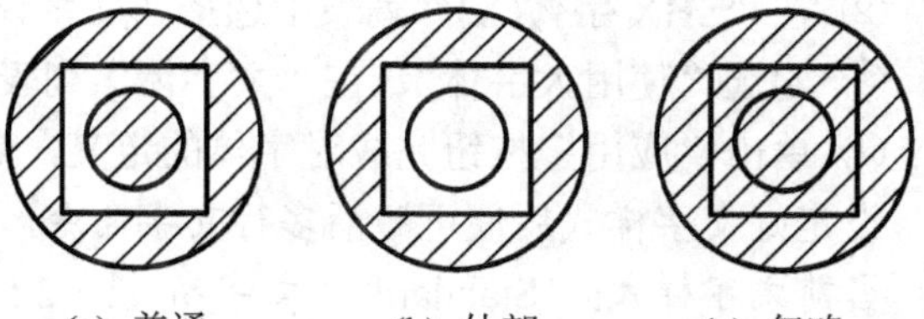

(a) 普通　(b) 外部　(c) 忽略

图 11–24　孤岛的三种填充效果

以普通或外部方式填充时，如果填充边界内有文本、属性等对象，AutoCAD 能自动地识别它们，图案填充在这些对象处会自动断开，如图 11–25(a)所示。如果选择忽略方式则填充不会被中断，如图 11–25(b)所示。

在填充图案上双击鼠标左键将弹出“图案填充”对话框，可对填充图案的类型、角度和比例等进行修改。在填充图案上单击鼠标左键选中该图案，再单击鼠标右键选择“图案填充编辑”，可对更多的图案填充特性进行修改。

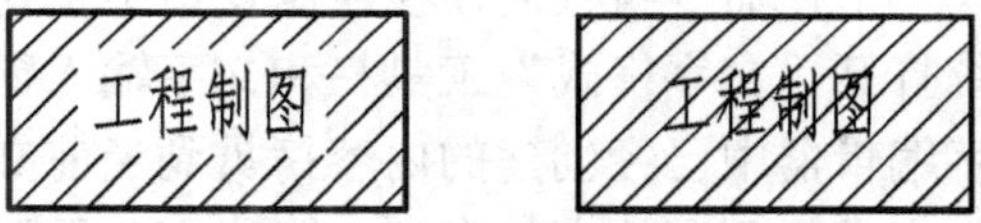

(a) 普通或外部方式　(b) 忽略方式

图 11–25　含文本对象时的图案填充

11. 多行文字

(1) 命令激活方式。

命令行输入“Mtext”或“MT”、菜单栏点击“绘图”→“文字”→“多行文字”或单击工具栏图标。

(2) 操作步骤。

注写文本时一般须首先指定采用的文字样式，用命令“STYLE”或菜单栏“格式”→“文字样式(S)...”或单击面板“注释”→打开如图 11–26 所示的“文字样式”对话框。

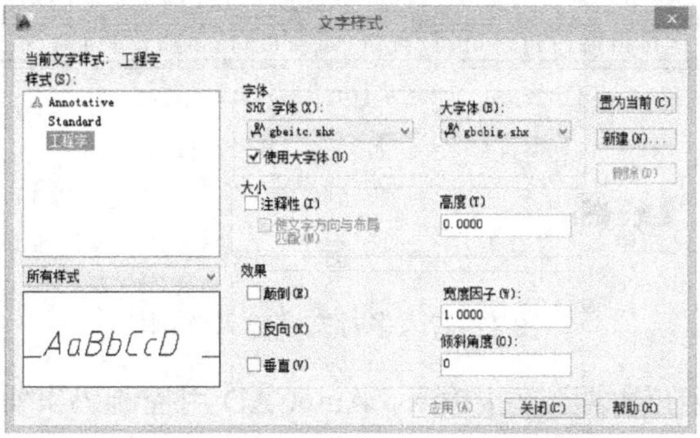

图 11–26　“文字样式”对话框

AutoCAD 可以采用自身专用的矢量字体和 WINDOWS 中的 TrueType 字体。推荐使用 AutoCAD 专用的矢量字体(扩展名为.shx)。注写中文时，字体样式中必须同时指定中文字库(大字体)和西文字库。若仅指定西文字库，则中文字符将以“?”来显示。

下面以定义“工程字”样式为例说明设定过程：

① 单击“新建”按钮，在弹出的窗口中键入新字体名“工程字”，然后单击“确定”按钮，关闭窗口。

② 在“SHX 字体(X)”列表中选择西文字体“gbeitc.shx”。

③ 勾选“使用大字体”，在“大字体”列表中选择中文长仿宋字体“gbcbig.shx”。

④ 单击“应用”按钮完成对字体的定义，然后按“关闭”按钮退出。

设定好文字样式后便可激活多行文字命令，命令行提示如下：

当前文字样式: "Standard"　文字高度:　2.5　注释性:　否

指定第一角点: (输入第一角点) ↙

指定对角点或[高度(H)/对正(J)/行距(L)/旋转(R)/样式(S)/宽度(W)/栏(C)]: (输入对角点)↙

(3) 执行结果。

上述命令执行后，在绘图窗口中指定了一个用来放置多行文字的矩形区域，此时，系统打开“文字格式”工具栏和文字输入窗口，用户可以通过键盘直接输入文字或将其他文字编辑器中已经创建的内容拷贝到当前文字输入窗口。在“文字格式”工具栏中还可以对文字设置不同的字体高度。图 11–27 所示为多行文字输入样例。

(4) 其他说明。

对正(J)用于设置文字的排列方式，系统提供以下对正选项：

[对齐(A)/调整(F)/中心(C)/中间(M)/右(R)/左上(TL)/中上(TC)/右上(TR)/左中(ML)/正中(MC)/右中(MR)/左下(BL)/中下(BC)/右下(BR)]

其中：“对齐”和“调整”要求用户指定文本的填充范围，但“对齐”是通过改变整个文本的比例来实现的，而“调整”是在不改变文字高度的情况下，通过自动调整字符的宽度因子来实现的。

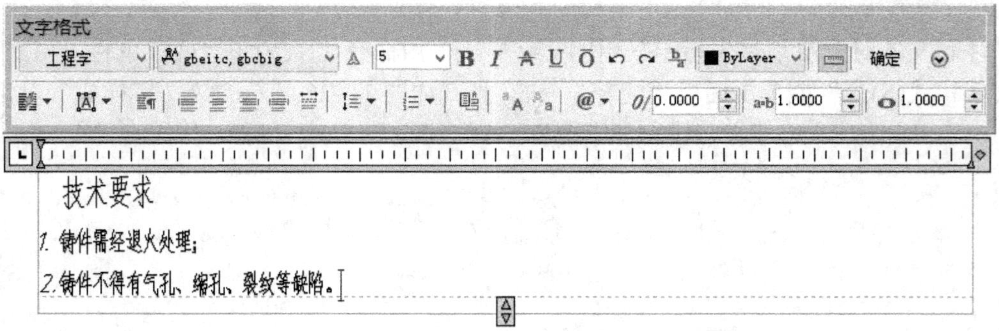

图 11–27　多行文字输入样例

一些特殊字符不能在键盘上直接输入，AutoCAD 用控制码来实现，特殊字符与控制码如表 11–4 所示。

表 11–4　特殊字符与控制码

符　号	代　号	示　例	文　本
°	%%d	45%%d	45°
±	%%p	20%%p0.02	20 ± 0.02
Φ	%%c	%%C30	Φ30

下面举例说明如何利用上述绘图命令，绘制基本的二维图形。

【例 11–1】绘制如图 11–28 所示的图形(要求设置图层，不要求标注尺寸)。

【解】 操作步骤如下：

(1) 设置图层。根据图形特点，新建“粗实线”层和“中心线”层，各层的特性设置参考表 11–2。

(2) 令图形的中心点坐标为(100,100)，水平对称线长度设为 150，垂直对称线长度设为 90，圆的垂直中心线长度设为 50。将当前图层切换到“中心线”层，绘制图形的对称线和圆的中心线。

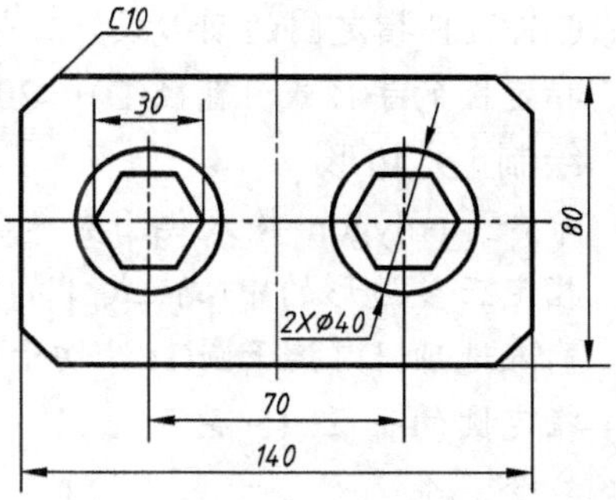

图 11–28　绘图综合举例一

绘制水平对称线

Line 指定第一点：25,100↙ (水平对称线的左端点坐标)

指定下一点或[放弃(U)]：@150,0

指定下一点或[闭合(C)/放弃(U)]：　(结束水平对称线绘制)

绘制垂直对称线

Line 指定第一点：100,55　(垂直对称线的下端点坐标)

指定下一点或[放弃(U)]：@0,90

指定下一点或[闭合(C)/放弃(U)]：　(结束垂直对称线绘制)

绘制左侧圆的垂直中心线

Line 指定第一点：65,75　(左侧圆垂直中心线的下端点坐标)

指定下一点或[放弃(U)]：@0,50

指定下一点或[闭合(C)/放弃(U)]：　(结束左侧圆垂直中心线绘制)

绘制右侧圆的垂直中心线

Line 指定第一点：135,75　(右侧圆垂直中心线的下端点坐标)

指定下一点或[放弃(U)]：@0,50

指定下一点或[闭合(C)/放弃(U)]：　(结束右侧圆垂直中心线绘制)

(3) 将当前图层切换到“粗实线”层，绘制倒角矩形、圆和正六边形。

绘制倒角矩形

命令：_rectang

指定第一个角点或[倒角(C)/标高(E)/圆角(F)/厚度(T)/宽度(W)]：C↙

指定矩形的第一个倒角距离<0.0000>：10↙

指定矩形的第二个倒角距离<10.0000>：↙

指定第一个角点或[倒角(C)/标高(E)/圆角(F)/厚度(T)/宽度(W)]: 30,60(矩形的左下角点)

指定另一个角点或[面积(A)/尺寸(D)/旋转(R)]: @140,80 ↙

绘制圆

命令: _circle

指定圆的圆心或 [三点(3P)/两点(2P)/切点、切点、半径(T)]: 65,100

指定圆的半径或 [直径(D)]: 20

命令: ↙

CIRCLE 指定圆的圆心或 [三点(3P)/两点(2P)/切点、切点、半径(T)]: 135,100

指定圆的半径或 [直径(D)] <20.0000>: ↙

绘制正六边形

命令: _polygon 输入侧面数 <4>: 6 ↙

指定正多边形的中心点或 [边(E)]: 65,100 ↙

输入选项 [内接于圆(I)/外切于圆(C)] <I>: ↙

指定圆的半径: 15 ↙

命令: ↙

POLYGON 输入侧面数 <6>: ↙

指定正多边形的中心点或 [边(E)]: 135,100

输入选项 [内接于圆(I)/外切于圆(C)] <I>: ↙

指定圆的半径: 15 ↙

至此，图形绘制完毕。

11.2.3 精确绘图

AutoCAD 提供了一些辅助绘图工具，帮助用户更快、更精确地绘图，常用的有正交模式、极轴追踪、对象捕捉和对象捕捉追踪等，它们可以在执行其他命令的过程中使用，称为透明命令。

1. 正交模式和极轴追踪

正交模式使光标只能沿水平和垂直方向移动，便于用户绘制精确的水平线和垂直线。

按 F8 键或单击“正交”图标即可打开或关闭正交模式。启用正交模式后，当光标在线段的终点方向时，只需键入线段的长度即可精确绘图。

极轴追踪可以在系统要求指定一个点时，按预先设置的角度增量显示一条无限延伸的辅助线(一条虚线)，沿辅助线追踪就可以得到光标点。按 F10 键或单击“极轴”图标即可打开或关闭极轴追踪。启用极轴追踪后，当光标在预设的角度上时，只需键入线段的长度即可精确绘图。

在“极轴”图标上点右键，弹出如图 11–29 所示的菜单，可从中选择角度进行追踪。如要新设一个增量角，则在弹出的菜单中选择“设置(S)...”，打开“极轴追踪”选项卡，如图 11–30 所示，在“增量角”下拉列表框中选择系统预设的角度或直接输入需要的增量角。除增量角外，还可选中“附加角”复选框，单击“新建”按钮，在“附加角”列表中增加新的角度。

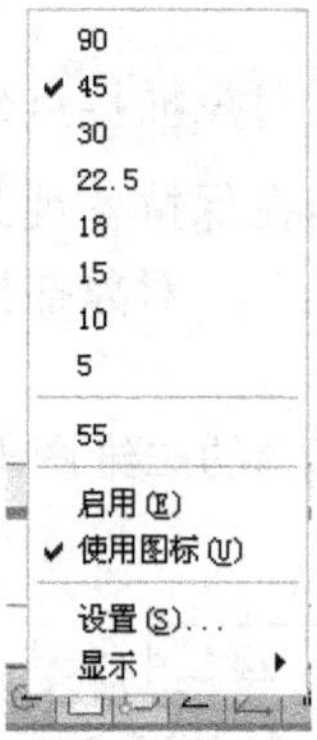

图 11–29 “极轴”图标右键菜单

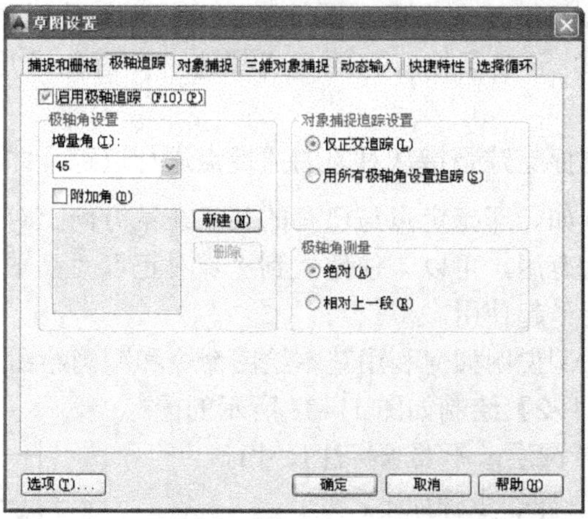

图 11–30 “极轴追踪”选项卡

如图 11–31 所示，增量角是 60°，附加角有 5°和 75°，在绘制以 *A* 点为起点的线段时，如果仅仅设置 60°的增量角，则只能追踪 *B*、*D*、*F*、*G*、*H*、*I* 这六个方向。但若增加了附加角 5°和 75°，则还可以在 *C*、*E* 这两个方向上画线。

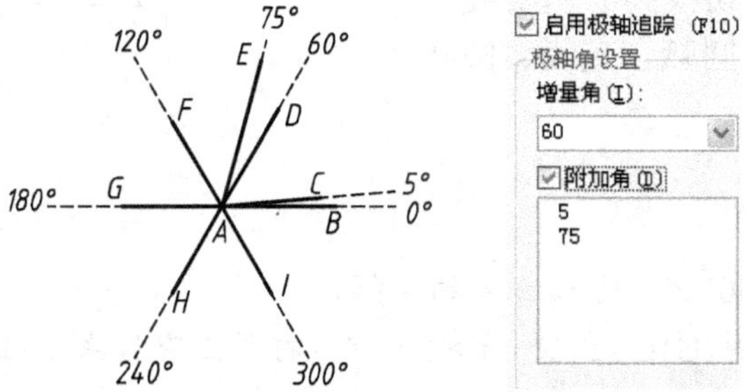

图 11–31 “极轴追踪”示例

2. 对象捕捉和对象捕捉追踪

对象捕捉是指鼠标在屏幕上取点时，精确地将点指定在对象确切的几何特征位置上，如端点、中点、圆心等。按 F3 键或单击“对象捕捉”图标即可打开或关闭对象捕捉。在“对象捕捉”图标上单击鼠标右键，在弹出的快捷菜单上选择“设置(S)...”，打开“对象捕捉”选项卡，如图 11–32 所示，在“对象捕捉”中选择需要的捕捉模式，单击“确定”即可设定捕捉的方式。当绘图中要求指定点时，打开对象捕捉，把光标移动到要捕捉对象的特征点附近，即可捕捉到相应的对象特征点。

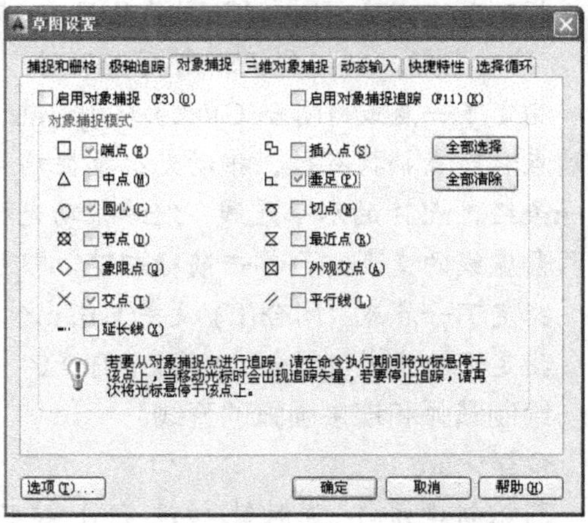

图 11–32 “对象捕捉”选项卡

注意：① 当捕捉到点时，会在该点闪出一个带颜色的特定的小图标和文字说明，以提示用户不需再移动光标即可确定该捕捉点。② 捕捉圆心时，先将光标移到圆或弧本身，圆心部位就会出现小图标和文字说明，此时再移动光标到提示的小图标附近去确定捕捉。③ 一般不把所有的方式都选中，避免当几个特征点距离较近时反而选不到需要的点。

对象捕捉追踪是指从对象的捕捉点进行追踪，即捕捉沿着基于对象捕捉点延长线上的任意点，例如，新指定点与已有的某点在某方向上对齐。这一功能在保持各视图间的投影关系时极为有用，可以方便地做到“长对正”、“高平齐”、“宽相等”。 对象捕捉追踪必须和对象捕捉一起使用。

下面举例说明如何利用基本绘图命令和精确绘图命令，绘制基本的二维图形。

【例 11–2】绘制如图 11–33 所示的图形(要求设置图层，不要求标注尺寸)。

【解】 操作步骤如下：

(1) 设置图层。根据图形特点，新建“粗实线”层和“中心线”层，各层的特性设置参考表 11–2。

(2) 令图形外框的左下角点 A 的坐标为(50,50)，将当前图层切换到“粗实线”层，绘制外框和内部的圆弧、直线、圆和椭圆。

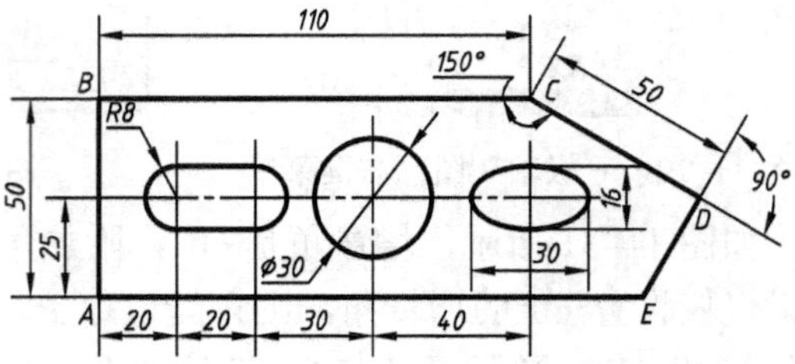

图 11–33　绘图综合举例二

绘制外框。

命令: _line ↙

指定第一个点: 50,50 ↙ (输入点 A 的坐标)

指定下一点或 [放弃(U)]: <正交 开> 50 ↙ (打开正交模式，推动光标到 A 的上方，输入线段长度 50，绘制线段 AB)

指定下一点或 [放弃(U)]: 110 ↙(推动光标到 B 的右侧，输入线段长度 110，绘制线段 BC)

指定下一点或 [闭合(C)/放弃(U)]: <极轴 开> 50 ↙ (打开极轴追踪，设置增量角为 30°，推动光标，捕捉到极轴角度 330°时，输入线段长度 50，绘制线段 CD)

指定下一点或 [闭合(C)/放弃(U)]: (确认对象捕捉模式和对象捕捉追踪均为打开状态，且端点和交点捕捉有效。推动光标捕捉端点 A，然后沿着水平方向向右移动光标，此时出现一条经过点 A 的水平虚线，继续推动光标直至出现 240°的极轴捕捉虚线，系统提示捕捉到两条虚线的交点时，单击鼠标左键，即可完成线段 DE 的绘制)

指定下一点或 [闭合(C)/放弃(U)]: c↙

指定下一点或 [闭合(C)/放弃(U)]: ↙

绘制圆弧和连接圆弧的直线。

命令: _arc

圆弧创建方向: 逆时针(按住 Ctrl 键可切换方向)。

指定圆弧的起点或 [圆心(C)]: c ↙

指定圆弧的圆心: 70,75 ↙

指定圆弧的起点: @0,10 ↙

指定圆弧的端点或 [角度(A)/弦长(L)]: a ↙

指定包含角: 180 ↙

命令: ↙

命令: ARC

圆弧创建方向: 逆时针(按住 Ctrl 键可切换方向)。

指定圆弧的起点或 [圆心(C)]: c ↙

指定圆弧的圆心: 90,75 ↙

指定圆弧的起点: @0,-10 ↙

指定圆弧的端点或 [角度(A)/弦长(L)]: a ↙

指定包含角: 180 ↙

命令: _line

指定第一个点:(利用对象捕捉捕捉左侧圆弧的端点)

指定下一点或 [放弃(U)]: (利用对象捕捉捕捉右侧圆弧的终点)

指定下一点或 [放弃(U)]: ↙

命令: LINE

指定第一个点: (利用对象捕捉捕捉左侧圆弧的终点)

指定下一点或 [放弃(U)]: (利用对象捕捉捕捉右侧圆弧的端点)

指定下一点或 [放弃(U)]: ↙

绘制圆。

命令: _circle

指定圆的圆心或 [三点(3P)/两点(2P)/切点、切点、半径(T)]: 120,75 ↙

指定圆的半径或 [直径(D)] <9.0000>: d ↙

指定圆的直径 <18.0000>: 35 ↙

绘制椭圆。

命令: _ellipse

指定椭圆的轴端点或 [圆弧(A)/中心点(C)]: c ↙

指定椭圆的中心点: 160,75 ↙

指定轴的端点: @15,0 ↙

指定另一条半轴长度或 [旋转(R)]: 8 ↙

(3) 将当前图层切换到“中心线”层，绘制 5 条中心线。这里只给出绘制水平中心线的步骤，其余 4 条垂直中心线的绘制与此类似。

命令: _line

指定第一个点: (确认中点捕捉有效，捕捉到线段 *AB* 的中点后，向左侧水平推动光标，系统会提示光标与捕捉到的中点之间的距离，在距离 3 ~ 5 mm 范围内单击鼠标左键确定点的选取)

指定下一点或 [放弃(U)]: <正交 开> (打开正交模式，向右侧移动光标，到椭圆右侧象限点的外侧，单击确定按钮)

指定下一点或 [放弃(U)]: ↙

至此，图形绘制完毕。

11.2.4　编辑命令

对于复杂的二维图形，仅仅使用基本的绘图命令和绘图工具是远远不够的，必须借助于二维图形的编辑功能来提高绘图效率。

编辑命令位于图 11–34(a)所示的功能区“修改”面板上，常用命令包括移动、旋转、修剪、复制、镜像、圆角、拉伸、缩放和阵列等，点击“修改”两字右边的三角，还会弹出如图 11–34(b)所示的其他常用的编辑命令图标。当光标移到图标上面时会显示此图标的名称，悬停在图标上时会显示此命令的简要操作举例。

(a)

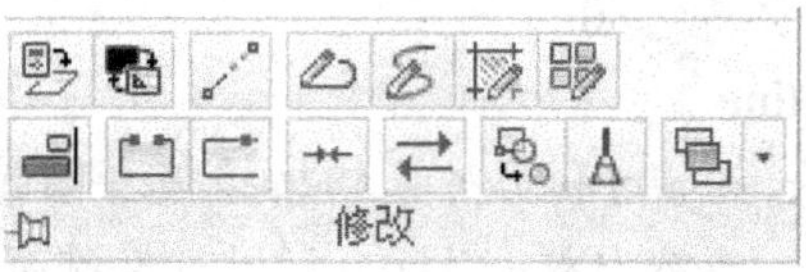

(b)

图 11–34　“修改”面板

表 11–5 列出了常用编辑命令的图标、名称、英文命令和简化命令。

表 11–5　常用编辑命令的图标、名称、英文命令和简化命令

工具图标	中文名称	英文命令	简化命令	工具图标	中文名称	英文命令	简化命令
	删除	Erase	E		延伸	Extend	EX
	移动	Move	M		打断	Break	BR
	旋转	Rotate	RO		打断于点	Break	BR
	缩放	Scale	SC		拉伸	Stretch	S
	复制	Copy	CO、CP		拉长	Lengthen	LEN
	镜像	Mirror	MI		倒角	Chamfer	CHA
	偏移	Offset	O		圆角	Fillet	F
	阵列	Array	AR		分解	Explode	X
	修剪	Trim	TR		合并	Join	J

下面介绍常用的编辑命令。这里只介绍常用的功能，对于未作介绍的部分，可以在执行命令时按 F1 打开联机帮助取得信息。

1. 选择对象

对图形中的一个或者多个实体进行编辑时，首先要选择被编辑的对象，即构造选择集。在“选择对象:”的提示出现后，十字光标变成一个拾取框，用户可灵活选用下述方法选择对象，被选中的对象将以虚线显示。

(1) 点选方式。默认方式。将拾取框移至目标，按下鼠标左键，即可选中，可重复操作以选取多个对象。

(2) 默认窗口。光标在绘图区域的空白处按鼠标左键确定第一个对角点 *A*，然后按住鼠标左键从左向右拖动光标构成矩形框的另一对角点 *B*，出现一个实线的矩形框，框内的所有对象被选中，见图 11–35。

(3) 默认交叉窗口。光标在绘图区域的空白处按鼠标左键确定第一个对角点 *A*，然后按住鼠标左键从右向左移动光标构成矩形框的另一对角点 *B*，出现一个虚线的矩形框，框内的以及与框线相交的所有对象被选中，见图 11–36。

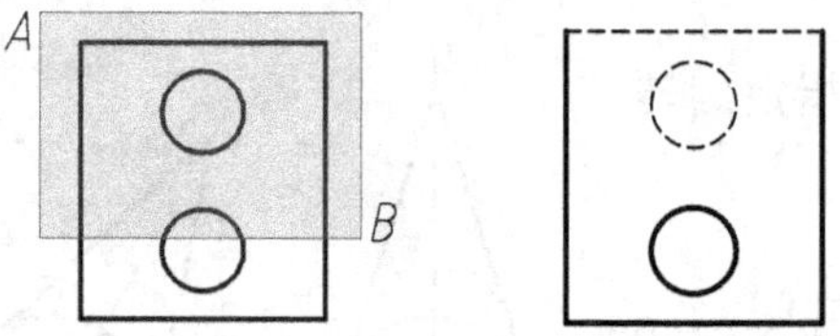

(a) 选择框的位置　(b) 选择的结果

图 11–35　从左向右拉选择框选择对象

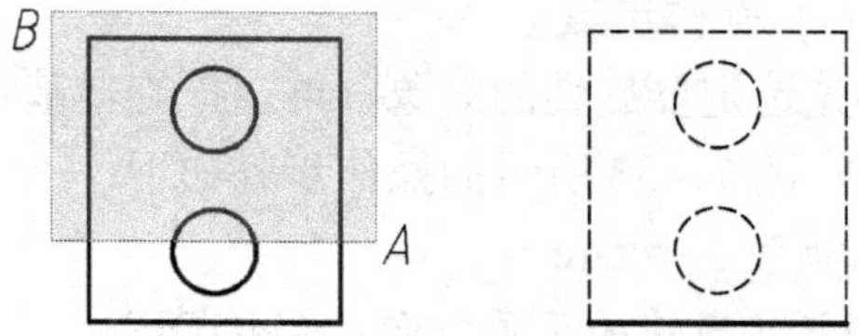

(a) 选择框的位置　(b) 选择的结果

图 11–36　从右向左拉选择框选择对象

(4) 全部方式。输入“ALL”，回车，可选择可操作的全部对象。

(5) 扣除模式。在默认状态下，选择对象模式为添加模式。如果在“选择对象：”提示下输入“R”，回车，切换到“扣除”模式，则可以用任何对象选择方法将选定的对象从选择集中扣除。在“选择对象：”提示下输入“A”，重新切换到添加模式。

2. 删除

(1) 命令激活方式。

命令行输入“Erase”或“E”、菜单栏点击“修改”→“删除”或单击工具栏图标。

(2) 操作步骤。

激活命令后，在“选择对象”提示下，使用任意的选择方法选择要删除的对象，选择完毕后回车或按鼠标右键确认。也可先选择好要删除的对象，然后点击“删除”命令。

(3) 执行结果。

所有被选择的对象都被删除。若删除有误，可单击工具栏按钮恢复被删除的对象。

3. 移动

(1) 命令激活方式。

命令行输入“Move”或“M”、菜单栏点击“修改”→“移动”或单击工具栏图标。

(2) 操作步骤。

先选定要移动的对象，再选择基点，然后指定目标位置。图 11–37 所示的操作步骤如下：

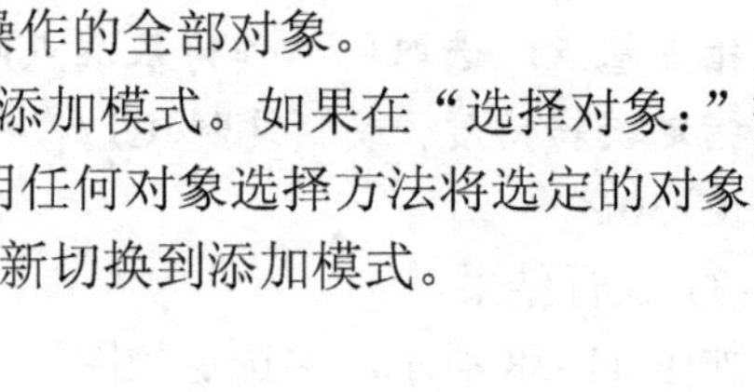

(a) 移动前　(b) 移动后

图 11–37　移动对象

命令: _move

选择对象: (选取需要移动的圆) 找到 1 个

选择对象: (回车) ↙

指定基点或 [位移(D)] <位移>: (选取圆心 *A* 作为基准点)

指定第二个点或 <使用第一个点作为位移>: (移动光标到点 *B* 后单击左键确定)

(3) 执行结果。

如图 11–37 所示，将选定的圆从当前位置(圆心在点 A)平移到一个新的指定位置(圆心在点 B)。

4. 旋转

(1) 命令激活方式。

命令行输入“Rotate”或“RO”、菜单栏点击“修改”→“旋转”或单击工具栏图标。

(2) 操作步骤。

先选定要旋转的对象，再选择旋转基点，然后指定旋转角度。图 11–38 所示的操作步骤如下：

命令: _rotate

UCS 当前的正角方向：ANGDIR=逆时针 ANGBASE=0

选择对象: 指定对角点: 找到 5 个(以拉框的方式选取需要旋转的对象)

选择对象: (回车)↙

指定基点: (选取圆心作为基准点)

指定旋转角度，或 [复制(C)/参照(R)] <0>: (输入旋转角度值) 30↙

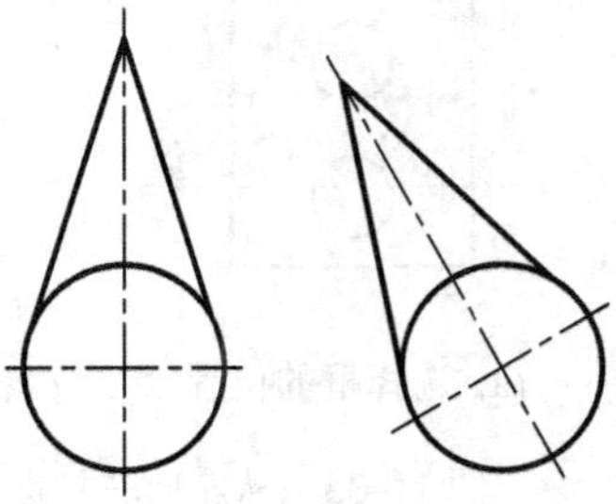

(a) 旋转前　　(b) 旋转后

图 11–38　旋转对象

(3) 执行结果。

如图 11–38 所示，将选定的图形对象绕一个指定的基点(圆心)旋转 30°。

说明：

(1) 在给出旋转角度时，可直接输入一个角度值，也可给出一个点。若给出一个点，则该点与基点连线的倾角即为旋转角。

(2) 若输入参考(R)，则可以先指定当前参照角的位置，然后指定相对参照角位置的旋转角度。一般常用于将对象与图形中的几何特征(或其他对象)对齐。

(3) 若输入复制(C)，则原图保留。

5. 缩放

(1) 命令激活方式。

命令行输入“Scale”或“SC”、菜单栏点击“修改”→“缩放”或单击工具栏图标。

(2) 操作步骤。

先选定需要缩放的对象，再选择基点，然后指定缩放的比例因子。图 11–39 所示的操作步骤如下：

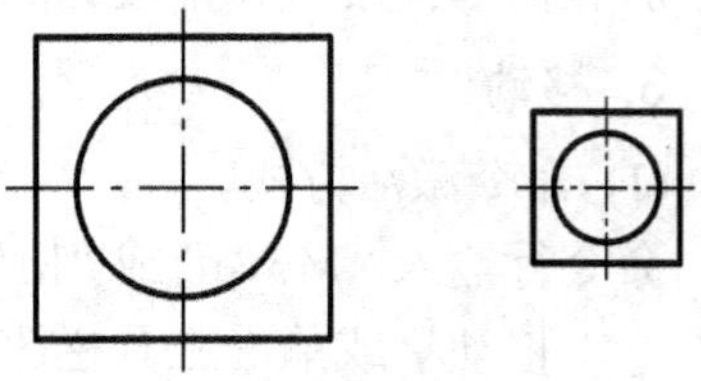

(a) 缩放前　　(b) 缩放后

图 11–39　缩放对象

命令: _scale

选择对象: 指定对角点: 找到 4 个(以拉框的方式选取需要缩放的对象)

选择对象: ↙(回车确认选择对象)

指定基点: (选取圆心作为基准点)

指定比例因子或 [复制(C)/参照(R)]：0.5↙

(3) 执行结果。

如图 11–39 所示，将选定的图形对象缩小一倍，基点圆心的位置不变。

说明：选项复制(C)/参照(R)的意思与旋转命令类似。

6. 复制

(1) 命令激活方式。

命令行输入“Copy”或“CO”、菜单栏点击“修改”→“复制”或单击工具栏图标。

(2) 操作步骤。

先选定需要复制的对象，再选择基点，然后指定目标位置，可多次复制。图 11–40 所示的操作步骤如下：

命令: _copy

选择对象：指定对角点：找到 3 个(以拉框的方式选取需要复制的对象)

选择对象:↙(回车)

当前设置:　复制模式 = 多个

指定基点或 [位移(D)/模式(O)] <位移>: (指定基点为圆心)

指定第二个点或 [阵列(A)] <使用第一个点作为位移>: (利用对象捕捉方式捕捉左下圆角的圆心)

指定第二个点或 [阵列(A)/退出(E)/放弃(U)] <退出>: (利用对象捕捉方式捕捉右上圆角的圆心)

指定第二个点或 [阵列(A)/退出(E)/放弃(U)] <退出>: (利用对象捕捉方式捕捉右下圆角的圆心)

指定第二个点或 [阵列(A)/退出(E)/放弃(U)] <退出>: ↙(回车，结束复制)

(3) 执行结果。

如图 11–40 所示，将选定的图形对象复制到指定的位置。

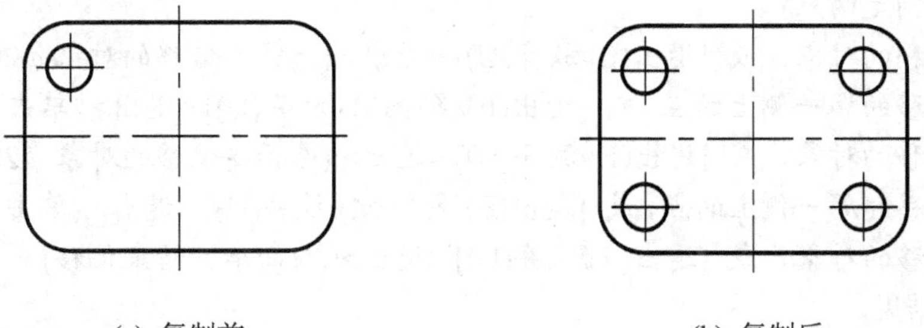

(a) 复制前　　　　(b) 复制后

图 11–40　复制对象

7. 镜像

(1) 命令激活方式。

命令行输入“Mirror”或“MI”，菜单栏点击“修改”→“镜像”或单击工具栏图标。

(2) 操作步骤。

先选定需要镜像的对象，再指定镜像线的两个端点，然后确认原来的对象是否要删除，默认为不删除，可以直接按鼠标右键或回车。图 11–41 所示的操作步骤如下：

命令：_mirror

选择对象：指定对角点：找到 6 个(以拉框的方式选择需要镜像的对象)

选择对象：(回车)↙

指定镜像线的第一点：(捕捉点画线的端点 1)

指定镜像线的第二点：(捕捉点画线的端点 2)

要删除源对象吗？[是(Y)/否(N)]<N>：↙(回车，不删除源对象)

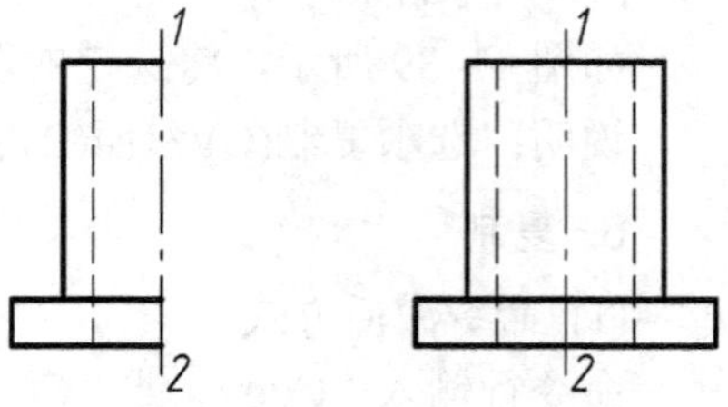

(a) 镜像前　　(b) 镜像后

图 11–41　镜像对象

(3) 执行结果。

如图 11–41 所示，以保留原对象的方式创建选定图形的镜像图形。

8. 偏移

偏移可以创建与选定对象形状相同且等距的新对象，如创建同心圆、平行线和平行曲线。可以偏移的实体是直线、圆弧、圆和椭圆等。

(1) 命令激活方式。

命令行输入“Offset”或“O”、菜单栏点击“修改”→“偏移”或单击工具栏图标。

(2) 操作步骤。

先指定偏移距离，再选定需要偏移的对象，然后指定新对象放置侧的任意一点，重复前两步或回车结束命令。图 11–42 所示的操作步骤如下：

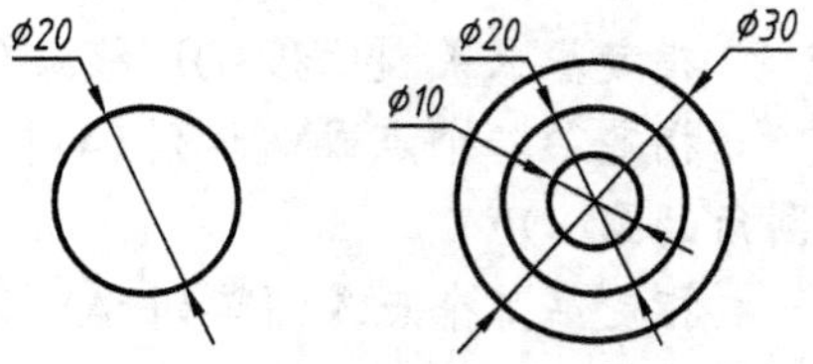

(a) 偏移前　　(b) 偏移后

图 11–42　偏移对象

命令：_offset

当前设置：删除源=否　图层=源　OFFSETGAPTYPE = 0

指定偏移距离或 [通过(T)/删除(E)/图层(L)] <通过>: 5↙(指定偏移距离，可以输入值或在绘图区域内指定两点)

选择要偏移的对象，或 [退出(E)/放弃(U)] <退出>:(选择要偏移的对象 ϕ20)

指定要偏移的那一侧上的点，或 [退出(E)/多个(M)/放弃(U)] <退出>:(单击 ϕ20 的内部)

选择要偏移的对象，或 [退出(E)/放弃(U)] <退出>:(选择要偏移的对象 ϕ20)

指定要偏移的那一侧上的点，或 [退出(E)/多个(M)/放弃(U)] <退出>:(单击 ϕ20 的外部)

选择要偏移的对象，或 [退出(E)/放弃(U)] <退出>:↙(回车，结束偏移)

(3) 执行结果。

如图 11–42(b)所示，在源对象 ϕ20 的两侧各绘制一个半径与 ϕ20 相差为 5 的圆 ϕ10 和 ϕ30。

9. 阵列

阵列将指定对象以矩形、路径或环形的方式进行多重复制。

(1) 命令激活方式。

命令行输入“Array”或“AR”、菜单栏点击“修改”→“阵列”或单击工具栏图标右下角的小三角。

(2) 操作步骤。

选择阵列类型，选择阵列对象，指定阵列的其他参数，在绘图区有结果预览，认为合适就回车确定。下面简要介绍**矩形阵列**和**环形阵列**的操作步骤。

图 11–43 所示的矩形阵列操作步骤如下：

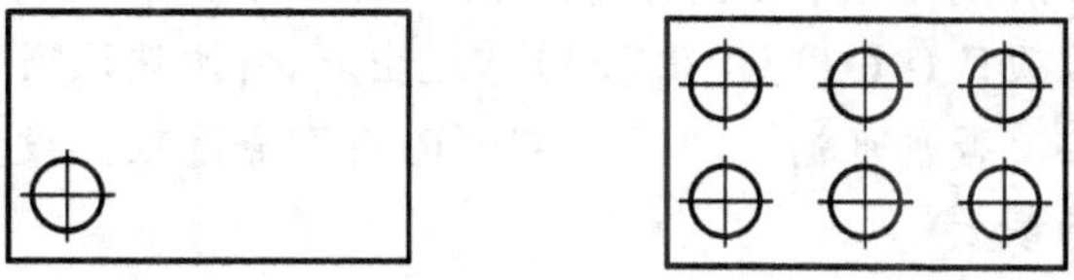

(a) 矩形阵列前　　(b) 矩形阵列后

图 11–43　矩形阵列

命令: _arrayrect

选择对象: 指定对角点: 找到 3 个(以拉框的方式选择阵列对象)

选择对象: ↙(回车)

类型 = 矩形　关联 = 是

选择夹点以编辑阵列或 [关联(AS)/基点(B)/计数(COU)/间距(S)/列数(COL)/行数(R)/层数(L)/退出(X)] <退出>: col ↙ (进入列设置)

输入列数数或 [表达式(E)] <4>: 3 ↙(设置列数)

指定列数之间的距离或 [总计(T)/表达式(E)] <59.4658>: 60↙(设置列间距)

选择夹点以编辑阵列或 [关联(AS)/基点(B)/计数(COU)/间距(S)/列数(COL)/行数(R)/层数(L)/退出(X)] <退出>: r ↙(进入行设置)

输入行数数或 [表达式(E)] <3>: 2↙(设置行数)

指定行数之间的距离或 [总计(T)/表达式(E)] <56.6626>: 50↙(设置行间距)

指定行数之间的标高增量或 [表达式(E)] <0>: ↙(回车)

选择夹点以编辑阵列或 [关联(AS)/基点(B)/计数(COU)/间距(S)/列数(COL)/行数(R)/层数(L)/退出(X)] <退出>:↙(对绘图区显示的阵列结果满意则回车确认，否则可以重新输入“col”和“r”等选项，设置行数、行间距、列数和列间距等参数值)

环形阵列图 11–44 所示的操作步骤如下：

命令: _arraypolar

选择对象: 找到 1 个(选择要偏移的对象: 小圆)

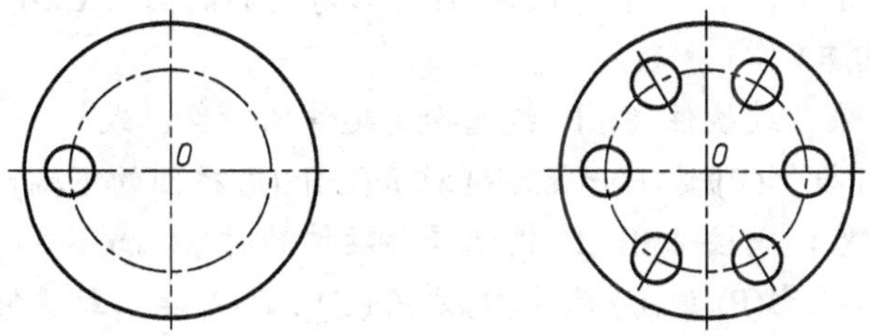

(a) 环形阵列前　　(b) 环形阵列后(复制时旋转)

图 11–44　环形阵列

选择对象：找到 1 个，总计 2 个(选择小圆的水平对称中心线)

选择对象：↙(回车确认选择对象)

类型 = 极轴　关联 = 是

指定阵列的中心点或 [基点(B)/旋转轴(A)]：(在绘图区指定大圆圆心 *O* 为中心点)

选择夹点以编辑阵列或 [关联(AS)/基点(B)/项目(I)/项目间角度(A)/填充角度(F)/行(ROW)/层(L)/旋转项目(ROT)/退出(X)] <退出>：↙(按默认项目和填充角度显示阵列结果，满意则回车确认，否则可输入“i”、“f”“ROT”等选项，设置项目数、填充角度和复制时是否旋转项目等参数)

(3) 执行结果。

矩形阵列结果如图 11–43(b)所示，环形阵列结果如图 11–44(b)所示。在已创建的阵列上双击鼠标左键，可以打开如图 11–45 所示的“阵列特性”对话框，在对话框中可以对阵列的参数进行进一步修改。

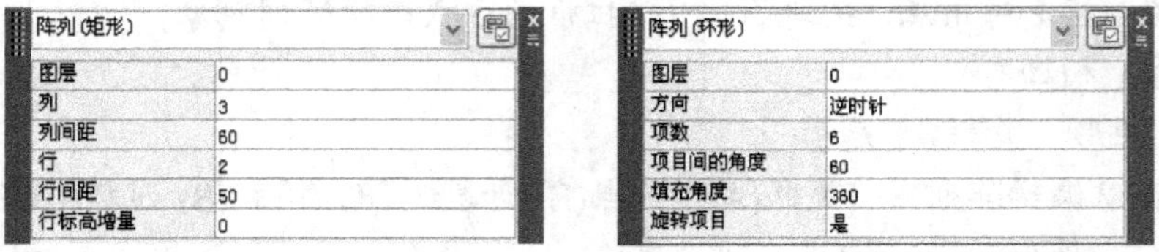

阵列(矩形)	
图层	0
列	3
列间距	60
行	2
行间距	50
行标高增量	0

阵列(环形)	
图层	0
方向	逆时针
项数	6
项目间的角度	60
填充角度	360
旋转项目	是

图 11–45　“阵列特性”对话框

10. 修剪

修剪是用指定的剪切边裁剪所选定的对象。

(1) 命令激活方式。

命令行输入“Trim”或“TR”、菜单栏点击“修改”→“修剪”或单击工具栏图标 。

(2) 操作步骤。

图 11–46 所示的操作步骤如下：

命令: _trim

当前设置：投影=UCS，边=无

选择剪切边...

选择对象或 <全部选择>：找到 1 个(选择作为修剪边界的图线 *AB*)

选择对象：找到 1 个，总计 2 个(选择作为修剪边界的图线 *CD*)

选择对象：↙(回车)

选择要修剪的对象，或按住 Shift 键选择要延伸的对象，或

[栏选(F)/窗交(C)/投影(P)/边(E)/删除(R)/放弃(U)]：(选择圆的下端)

选择要修剪的对象，或按住 Shift 键选择要延伸的对象，或

[栏选(F)/窗交(C)/投影(P)/边(E)/删除(R)/放弃(U)]：↙(回车，结束修剪)

(3) 执行结果。

如图 11–46(b)所示，修剪掉圆在切点 B 到切点 D 之间逆时针的一段圆弧。

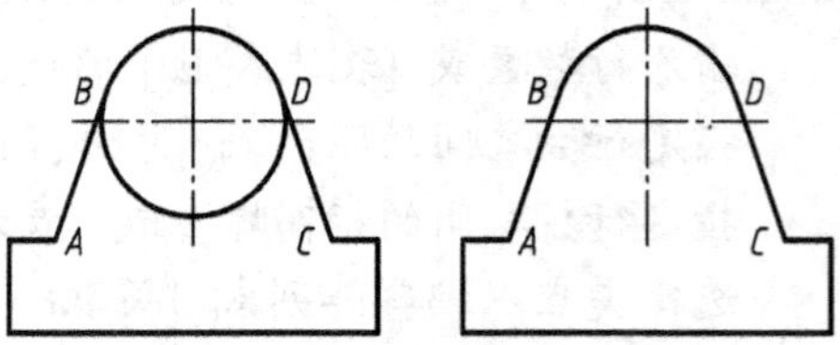

(a) 修剪前　　(b) 修剪后

图 11–46　修剪对象

11. 延伸

(1) 命令激活方式。

命令行输入“Extend”或“EX”、菜单栏点击“修改”→“延伸”或单击工具栏图标。

(2) 操作步骤。

先选定要延伸的对象，然后指定边界对象。图 11–47 所示的操作步骤如下：

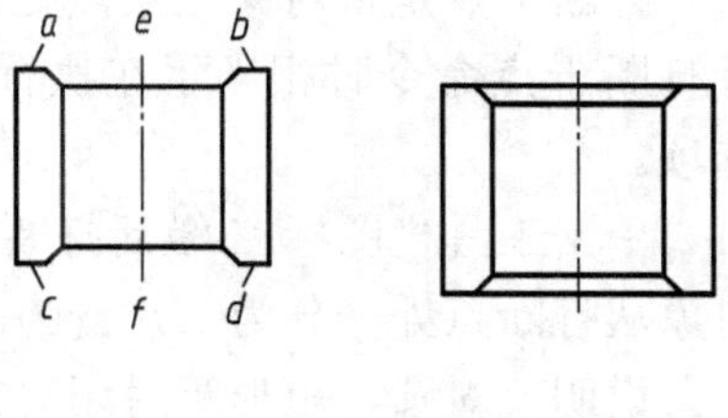

(a) 延伸前　(b) 延伸后

图 11–47　延伸对象

命令: _extend

当前设置: 投影=UCS，边=无

选择边界的边...

选择对象或 <全部选择>: 找到 1 个(选定作为延伸边界的图线 *ef*)

选择对象: ↙(回车)

选择要延伸的对象，或按住 Shift 键选择要修剪的对象，或[栏选(F)/窗交(C)/投影(P)/边(E)/放弃(U)]:(分别单击图线 *a*、*b*、*c*、*d* 靠近边界图线的一侧)

选择要延伸的对象，或按住 Shift 键选择要修剪的对象，或[栏选(F)/窗交(C)/投影(P)/边(E)/放弃(U)]: ↙(回车，结束延伸)

(3) 执行结果。

如图 11–47(b)所示，图线 *a*、*b*、*c*、*d* 都延伸到图线 *ef*。

12. 打断

打断用于删除所选定对象的一部分。

(1) 命令激活方式。

命令行输入“Break”或“BR”、菜单栏点击“修改”→“打断”或单击工具栏图标。

(2) 操作步骤。

图 11–48 所示的操作步骤如下：

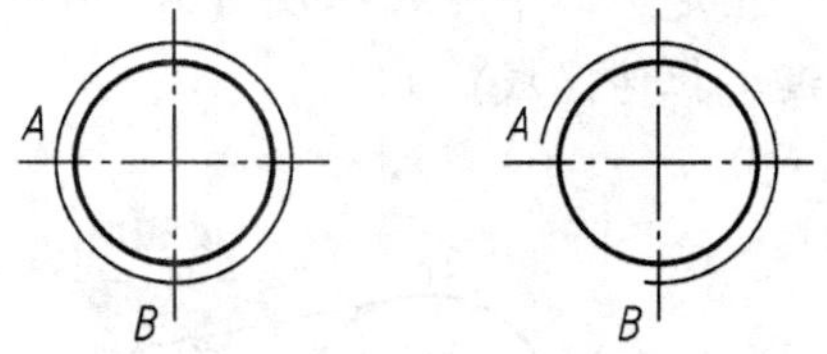

(a) 打断前　(b) 打断后

图 11–48　打断对象

命令: _break

选择对象: (在靠近 *A* 的位置上单击外圆，选择对象，选择对象时单击的那个点将作为默认的第一个打断点)

指定第二个打断点或 [第一点(F)]: (在靠近 *B* 的位置上单击外圆)

(3) 执行结果。

在默认情况下，指定第二个打断点后，将删除两点之间的部分。

说明：

① 由于选择对象时对象捕捉功能不可用，所以默认方式下，第一个打断点不能精确定位。如果需要精确定位第一个打断点，则应在“指定第二个打断点”的提示下输入“F”后回车，重新指定第一个打断点(此时对象捕捉功能可用)，然后再指定第二个打断点。

② 对于圆、矩形等封闭对象将沿逆时针方向删除两个打断点之间的圆弧或直线。

③ 若在“指定第二个打断点”提示下输入“@”后回车，则第二个打断点与第一个打断点重合，对象一分为二，相当于执行了一次打断于点。

13. 打断于点

打断于点是将对象在某点处打段，一分为二。打断于点是打断的一种特殊情况，在执行打断于点命令时相当于在执行打断命令，只是在执行过程中系统自动执行了某些特定选项。

单击工具栏图标激活打断于点命令后，先选择要分解的对象，然后选择打断点，则对象从打断点处一分为二，变为两个对象。

说明：对圆、矩形等封闭对象无法执行打断于点的命令。

14. 拉伸

(1) 命令激活方式。

命令行输入“Stretch”或“S”、菜单栏点击“修改”→“拉伸”或单击工具栏图标。

(2) 操作步骤。

选定需要拉伸的对象，再选择基点，然后指定拉伸距离。图 11–49 所示的操作步骤如下：

命令：_stretch

以交叉窗口或交叉多边形选择要拉伸的对象...

选择对象：指定对角点：找到 5 个(点 1 到点 2 的交叉窗口选择要拉伸的对象)

选择对象：↙(回车确认)

指定基点或 [位移(D)] <位移>：(指定点 3 为基点)

指定第二个点或 <使用第一个点作为位移>：(移动光标时，图形随之拉伸，至点 4 按下左键，拉伸完成)

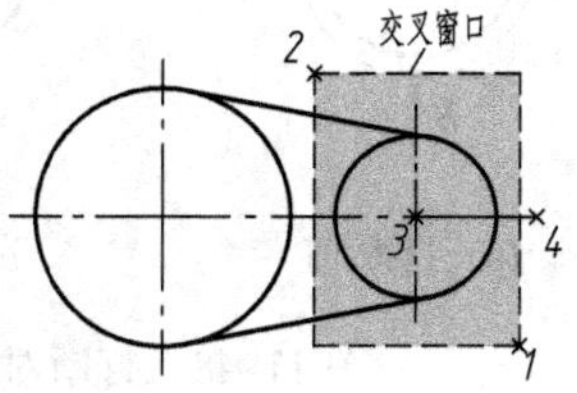

(a) 拉伸前

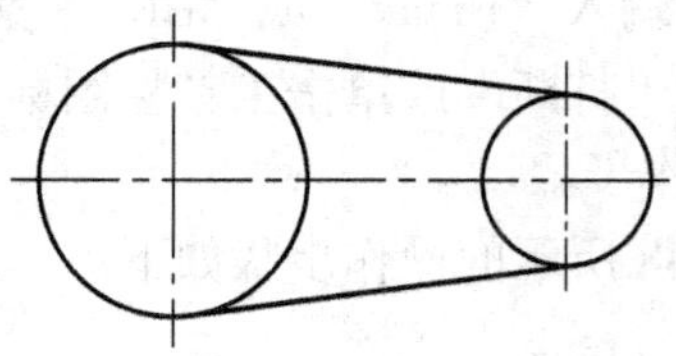

(b) 拉伸后

图 11–49　拉伸对象

(3) 执行结果。

如图 11–49 所示，拉伸对象重新定义了对象各端点的位置。

15. 拉长

(1) 命令激活方式。

命令行输入“Lengthen”或“LEN”、菜单栏点击“修改”→“拉长”或单击工具栏图标。

(2) 操作步骤。

先选定拉伸方式，然后选择对象中需要拉长的那一端。

命令：_lengthen

选择对象或[增量(DE)/百分数(P)/全部(T)/动态(DY)]：dy(选定拉伸方式)

选择要修改的对象或[放弃(U)]：(选择对象)

指定新端点：(在绘图区指定新端点的位置)

选择要修改的对象或[放弃(U)]：↙(回车，结束拉长)

(3) 执行结果。

拉长可以改变直线、圆弧、开放的椭圆弧、多线段和开放的样条曲线的长度。此命令不改变其位置或方向，只拉长或缩短选定对象。

对拉伸方式的说明如下：

① 增量，是指从端点开始测量的增加的长度或角度。

② 百分数，是按总长度或角度的百分比指定新长度或角度。

③ 全部，是指定对象的总的绝对长度或包含角。

④ 动态，动态拖动对象的端点。

16. 倒角

(1) 命令激活方式。

命令行输入“Chamfer”或“CHA”、菜单栏点击“修改”→“倒角”或单击工具栏图标。

(2) 操作步骤。

先指定倒角的距离和倒角模式，然后分别指定要绘制倒角的两个对象。图 11–50 所示的操作步骤如下：

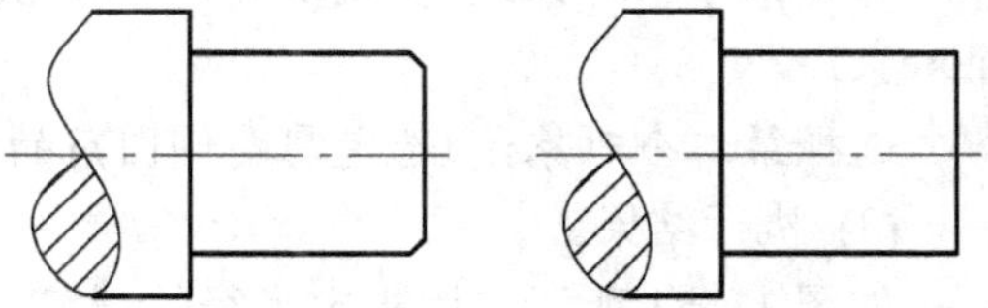

(a) 倒角前　(b) 倒角后

图 11–50　倒角

命令：_chamfer

(“修剪”模式) 当前倒角距离 1 = 0.0000，距离 2 = 0.0000

选择第一条直线或 [放弃(U)/多段线(P)/距离(D)/角度(A)/修剪(T)/方式(E)/多个(M)]：d↙(修改倒角距离)

指定 第一个 倒角距离 <0.0000>：2↙(设置第一个倒角距离)

指定 第二个 倒角距离 <2.0000>：↙(设置第二倒角距离，如与默认值相同，则回车)

选择第一条直线或 [放弃(U)/多段线(P)/距离(D)/角度(A)/修剪(T)/方式(E)/多个(M)]：m↙ (设置可在命令中进行多次倒角操作)

选择第一条直线或 [放弃(U)/多段线(P)/距离(D)/角度(A)/修剪(T)/方式(E)/多个(M)]：(选定需要倒角的第一个对象)

选择第二条直线，或按住 Shift 键选择直线以应用角点或 [距离(D)/角度(A)/方法(M)]：(选定需要倒角的第二个对象，完成第一个倒角)

选择第一条直线或 [放弃(U)/多段线(P)/距离(D)/角度(A)/修剪(T)/方式(E)/多个(M)]：(选定需要倒角的第一个对象)

选择第二条直线，或按住 Shift 键选择直线以应用角点或 [距离(D)/角度(A)/方法(M)]：(选定需要倒角的第二个对象，完成第二个倒角)

选择第一条直线或 [放弃(U)/多段线(P)/距离(D)/角度(A)/修剪(T)/方式(E)/多个

(M)]: ↙(回车，结束倒角)

(3) 执行结果。

如图 11–50 所示，图形右侧的两个直角变为 45°线连接的倒角。

17. 圆角

(1) 命令激活方式。

命令行输入“Fillet”或“F”、菜单栏点击“修改”→“圆角”或单击工具栏图标。

(2) 操作步骤。

先指定圆角的半径和圆角模式，然后分别指定要绘制圆角的两个对象。图 11–51 所示的操作步骤如下：

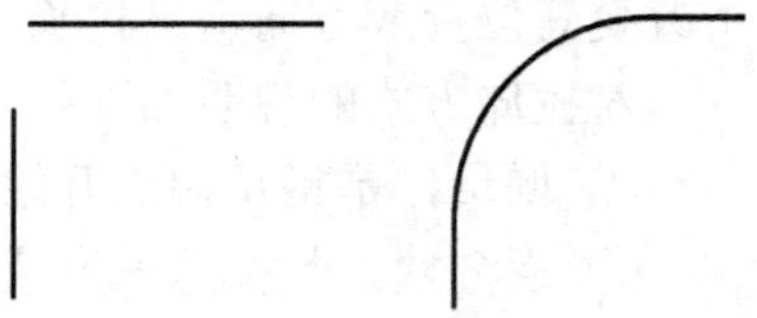

(a) 圆角前　　(b) 圆角后

图 11–51　圆角

命令: _fillet

当前设置: 模式=修剪，半径=0.0000

选择第一个对象或[多线段(P)/半径(R)/修剪(T)/多个(U)]: r↙

指定圆角半径<0.0000>: 10↙(输入圆角半径值)

选择第一个对象或[多线段(P)/半径(R)/修剪(T)/多个(U)]: (选定需要倒圆角的第一个对象)

选择第二个对象: (选定需要倒圆角的第二个对象)

(3) 执行结果。

如图 11–51 所示，用指定半径的圆弧光滑的连接两条线。

18. 分解

(1) 命令激活方式。

命令行输入“Explode”或“X”、菜单栏点击“修改”→“分解”或单击工具栏图标。

(2) 操作步骤。

命令: _explode

选择对象: 找到 1 个(在绘图区用光标选择需要分解的对象)

(3) 执行结果。

将多段线、标注、图案填充或块等合成对象转换为单个的元素，以便对其包含的元素进行修改。

19. 夹点编辑

在不执行命令时，直接选择对象，对象某些部位会出现实心小方框(默认显示颜色为蓝色)，这些小方框就是夹点。夹点是对象上的控制点，利用夹点可以编辑图形对象，不需要启动任何编辑命令，就可以实现对象的拉伸、移动、旋转、缩放和镜像等操作，快捷方便。

操作时，先选择对象以显示夹点，然后将光标的靶区和某夹点重合，单击左键使其变红色，这时激活默认的拉伸夹点模式，拖动夹点到合适的位置后再单击左键，即可快速实现对象的拉伸。若在夹点为红色的状态下单击右键，可以选择其他的夹点编辑模式，如移动、旋转等。

下面举例说明如何利用基本绘图命令、精确绘图命令和编辑命令，绘制相对复杂的二维图形。

【例 11–2】 绘制如图 11–52 所示的图形(要求设置图层，不要求标注尺寸)。

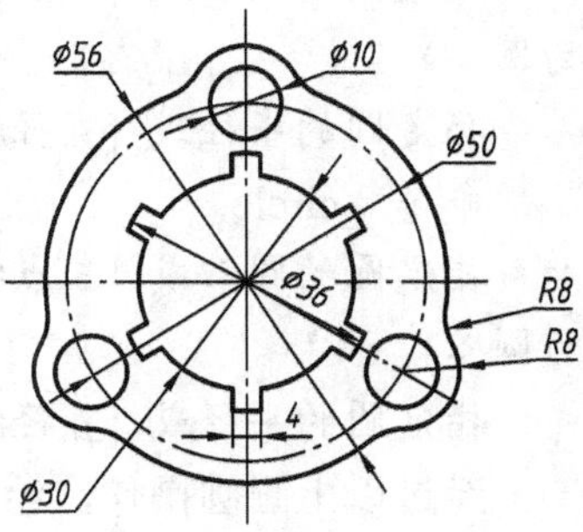

图 11–52　绘图综合举例三

【解】 参考操作步骤如下：

(1) 设置图层。根据图形特点，新建“粗实线”层和“中心线”层，各层的特性设置参考表 11–2。

(2) 使“中心线”层为当前图层，绘制图形中的中心线。

命令: _line

指定第一个点: (在绘图窗口指定一点)

指定下一点或 [放弃(U)]: <正交 开> 66 ↙

指定下一点或 [放弃(U)]:↙ (完成水平中心线)

命令: LINE

指定第一个点: <打开对象捕捉> (捕捉上一条线的中心点)

指定下一点或 [放弃(U)]: 33 ↙

指定下一点或 [放弃(U)]: ↙ (完成垂直中心线一半)

** 拉伸 **

指定拉伸点或 [基点(B)/复制(C)/放弃(U)/退出(X)]: 33↙ (用夹点编辑模式拉伸线的一端)

命令: _circle

指定圆的圆心或 [三点(3P)/两点(2P)/切点、切点、半径(T)]: (捕捉水平中心线的中点)

指定圆的半径或 [直径(D)]: 25↙

经过以上画线操作，绘制结果如图 11–53 所示。

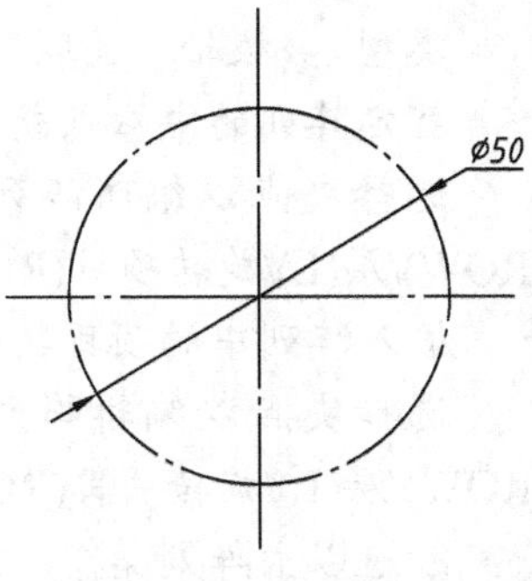

图 11–53　绘制中心线

(3)使“粗实线”层为当前图层，绘制各个圆，初步完成如图 11–54 所示的图形。

命令: _circle

指定圆的圆心或 [三点(3P)/两点(2P)/切点、切点、半径(T)]: (捕捉水平与垂直中心线的交点为圆心)

指定圆的半径或 [直径(D)] <25>: 15 ↙

命令: CIRCLE

指定圆的圆心或 [三点(3P)/两点(2P)/切点、切点、半径(T)]: (捕捉水平与垂直中心线的交点为圆心)

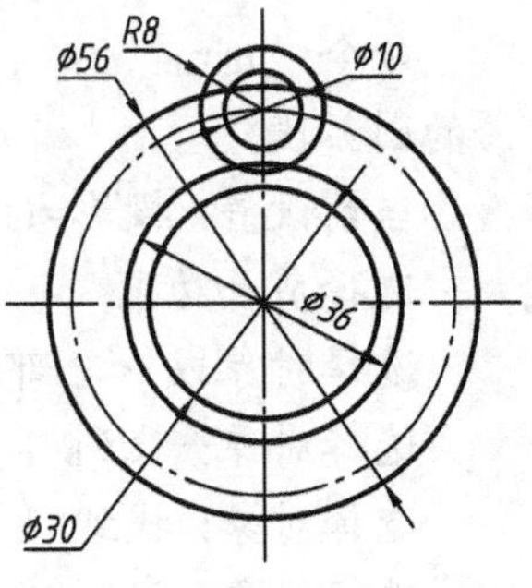

图 11–54　绘制各圆形

指定圆的半径或 [直径(D)] <15>: 18 ↙

命令: CIRCLE

指定圆的圆心或 [三点(3P)/两点(2P)/切点、切点、半径(T)]: (捕捉水平与垂直中心线的交点为圆心)

指定圆的半径或 [直径(D)] <18>: 28 ↙

命令: _circle

指定圆的圆心或 [三点(3P)/两点(2P)/切点、切点、半径(T)]: (捕捉中心线圆的上象限点为圆心)

指定圆的半径或 [直径(D)] <28>: 5 ↙

命令: _circle

指定圆的圆心或 [三点(3P)/两点(2P)/切点、切点、半径(T)]: (捕捉中心线圆的上象限点为圆心)

指定圆的半径或 [直径(D)] <5>: 8 ↙

经过以上画圆操作，绘制结果如图 11–54 所示。

(4) 利用阵列、偏移、圆角、修剪等命令，编辑初步完成的图形，得到最终图形。

命令: _arraypolar　(环形阵列)

选择对象: 找到 1 个

选择对象: 找到 1 个，总计 2 个

选择对象: 找到 1 个，总计 3 个

选择对象: ↙

类型 = 极轴　关联 = 是

指定阵列的中心点或 [基点(B)/旋转轴(A)]: (捕捉水平与垂直中心线的交点)

选择夹点以编辑阵列或 [关联(AS)/基点(B)/项目(I)/项目间角度(A)/填充角度(F)/行(ROW)/层(L)/旋转项目(ROT)/退出(X)] <退出>: I ↙

输入阵列中的项目数或 [表达式(E)] <6>: 3 ↙(修改项目数为 3 个)

选择夹点以编辑阵列或 [关联(AS)/基点(B)/项目(I)/项目间角度(A)/填充角度(F)/行(ROW)/层(L)/旋转项目(ROT)/退出(X)] <退出>: ↙ (回车，结束阵列命令)

经过以上阵列操作，绘制结果如图 11–55 所示。

命令: _explode 找到 1 个 (分解上一步完成的环形阵列，以完成后续的修剪)

命令: _trim　　　(修剪 ϕ56 圆和 3 个 *R*8 圆上多余的圆弧段)

当前设置: 投影=UCS，边=无

选择剪切边...

选择对象或 <全部选择>: 找到 1 个

选择对象: 找到 1 个，总计 2 个

选择对象: 找到 1 个，总计 3 个

选择对象: 找到 1 个，总计 4 个

选择对象: ↙

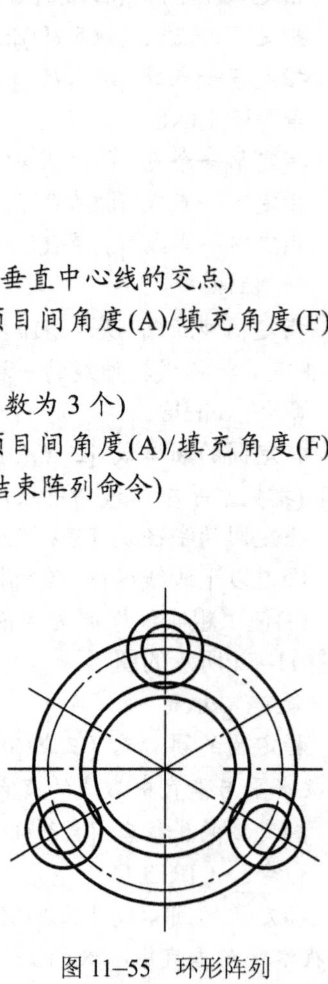

图 11–55　环形阵列

选择要修剪的对象，或按住 Shift 键选择要延伸的对象，或[栏选(F)/窗交(C)/投影(P)/边(E)/删除(R)/放弃(U)]:

(在需要减去的圆弧上点击，共剪去 6 段。此处省略了重复的其他 5 次命令)

命令: _fillet　(绘制 6 个 *R*8 圆角)

当前设置: 模式 = 修剪，半径 = 8

选择第一个对象或 [放弃(U)/多段线(P)/半径(R)/修剪(T)/多个(M)]: m ↙

选择第一个对象或 [放弃(U)/多段线(P)/半径(R)/修剪(T)/多个(M)]: (点击第一个 $R8$ 圆)

选择第二个对象，或按住 Shift 键选择对象以应用角点或 [半径(R)]: (点击 $\phi56$ 圆)

……(省略重复的 4 组命令)

选择第一个对象或 [放弃(U)/多段线(P)/半径(R)/修剪(T)/多个(M)]: (点击第三个 $R8$ 圆)

选择第二个对象，或按住 Shift 键选择对象以应用角点或 [半径(R)]: (点击 $\phi56$ 圆)

选择第一个对象或 [放弃(U)/多段线(P)/半径(R)/修剪(T)/多个(M)]: ↙

经过以上修剪和圆角操作，绘制结果如图 11–56 所示。

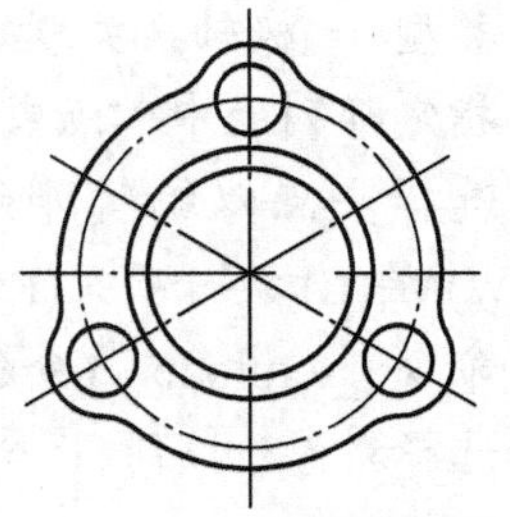

图 11–56　修剪和圆角后的图形

命令: _offset

当前设置: 删除源=否　图层=源　OFFSETGAPTYPE=0

指定偏移距离或 [通过(T)/删除(E)/图层(L)] <通过>: 2

选择要偏移的对象，或 [退出(E)/放弃(U)] <退出>:　(选择垂直中心线)

指定要偏移的那一侧上的点，或 [退出(E)/多个(M)/放弃(U)] <退出>:(在垂直中心线左侧指定点)

选择要偏移的对象，或 [退出(E)/放弃(U)] <退出>:(选择垂直中心线)

指定要偏移的那一侧上的点，或 [退出(E)/多个(M)/放弃(U)] <退出>: (在垂直中心线右侧指定点)

选择要偏移的对象，或 [退出(E)/放弃(U)] <退出>: ↙(回车，结束偏移)

将偏移得到的两条线从“中心线”层切换到“粗实线”层，然后执行下面的命令。

命令: _trim

当前设置: 投影=UCS，边=无

选择剪切边...

选择对象或 <全部选择>: 找到 1 个

选择对象: 找到 1 个，总计 2 个

选择对象: 找到 1 个，总计 3 个

选择对象: 找到 1 个，总计 4 个(选择偏移生成的两条直线、$\phi30$ 圆和 $\phi36$ 圆)

选择对象: ↙

选择要修剪的对象，或按住 Shift 键选择要延伸的对象，或

[栏选(F)/窗交(C)/投影(P)/边(E)/删除(R)/放弃(U)]:

……(省略重复的命令)

选择要修剪的对象，或按住 Shift 键选择要延伸的对象，或

[栏选(F)/窗交(C)/投影(P)/边(E)/删除(R)/放弃(U)]: ↙

经过上述偏移和修剪操作后，绘制结果如图 11–57 所示。

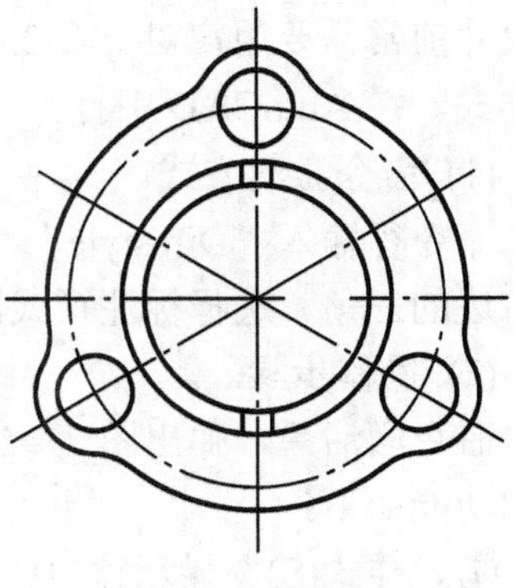

图 11–57　中心线偏移和修剪后的图形

命令: _arraypolar　(环形阵列)

选择对象: 找到 1 个
选择对象: 找到 1 个, 总计 2 个 (选择 ϕ30 圆和 ϕ36 圆之间上或下侧的两段直线)
选择对象: ↙
类型 = 极轴 关联 = 是
指定阵列的中心点或 [基点(B)/旋转轴(A)]:
选择夹点以编辑阵列或 [关联(AS)/基点(B)/项目(I)/项目间角度(A)/填充角度(F)/行(ROW)/层(L)/旋转项目(ROT)/退出(X)] <退出>: ↙
命令: _explode (分解上一步生成的环形阵列)
选择对象: 找到 1 个
选择对象: ↙
命令: _trim (修剪)
当前设置: 投影=UCS, 边=无
选择剪切边...
选择对象或 <全部选择>: 指定对角点: 找到 14 个 (用从左向右拉框的方式选择)
选择对象: ↙
选择要修剪的对象, 或按住 Shift 键选择要延伸的对象, 或
[栏选(F)/窗交(C)/投影(P)/边(E)/删除(R)/放弃(U)]:
……(省略重复的命令)
选择要修剪的对象, 或按住 Shift 键选择要延伸的对象, 或
[栏选(F)/窗交(C)/投影(P)/边(E)/删除(R)/放弃(U)]: ↙
至此，图形绘制完成，结果如图 11–52 所示。

11.2.5 尺寸标注

尺寸标注是工程制图中最重要的表达方法，利用 AutoCAD 的尺寸标注命令，可以方便快速地标注图纸中各种方向、形式的尺寸。不同行业在工程图样上的尺寸标注样式是有区别的，所以在标注尺寸前，一般先要对尺寸标注样式进行设置，然后再进行各类型的尺寸标注。

1. 尺寸标注样式

如果采用 acadiso.dwt 作为样板图新建文件，则系统默认的标注样式为 ISO-25。实际标注尺寸前常需要用户对 ISO-25 样式中的若干选项进行修改，并且根据具体情况建立一些新的样式。在 AutoCAD 中打开“标注样式管理器”对话框即可方便的进行上述操作。

(1) 命令激活方式。

命令行输入“Dimstyle”、菜单栏点击“标注”→“标注样式(S)...”或单击“注释”面板右边的三角，选择标注样式图标。

(2) 操作步骤。

命令激活后，弹出图 11–58 所示的“标注样式管理器”对话框，其主要显示窗口和按钮的功能如下：

①“样式(S)”显示窗口：显示系统中所有标注样式。

②“预览：ISO-25”显示窗口：预览当前选定的标注样式。

③“说明”栏：显示当前选定的标注样式与 ISO-25 标注样式的区别。

④“置为当前”按钮：单击该按钮，标注式样应用于当前图形。

⑤“新建”按钮：设置新的标注样式。

⑥“修改”按钮：修改已有的样式。

以 ISO-25 样式为基础，通过以下步骤可以建立符合国标要求的尺寸样式。

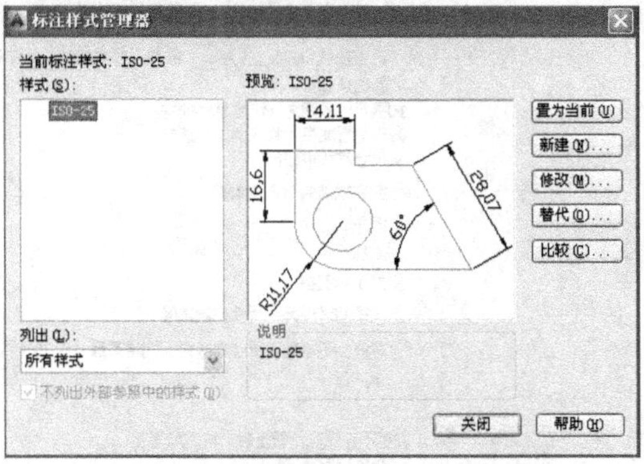

图 11–58　“标注样式管理器”对话框

① 修改标注样式。

在“标注样式管理器”对话框的“样式(S)”显示窗口中选中“ISO-25”，然后单击右侧的“修改”按钮，打开“修改标注样式”对话框。对 ISO-25 的主要修改内容见表 11–6 和图 11–59～图 11–61。修改结束后，点击“确定”，设置被保存，命令结束。

表 11–6　对 ISO-25 标注样式的主要修改内容

选项卡	选项区域	选项	修改前(默认值)	修改后(参考值)
线	尺寸线	基线间距	3.75	5
	尺寸界线	超出尺寸线	1.25	2~3
		起点偏移量	0.625	0
文字	文字外观	文字样式	Standard	工程字
调整	标注特征比例	使用全局比例	1	1.4
主单位	线性标注	小数分隔符	“,”(逗点)	“.”(句点)

注：修改尺寸标注样式前需要先建立名为“工程字”的文字样式；“调整”选项卡中“使用全局比例”调整为 1.4 后，尺寸数字高度和尺寸箭头大小由原来的 2.5 增大到 3.5。

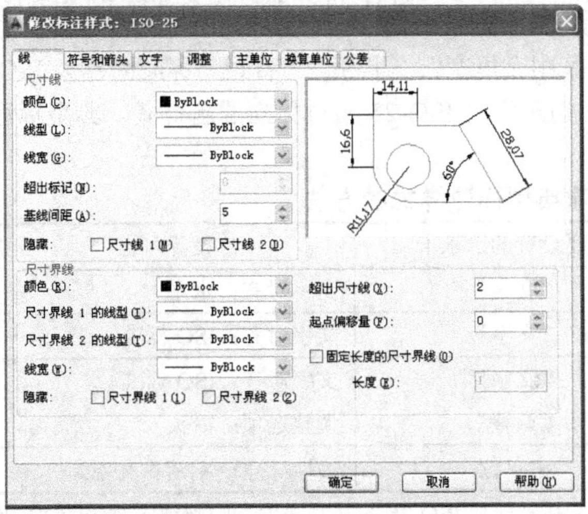

图 11–59　修改“线”选项卡

图 11–60　修改“文字”和“主单位”选项卡

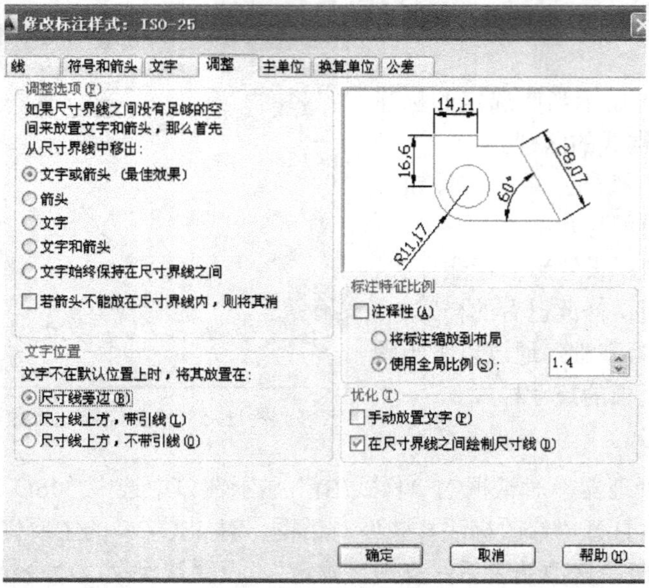

图 11–61　修改“调整”选项卡

② 创建必要的标注样式。

在“标注样式管理器”对话框(见图 11–58)中，单击“新建”按钮，打开图 11–62 所示的“创建新标注样式”对话框。在该对话框中的“用于”下拉列表框中，选择标注样式的使用范围，如角度标注、半径标注等。单击“继续”按钮，打开“新建标注样式”对话框。用户根据不同的需要对 7 个选项卡中的选项进行设置。设置完成后点击“确定”按钮，新样式被保存，命令结束。

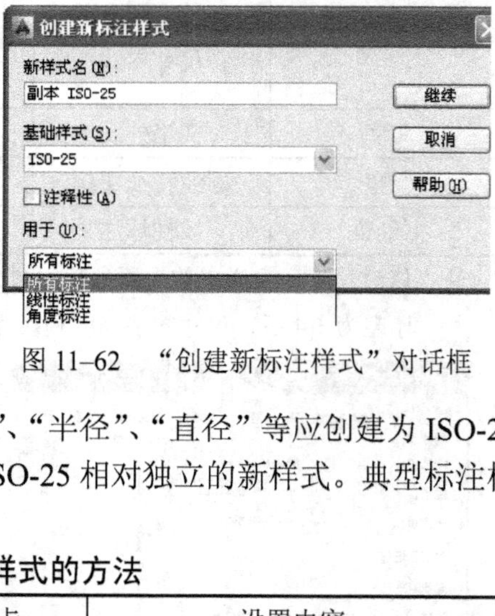

图 11–62　“创建新标注样式”对话框

在绘制机械图样时，一般应创建“角度”、“半径”、“直径”、“非圆直径”等标注样式。其中“角度”、“半径”、“直径”等应创建为 ISO-25 基础样式下的子样式，而“非圆直径”应创建为与 ISO-25 相对独立的新样式。典型标注样式的创建方法见表 11–7。

表 11–7　创建典型标注样式的方法

样式名	基础样式	用于	需要设置的选项卡	设置内容
角度	ISO-25	角度标注	“文字”	文字对齐：水平
半径		半径标注	“文字”	文字对齐：ISO 标准
直径		直径标注	“文字” “调整”	文字对齐：ISO 标准 调整选项：箭头
非圆直径		所有标注	“主单位”	线性标注→前缀：%%C

注：如果在“非圆直径”创建后，又修改了基础样式 ISO-25 的某些选项，则必须同时修改“非圆直径”样式的相应选项。

2. 尺寸标注命令

AutoCAD 对长度、直径、半径、角度等尺寸提供了全面的尺寸标注命令，一般通过用户界面(见图 11–1)上“注释”面板的“线性”下拉菜单(见图 11–63)中的图标进行尺寸标注。在进行尺寸标注前，先将“对象捕捉”设置成端点、交点和圆心等功能有效。

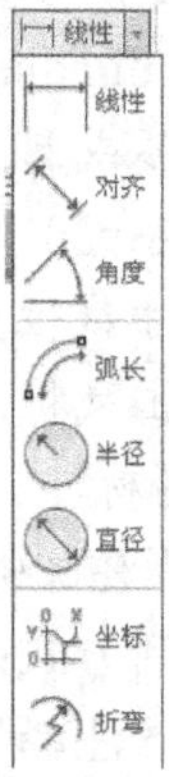

图 11–63　尺寸标注图标

(1) 线性标注。

功能：标注水平/垂直型尺寸。

命令激活方式：单击“标注”下拉菜单中的“线性”选项或单击“注释”面板“线性”图标。

图 11–64 所示尺寸 40 的操作步骤如下：

命令：_dimlinear

指定第一条尺寸界线原点或<选择对象>：(拾取 *A* 点，即第一条尺寸界线的起始点)

指定第二条尺寸界线原点：(拾取 *B* 点，即第二条尺寸界线的起始点)

指定尺寸线位置或[多行文字(M)／文字(T)／角度(A)／水平(H)／垂直(V)／旋转(R)]：(拖动光标将尺寸放在合适的位置，单击左键或输入选项)

标注文字=40

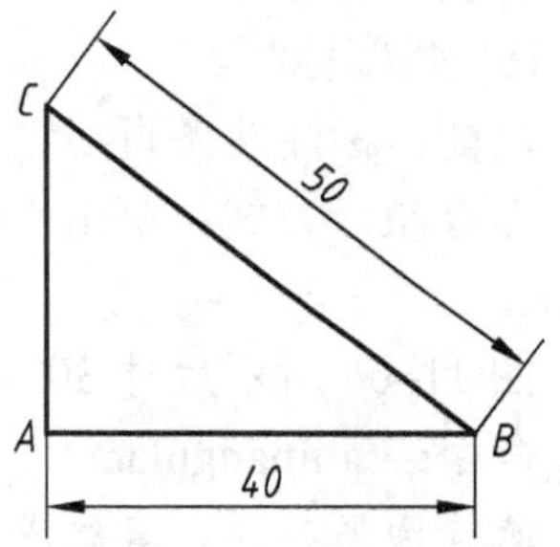

图 11–64　线性标注和对齐标注

说明：

在指定标注起点时，若按回车键，则选择需要标注的对象，系统会测量此对象在水平/垂直方向的长度。

在需要指定尺寸线位置时，系统会根据光标移动的路径自动选择水平型或垂直型。若要强制水平，请输入“H”；强制垂直，请输入“V”。

要改变系统默认的尺寸数值，可输入“M”或“T”。如需人工加入直径符号“ ϕ”，可输入“M”，回车后弹出多行文字编辑框，移动光标至编辑框内，单击右键，会弹出快捷菜单，选择“符号”中的“直径”就可以了。除非要修改长度数值，否则不要删除“< >”，它是系统默认的测量值。

(2) 对齐标注。

功能：标注倾斜对象的实长。

命令激活方式：单击“标注”下拉菜单中的“对齐”选项或单击“注释”面板“对齐”图标。

图 11–64 所示尺寸 50 的操作步骤：与线性标注类似，先选择需要标注尺寸的两个点 *B*、*C* 或选择线段 *BC*，然后指定尺寸放置位置。

(3) 直径标注。

功能：标注圆或圆弧的直径，其尺寸数字前自动加上“ ϕ”。

命令激活方式：单击“标注”下拉菜单中的“直径”选项或单击“注释”面板“直径”图标。

图 11–65 所示尺寸 ϕ20 的操作步骤如下：

命令：_dimdiameter

选择圆弧或圆：(拾取要标注的圆)

标注文字=20

指定尺寸线位置或[多行文字(M)/文字(T)/角度(A)]：(拖动光标将尺寸放置在合适位置，单击鼠标左键，完成标注)

(4) 半径标注。

功能：标注圆弧的半径，其尺寸数字前自动加上“*R*”。

命令激活方式：单击“标注”下拉菜单中的“半径”选项或单击“注释”面板“半径”图标。

图 11–65 所示尺寸 *R*17 的操作步骤：与直径标注的操作步骤基本相同。

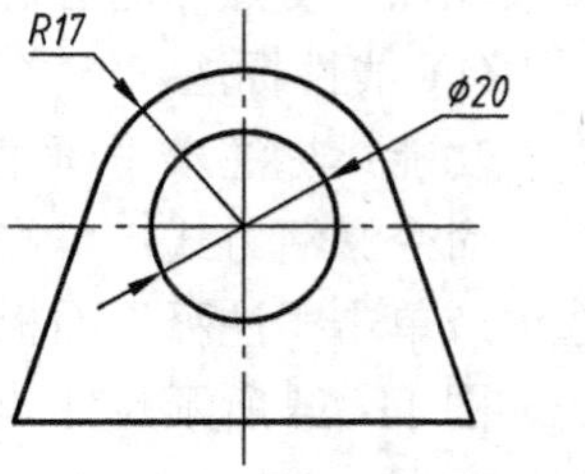

图 11–65　直径标注和半径标注

(5) 角度标注。

功能：标注两条直线之间的夹角，或者三点构成的角度，其尺寸数字后自动加上“°”。

命令激活方式：单击“标注”下拉菜单中的“角度”选项或单击“注释”面板“角度”图标。

图 11–66 所示尺寸 30° 的操作步骤如下：

命令：_dimangular

选择圆弧、圆、直线或<指定顶点>：(拾取图中直线 *AB*)

选择第二条直线：(拾取图中直线 *AC*)

指定标注弧线位置或[多行文字(M)/文字(T)/角度(A)]：(指定尺寸放置位置，完成标注)

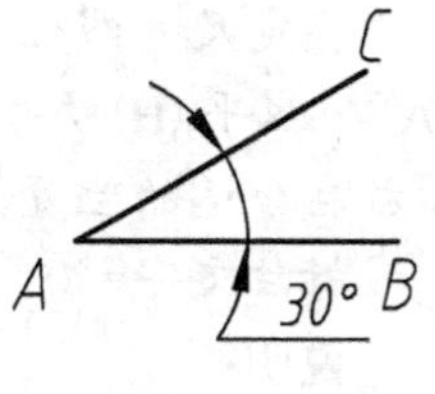

图 11–66　角度标注

标注文字=30

(6) 基线标注。

功能：标注自同一基线处测量的多个线性标注、对齐标注或角度标注。

命令激活方式：预先用“线性”、“对齐”或“角度”命令标注第一个线性、对齐或角度尺寸，然后单击“标注”下拉菜单中的“基线”选项。

图 11–67 所示尺寸 10、25 和 50 的操作步骤如下：

命令：_dimlinear

指定第一条尺寸界线原点或<选择对象>：(拾取图 *A* 点)

指定第二条尺寸界线原点：(拾取图中 *B* 点)

指定尺寸线位置或[多行文字(M)/文字(T)/角度(A)/水平(H)/垂直(V)/旋转(R)]：(拖动光标将尺寸放在合适的位置，单击左键或输入选项)

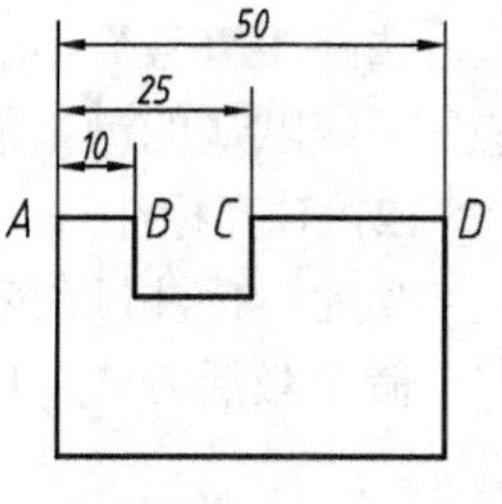

图 11–67　基线标注

标注文字=10

命令：_dimbaseline

选择基准标注：(拾取图 11–68 中 A 点，选择基准尺寸)

指定第二条尺寸界线原点或[放弃(U)/选择(S)]<选择>：(拾取图中 *C* 点)

标注文字=25

指定第二条尺寸界线原点或[放弃(U)／选择(S)]<选择>：(拾取图中 *D* 点)

标注文字=50

(7) 连续标注。

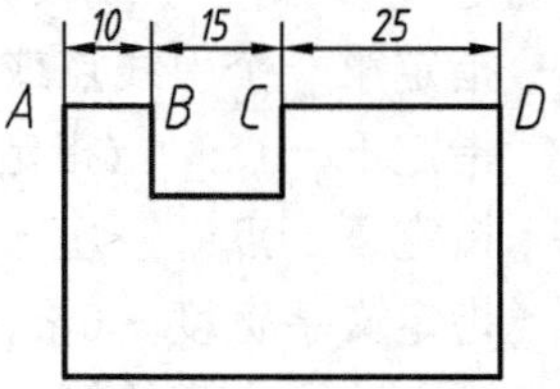

图 11–68　连续标注

功能：标注首尾相连的多个线性标注、对齐标注或角度标注。

命令激活方式：预先用“线性”、“对齐”或“角度”命令标注第一个线性、对齐或角度尺寸，然后单击“标注”下拉菜单中的“连续”选项。

图 11–68 所示尺寸 10、15 和 25 的操作步骤如下：

命令：_dimlinear

指定第一条尺寸界线原点或<选择对象>：(拾取图中 *A* 点)

指定第二条尺寸界线原点：(拾取图中 *B* 点)

指定尺寸线位置或[多行文字(M)／文字(T)／角度(A)／水平(H)／垂直(V)／旋转(R)]：(拖动光标将尺寸放在合适的位置，单击左键或输入选项)

标注文字=10

命令：_dimcontinue

指定第二条尺寸界线原点或[放弃(U)／选择(S)]<选择>：(拾取图中 *C* 点)

标注文字=15

指定第二条尺寸界线原点或[放弃(U)／选择(S)]<选择>：(拾取图中 *D* 点)

标注文字=25

(8) 快速引线标注。

功能：标注引线和注释。用户可在图形的任意位置创建引线，在引线末端输入文字、添加形位公差框格等。

命令激活方式：命令行输入“Qleader”。

图 11–69 所示引线标注的操作步骤如下：

命令：_qleader

指定第一个引线点或 [设置(S)] <设置>：(按回车键设置引线)

弹出图 11–70 所示的“引线设置”对话框。其中，“附着”选项卡只在注释类型为多行文字时才会显示。

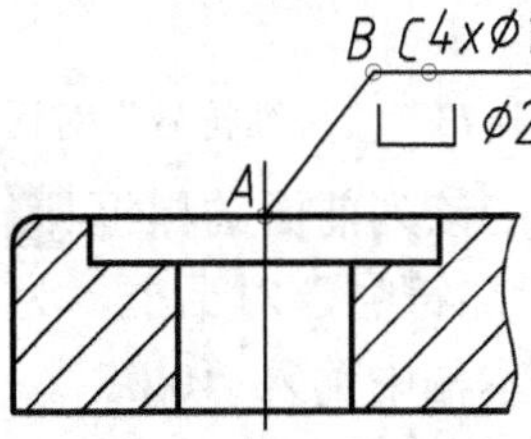

图 11–69　引线标注示例

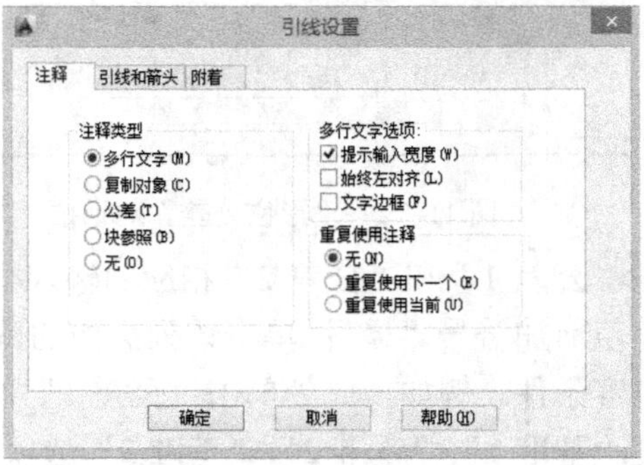

图 11–70　“引线设置”对话框

对应图 11–69 所示的引线标注，应选择“引线和箭头”选项卡，将“箭头”修改为“无”。再选择“附着”选项卡，将多行文字附着位置均修改为“多行文字中间”。修改完成后单击“确定”，关闭“引线设置”对话框，继续执行下面的快速引线命令。

指定第一个引线点或 [设置(S)] <设置>: (指定 *A* 点)

指定下一点:　(指定 *B* 点)

指定下一点:　<正交 开>　(指定 *C* 点)

指定文字宽度 <0>:

输入注释文字的第一行 <多行文字(M)>:↙(回车，打开多行文字编辑器)

通过文字编辑器输入对应的多行文字后，单击“关闭”按钮，完成引线标注。

在绘图窗口选择已标注的引线，利用夹点编辑方式将 *C* 点拉到 *D* 点。另外，再用画线命令绘制沉孔符号“⌴”。

注意：若指引线或文字的位置不合适，可利用夹点编辑方式进行调整。调整引线时，文字保持不动，调整文字时，引线末端将随之移动。

(9) 形位公差标注。

AutoCAD 在尺寸标注工具栏上提供专门的形位公差标注工具■，但在标注时不要用此图标，因为用它标注没有指引线。用“快速引线”标注形位公差能满足我们的需要。

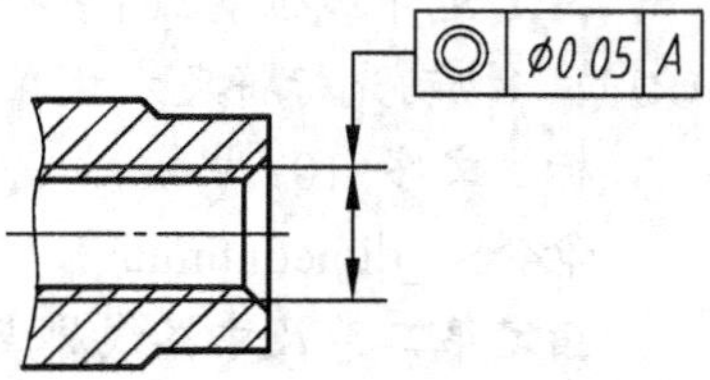

图 11–71　几何公差标注

图 11–71 所示形位公差尺寸的操作步骤如下：

① 命令行输入“Qleader，提示“指定第一个引线点或 [设置(S)] <设置>:”，回车，弹出图 11–70 所示的“引线设置”对话框。在“注释”选项卡下选中“公差”项，按“确定”按钮退出对话框。

② 在被测要素上指定指引线的起点(箭头侧)、转折点和终点后，系统自动弹出图 11–72 所示的“形位公差”对话框。

单击“符号”选项列的黑框■，弹出如图 11–73 所示的“特征符号”对话框。用户可以选择所需要的符号，例如，选择◎。

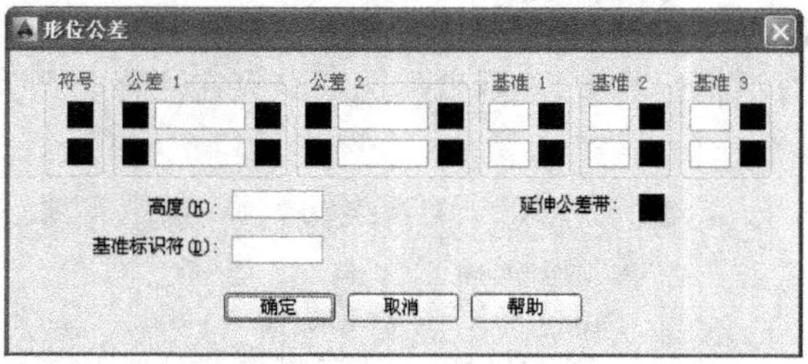

图 11–72　“形位公差”对话框

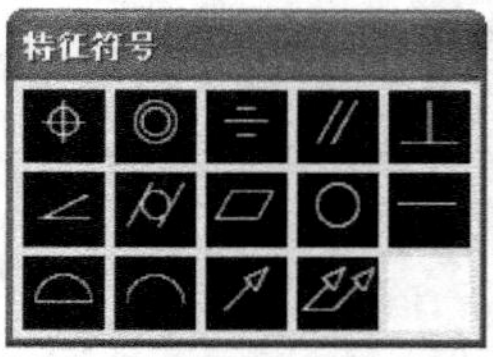

图 11–73　“特征符号”对话框

在“公差 1”和“公差 2”相应的输入框中输入公差值。单击该列前面的黑框■，将在公差值前加符号“ ϕ”；单击该列后面的黑框■，将打开“附加符号”对话框，为公差选择包容条件。例如，此处单击“公差 1”前面的黑框后，在文本框中输入“0.05”。

在“基准 1”、“基准 2”、“基准 3”选项区域设置公差基准和相应的包容条件。例如，此处只在“基准 1”的文本框中输入“A”。

完成以上操作后单击“确定”，返回绘图窗口，系统自动在指引线结束处画出形位公差框。

3. 尺寸标注实例

【例 11–4】 对图 11–74(a)进行尺寸标注，要求达到图 11-74(b)的效果。

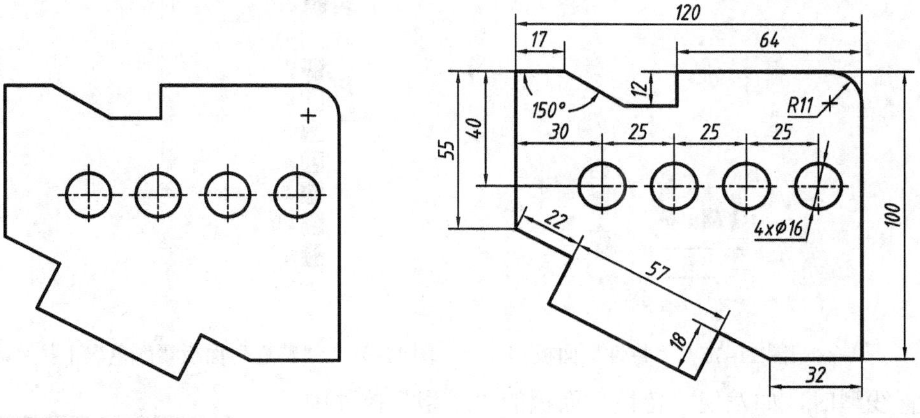

(a)　　　　(b)

图 11–74　尺寸标注综合例题

【解】 参考操作步骤如下：

(1) 打开“标注样式管理器”对话框，参考表 11–6 修改 ISO-25 基础样式，参考表 11–7 创建“角度”、“半径”和“直径”样式。

(2) 先用“线性标注”完成尺寸 40，再用“基线标注”完成尺寸 55。用同样的方法完成尺寸 17 和 120。

(3) 用“线性标注”完成尺寸 30，再用“连续标注”完成后续 3 个尺寸 25。

(4) 用“线性标注”完成尺寸 12、64、100 和 32；用“对齐标注”完成尺寸 22、57 和 18；用“角度标注”完成尺寸 150°；用“半径标注”完成尺寸 R11；用“直径标注”完成尺寸 ϕ16。

(5) 用文字编辑命令将尺寸 ϕ16 修改为 4× ϕ16。

11.2.6　对象特性修改

每个对象都有特性，有些特性是对象共有的，例如颜色、线型、线宽等。有些特性是对象所独有的，例如圆的直径、线段的长度、尺寸标注的箭头、文字等。对象特性不仅可以查看，而且可以修改。

1. 使用“特性”面板

AutoCAD2014 提供一个特性面板，如图 11–75 所示，可以快速便捷的设置或修改对象的颜色、线型和线宽。

以修改颜色为例，选中要修改颜色的对象后，在“特性”面板的“颜色”下拉列表中(见图 11–76)，选择某种颜色，可改变对象的颜色。此操作不会改变当前图层的颜色。

修改线宽或线型的操作与修改颜色类似。

“颜色”下拉列表框中“随层”(Bylayer)选项表示对象颜色由其所在图层的颜色决定。

“随块”(Byblock)选项表示对象颜色由其所在图块的颜色决定。如果选择以上两者之外的颜色，则对象颜色将是独立的，不会随图层和图块的变化而变更。“特性”面板上的“线型”和“线宽”控件也是如此。

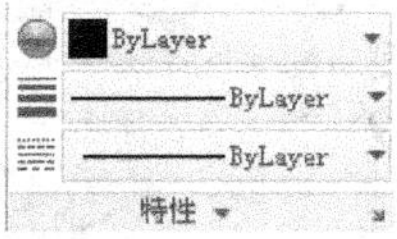

图 11–75　“特性”面板

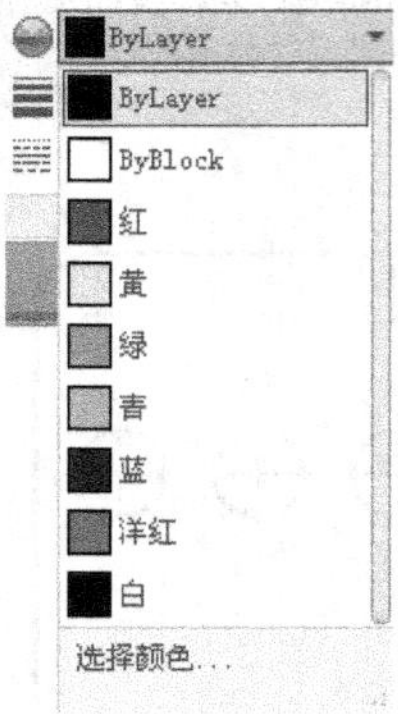

图 11–76　“特性”面板“颜色”下拉列表

设置线型时，如发现“特性”面板的“线型”控件中没有列出需要的线型，应先单击“其他…”选项，打开“线型管理器”对话框，加载所需的线型(参见图 11-7)。

2. 使用“特性”选项板

(1) 命令激活方式。

命令行输入“properties”或“pr”、菜单栏单击“修改”→“特性”或单击“特性”面板右下角的斜箭头。

(2) 操作步骤。

激活命令后，在绘图窗口出现图 11–77 所示的“特性”选项板(一般在绘图区左侧)。选择一个或多个图形元素(如圆、直线等)，在“特性”选项板中使用滚动条查看所选对象的特性内容(单击每个类别右侧的三角符号，可以展开或折叠列表)。“特性”列表中的大部分特性内容都可修改。

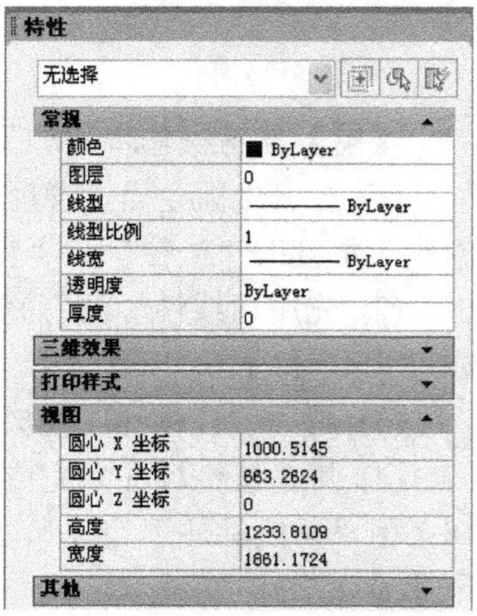

图 11–77　“特性”选项板

以修改图 11–78(a)所示图形中心线的线型比例为例，在“特性”选项板列表中选择“线型比例”，将数值 1(默认值)修改为 0.5，结果如图 11–78(b)所示。

(a)　修改前的图形　　(b) 修改后的图形

图 11–78　用“特性”选项板修改中心线的线型比例

除了修改图形元素的特性，“特性”选项板还常用于修改尺寸标注的特性内容，如尺寸标注的文字替代、前缀、后缀、公差等。例如，将图 11–79 中左边的尺寸 20 修改为中间的 $\phi20$，只需选择尺寸 20，然后在命令行输入“pr”打开“特性”选项板，向下拉滚动条到“主单位”列表，在“标注前缀”后面的文本框输入“%%C”即可。如果要将图 11–79 中左边的尺寸 20 修改为右边的 $\phi20_{0}^{+0.021}$，则除了修改标注前缀外，还要继续向下拉滚动条到“公差”列表，进行如下修改：先将“显示公差”修改为“极限偏差”、“水平放置公差”修改为“中”、“公差精度”修改为“0.000”、“公差文字高度”修改为“0.7”，再在“公差下偏差”输入“–0”、“公差上偏差”输入“0.021”。

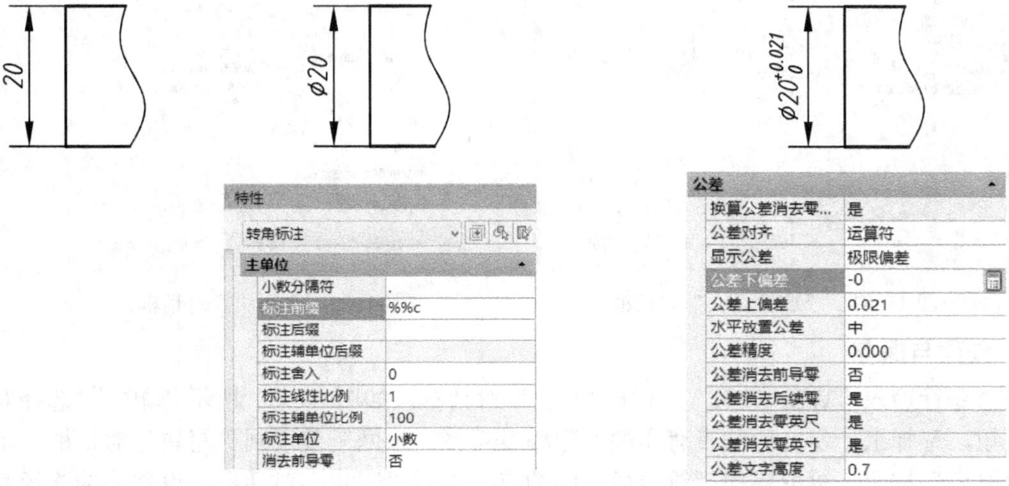

图 11–79　用“特性”选项板修改尺寸的标注前缀和公差

11.2.7　图块

在 CAD 图形中，常需要绘制大量相同或类似的图形文件，如标题栏、标准件图形、表面粗糙度代号等。这时除了采用复制等方式进行图形复制或编辑外，还可以把这些常用的图形预先定义为图块，在使用时将其插入到当前图形或其他图形中，从而增加绘图的准确性，提高绘图速度。另外，在使用图块时，可以根据使用要求定义和编辑图块的属性，以反映图块的某些非图形信息。

下面以制作带有属性的粗糙度代号图块为例，介绍图块的属性定义、创建、保存和插入的步骤。

1. 绘制粗糙度符号

选择“直线(L)”命令，绘制图 11–80 所示的粗糙度符号，符号各部分的尺寸可参考表 9–4 和表 9–5。

2. 定义属性

单击菜单栏“绘图”“块”“定义属性”，打开“属性定义”对话框，如图 11–81 所示。在“模式”选项区域中选择“验证”复选框；设置“标记”为“CCD”，“提示”为“粗糙度值”，“默认”为“Ra 3.2”；“文字样式”为“工程字”，“文字高度”为“3.5”。单击“确定”按钮，在第一步所画的粗糙度符号上方的水平线下拾取点，完成带有属性的粗糙度符号，如图 11–82 所示。

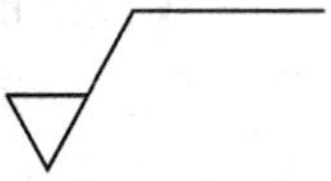

图 11–80　粗糙度符号

图 11–82　粗糙度符号

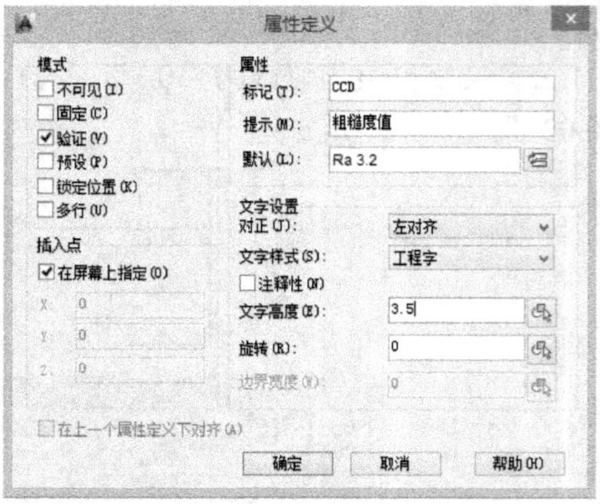

图 11–81　“属性定义”对话框

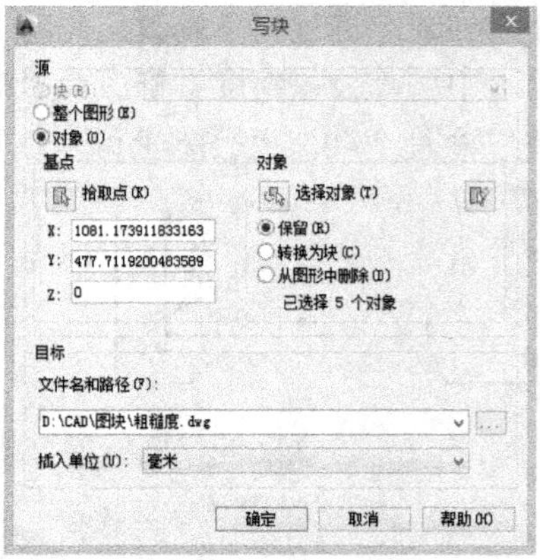

图 11–83　“写块”对话框

3. 创建与保存

在命令行输入“WBLOCK”，打开“写块”对话框，如图 11–83 所示。单击“选择对象”按钮，选择上一步完成的带有属性的粗糙度符号；按回车键返回“写块”对话框。单击“拾取点”按钮，拾取粗糙度符号最下面的点，返回“写块”对话框。设置块的路径和文件名后，单击“确定”按钮。注意：用“BLOCK”命令创建的图块是内部块，只能在创建该图块的图形文件中使用。用“WBLOCK”命令创建和保存的图块是外部块，可以被插入到其他图形文件中去使用。

4. 插入

单击菜单栏“插入”→“块”，打开如图 11–84 所示的“插入”对话框，在“名称”栏中选择块的路径和文件名，在“插入点”选项区域中选中“在屏幕上指定”复选框，单击“确定”按钮，在图形中指定插入点的位置，弹出图 11–85 所示的“编辑属性”对话框，在“粗糙度值”文本框中可输入不同的粗糙度值，输完后单击“确定”返回绘图窗口，即可在图形中插入一个粗糙度图块。重复上述步骤，可在图形中插入多个粗糙度图块。

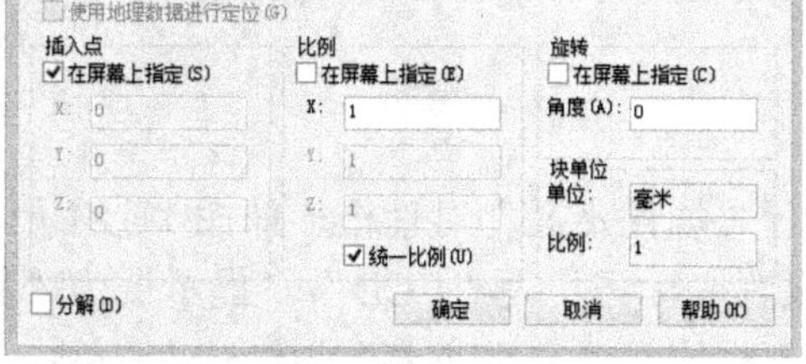

图 11–84　“插入”对话框

图 11–85　“编辑属性”对话框

注意：图形中插入的图块是作为一个整体存在的，因此，除了图块的属性在插入后还可通过双击进行编辑外，不能对图块中其他已失去独立性的对象进行编辑。若需要编辑，需先将图块分解。

11.3　AutoCAD 二维绘图实例

11.3.1　制作样板图

所谓样板图是指包含图纸大小、图框线、标题栏等基本作图内容和关于绘图涉及的图层、文字样式、尺寸标注样式等内容的一张标准基础图形文件，一般为*.dwt 格式文件。AutoCAD 2014 自带有各种图纸大小的样板图，如 acad.dwt、acadiso.dwt 等。这些样板图都是基于国际标准要求设定的，其内容大多与我国的国家标准或行业标准不一致，因此在实际工作中，用户有必要制作自己的样板图，以便节约时间，提高工作效率。下面以制作 A4 图幅的样板图为例，说明其制作过程。 用户可以按该过程制作各种图幅如 A0、A1、A2 和 A3 等的样板图。

1. 新建文件

在 AutoCAD 2014 中选择以 acadiso.dwt 为样板打开一个新图形文件，该图形文件的单位制采用十进制，长度的精度默认为小数点后 4 位，角度的精度默认为小数点后 0 位。如果需要对单位和精度进行修改，可在命令行输入“Units”，打开“图形单位”对话框，进行设置。如果不需要修改，则进行下一步。

2. 设置图形界限

国家标准对图纸幅面的大小有严格的规定，具体可参考本书 1.1 节的表 1–1。A4 图纸的幅面为 297×210 mm。在命令行输入“Limits”可设置图形界限，具体操作如下：

命令: LIMITS

重新设置模型空间界限:

指定左下角点或 [开(ON)/关(OFF)] <0.0000,0.0000>: ↙(回车确认左下角坐标(0,0))

指定右上角点 <420.0000,297.0000>: 297,210↙(输入右上角坐标(297, 210)后回车)

此时已创建了一个标准的 A4 图幅，可以用 Zoom 命令的“全部”选项显示全范围。

3. 设置图层

为了方便管理图形上的不同对象，一般应设置表 11–2 中所示的 6 个图层，设置图层的方法参考 11.2.1 节的内容。

4. 设置文字样式

在绘制图形时，国家标准的汉字标注字体文件为：长仿宋大字体形文件 gbcbig.shx。数字和字母为：gbeitc.shx。文字高度对于不同的对象有不同的要求，例如，一般注释为 7 mm，图样名称为 10 mm，标题栏中其他文字为 5 mm，尺寸文字为 3.5 mm。在样板图中可对应设置 4 种文字样式，设置方法参考图 11–26。

5. 设置尺寸标注样式

对于不同种类的图形，尺寸标注的要求也不尽相同。通常采用 ISO 标准，参考表 11–6 对 ISO–25 样式进行修改，再参考表 11–7 建立“角度”、“半径”、“直径”子样式和“非圆直径”等独立样式。

6. 绘制标准图幅线和图框线

标准图幅线用来表示标准图幅的大小，用细实线绘制；图框线用来确定绘图的范围，用粗实线绘制。具体操作步骤如下：

(1) 在“图层”面板上，将“细实线”层置为当前图层。

(2) 用“矩形”命令绘制图幅线。

命令：_rectang

指定第一个角点或[倒角(C)/标高(E)/圆角(F)/厚度(T)/宽度(W)]：0,0 ↙

指定另一个角点或[面积(A)/尺寸(D)/旋转(R)]: 297,210 ↙

(3) 在“图层”面板上，将“粗实线”层置为当前图层。

(4) 用“矩形”命令绘制图框线。

命令：_rectang

指定第一个角点或[倒角(C)/标高(E)/圆角(F)/厚度(T)/宽度(W)]：25,5 ↙

指定另一个角点或[面积(A)/尺寸(D)/旋转(R)]: 292,205 ↙

7. 绘制、填写标题栏

标题栏位于图框右下角，其外框为粗实线，内部分隔线为细实线。可以用“直线”、“偏移”、“修剪”等命令来绘制标题栏，用“多行文本”命令填写标题栏。下面以制作第一章图 1–4 所示的简化标题栏为例说明具体的操作步骤：

(1) 在“图层”面板上，将“细实线”层置为当前图层。

(2) 用“直线”命令绘制一条右端点为图框矩形右下角点、长度等于标题栏总长度的水平线。

(3) 用“偏移”命令绘制标题栏其他的水平线，偏移距离等于行高。

(4) 用“直线”命令绘制一条连接标题栏最上和最下两条水平线左端点的垂直线。

(5) 用“偏移”命令绘制标题栏其他的垂直线，偏移距离按列宽一一设置。

(6) 用“修剪”和“删除”命令去除多余的线。

(7) 利用“图层”面板，将标题栏的外框线从“细实线”层切换到“粗实线”层。

(8) 用“多行文本”命令填写标题栏中的文字。注意，填写时要在“字体”下拉列表框中选择对应的文字样式。

8. 保存

所有想要定义的内容定义好后，用“另存为”保存文件，保存时选择文件类型为“样板图(*.dwt)”，文件名为 A4。以后每次开始新的 A4 图纸绘图时，就可以打开 A4.dwt，减少很多重复操作，从而提高工作效率。

11.3.2　绘制零件图

【例 11–5】 绘制如图 11–86 所示的零件图。

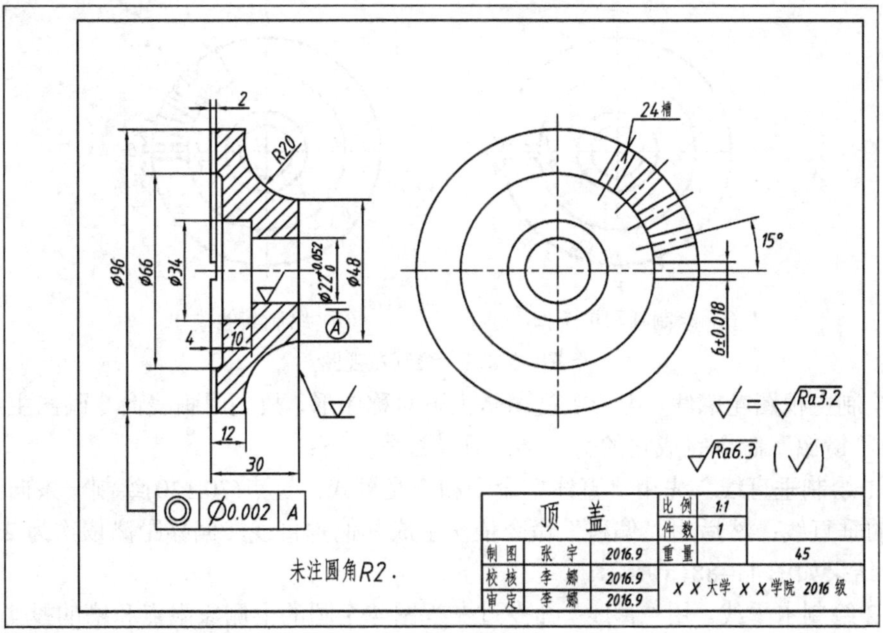

图 11–86　顶盖零件图

【解】参考步骤如下：

1. 用样板图新建图形文件。

该图可以使用 A4 图幅。选择“新建”命令，打开“选择样板”对话框，在文件列表中选择前面创建的样板文件“A4.dwt”，然后单击“打开”，创建一个新的图形文档。此时绘图窗口中将显示图框和标题栏，并包含样板图中所有的设置。另存为“顶盖.dwg”文件。

2. 绘制和编辑图形

为了图形显示的清晰度，绘图时先关闭状态栏上的“线宽”，到检查整理图形时再打开。为了节省幅面，下面大部分说明图都省去了图框线和标题栏。

(1) 绘制基准线。

① 将“中心线”层设置为当前图层。

② 选择“直线(L)”命令，过点 A(65,120)、B(105,120)绘制线段 AB；过点 C(135,120)、D(241,120)绘制线段 CD；过点 E(188,67)、F(188,173)绘制线段 EF。

(2) 绘制轮廓线。

将“粗实线”层设置为当前图层，绘制主、左视图的轮廓线。考虑主、左视图之间的投影规律，可先绘制左视图的各个圆，再利用“高平齐”绘制主视图。

① 绘制左视图。

Step1 绘制圆和单个槽的投影。用“圆”命令绘制⌀96、⌀66、⌀34 及⌀22 的圆；用“偏移”命令将直线 CD 向上、下各偏移 3 mm，将新生成的线段从“中心线”层切换到“粗实线”层，然后用“修剪”命令修剪多余的线，得到线段 12 和 34。结果如图 11–87(a)所示。

Step2 绘制其他槽的投影。选择线段 12、34 和 CD，用“环形阵列”命令绘制其他的槽，设定项目总数为“5”，填充角度为“60º”。分解生成的阵列，将其他槽的中心线用“打断”和“删除”命令去除多余的部分。结果如图 11–87(b)所示。

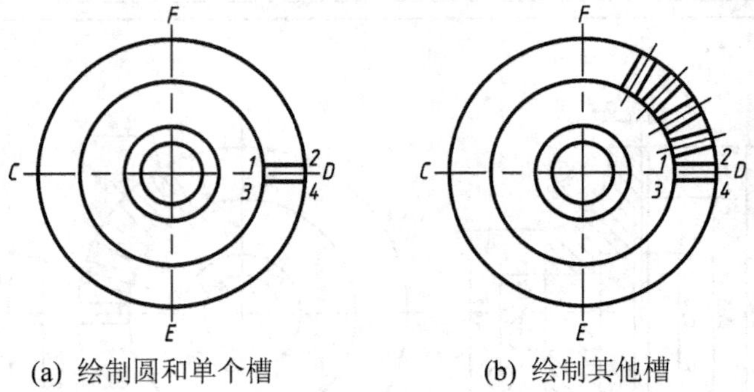

(a) 绘制圆和单个槽　　(b) 绘制其他槽

图 11–87　绘制左视图

② 绘制主视图轮廓线。由于主视图是上下对称图形，故先用画线命令画出主视图的一半，再用“镜像”命令完成它的另一半。具体过程如下：

Step 1 绘制垂直线。先用“直线”命令和正交模式，过点(70,120)绘制一条向上的、长度为 48 的垂直线；然后用“偏移”命令依次生成其他垂直线，偏移距离依次为 2、2、8、2 和 16。结果如图 11–88(a)所示。

Step 2 绘制水平线。用“直线”命令过左视图 4 个圆的上侧象限点和槽的投影线端点 1 画五条水平线，与主视图最左垂直线均相交；用“偏移”命令将线段 *AB* 向上偏移 24 mm，并将生成的线切换到“粗实线”层。结果如图 11–88(b)所示。

Step 3 修剪。用“修剪”命令将上两步生成的图线上多余的部分剪去。结果如图 11–88(c)所示。

Step 4 绘制圆角和圆弧。用“圆角”命令作 *R*2 圆角；用“起点(L)、端点(N)、半径(R)”方式绘制 *R*30 的圆弧，结果如图 11–88(d)所示。

Step 5 绘制另一半图形。用“镜像”命令作镜像复制，完成主视图另一半轮廓线的绘制。结果如图 11–88(e)所示。

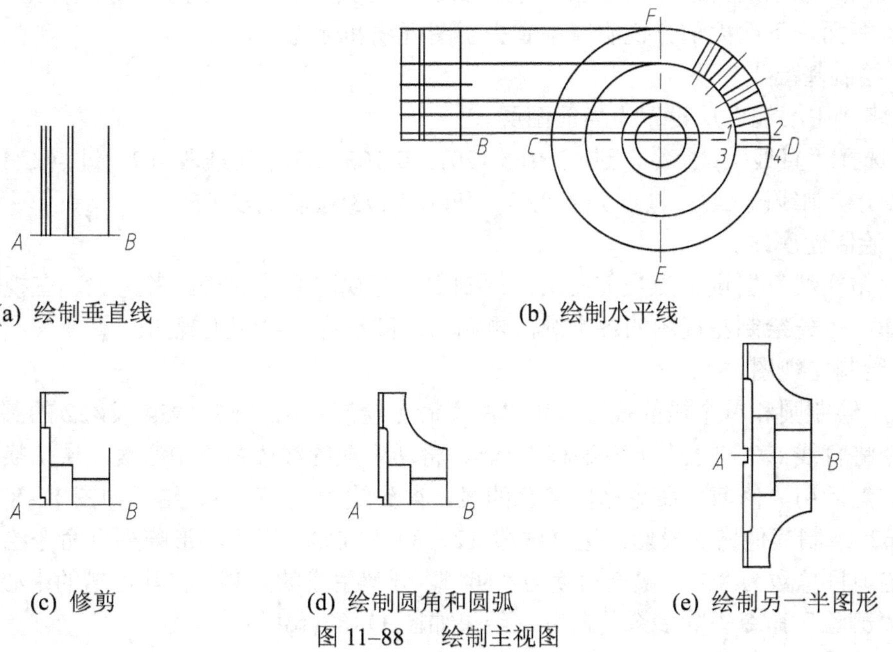

(a) 绘制垂直线　　(b) 绘制水平线

(c) 修剪　　(d) 绘制圆角和圆弧　　(e) 绘制另一半图形

图 11–88　绘制主视图

(3) 绘制剖面线。

将“细实线”层设置为当前图层，执行“绘图(D)”→“图案填充(H)”菜单命令，绘制剖面线。

(4) 检查整理图形。

打开状态栏上的“线宽”按钮，查看图形显示结果，对线型比例不合适的中心线应通过“特性”面板进行调整。调整后的图形结果如图 11–89 所示。至此，完成图形的绘制工作。

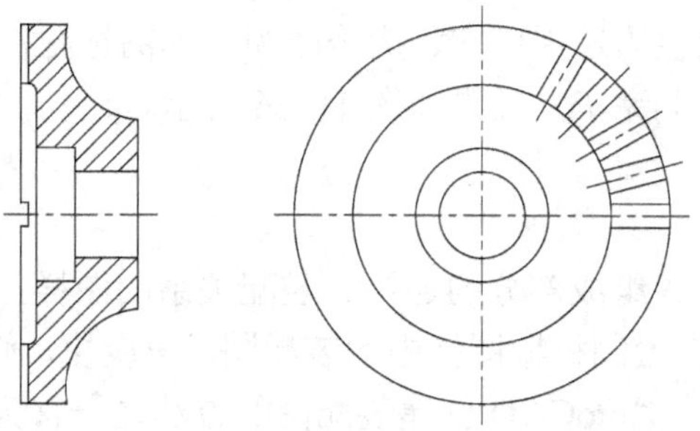

图 11–89　检查整理后的图形

3. 标注图形

图形绘制完成后，还需要进行标注。通常，图形中的标注包括尺寸、公差及粗糙度等。对于本例中的图形，将“尺寸标注”图层设置为当前层，再进行以下标注：

(1) 基本尺寸。

基本尺寸主要包括图形中的长度、角度、直径和半径等。先将标注样式选择为“ISO-25”，用“线性标注”完成尺寸 2、4、10、12、30 和 6，用“角度标注”完成尺寸 15°，用“半径标注”完成尺寸 *R*20。

(2) 带前缀的尺寸。

本例中多个线性尺寸有前缀ø，可利用样板图带有的“非圆直径”标注样式来标注。先将标注样式选择为“非圆直径”，然后用“线性标注”完成尺寸ø96、ø66、ø34、ø22 和ø48。

(3) 尺寸公差。

由于一张零件图上尺寸公差相同的尺寸较少，为每一个尺寸设定一个样式没有必要。因此，带有公差的尺寸可先按基本尺寸标注，然后通过“特性”面板修改相应的公差选项(具体方法参见图 11–79)，即可完成尺寸公差的标注。

(4) 引线标注。

图 11–86 中标注的“24 槽”可用快速引线完成，方法参见 11.2.5 节中的相关内容。

(5) 形位公差。

标注形位公差框格可通过引线标注实现，方法参见 11.2.5 节中的相关内容。形位公差的基准Ⓐ用画线、画圆和输入文字的方式完成。

(6) 标注粗糙度。

表面粗糙度可以通过插入已创建的粗糙度图块来标注。创建和插入粗糙度图块的方法参考 11.2.7 节内容。

4. 注写文字

在图样中，文字注释是必不可少的，可以使用多行文字功能创建文字注释。

(1) 将“文字注释”图层设置为当前层。

(2) 选择“多行文字”命令，然后在绘图窗口中单击鼠标并拖动，创建一个用来放置多行文字的矩形区域。

(3) 在“样式”下拉列表框中选择“注释文字”选项，并在文字输入窗口输入文字内容。

(4) 单击“确定”按钮，输入的文字将显示在绘制的矩形窗口中。

5. 填写标题栏

样板图中自带的标题栏为通用内容，应修改为与本例标题栏相应的内容。

此时，整个零件图绘制完毕，效果如图 11–86 所示。

11.3.3　绘制装配图

装配图是表达部件中各组成部分的连接、装配关系的图样，是机械行业中应用极为广泛的图样。应用 AutoCAD 绘制机械图样中的装配图，速度快，修改方便，精度高，图面美观，大大提高了工作效率。AutoCAD 创建装配图的方法之一称为拼画法，这种方法是建立在已完成零件图的基础上的。统一各零件的绘图比例，在零件图中选取画装配图时需要的若干视图并制作成图块，然后利用 CAD 中插入块等命令，将图块拼装成装配图，再分解图块，根据装配关系编辑拼装图，经过调整和修补完成装配图。下面以绘制图 11–90 所示的旋阀装配图为例，介绍拼画法的绘图思路、步骤以及绘制过程中的注意事项。

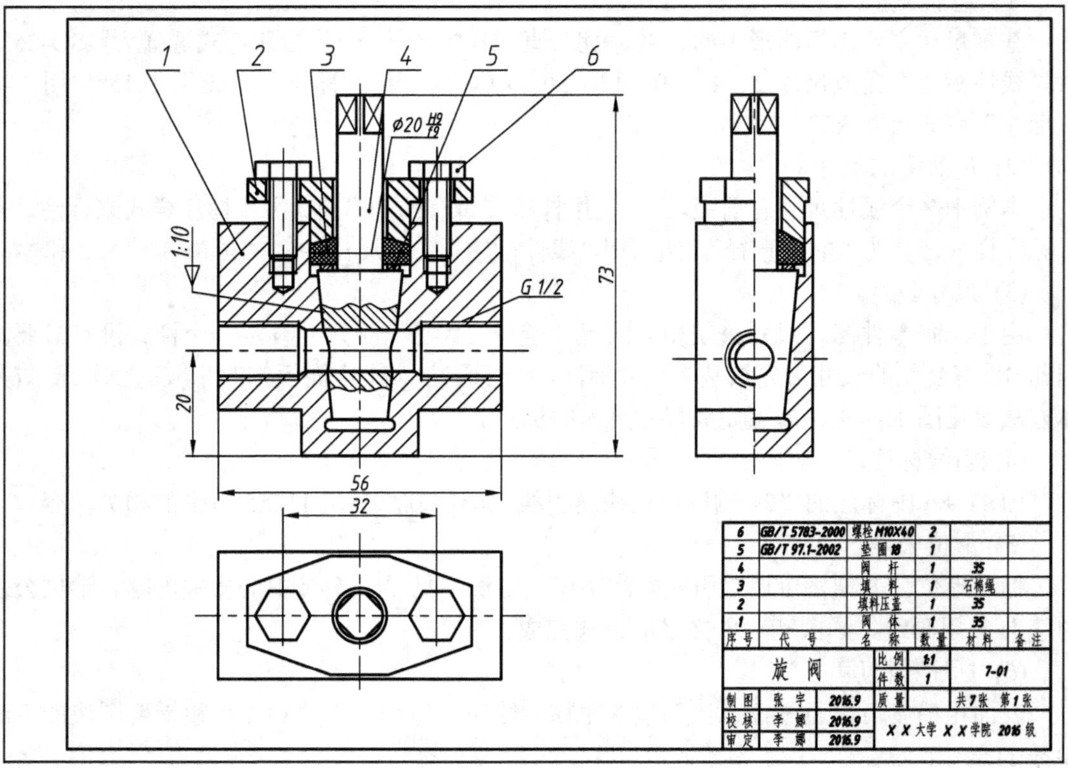

图 11–90　旋阀装配图

图 11–90 是用 AutoCAD 绘制的一张旋阀装配图，其内容包括：表达装配关系的图形、必要的尺寸、技术要求、序号、明细栏与标题栏。从明细栏中可以看出旋阀由 6 个零件组成，其中 5、6 为标准零件。该装配图的绘制方法如下：

1. 绘制零件图

参考上一节介绍的方法绘制各个零件的零件图(不标注尺寸)，各零件图的绘图比例要统一。

2. 创建图块

在每个零件图中选取画装配图主视图时需要的若干视图，如图 11–91 所示，分别将这些零件图设置为块，用零件的序号作为块名，块的基准点必须精确捕捉，设置合适。

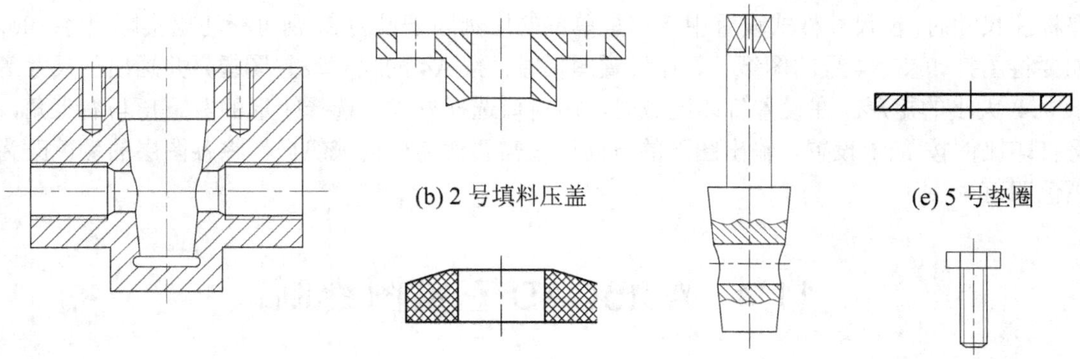

(b) 2 号填料压盖　(e) 5 号垫圈

(a) 1 号阀体　(c) 3 号填料　(d) 4 号阀杆　(f) 6 号螺栓

图 11–91　拼装主视图所用的各零件图块

3. 拼装和调整

利用 A3 样板图新建一个图形文件，插入各图块。例如，先插入 1 号零件阀体，再将 4 号零件阀杆的锥形体插入到 1 号零件阀体中，插入基准点必须与 1 号的插入点重合。用同样的方法将其余零件以块的方式按装配关系逐步插入装配图中，插入点应是零件间相互有装配关系的特征点。

零件以图块插入装配图后，应对各零件被遮挡的部分进行修剪、对缺少的图线进行补画。先分解图块，后用修剪、打断、删除等命令。在调整过程中，有些部分太小难以选择出来，这时可用 Zoom 中的窗口放大。调整后的图形如图 11–92 所示。

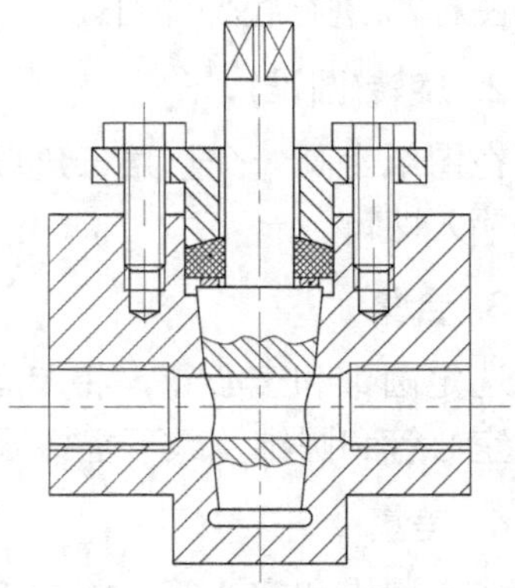

图 11–92　拼装并修剪后的装配图主视图

至此，完成装配图的主视图绘制。按类似方法完成装配图的其他视图。

4. 尺寸标注、技术要求、明细表和序号

装配图中只标注规格、安装、配合、外形几何尺寸，数量不多。如果在标注尺寸前，首先要设置尺寸样式(参考 11.2.5 节)。将“尺寸标注”图层设为当前层，标注图中尺寸。

技术要求的注写采用 GB 规定的长仿宋体字，在格式→文字样式中设置。在字体名下拉列表中，选择 T 仿宋——GB 2312 字体。宽度比例设置为 0.7。

明细表为一系列水平线与垂直线，绘制时可设置新的坐标原点(用户坐标)，用直接给距离方式作一条水平线和一条垂直线，然后用偏移命令按表格尺寸偏移出所有水平线与垂直线，再根据需要进行修剪。

序号排列时首先画出水平线或垂直线，将其等分，再画指引线。画引线末端的小圆点，最后注写序号，即完成装配图的绘制。

5. 图形打印

为了打印出符合要求的图形，在绘制图形时，可按出图大小的 1:1 绘制图形，如直线的实际长度为 100，要求 1∶2 出图，则图上看到的长度为 50，在绘图时，就按 50 来绘制。在标注尺寸时，在尺寸样式设置中将测量单位的比例因子设为 2，则可标注出实际尺寸 100。如要将图打印在 A4 号的图纸上，在设置图幅时，按 A4 的尺寸设置图幅，并画出一尺寸等于 A4 大小的矩形。在设置打印区域时，用窗口选择方式，选择矩形的左下角与右上角，将打印比例按 1 : 1 设置，输出图形的方向可按需要设为横向或纵向，将各图层的颜色改为黑色即可。

11.4　AutoCAD 三维图绘制

11.4.1　基本功能介绍

1. 拉伸(空心管)

先在图纸上画两个同心圆，然后建面域(点击图标，按提示操作即可)。创建面域后，点击图标进行拉伸即可。

2. 旋转(圆锥)

在图纸上画一个直角三角形，然后创建面域(同上)。点击图标，按照命令行提示操作和输入即可。

3. 合集

选定圆锥和空心管，将二者拖到一块(即使二者有交集)。点击图标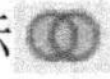，再选定对象——空心管和圆锥，敲下空格即可。

4. 差集

选定圆锥和空心管，将二者拖到一块(即使二者有交集)。点击图标，再选定对象——空心管和圆锥(注意：先点被减去的物体，再点需要减去的部分)，敲下空格即可。

5. 交集

选定圆锥和空心管，将二者拖到一块(即使二者有交集)。点击图标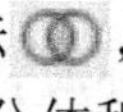，再选定对象——空心管和圆锥(注意：做完交集后所剩余的部分是二者共有的那部分体积)，敲下空格即可。

掌握了以上五点，即可以进行最基本的 CAD 制图的立体操作。

11.4.2　简单三维图的绘制

以绘制长方体为例，具体步骤如下：

(1) 先绘制一个二维矩形，设置好长宽，如图 11–93 所示。

(2) 如图 11–94 所示，在菜单栏选择“绘图”→“建模”→“拉伸”→设置高度→按 enter 键→cad 自动将矩形拉伸成长方体。

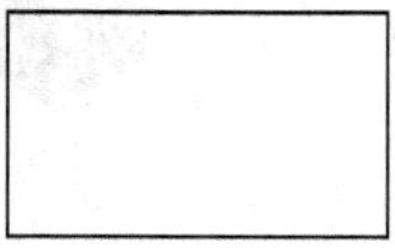

图 11–93　二维矩形

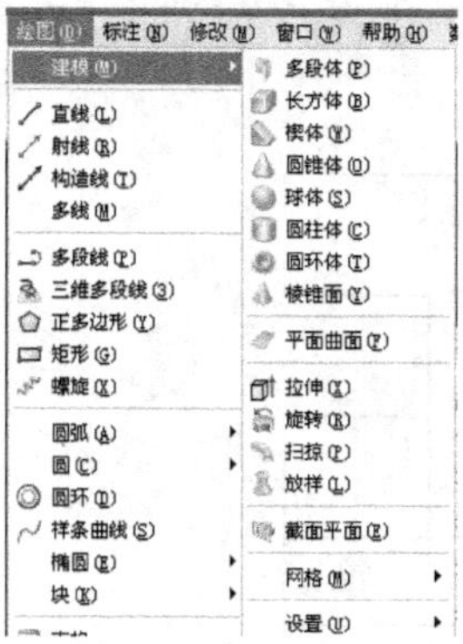

图 11–94　建模菜单栏

(3) 选择“视图”→“三维视图”→“东南等轴测”，得到图 11–95 所示图形。

如果在长方体上面想再画个小长方体，则先点击“视图”→“俯视图”，再用绘图工具在矩形内绘制一个矩形，结果如图 11–96 所示。在工具栏选择“绘图”→“建模”→“拉伸”，设置高度后按 Enter 键，Autocad 自动将矩形拉伸成长方体。可以用上面第三步的方法得到东南等轴测图。

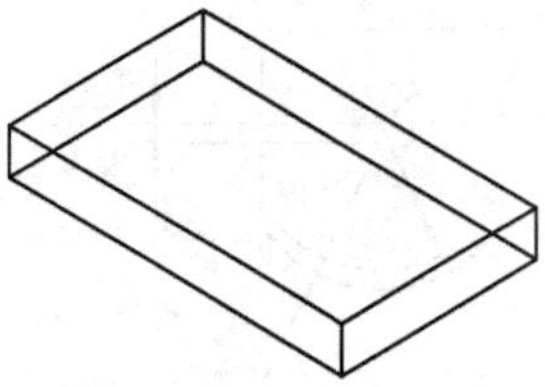

图 11–95　单个长方体东南等轴测图

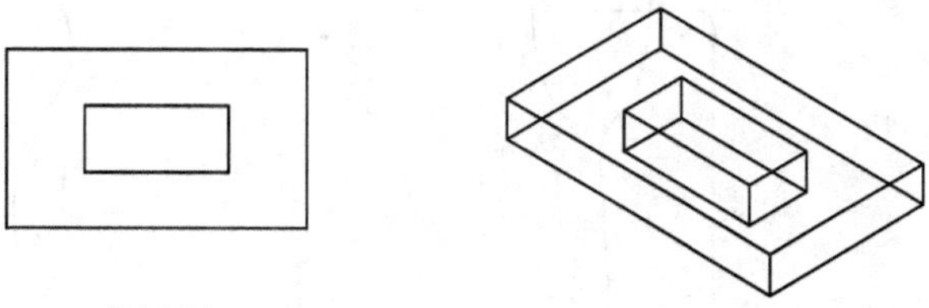

俯视图　　东南等轴测图

图 11–96　两个长方体叠加

(4) 绘制好图后，选择“视图”→“动态观察”→“受约束的动态观察”，移动得到想要的侧视效果后保存。

【例 11–6】根据图 11–97(a)所示图形，绘制工字型三维图形。

【解】具体步骤如下：

步骤一：设置好绘图单位、绘图范围、线型、图层、颜色，打开捕捉功能。从下拉菜单 View→Display→UCSIcon→On 关闭坐标显示。

步骤二：根据图 11–97(a)所示尺寸绘制二维图形。

步骤三：创建面域。在命令栏中输入“Region”，用框选方式全部选中该图形，回车。

出现提示："已提取 1 个环。已创建 1 个面域。"，表示形成了一个封闭图形，创建了一个面域。

步骤四：对该面域进行拉伸操作。单击菜单栏"绘图"→"建模"→"拉伸"，选中该面域的边框，回车。命令栏提示"指定拉伸的高度或[方向(D)/路径(P)/倾斜角(T)/表达式(E)]:"，输入 30，回车，再回车。三维工字形实体就生成了。单击菜单栏"视图"→"三维视图"→"西南等轴测"，再从"视图"→"消隐"进行消除隐藏线处理，结果如图 11–97(b)所示。

步骤五：最后，进行着色渲染，单击菜单栏"视图"→"渲染"→"渲染"，结果如图 11–97(c)所示。

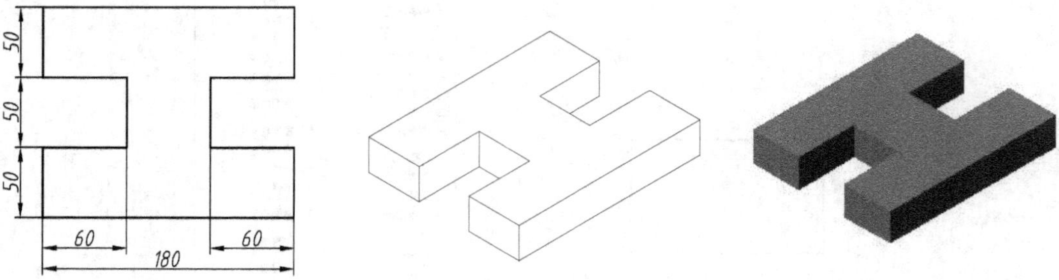

(a) 二维图　(b) 渲染前　(c) 渲染后

图 11–97　工字型三维绘图

【例 11–7】根据图 11–98 所示的汤勺主视图、纵截面轮廓线图和横截面图的尺寸，进行实体造型。

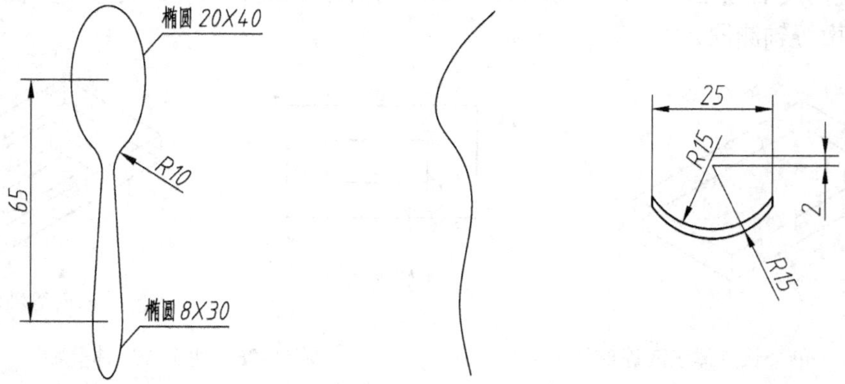

(a) 主视图　(b) 纵截面轮廓线图　(c) 横截面图

图 11–98　汤勺主视图、纵截面轮廓线图和横截面图

【解】 具体步骤如下：

步骤一：绘图准备。

新建一个图形文件，选择公制，设置适当的图层、线型、颜色、绘图范围和绘图对象捕捉方式。

步骤二：绘制汤勺主视图。

先分析汤勺的造型特点，上、下可由一个椭圆经修剪得到，上椭圆尺寸是 20×40，下椭圆尺寸是 8×30，两椭圆中心距是 65。两椭圆中间连接处由直线组成，两直线一端点分别过上椭圆中心，另一端点分别相切于下椭圆轮廓两边。按照上述分析绘制椭圆(见图 11–99(a))和直线(见图 11–99(b))，修剪多余的部分(见图 11–99(c))，再将上椭圆与直线连接处两边倒圆角 R10 (见图 11–99(d))。

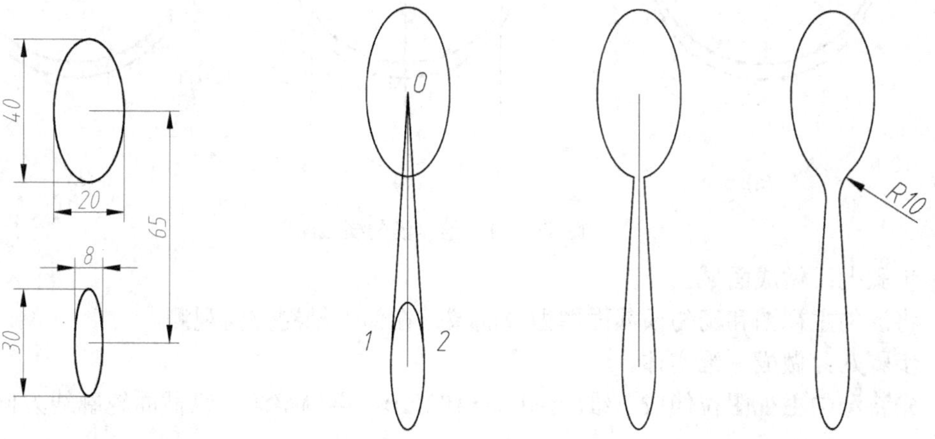

(a)　(b)　(c)　(d)

图 11–99　绘制汤勺主视图

步骤三：绘制汤勺纵截面轮廓线。

汤勺的纵截面轮廓线是一条光滑曲线，构图时可选用多义线，根据坐标值或栅格点绘出。在缺少精确尺寸时，可任选若干点拟合，用多义线 Spline 命令绘出其基本轮廓形状。如图 11–100 所示，用小圆标记的交点 1、2、3、4、5、6、7 处，用 Spline 来绘制成所需要的曲线。注意：1 处要比汤勺主视图的勺尖长些。

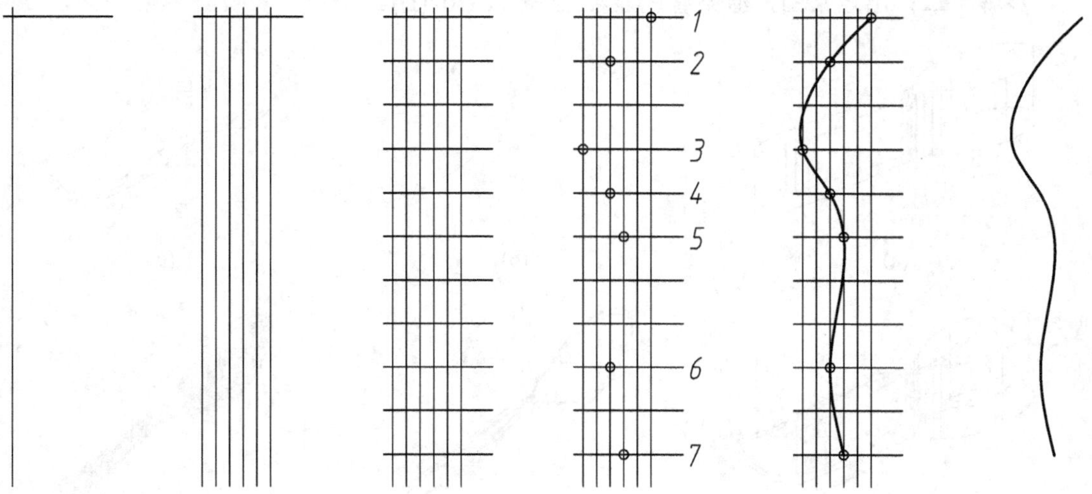

(a)　(b)　(c)　(d)　(e)　(f)

图 11–100　绘制汤勺纵截面轮廓线

步骤四：绘制汤勺横截面图。

汤勺横截面是由两段圆弧和两段直线组成，可通过两个圆修剪而成，如图 11–101 所示。

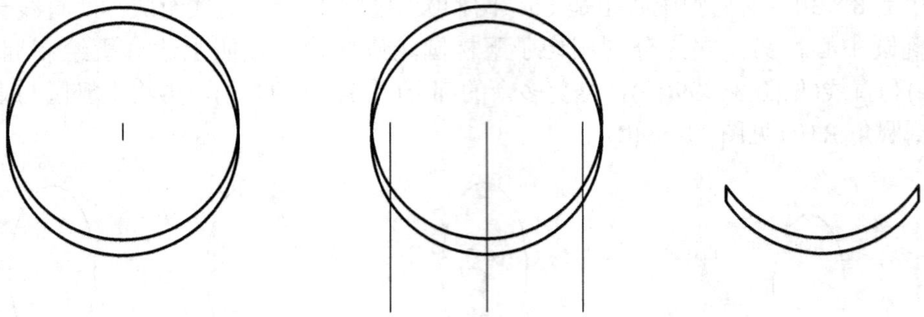

(a)　(b)　(c)

图 11–101　绘制汤勺横截面图

步骤七：做成面域。

将汤勺主视图和汤勺横截面图做成面域，在西南轴测方向观测。

步骤八：做成三维实体。

先将汤勺主视图拉伸成三维(见图 11–102(a))，再调整汤勺纵截面轮廓线方向及横截面方向。

步骤九：拉伸成曲面实体。

先将横截面移到纵截面轮廓线一端(见图 11–102(b))，再把纵截面轮廓线作为路径，拉伸成三维实体(见图 11–102(c))。

步骤十：三维实体求交运算。

先将图的截面体分二次移到图平面体中部(见图 11–102(d))，再执行求交运算，注意两图要完全重叠，否则结果不完整。

步骤十一：整理图形，上下棱边倒圆角(见图 11–102(e))。

步骤十二：出效果图，渲染着色显示(见图 11–102(f))。

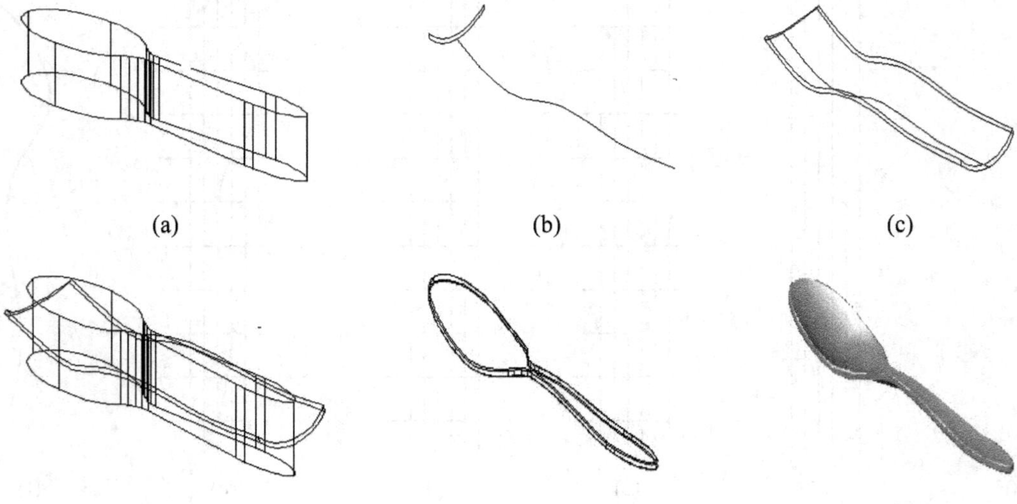

(a)　(b)　(c)

(d)　(e)　(f)

图 11–102　汤勺实体造型过程

第 12 章 SolidWorks 绘图基础

12.1 SolidWorks 简介

12.1.1 主要特点

SolidWorks 是一款参变量式 CAD 设计软件。所谓参变量式设计，是将零件尺寸的设计用参数描述，并在设计修改的过程中通过修改参数的数值改变零件的外形。

SolidWorks 在 3D 设计中的特点有：

(1) SolidWorks 提供了一整套完整的动态界面和鼠标拖动控制。全动感的用户界面减少了设计步骤和多余的对话框，从而避免了界面的零乱。

(2) 用 SolidWorks 资源管理器可以方便地管理 CAD 文件。SolidWorks 资源管理器是一个与 Windows 资源器类似的 CAD 文件管理器。

(3) 配置管理是 SolidWorks 软件体系结构中非常独特的一部分，它涉及零件设计、装配设计和工程图。配置管理能够在一个 CAD 文档中，通过对不同参数的变换和组合，派生出不同的零件或装配体。

12.1.2 设计方法

SolidWorks 支持两种设计方法：自下而上设计法和自上而下设计法，其中自下而上设计法是比较传统的方法。

在自下而上设计法中，首先生成零件模型，然后将其插入到装配体中，根据设计要求添加零件之间的配合关系。当用户使用以前生成的零件时，自下而上的设计方案是首选方案。与自上而下设计法相比，自下而上设计法的一个优点是零部件是独立设计的，它们的相互关系及重建行为更为简单。使用自下而上设计法可以让设计师专注于单个零件的设计工作。当用户不需要控制零件大小和尺寸的参考关系时，这种方法较为适用。

自上而下设计法是从装配体环境中开始设计工作。自上而下设计法可以使用某个零件作为外部参考来定义另外一个零件，也可以将布局草图作为设计的开端，利用布局草图定义装配体中零部件的位置、尺寸关系等，然后参考这些定义来设计零件，在关联的装配体中生成和修改零部件。该设计方法的优点是在设计方案发生变更时所需要改动的操作较少，零件会根据创建方法而更新，是一种智能的设计方法。

12.1.3 三维设计的 3 个基本概念

1. 实体造型

实体造型是指在计算机中用一些基本元素来构造机械零件的完整几何模型。传统的工程设计方法是设计人员在图纸上利用几个不同的投影图来表示一个三维产品的设计模型，图纸上还有很多人为的规定、标准、符号和文字描述。对于一个较为复杂的部件，要用若干张图纸来描述。工艺、生产和管理等部门的人员再去认真阅读这些图纸，理解设计意图，通过不同视图的描述想象出设计模型的每一个细节。这项工作非常艰苦，由于一个人的能力有限，设计人员不可能保证图纸的每个细节都正确。尽管经过层层设计主管的检查和审批，图纸上的错误总是在所难免。

对于过于复杂的零件，设计人员有时只能采用代用毛坯，边加工设计边修改，经过长时间的艰苦工作后才能给出产品的最终设计图纸。所以，传统的设计方法严重影响了产品的设计制造周期和质量。

利用实体造型软件进行产品设计时，设计人员可以在计算机上直接进行三维设计，在屏幕上能够见到产品的真实三维模型，实现了工程设计方法的重大突破。在产品设计中，产品零件的形状和结构越复杂，更改越频繁，采用三维实体软件进行设计的优越性就越突出。

当零件在计算机中建立模型后，工程师就可以在计算机上很方便地进行后续环节的设计工作，如部件的模拟装配、总体布置、管路铺设、运动模拟、干涉检查以及数控加工与模拟等。

2. 参数化

传统的 CAD 绘图技术都用固定的尺寸值定义几何元素，输入的每一条线都有确定的位置。要想修改图面内容，只有删除原有线条后重画。而新产品的开发设计需要经过多次反复修改，进行零件形状和尺寸的综合协调和优化。对于定型产品的设计，需要形成系列，以便针对用户的生产特点提供不同规格的产品型号。参数化设计可使产品的设计图随着某些结构尺寸的修改和使用环境的变化而自动修改图形。

参数化设计一般是指设计对象的结构形状比较稳定，可以用一组参数来约束尺寸关系。参数的求解较为简单，参数与设计对象的控制尺寸有着显式的对应关系，设计结果的修改受到尺寸的驱动。生产中最常用的系列化标准件就属于这一类型。

3. 特征

特征是一个专业术语，它兼有形状和功能两种属性，包括特定几何形状、拓扑关系、典型功能、绘图表示方法、制造技术和公差要求。特征是产品设计与制造者最关注的对象，是产品局部信息的集合。特征模型利用高一层次的具有工程意义的实体(如孔、槽、内腔等)来描述零件。

基于特征的设计是把特征作为产品设计的基本单元，并将机械产品描述成特征的有机集合。特征设计具有的优点较为突出，在设计阶段就可以把很多后续环节要使用的有关信息放到数据库中，这样便于实现并行工程，使设计绘图、计算分析、工艺性审查到数控加工等后续环节工作都能顺利完成。

12.2　SolidWorks 的基本操作

12.2.1　SolidWorks 2013 的文件操作

1. 启动及退出

在 Windows 操作环境下，SolidWorks 2013 安装完成后，可通过以下两种方式进行启动：

(1) 选择“开始”→“所有程序”→“SolidWorks 2013”命令。

(2) 双击桌面上的 SolidWorks 2013 的快捷图标。

图 12–1 所示为 SolidWorks 2013 启动画面，该画面持续一段时间后，系统将进入 SolidWorks 2013 初始界面，如图 12–2 所示。

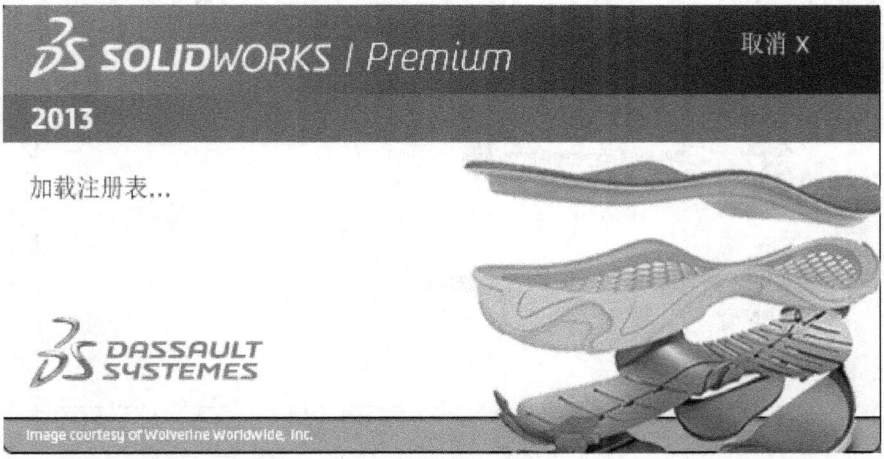

图 12–1　SolidWorks 2013 的启动画面

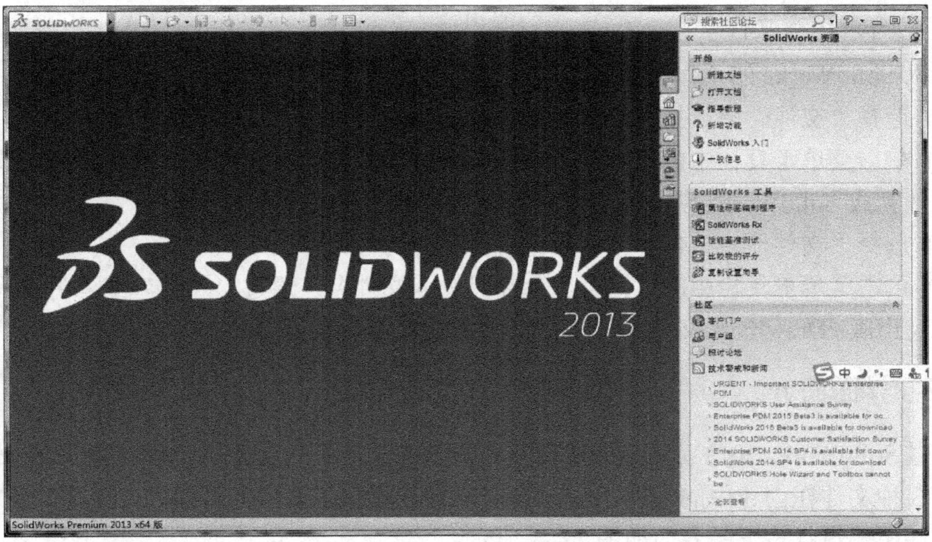

图 12–2　SolidWorks 2013 初始界面

选择“文件”→“退出”命令或左键单击界面右上角的“关闭”命令按钮 均可退出 SolidWorks 2013。

2. 新建文件

进入初始界面后，可通过以下三种方式新建文件：

(1) 选择“文件”→“新建”命令。

(2) 左键单击菜单工具栏中的“新建”命令按钮 。

(3) 按键盘(Ctrl+N)快捷键。

随后弹出“新建 SolidWorks 文件”对话框，如图 12–3 所示。在该对话框中进行文件类型的选择，3 个图标分别代表“零件”、“装配体”和“工程图”，然后左键单击“确定”按钮，进入默认的工作环境。

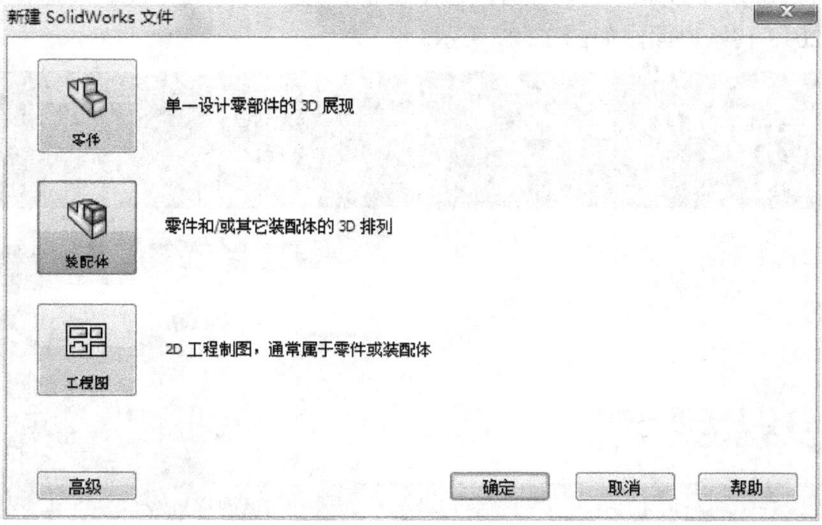

图 12–3　“新建 SolidWorks 文件”对话框

3. 打开及保存文件

进入 SolidWorks 的工作环境后，可通过以下两种方式打开文件：

(1) 选择“文件”→“打开”命令。

(2) 单击菜单工具栏中的“打开”命令，通过“打开”按钮还可以浏览最近的文档。

设计完成 SolidWorks 模型后，可通过以下两种方式保存文件：

(1) 选择“文件”→“保存”命令或者“另存为”命令。

(2) 单击菜单工具栏中的“保存”命令，输入文件名。通过“保存”或“另存为”、保存所有及出版 eDrawlings 文件。

12.2.2　界面简介

通过 SolidWorks 2013 可以建立 3 种不同类型的文件——零件图、工程图和装配体文件。针对这 3 种文件在创建中的不同，SolidWorks 2013 提供了对应的界面，方便用户编辑。

零件图编辑状态下的界面如图 12–4 所示。

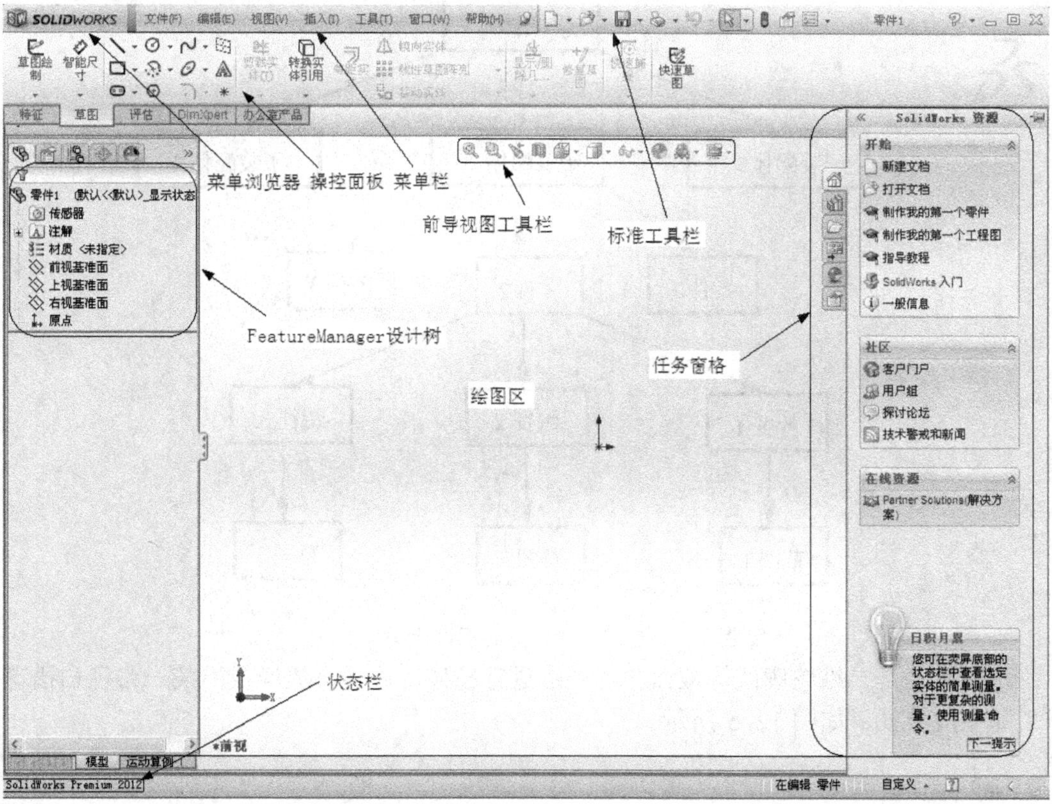

图 12–4　SolidWorks 2013 界面

(1) 菜单栏：包含 SolidWorks 的所有操作命令。

(2) 标准工具栏：同其他标准的 Windows 程序一样，标准工具栏中的工具按钮用来对文件执行最基本的操作，如新建、打开、保存、打印等。

(3) 设计树：SolidWorks 中最著名的技术就是其特征管理员(Feature Manager)，该技术已经成为 Windows 平台三维 CAD 软件的标准。设计树就是这项技术最直接的体现，对于不同的操作类型(如零件设计、工程图、装配图)，其内容是不同的，但基本上都真实地记录了用户所做的每一步操作(如添加一个特征、加入一个视图或插入一个零件等)。通过对设计树的管理，可以方便地对三维模型进行修改和设计。

(4) 绘图区：是进行零件设计、制作工程图、装配的主要操作窗口。后文提到的草图绘制、零件装配、工程图的绘制等操作，均是在这个区域中完成的。

(5) 状态栏：用于显示当前的操作状态。

12.2.3　设计过程

在 SolidWorks 系统中，零件、装配体和工程图都属于对象。SolidWorks 采用自上而下设计法创建对象，其设计过程如图 12–5 所示。

图 12–5 中所表示的层次关系充分说明，在 SolidWorks 系统中，零件设计是核心，特征设计是关键，草图设计是基础。

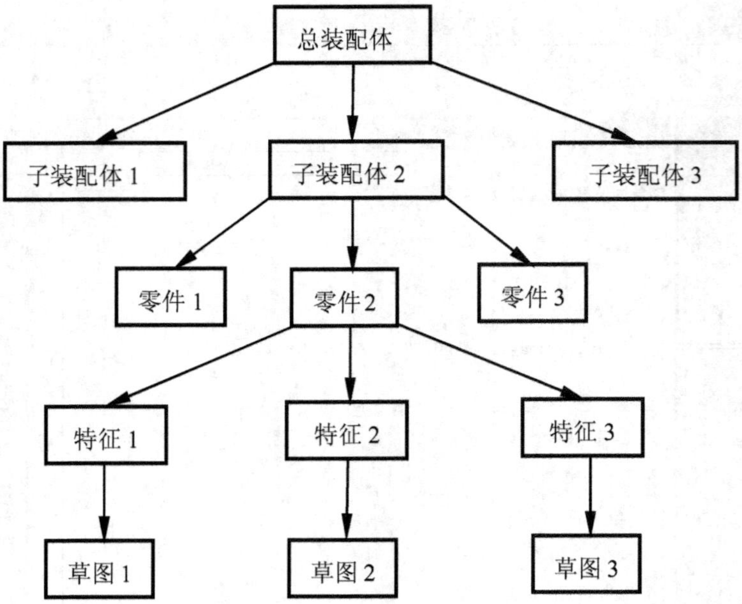

图 12–5　自上而下设计法

草图指的是二维轮廓或横截面。对草图进行拉伸、旋转、放样或沿某一路径扫描等操作后即生成特征，如图 12–6 所示。

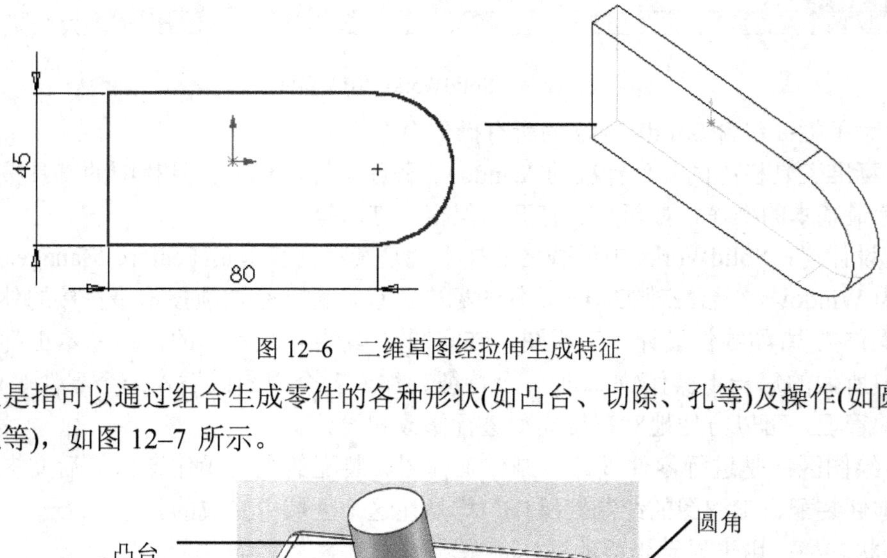

图 12–6　二维草图经拉伸生成特征

特征是指可以通过组合生成零件的各种形状(如凸台、切除、孔等)及操作(如圆角、倒角、抽壳等)，如图 12–7 所示。

图 12–7　特征

12.2.4　设计方法

零件是 SolidWorks 系统中最主要的对象。传统的 CAD 设计方法是由平面(二维)到立体(三维)，工程师首先设计出图纸，再由工艺人员或加工人员根据图纸还原出实际零件。而在 SolidWorks 系统中，工程师直接设计出三维实体零件，然后根据需要生成相关的工程图。此外，在 SolidWorks 系统中，零件的设计、构造过程类似于真实制造环境下的生产过程，如图 12–8 所示。

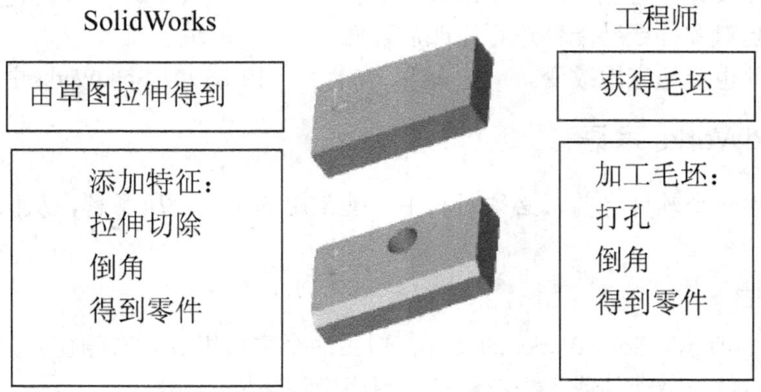

图 12–8　在 SolidWorks 中生成零件

装配件是若干零件的组合，是 SolidWorks 系统中的对象，通常用来实现一定的设计功能。在 SolidWorks 系统中，用户先设计好所需的零件，然后根据配合关系及约束条件将零件组装在一起，生成装配件。使用配合关系，可相对于其他零部件来精确地定位零部件，还可定义零部件如何相对于其他的零部件移动和旋转。通过继续添加配合关系，可以将零部件移动到所需的位置。配合会在零部件之间建立几何关系，如共点、垂直、相切等。每种配合关系对于特定的几何实体组合有效。

如图 12–9 所示是一个简单的装配体，由顶盖和底座两个零件组成，其设计、装配过程如下：

(1) 设计出两个零件。

(2) 新建一个装配体文件。

(3) 将两个零件分别拖入到新建的装配体文件中。

(4) 使顶盖底面和底座顶面重合，顶盖底一个侧面和底座对应的侧面重合，将顶盖和底座装配在一起，从而完成装配工作。

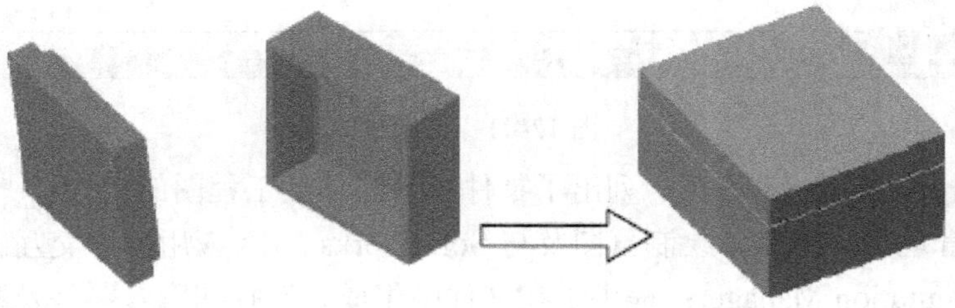

图 12–9　在 SolidWorks 中生成装配体

工程图就是常说的工程图纸，是 SolidWorks 系统中的对象，用来记录和描述设计结果，是工程设计中的主要档案文件。

用户由设计好的零件和装配件，按照图纸的表达需要，通过 SolidWorks 系统中的命令，生成各种视图、剖面图、轴测图等，然后添加尺寸说明，得到最终的工程图。图 12–10 显示了一个零件的视图，它们都是由实体零件自动生成的，无须进行二维绘图设计，这也体现了三维设计的优越性。此外，当对零件或装配体进行修改后，对应的工程图文件也会相应地改变。

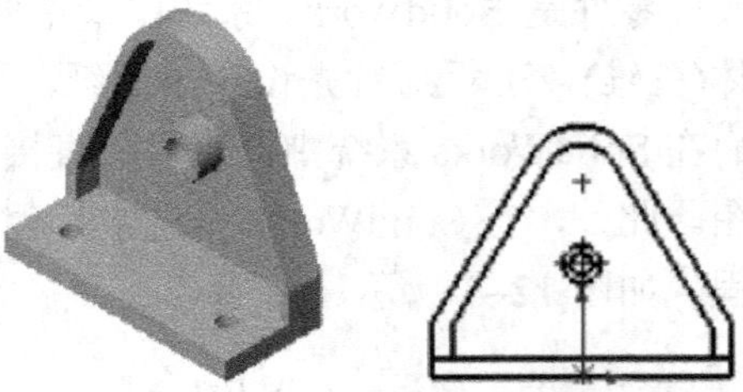

零件　　前视图

图 12–10　SolidWorks 中生成的工程图

12.2.5　SolidWorks 术语

在学习使用一个软件之前，必须对其中一些常用的术语有所了解，从而避免产生理解上的歧义。

1. 文件窗口

如图 12–11 所示，SolidWorks 的文件窗口由两个窗格组成。右侧窗格为图形区域，用于生成和操纵零件、装配体或工程图。左侧窗格中包含以下项目：

图 12–11　文件窗口

(1) Feature Manager 设计树：列出了零件、装配体或工程图的结构。

(2) 属性管理器：提供了绘制草图及与 SolidWorks 2013 应用程序交互的另一种方法。

(3) Configuration Manager：提供了在文件中生成、选择和查看零件及装配体的多种配置的方法。

2. 控标

允许用户在不退出图形区域的情形下，动态地拖动和设置某些参数。

3. 常用模型术语(见图 12–12)

(1) 顶点：两条或多条直线或边线的交点，用于绘制草图、标注尺寸以及许多其他用途。

(2) 面：模型或曲面的所选区域(平面或曲面)。模型或曲面带有边界，可帮助定义模型或曲面的形状。例如，矩形实体有 6 个面。

(3) 原点：显示为灰色，代表模型的(0, 0, 0)坐标。当激活草图时，草图原点显示为红色，代表草图的(0, 0, 0)坐标。尺寸和几何关系可以加入到模型原点，但不能加入到草图原点。

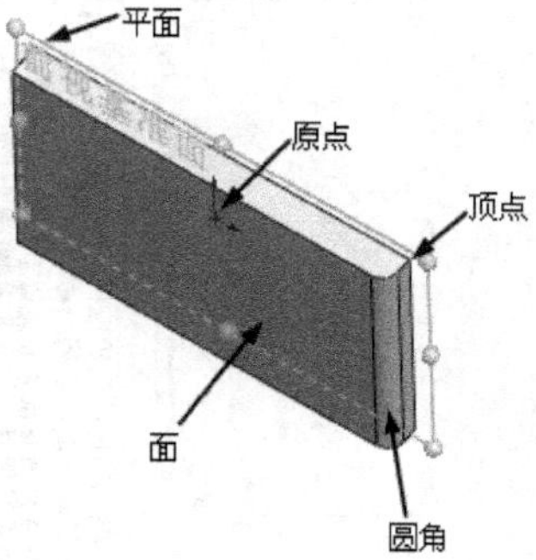

图 12–12　常用模型术语

(4) 平面：平的构造几何体，可用于绘制草图、生成模型的剖面视图，以及用作拔模特征中的中性面等。

(5) 轴：穿过圆锥面、圆柱体或圆周阵列中心的直线。插入轴有助于建造模型特征或阵列。

(6) 圆角：草图内、曲面或实体上的角或边的内部圆形。

(7) 特征：单个形状，如与其他特征结合则构成零件。有些特征，如凸台和切除，由草图生成；有些特征，如抽壳和圆角，则为修改特征而成的几何体。

(8) 几何关系：草图实体之间或草图实体与基准面、基准轴、边线或顶点之间的几何约束，可以自动或手动添加这些项目。

(9) 模型：零件或装配体文件中的三维实体几何体。

(10) 自由度：没有由尺寸或几何关系定义的几何体可自由移动。在二维草图中，有 3 种自由度，即沿 X 轴移动、沿 Y 轴移动以及绕 Z 轴旋转(垂直于草图平面的轴)；在三维草图中，有 6 种自由度，即沿 X 轴移动、沿 Y 轴移动、沿 Z 轴移动，以及绕 X 轴旋转、绕 Y 轴旋转、绕 Z 轴旋转。

(11) 坐标系：平面系统，用来给特征、零件和装配体指定笛卡儿坐标。零件和装配体文件包含默认坐标系；其他坐标系可以用参考几何体定义，用于测量工具以及将文件输出到其他文件格式。

12.2.6　操作环境设置

SolidWorks 有很多工具栏，但由于图形区的限制，无法全部显示出来，一般默认显示的工具栏都是比较常用的。在建模过程中，用户可以根据需要显示或者隐藏部分工具栏。其设置方法有两种，下面将分别介绍。

1. 利用菜单命令设置工具栏

利用菜单命令添加或者隐藏工具栏的操作步骤如下：

(1) 选择“工具”→“自定义”命令或者在工具栏区域右击，在弹出的快捷菜单中选择“自定义”命令，弹出“自定义”对话框，如图 12–13 所示。

(2) 选择“工具栏”选项卡，此时会显示出系统中所有的工具栏，从中选中需要打开的工具栏复选框。

(3) 单击“确定”按钮，在图形区中便会显示出所选择的工具栏。

如果要隐藏已经显示的工具栏，取消选中该工具栏复选框，然后单击“确定”按钮即可。

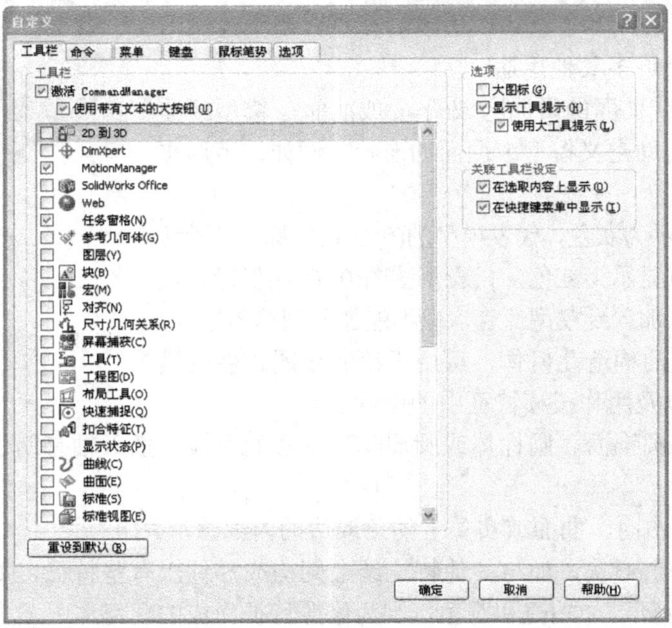

图 12–13　“自定义”对话框

2. 利用鼠标右键设置工具栏

利用鼠标右键添加或者隐藏工具栏的操作步骤如下：

(1) 在工具栏区域右击，弹出“工具栏”快捷菜单，如图 12–14 所示。

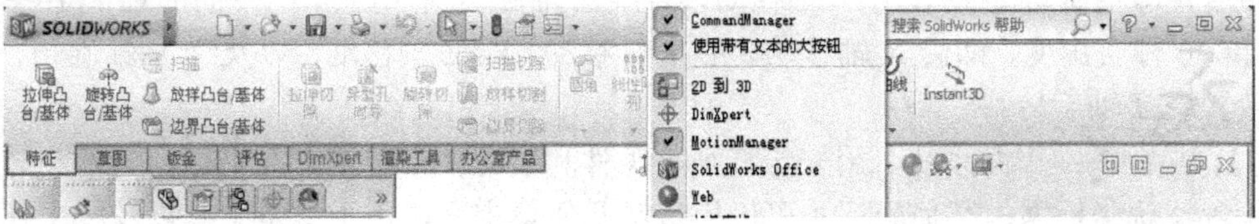

图 12–14　“工具栏”快捷菜单

(2) 单击需要的工具栏，其前面复选框的颜色会加深，则图形区中将会显示选择的工具栏；如果单击已经显示的工具栏，其前面复选框的颜色会变浅，则图形区中将会隐藏选择的工具栏。

12.3　SolidWorks 操作实例

12.3.1　草图绘制

当新建一个零件文件时，首先要绘制草图。草图是三维模型的基础，可以在任何默认基准面(前视、上视或右视基准面)中生成草图；可以通过选择草图绘制实体工具(或草图绘

制按钮)、基准面、“拉伸凸台/基体”按钮或“旋转凸台/基体”按钮来绘制草图。

1. 以草图绘制实体工具(或草图绘制按钮)开始草图绘制

(1) 选择“草图”工具栏中的草图绘制实体工具(直线、圆等)，或单击草图绘制按钮，或在菜单栏中选择“插入”→“草图绘制”命令。

(2) 选择特征管理器设计树中的三个基准面之一。在新草图中将基准面以“正视于”方向显示。

(3) 用草图绘制实体工具绘制出一个草图，或在“草图”工具栏中选择一种绘制实体工具并绘制出草图。

(4) 为草图实体标注尺寸。

(5) 单击图形区右上角的“确定”按钮，或单击“特征”选项卡中的“拉伸凸台/基体”按钮或“旋转凸台/基体”按钮，退出草图绘制状态。

2. 以基准面开始草图绘制

(1) 在特征管理器设计树中选择一种基准面，然后在草图工具栏中选择一种草图绘制实体工具，或单击草图绘制按钮。

(2) 在新零件中将基准面以正视于方向显示。

(3) 绘制草图。

(4) 单击图形区右上角的“确定”按钮退出草图绘制状态。

3. 以“拉伸凸台/基体”按钮或“旋转凸台/基体”按钮开始草图绘制

(1) 单击“特征”选项卡中的“拉伸凸台/基体”按钮或“旋转凸台/基体”按钮，或在菜单栏中选择“插入”→“凸台/基体”→“拉伸”或“旋转”命令。

(2) 在特征管理器设计树中选择一种基准面，并在新草图中将基准面旋转到“正视于”方向。

(3) 用草图绘制实体工具绘制出一个草图，注意该草图必须为闭合草图。

(4) 在图形区选择草图后，弹出“属性”管理器，在其中设置所需要的参数。

(5) 单击图形区右上角的“确定”按钮完成草图的绘制。

12.3.2　实体建模

SolidWorks 2013 的“特征”工具栏如图 12–15 所示，根据各种特征在零件建模过程中的作用可以将其分为基体特征、切除特征和附加特征。

图 12–15　“特征”工具栏

1. 基体特征

基体特征包括拉伸凸台/基体、旋转凸台/基体、扫描、放样凸台/基体等特征，这些用于生成长方体、柱体、球体等最基本的三维几何体，是创建零件其他特征的基础。生成基体特征是增加零件材料的操作，这些特征都是基于草图来创建的。在创建基体特征之前要完成草图的绘制，并且不同的基体特征对草图的要求是不同的。

2. 切除特征

切除特征包括拉伸切除、旋转切除、扫描切除、放样切割等特征，这些特征是在基体特征的基础上通过去除材料的方法生成的。

3. 附加特征

附加特征包括圆角、筋、抽壳、圆顶、阵列、镜向、拔模和包覆等特征。这些特征可以通过增加材料或去除材料来生成(如圆角、抽壳、筋等特征)，或按一定的方式复制已有的特征来生成(如阵列、镜像等特征)。阵列和镜像操作的对象可以是基体特征，也可以是切除特征或某些附加特征，如筋、圆角等特征。

下面以拉伸特征为例演示特征的基本操作。

(1) 在 SolidWorks 操作界面中新建一个零件文件，在特征管理器设计树中选择“前视基准面”选项右击，选择正视于选项，单击“草图”工具栏中的“草图绘制”按钮，然后单击该工具栏中的“多边形”按钮，在图形区绘制一个内接圆直径为 80 mm 的六边形，如图 12–16 所示。单击图形区右上角的“确定”按钮完成草图 1 的绘制。

(2) 单击“特征”工具栏中的“拉伸凸台/基体”按钮，弹出“拉伸”属性管理器，如图 12–17 所示。

(3) 在“方向 1”选项组的“终止条件”下拉列表框中选择“给定深度”选项，在“深度”文本框中输入 50，表示生成的六棱柱的高度为 50 mm，其他参数采用默认设置，单击“确定”按钮完成拉伸 1 特征的创建，生成的六棱柱实体如图 12–18 所示。如果勾选了“方向 2”复选框，则表示可以在两个方向上进行拉伸。

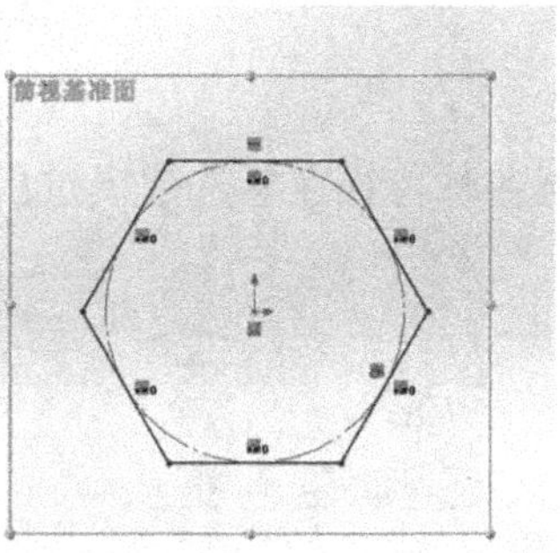

图 12–16　绘制草图

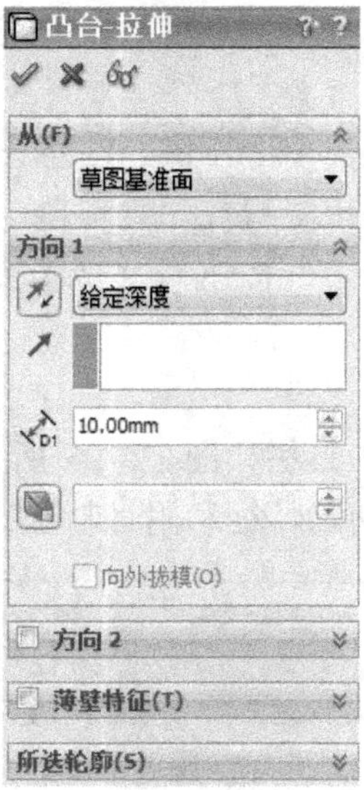

图 12–17　“拉伸”属性管理器

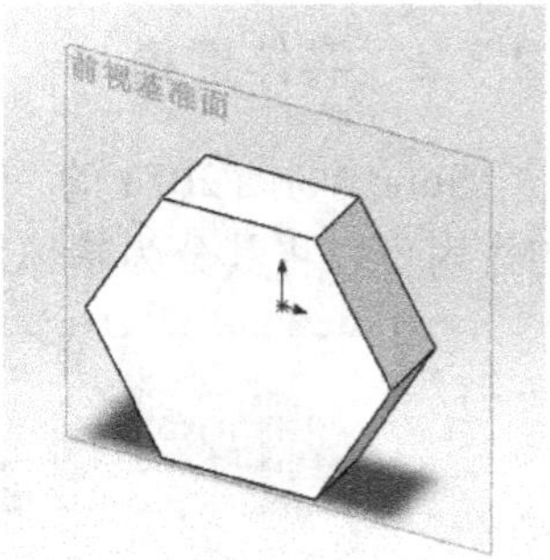

图 12–18　实体

12.3.3　实例

下面以水杯设计为例，介绍其具体步骤。

(1) 单击“新建”命令按钮，建立一个新的零件文件。选取“上视基准面”选项，单击“正视于”选项，再单击“参考几何体”中的“基准面”，“基准面”属性管理器的设置如图 12–19 所示，建立一个距离上视基准面 70 mm 的基准面 1，按此方法建立基准面 2 和 3，如图 12–20 所示。

图 12–19　“基准面”属性管理器

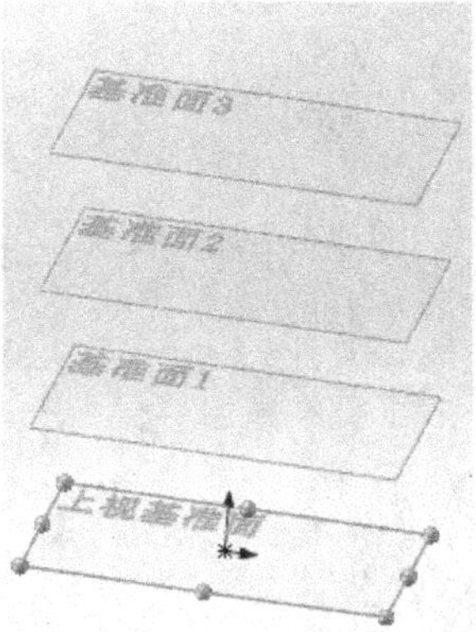

图 12–20　基准面的建立

(2) 选取“上视基准面”选项，单击“正视于”选项，再单击“草图绘制”，进入草图绘制界面，选择菜单命令“工具”的“草图绘制实体”中的“多边形”，其属性设置如图 12–21 所示，绘制完成后如图 12–22 所示，单击“退出”按钮。

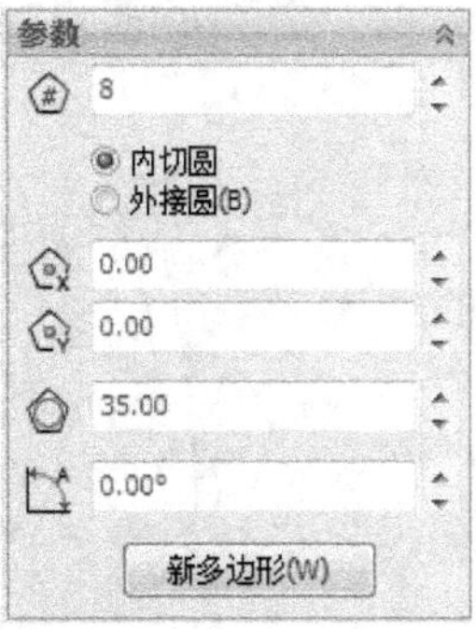

图 12–21　“多边形”属性设置

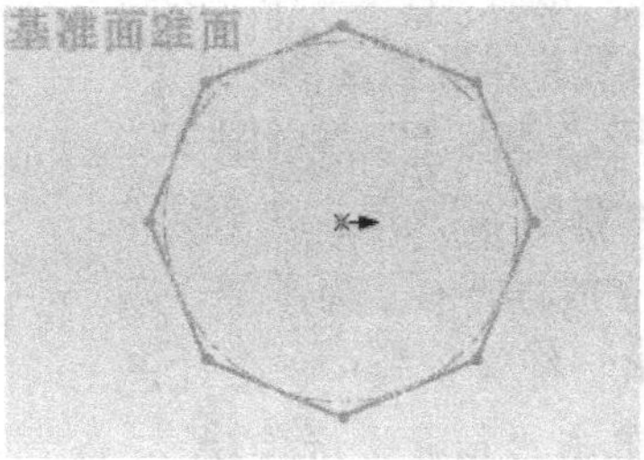

内切圆直径为 85mm 的正八边形

图 12–22　草图 1

(3) 选取“基准面 1”为草图绘制平面，再单击“正视于”选项，再单击“草图绘制”选项，绘制正八边形，其属性设置如图 12–23 所示，绘制完成后如图 12–24 所示，单击“退出”按钮。

(4) 选取“基准面 2”为草图绘制平面，绘制和设置与步骤(2)完全相同的多边形，绘制完成后如图 12–25 所示，单击“确定”按钮。

(5) 同步骤(4)绘制正八边形，属性设置如图 12–26 所示，绘制完成后如图 12–27 所示，单击“退出”按钮。

图 12–23　“多边形”属性设置

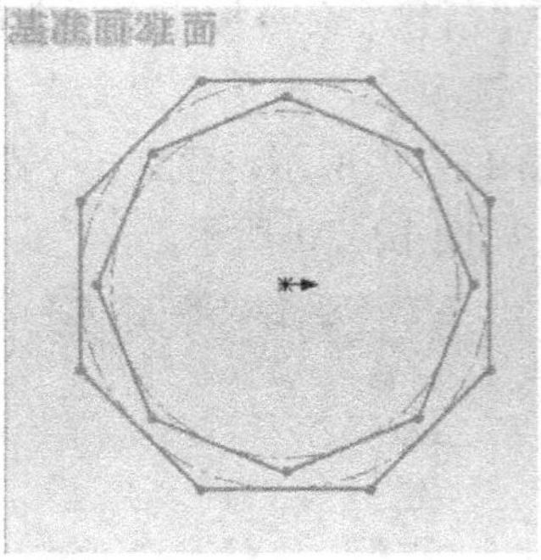

内切圆直径为 100 mm 的正八边形

图 12–24　草图 2

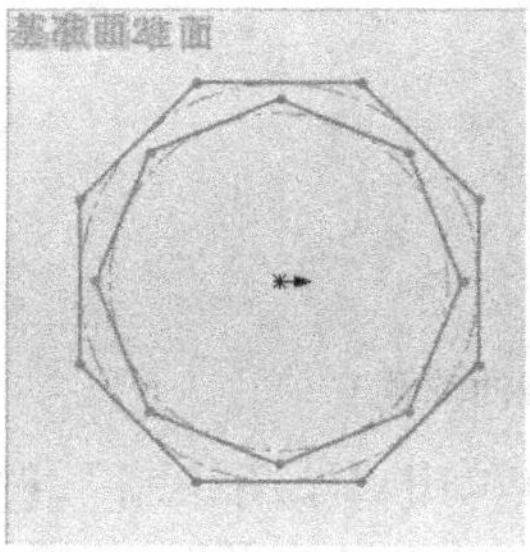

内切圆直径为 85 mm 的正八边形

图 12–25　草图 3

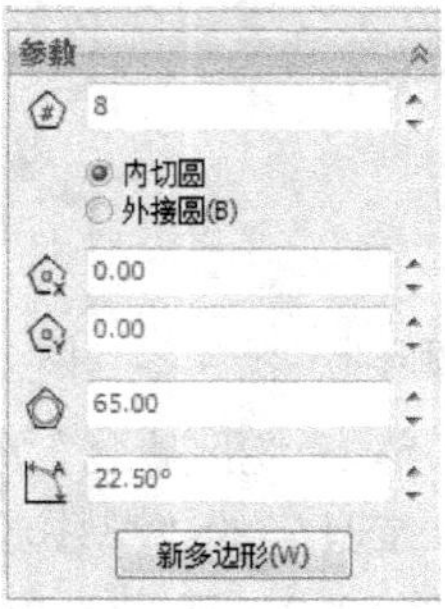

图 12–26　“多边形”属性设置

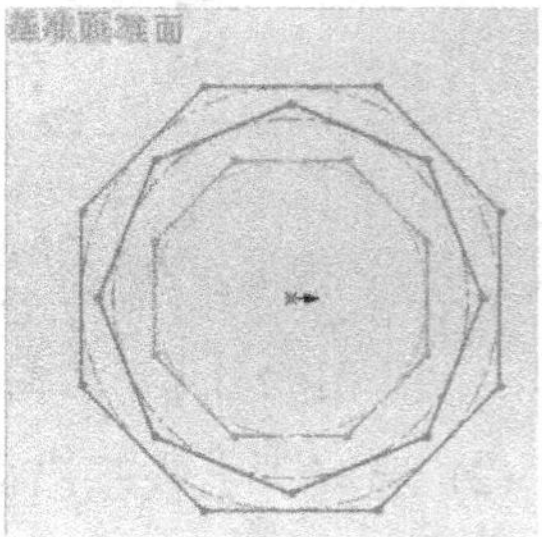

内切圆直径为 65 mm 的正八边形

图 12–27　草图 4

(6) 单击“放样凸台/基体”选项，出现“放样”属性管理器，其中：“轮廓”选择“草图 1”、“草图 2”、“草图 3”、“草图 4”，单击“确定”按钮，建立放样特征。为了便于观察，右键单击特征管理器中的各个基准面，然后单击“隐藏”选项，隐藏后的模型如图 12–28 所示。

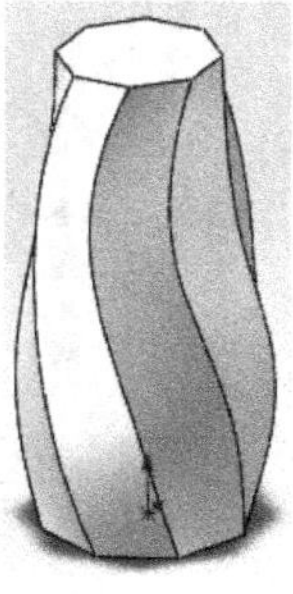

图 12–28　杯体建模

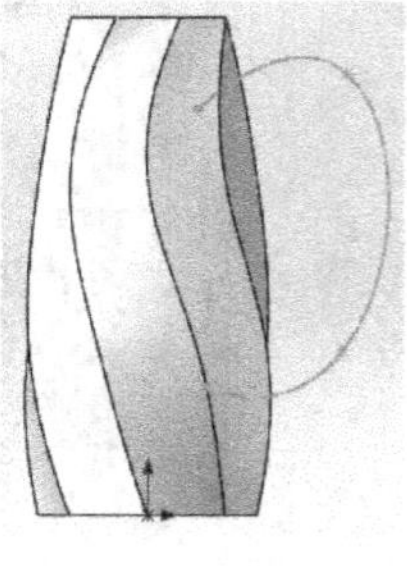

图 12–29　手柄中心线的绘制

(7) 选取“前视基准面”，单击“正视于”选项，再单击“草图绘制”选项，进入草图绘制。单击“样条曲线”选项，绘制如图 12–29 所示的草图，完成手柄中心线的创建，单击“退出”按钮。

(8) 单击“基准面”，出现“基准面”属性管理器，选择样条曲线及其端点为参考(如图 12–30 所示)，单击“确定”按钮，建立“基准面 4”，如图 12–31 所示。

(9) 选取“基准面 4”，单击“草图绘制”选项，进入草图绘制。绘制一个以样条曲线端点为对称中心、长轴半径为 6 mm、短轴半径为 3 mm 的椭圆，添加椭圆圆心与样条曲线端点成“穿透”关系，如图 12–32 所示，单击“退出”按钮。

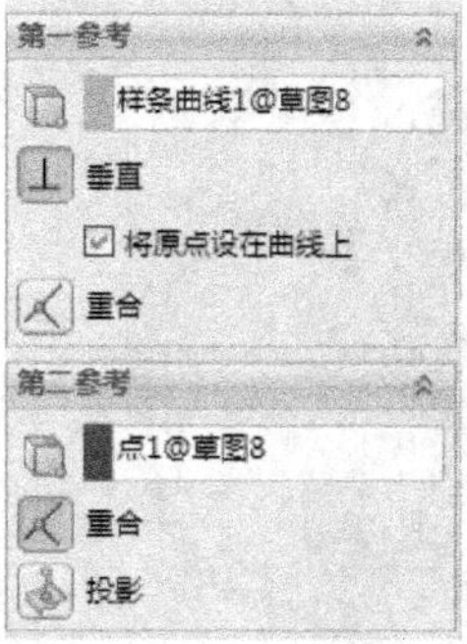

图 12–30　“基准面”属性设置

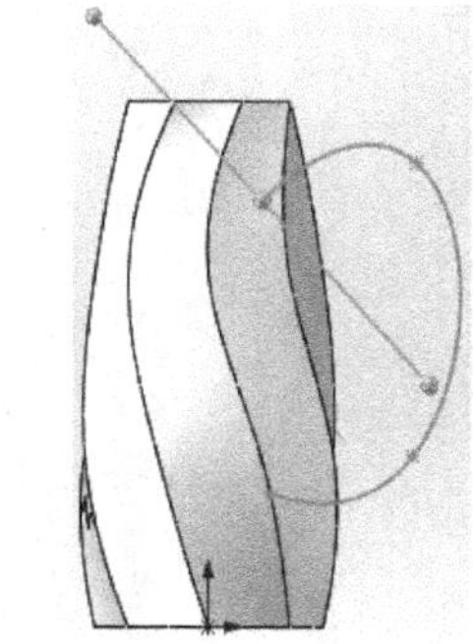

图 12–31　建立“基准面 4”

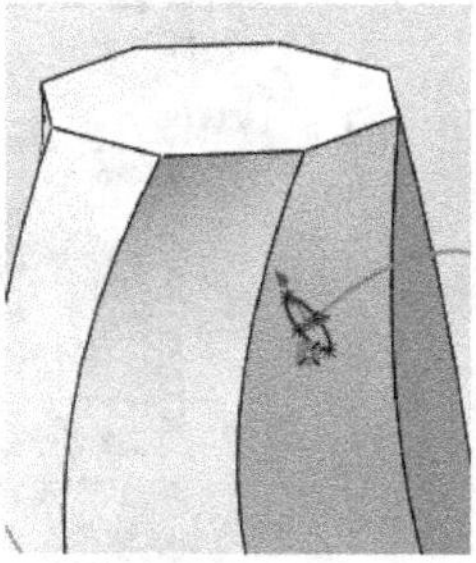

图 12–32　绘制椭圆

(10) 按同样方法建立“基准面 5”及另一轮廓(直径为 10 mm 的圆)，如图 12–33～图 12–35 所示。

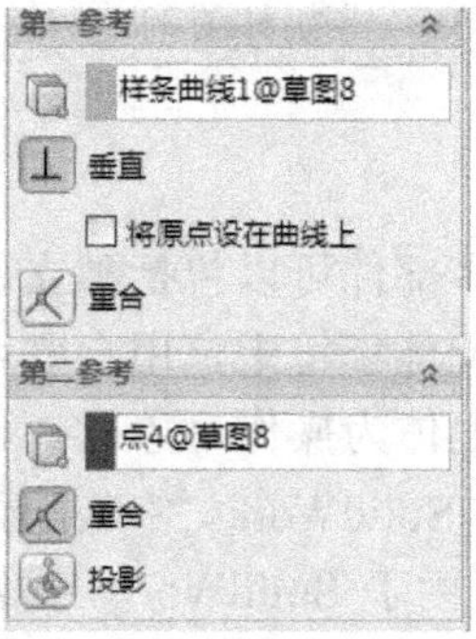

图 12–33　“基准面”属性设置

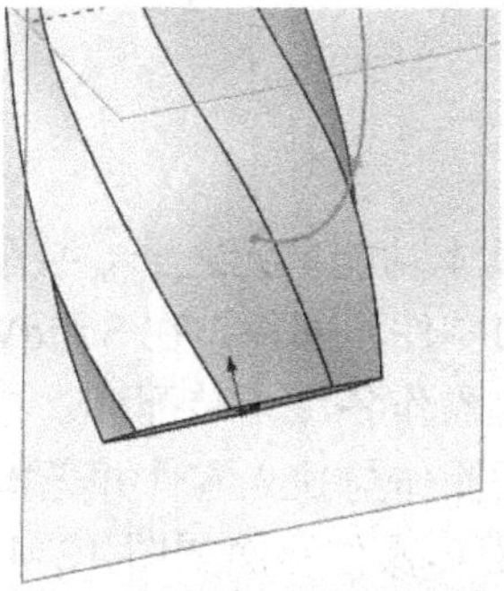

图 12–34　建立“基准面 5”

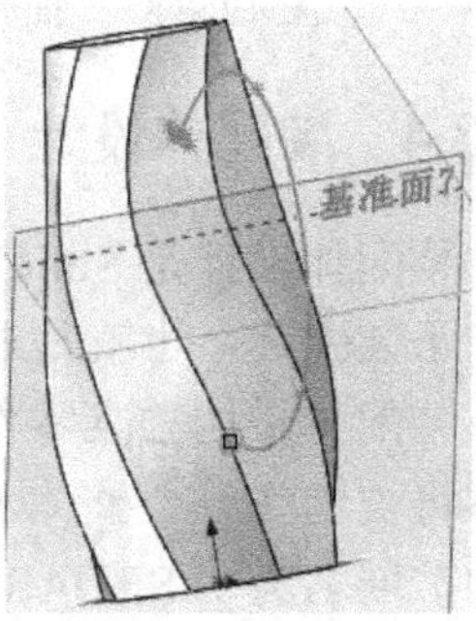

图 12–35　绘制圆

(11) 单击“放样凸台/基体”，出现“放样”属性管理器，其设置如图 12–36 所示，单击“确定”，建立放样特征，如图 12–37 所示。

图 12–36　“放样”属性设置

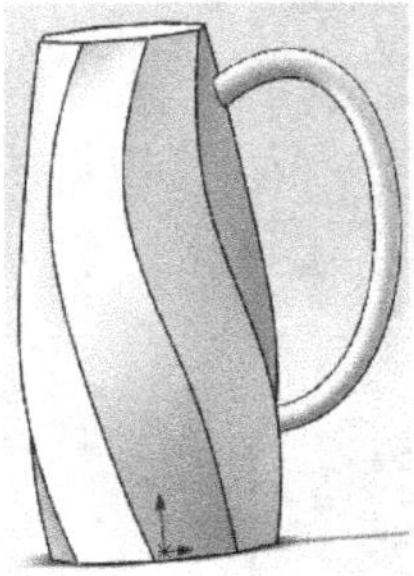

图 12–37　水杯

(12) 单击“抽壳”，出现“抽壳”属性管理器，选择水杯上表面为移出面，建立抽壳特征，其属性如图 12–38 所示，得到图 12–39 所示的模型。单击“标准”工具栏中的“保存”，保存模型。

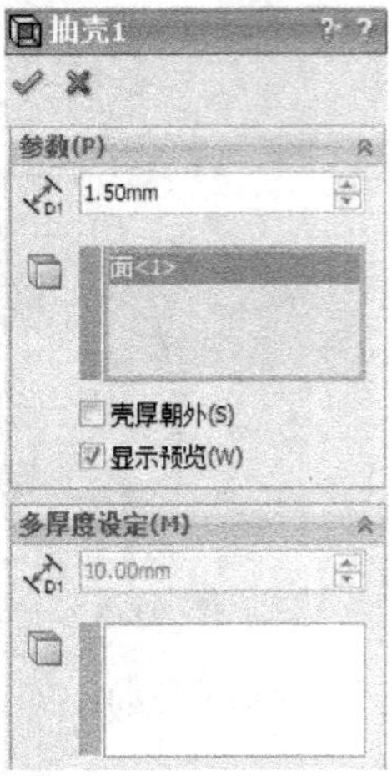

图 12–38 “抽壳”属性设置

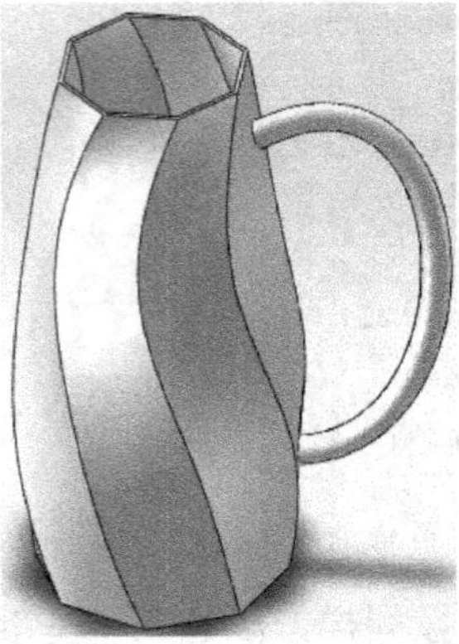

图 12–39　牛奶杯图

12.3.4 装配体设计

装配体设计是 SolidWorks 的基本功能单元之一。装配体中的零部件可以包括独立的零件和子装配体，也就是通常所说的零件和部件。在 SolidWorks 装配体环境中，用户既可以操作装配体中的独立零件，也可以操作各级子装配体。在以子装配体为操作对象时，子装配体将被当作一个整体，其大多数操作与独立零件并无本质区别。SolidWorks 中装配体文件的扩展名为“.SLDASM”。装配体操作界面如图 12–40 所示，由于 SolidWorks 提供了定制操作界面的功能，用户的操作界面可能与此略有不同。

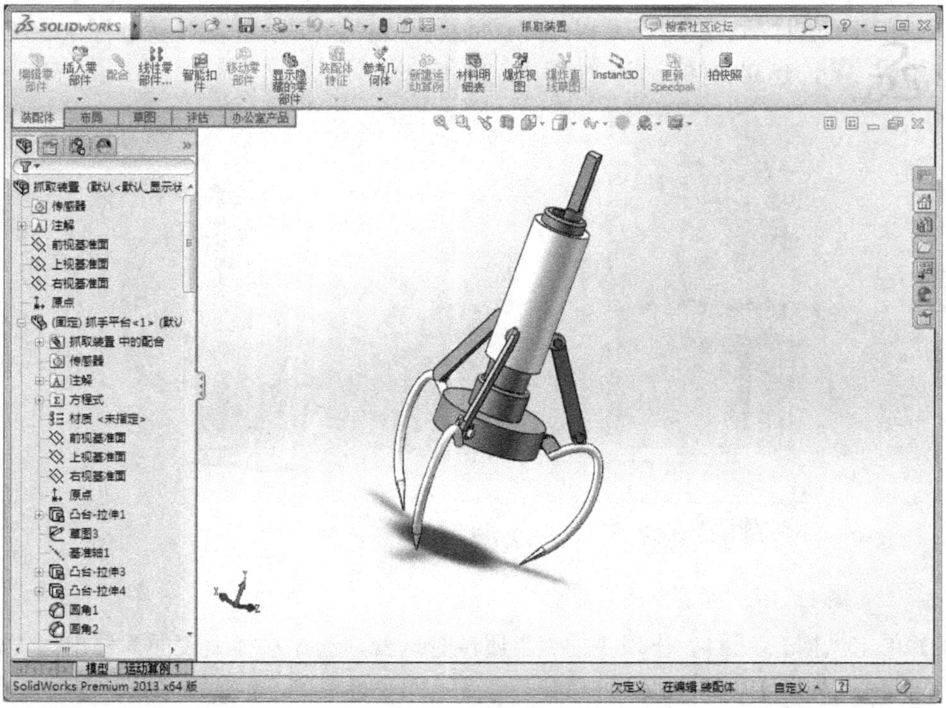

图 12–40　装配体操作界面

在现代设计手段中，装配已不再局限于表达产品零件之间的配合关系，而是拓展到了更多的工程应用领域，如运动分析、干涉检查、自上而下的产品设计等。在现代 CAD 应用中，装配体环境已经成为软件综合性能验证的一个基础环境。

装配体环境中的一个重要概念是“约束”。SolidWorks 采用定义配合关系的方法对零部件进行约束，当零部件的配合关系还不足以固定零部件时，装配体处于欠约束状态，或为动配合，此时尚未完全固定的零部件可以在装配体上移动或旋转。当添加的装配关系完全限制了零部件的运动时，称为全约束或静装配，此时，该零部件就被固定在其装配位上无法运动。

1. 装配体工具栏

SolidWorks 2013 的装配体操作界面与零件设计操作界面相似，其主要区别在于“装配体”工具栏(如图 12-41 所示)和特征管理器设计树两个方面。

图 12–41　“装配体”工具栏

如图 12-41 所示“装配体”工具栏中各工具按钮的功能如下：

“编辑零部件”按钮：用于直接在装配体中编辑零部件。

“插入零部件”按钮：用于添加一个现有零件或子装配体到装配体中。

“配合”按钮：用于建立零部件之间的装配关系。

“线性零部件阵列”按钮：用于以一个或两个方向在装配体中生成零部件的线性阵列。

“圆周零部件阵列”按钮：用于在装配体中生成一个零部件的圆周阵列。

“特征驱动零部件阵列”按钮：用于根据一个现有阵列来生成一个零部件阵列。

“镜像零部件阵列”按钮：用于通过镜像现有零件或子装配体零部件生成新的零部件。

“智能扣件”按钮：如果装配体中有符合标准的孔，利用该功能可以自动将螺栓和螺钉等标准件插入到所选装配体的孔中，但用户应保证已经安装了“Toolbox(工具箱)”，否则该功能不可用。

“移动零部件”按钮：用于在图形区拖动零部件，使零部件在其自由度内移动。

“旋转零部件”按钮：用于使零部件在其自由度内旋转。

“显示隐藏的零部件”按钮：用于切换零部件的隐藏和显示状态，并随后在图形区选择隐藏的零部件以使其显示。

“装配体特征”按钮：装配体特征工具的集合。

“新建运动算例”按钮：一组模拟指令的集合。运动算例为运动的图形模拟和装配体模型的直观属性。选择“动画”选项，可以通过添加马达进行驱动来模拟装配体的运动；选择“基本运动”选项，可以模拟马达、弹簧及引力作用在装配体上的效果，旋转或移动装配体中的零部件；选择“运动分析”选项，可以模拟、分析并输出模拟单元(力、弹簧、阻尼、摩擦等)在装配体上的效应。

“材料明细表”按钮：用于添加装配体的材料明细表。

“爆炸视图”按钮：用于将装配体中的零部件分离成爆炸视图。

“爆炸直线草图”按钮：用于添加或编辑显示爆炸的零部件之间几何关系的三维草图。

“干涉检查”按钮：用于检查零部件之间的干涉情况。

“孔对齐”按钮：用于检查装配体中是否存在未对齐的孔。

2. 装配体的基本操作

下面以顶盖和底座装配为例演示装配体的基本操作。

(1) 在SolidWorks操作界面中新建一个零件文件，在特征管理器设计树中选择“前视基准面”选项右击，选择“正视于”选项，单击“草图”工具栏中的“草图绘制”按钮，然后单击该工具栏中的“中心矩形”按钮，在图形区绘制一个边长为10 mm的正方形，如图12–42所示。单击图形区右上角的“确定”按钮完成草图1的绘制。单击“特征”工具栏中的“拉伸凸台 / 基体”按钮，弹出“拉伸”属性管理器，在“方向1”选项组的“终止条件”下拉列表框中选择“给定深度”选项，在“深度”文本框中输入2，表示生成的正方体的高度为2 mm，其他参数采用默认设置，单击“确定”按钮完成拉伸1特征的创建。右击零件表面选择草图绘制，如图12–43所示，然后单击草图工具栏中的“中心矩形”按钮，在图形区绘制一个边长为8 mm的正方形，完成草图2的绘制，单击“特征”工具栏中的“拉伸凸台 / 基体”按钮，弹出“拉伸”属性管理器，在“方向1”选项组的“终止条件”下拉列表框中选择“给定深度”选项，在“深度”文本框中输入2，表示生成的正方体的高度为2 mm，其他参数采用默认设置，单击“确定”按钮完成拉伸2特征的创建，生成的顶盖实体如图12–44所示。

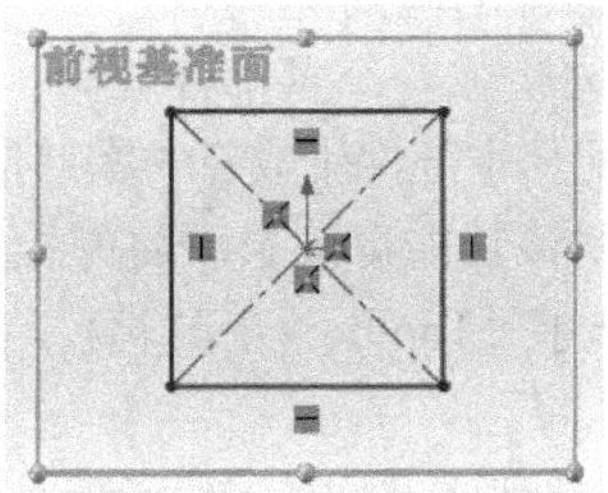

图12–42　绘制草图1

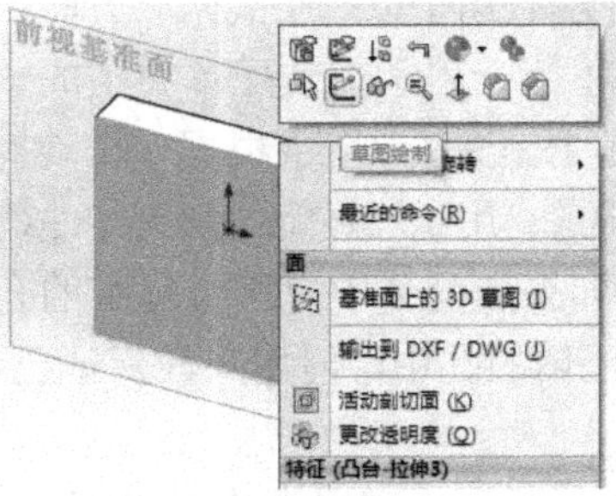

图12–43　绘制草图2

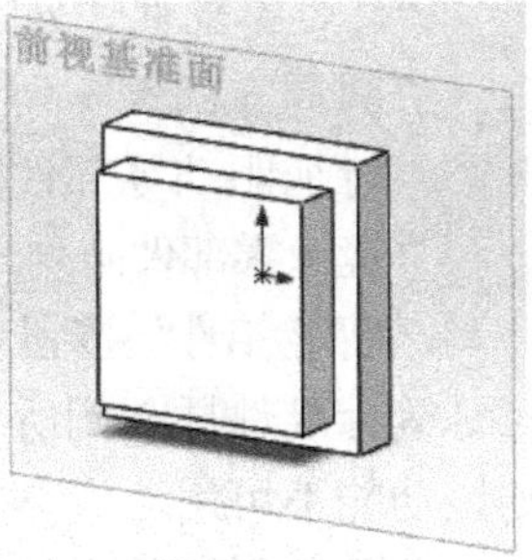

图12–44　顶盖实体

(2) 在SolidWorks操作界面中新建一个零件文件，在特征管理器设计树中选择“前视基准面”选项右击，选择“正视于”选项，单击“草图”工具栏中的“草图绘制”按钮，然后单击该工具栏中的“中心矩形”按钮，在图形区绘制一个边长为10 mm的正方形，如图12–45所示。单击图形区右上角的“确定”按钮完成草图1的绘制。单击“特征”工具栏中的“拉伸凸台/基体”按钮，弹出“拉伸”属性管理器，在“方向1”选项组的“终止条件”下拉列表框中选择“给定深度”选项，在“深度”文本框中输入10，表示生成的正方体的高度为10 mm，其他参数采用默认设置，单击“确定”按钮完成拉伸1特征的创建。右击零件表面选择草图绘制，如图12–46所示，然后单击草图工具栏中的“中心矩形”按钮，在图形区绘制一个边长为8 mm的正方形，完成草图 2 的绘制，单击“特征”工具栏中的“拉伸切除”按钮，弹出“切除-拉伸”属性管理器，在“方向 1”选项组的“终止条件”下拉列表框中选择“给定深度”选项，在“深度”文本框中输入 8，表示切除的正方体的深度为 8 mm，其他参数采用默认设置，单击“确定”按钮完成切除 2 特征的创建，生成的底座实体如图 12–47 所示。

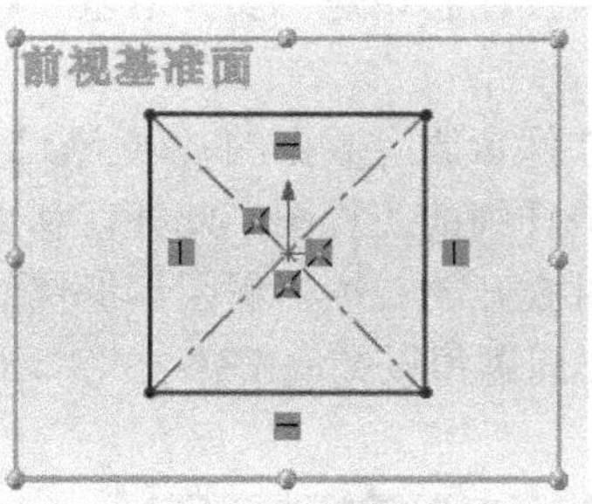

图 12–45　绘制草图 1

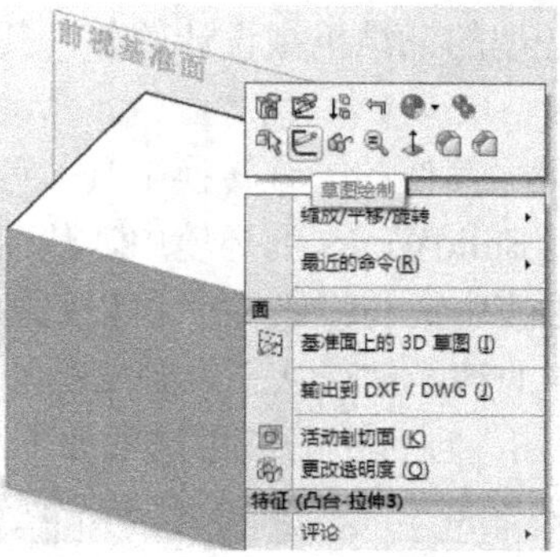

图 12–46　绘制草图 2

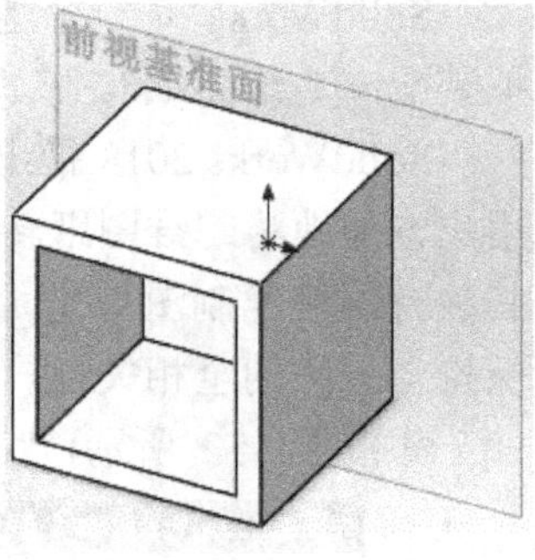

图 12–47　底座实体

(3) 在 SolidWorks 操作界面中新建一个装配体文件，在插入零件的“打开文档”列表框中选择底座零件，或单击“浏览”按钮，在弹出的“打开”对话框中找到需要打开的零件文件，单击“打开”按钮，返回界面中，如图 12–48 所示。重复以上操作，插入顶盖零件，如图 12–49 所示。单击“配合”按钮，选中两零件的回型面，选择“重合”选项，单击“确定”按钮，如图 12–50 所示。继续选择两零件的两个内侧面重复以上操作，完成装配，如图 12–51 所示。

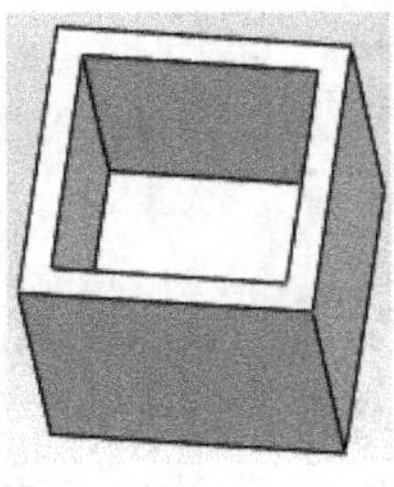

图 12–48　插入底座

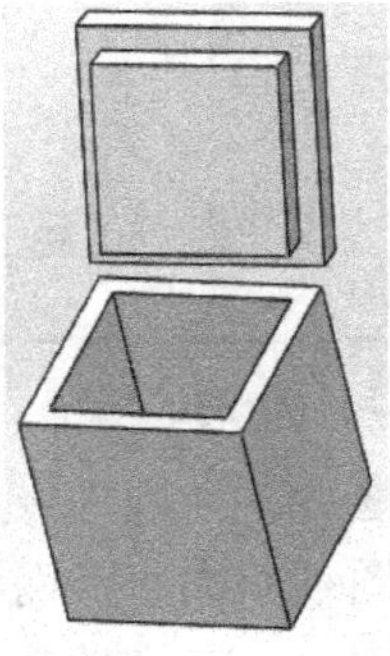

图 12–49　插入顶盖

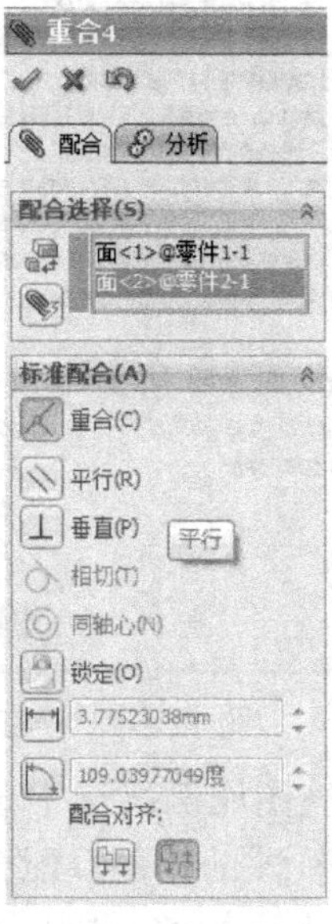

图 12–50　两零件配合

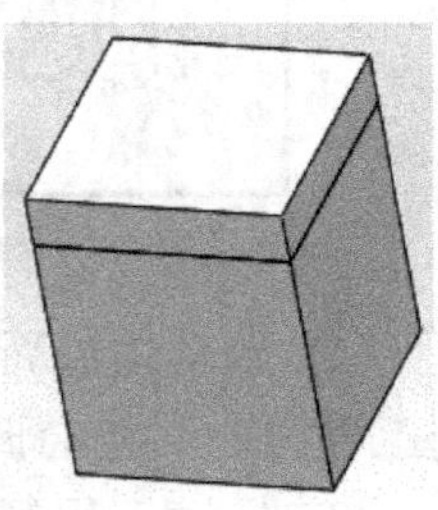

图 12–51　完成装配

12.4 工　程　图

12.4.1 “工程图”项目的设定

SolidWorks 是一个基于造型的三维机械设计软件，其基本设计思路是“实体造型—虚拟装配—二维图纸”。

SolidWorks 2013 推出了更加简便的二维转换工具，可以在保留原有数据的基础上，让用户方便地将二维图纸转换到 SolidWorks 的环境中，从而完成详细的工程图。此外，利用其独有的快速制图功能，可迅速生成与三维零件和装配体暂时脱开的二维工程图，但依然保持与三维的全相关性。这样的功能使得从三维到二维的瓶颈问题得以彻底解决。

如图 12–52 所示，“工程图”项目中的常用选项如下：

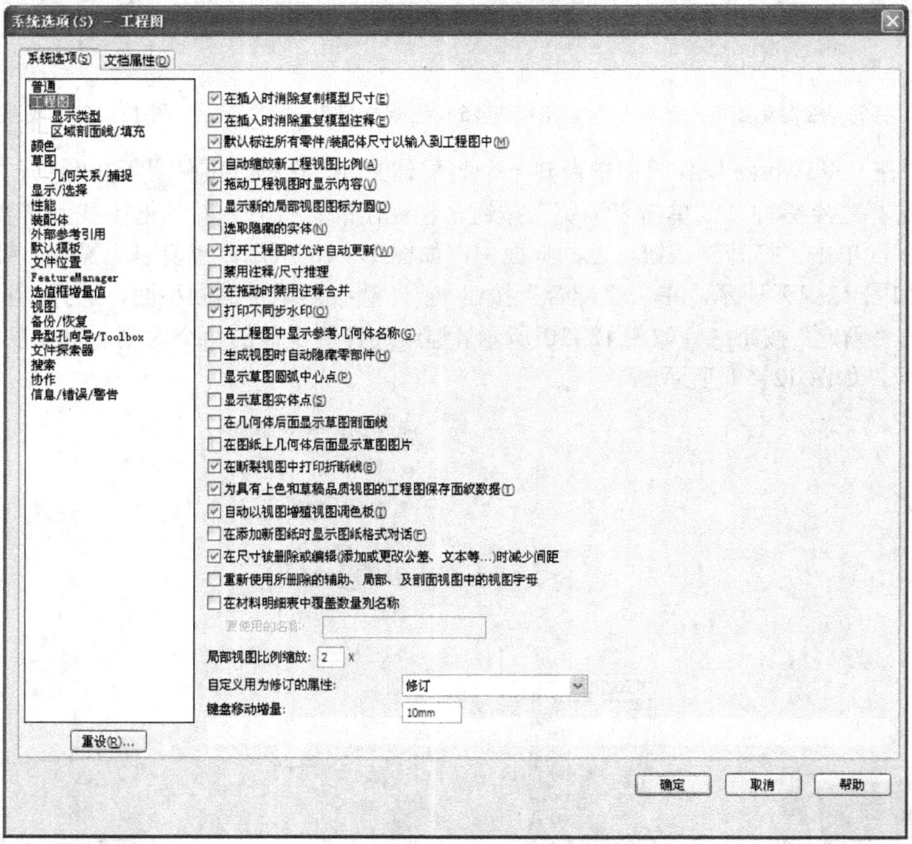

图 12–52　“工程图”项目中的选项

(1) 自动缩放新工程视图比例：选中该复选框后，当插入零件或装配体的标准三视图到工程图时，将会调整三视图的比例以配合工程图纸的大小，而不管已选的图纸大小。

(2) 拖动工程视图时显示内容：选中该复选框后，在拖动视图时会显示模型的具体内容；否则，在拖动时将只显示视图边界。

(3) 显示新的局部视图图标为圆：选中该复选框后，新的局部视图轮廓显示为圆；取消选中该复选框时，显示为草图轮廓。这样做可以提高系统的显示性能。

(4) 选取隐藏的实体：选中该复选框后，用户可以选择隐藏实体的切边和边线。当光标经过隐藏的边线时，边线将以双点画线显示。

(5) 在工程图中显示参考几何体名称：选中该复选框后，当将参考几何实体输入工程图中时，它们的名称将在工程图中显示出来。

(6) 生成视图时自动隐藏零部件：选中该复选框后，当生成新的视图时，装配体的任何隐藏零部件将自动列举在“工程视图属性”对话框的“隐藏/显示零部件”选项卡中。

(7) 显示草图圆弧中心点：选中该复选框后，将在工程图中显示模型中草图圆弧的中心点。

(8) 显示草图实体点：选中该复选框后，草图中的实体点将在工程图中一同显示。

(9) 局部视图比例缩放：局部视图比例是指局部视图相对于原工程图的比例，可在其右侧的文本框中指定该比例。

12.4.2　“工程图”工具栏

SolidWorks 的“工程图”工具栏如图 12–53 所示。

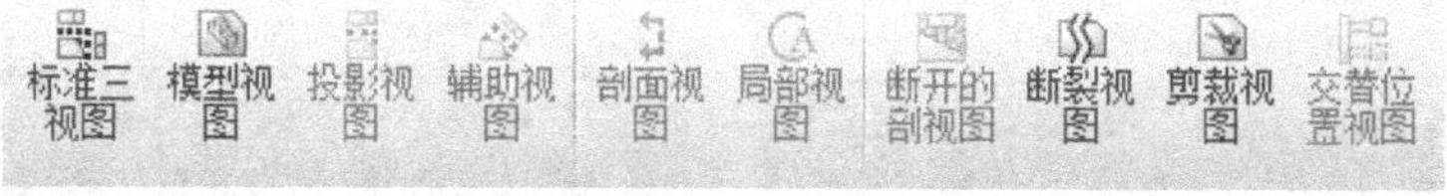

图 12–53　“工程图”工具栏

“工程图”工具栏中各按钮的功能如下：

“标准三视图”按钮：用于添加三个标准的正交视图，视图的方向可以为第一视角或第三视角。

“模型视图”按钮：用于根据现有零件或装配体添加正交或命名视图。

“投影视图”按钮：用于从一个已经存在的视图展开新视图而添加一个投影视图。

“辅助视图”按钮：用于从一个线性实体(边线、草图实体等)投影而添加一个新视图。

“剖面视图”按钮：用于以剖面线切割俯视图而添加一剖面视图。

“局部视图”按钮：用于添加为更清晰地显示某部分的视图，通常采用放大比例的方式。

“断开的剖视图”按钮：用于添加显示模型内部细节的视图。

“断裂视图”按钮：用于为所选视图添加折断线。

“剪裁视图”按钮：用于剪裁现有视图以只显示视图的一部分。

“交替位置视图”按钮：用于添加显示模型配置置于模型另一配置之上的视图。

12.4.3　新建工程图文件

(1) 单击常用工具栏中的“新建”按钮，或在菜单栏中选择“文件”→“新建”命令，弹出如图 12–54 所示的“新建 SolidWorks 文件”对话框，单击“工程图”图标，再单击“确定”按钮，右击左下角“图纸 1”图纸1按钮，弹出如图 12–55 所示的“图纸属性”对话框。

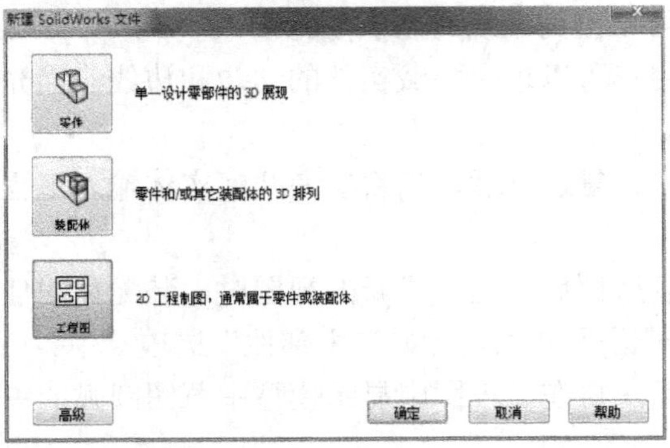

图 12–54　“新建 SolidWorks 文件”对话框

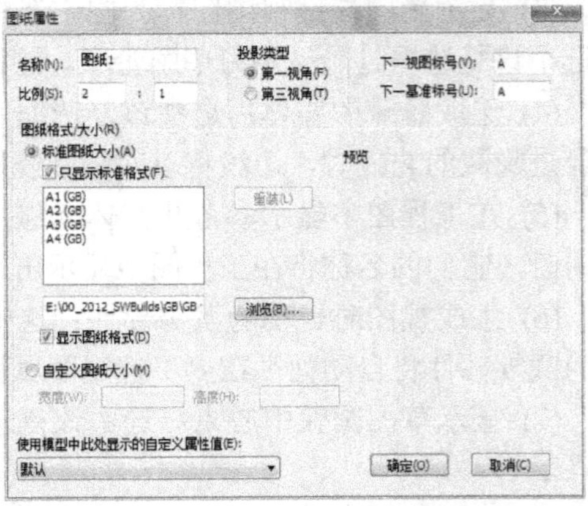

图 12–55　“图纸属性”对话框

(2) 单击“浏览”按钮，弹出如图 12–56 所示的“打开”对话框，可以在“文件类型”下拉列表框中选择系统提供的图纸格式，找到需要的文件并选择后，单击“打开”按钮，返回到“图纸属性”对话框，单击该对话框中的“自定义图纸大小”单选钮可以设置图纸的大小。

(3) 选择好图纸格式后，单击“确定”按钮进入如图 12–57 所示的工程图设计操作界面。

图 12–56　“打开”对话框

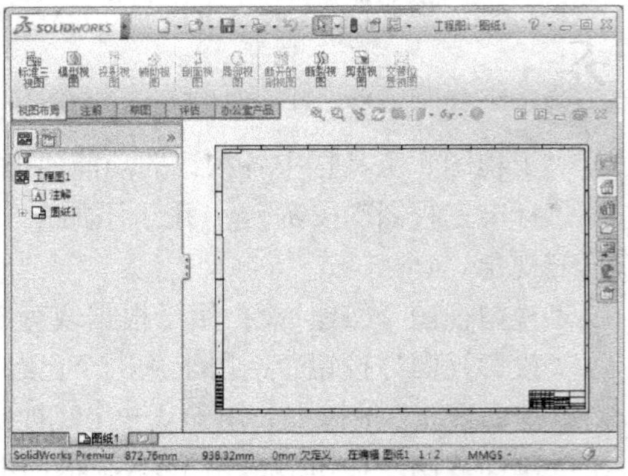

图 12–57　工程图设计操作界面

12.4.4　从零件或装配体文件生成工程图

(1) 在“模型视图”属性管理器的“打开文档”列表框中选择零件或装配体，或单击“浏览”按钮，在弹出的“打开”对话框中找到需要打开的零件或装配体文件，单击“打开”按钮，返回到“模型视图”属性管理器中。

(2) 单击“模型视图”属性管理器右上方的“下一步”按钮，该属性管理器的显示如图 12–58 所示，在图形区光标变为形状，光标的外面有一个黑线框用于表示视图的大小，如图 12–59 所示。在合适的位置单击以放置视图，生成的视图如图 12–60 所示。

(3) 移动光标到视图的下方，会出现一个视图随光标一起移动，如图 12–61 所示，在合适的位置单击以放置视图。

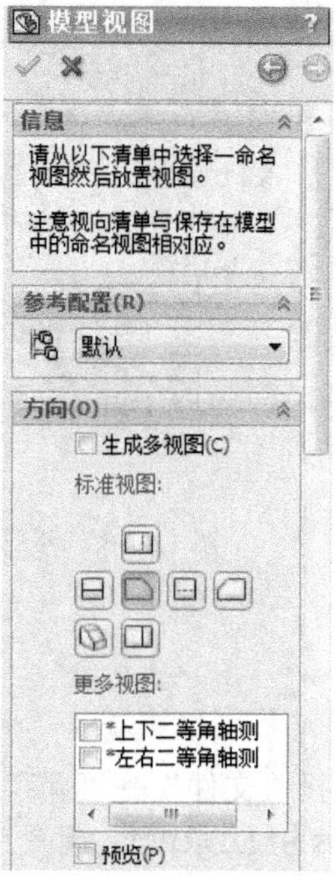

图 12–58　“模型视图”属性管理器

图 12–59　光标变化

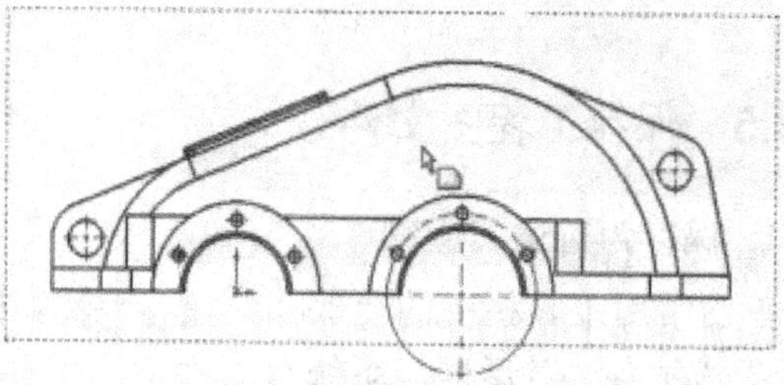

图 12–60　生成的视图

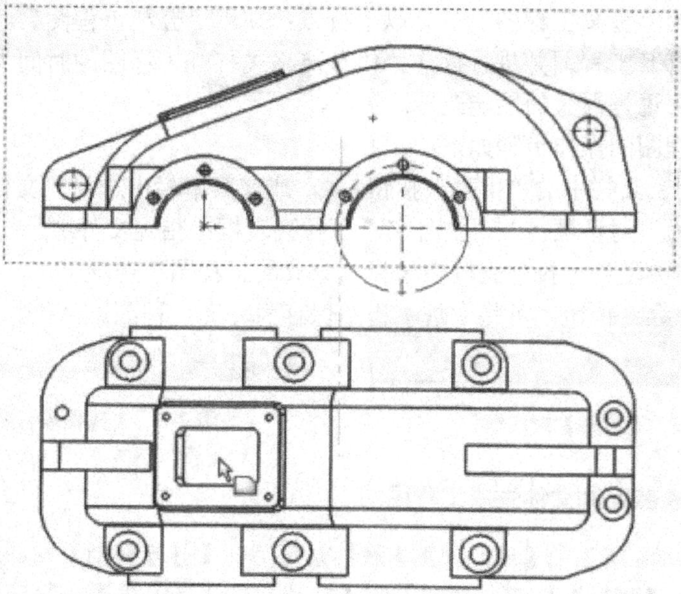

图 12–61　放置第二个视图

(4) 移动光标到第一个视图的右方，会出现一个视图随光标一起移动，在合适的位置单击以放置视图。

(5) 移动光标还会出现其他视图，单击图形区右上角的“确定”按钮✔或属性管理器中的“确定”按钮✔生成三视图，如图 12–62 所示。工程图的设计树如图 12–63 所示。

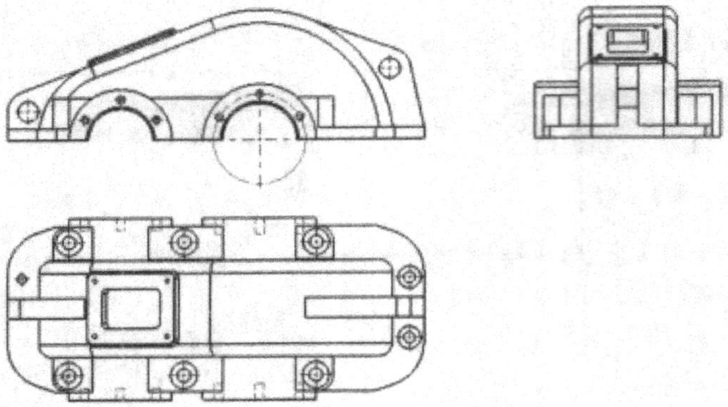

图 12–62　三视图

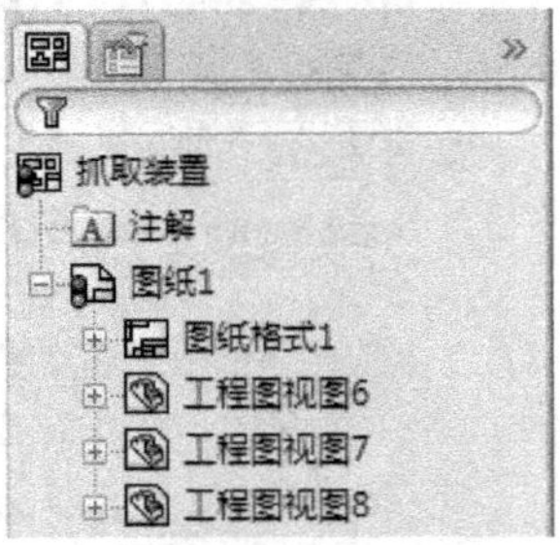

图 12–63　设计树

12.4.5　保存工程图文件

1. 保存为普通工程图

单击常用工具栏中的“保存”按钮，或在菜单栏中选择“文件”→“保存”命令，弹出“另存为”对话框，系统自动添加后缀并取名为“上箱体.SLDDRW”，用户可以修改名称，然后单击“保存”按钮完成保存。

2. 保存为分离工程图

将文件保存为“分离工程图”具有以下特点：使用“分离工程图”时，无须将模型文件装入内存即可打开工程图并进行操作；以分离格式打开工程图的时间大幅缩短，这对大型装配体工程图来说是很大的性能改善。

生成分离工程图的操作步骤如下：

(1) 单击常用工具栏中的“保存”按钮，或在菜单栏中选择“文件”→“保存”命令，弹出“另存为”对话框，在“文件名”下拉列表框中指定文件名。

(2) 在“文件类型”下拉列表框中选择“分离的工程图”选项。

(3) 单击“保存”按钮，可将常规工程图保存为分离工程图。

附　录

1. 螺纹

(1) 普通螺纹(GB/T 193—2003、GB/T 196—2003)。

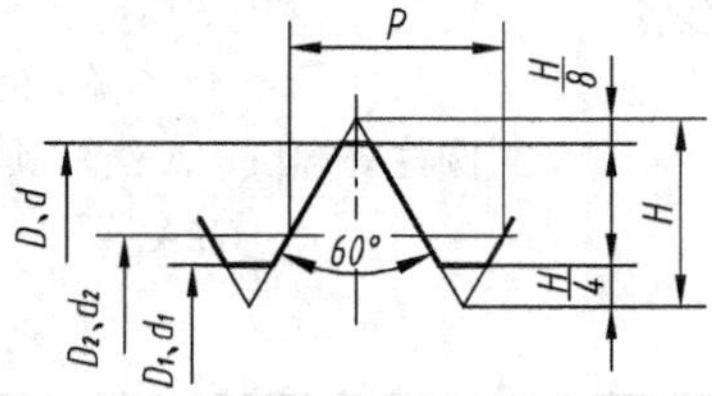

图中：

$$H = 0.866\,025\,404\,P$$

$$D_2(d_2) = D(d) - 2\times\frac{3}{8}H$$

$$D_1(d_1) = D(d) - 2\times\frac{5}{8}H$$

标记示例

粗牙普通螺纹，公称直径 24 mm，右旋，中径公差带代号 5g，顶径公差带代号 6g，短旋合长度的外螺纹，其标记：

M24–5g6g–S

附　表　1　　　　mm

公称直径 D、d		螺距 P		公称直径 D、d		螺距 P		公称直径 D、d		螺距 P	
第一系列	第二系列	粗牙	细牙	第一系列	第二系列	粗牙	细牙	第一系列	第二系列	粗牙	细牙
3		0.5	0.35	12		1.75	1.5, 1.25, 1		33	3.5	(3), 2, 1.5
	3.5	0.6			14	2	1.5, 1.25*, 1	36		4	3, 2, 1.5
4		0.7	0.5	16			1.5, 1		39		
	4.5	0.75			18	2.5	2, 1.5, 1	42		4.5	4, 3, 2, 1.5
5		0.8		20					45		
6		1	0.75		22			48		5	
	7			24		3			52		
8		1.25	1,0.75		27			56		5.5	
10		1.5	1.25, 1, 0.75	30		3.5	(3), 2, 1.5, 1		60		

注：1. 优先选用第一系列，其次选择第二系列，最后选择第三系列。尽可能避免使用括号内的螺距。

2. 公称直径 D、d 为 1～2.5 和 64～300 的部分为列入；第三系列全部未列入。

3. *M14×1.25 仅用于发动机的火花塞。

4. 中径 D_2、d_2 未列入。

(2) 管螺纹。

55º 密封管螺纹
- 第 1 部分　圆柱内螺纹与圆锥外螺纹(GB/T 7306.1—2000)
- 第 2 部分　圆锥内螺纹与圆柱外螺纹(GB/T 7306.2—2000)

55º 非密封管螺纹(GB/T 7307—2001)

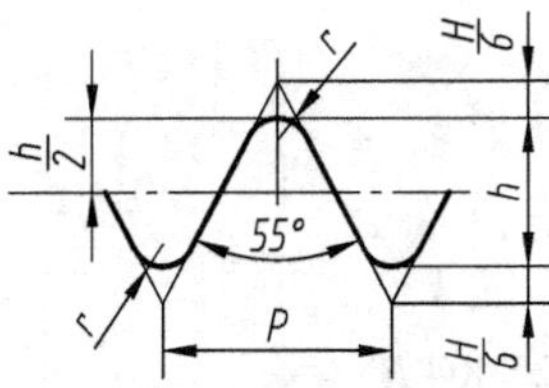

圆柱螺纹的设计牙型

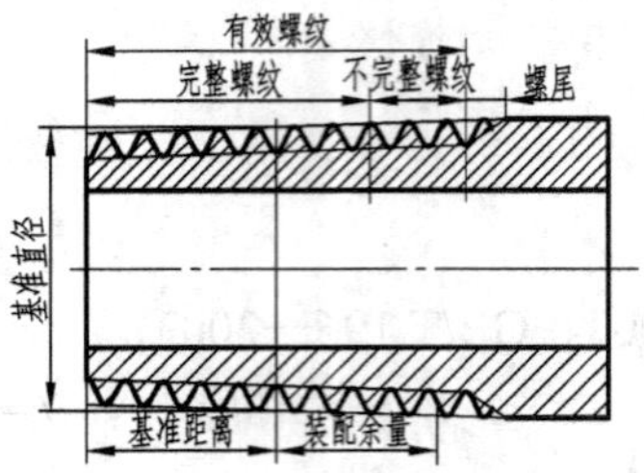

圆锥外螺纹的有关尺寸

标记示例

尺寸代号 3/4，右旋，55º 密封圆柱内螺纹，其标记：

R_p 3/4

尺寸代号 3，左旋，55º 密封圆锥外螺纹，其标记：

R_2 3 LH

尺寸代号 2，右旋，55º 非密封圆柱外螺纹，A 级，其标记：

G2A

附　表　2

mm

尺寸代号	每 25.4 mm 内所含的牙数 n	螺距 P	牙高 h	基本直径或基准平面内的基本直径			基准距离	外螺纹的有效螺纹不小于
				大径 $d=D$	中径 $d_2=D_2$	小径 $d_1=D_1$		
1/16	28	0.907	0.581	7.723	7.142	6.561	4	6.5
1/8	28	0.907	0.581	9.728	9.147	8.566	4	6.5
1/4	19	1.337	0.856	13.157	12.301	11.445	6	9.7
3/8	19	1.337	0.856	16.662	15.806	14.950	6.4	10.1
1/2	14	1.814	1.162	20.955	19.793	18.631	8.2	13.2
3/4	14	1.814	1.162	26.441	25.279	24.117	9.5	14.5
1	11	2.309	1.479	33.249	31.770	30.291	10.4	16.8
1 1/4	11	2.309	1.479	41.910	40.431	38.952	12.7	19.1
1 1/2	11	2.309	1.479	47.803	46.324	44.845	12.7	19.1
2	11	2.309	1.479	59.614	58.135	56.656	15.9	23.4
2 1/2	11	2.309	1.479	75.184	73.705	72.226	17.5	26.7
3	11	2.309	1.479	87.884	86.405	84.926	20.6	29.8
4	11	2.309	1.479	113.030	111.551	110.072	25.4	35.8
5	11	2.309	1.479	138.430	136.951	135.472	28.6	40.1
6	11	2.309	1.479	163.830	162.351	160.872	28.6	40.1

注：第五列中所列的是圆柱螺纹的基本直径和圆锥螺纹在基本平面内的基本直径；第六、七列只适用于圆锥螺纹。

(3) 梯形螺纹。

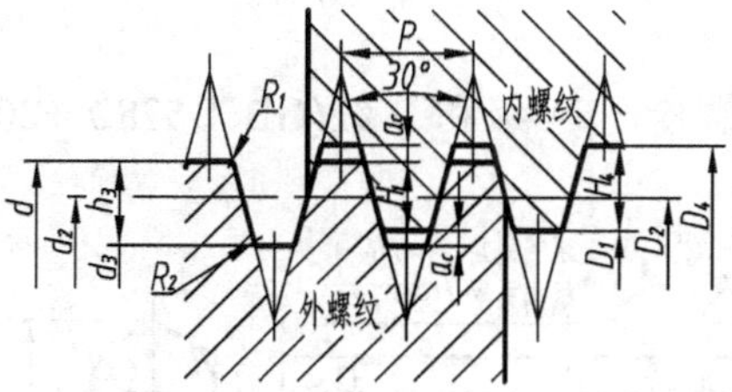

标 记 示 例

公称直径 40 mm，螺距 7 mm，右旋，单线梯形螺纹，其标记：

Tr40×7

公称直径 40 mm，导程 14 mm，螺距 7 mm，左旋，双线梯形螺纹，其标记：

Tr40×14(P7)LH

附　表　3

mm

公称直径 d		螺距	中径	大径	小径	
第一系列	第二系列	P	$d_2=D_2$	D_4	d_3	D_1
8		**1.5**	7.250	8.300	6.200	6.500
	9	1.5	8.250	9.300	7.200	7.500
		2	8.000	9.500	6.500	7.000
10		1.5	9.250	10.300	8.200	8.500
		2	9.000	10.500	7.500	8.000
	11	**2**	10.000	11.500	8.500	9.000
		3	9.500	11.500	7.500	8.000
12		2	11.000	12.500	9.500	10.000
		3	10.500	12.500	8.500	9.000
	14	2	13.000	14.500	11.500	12.000
		3	12.500	14.500	10.500	11.000
16		2	15.000	16.500	13.500	14.000
		4	14.000	16.500	11.500	12.000
	18	2	17.000	18.500	15.500	16.000
		4	16.000	18.500	15.500	16.000
20		2	19.000	20.500	17.500	18.000
		4	18.000	20.500	15.500	16.000
	22	3	20.500	22.500	18.500	19.000
		5	19.500	22.500	16.500	17.000
		8	18.000	23.000	13.000	14.000
24		3	22.500	24.500	20.500	21.000
		5	21.500	24.500	18.500	19.000
		8	20.000	25.000	15.000	16.000

公称直径 d		螺距	中径	大径	小径	
第一系列	第二系列	P	$d_2=D_2$	D_4	d_3	D_1
	26	3	24.500	26.500	22.500	23.000
		5	23.500	26.500	20.500	21.000
		8	22.000	27.000	17.000	18.000
28		3	26.500	28.500	24.500	25.000
		5	25.500	28.500	22.500	23.000
		8	24.000	29.000	19.000	20.000
	30	3	28.500	30.500	26.500	29.000
		6	27.000	31.000	23.000	24.000
		10	25.000	31.000	19.000	20.500
32		3	30.500	32.500	28.500	29.000
		6	29.000	33.000	25.000	26.000
		10	27.000	33.000	21.000	22.000
	34	3	32.500	34.500	30.500	31.000
		6	31.000	35.000	27.000	28.000
		10	29.000	35.000	23.000	24.000
36		3	34.500	36.500	32.500	33.000
		6	33.000	37.000	29.000	30.000
		10	31.000	37.000	25.000	26.000

注：1. 优先选用第一系列，其次选用第二系列；
2. 新产品设计中，不宜选用第三系列；
3. 公称直径 $d=38\sim300$ 未列入；
4. 第三系列全部未列入；
5. 优先选用表中黑体印刷的螺距。

2. 常用的标准件

(1) 螺栓。

六角头螺栓—C 级(GB/T 5780—2000)、六角头螺栓—A 级和 B 级(GB/T 5782—2000)

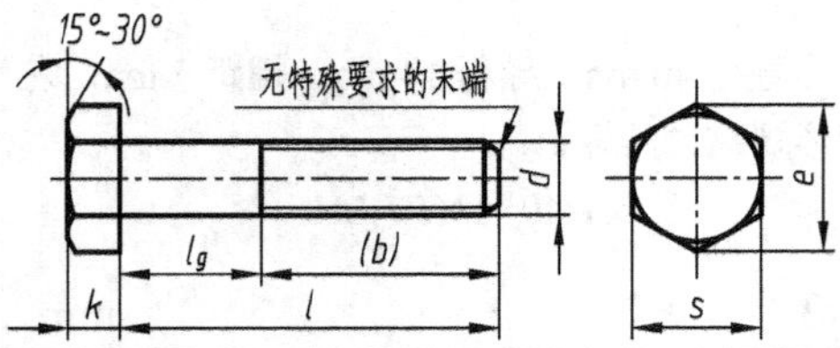

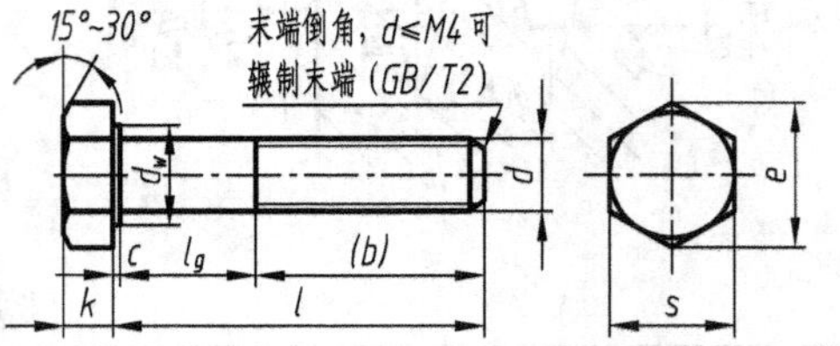

标 记 示 例

螺纹规格 d = M12、公称长度 l = 80 mm、性能等级为 8.8 级，表面氧化、A 级的六角头螺栓：

螺栓　GB/T 5782　M12×80

附　表　4

mm

螺纹规格 d			M3	M4	M5	M6	M8	M10	M12	M16	M20	M24	M30	M36	M42
b 参考	l≤125		12	14	16	18	22	26	30	38	46	54	66	—	—
	125<l≤200		18	20	22	24	28	32	36	44	52	60	72	84	96
	l>200		31	33	35	37	41	45	49	57	65	73	85	97	109
c			0.4	0.4	0.5	0.5	0.6	0.6	0.6	0.8	0.8	0.8	0.8	0.8	1
d_w	产品等级	A	4.57	5.88	6.88	8.88	11.6	14.6	16.6	22.5	28.2	33.61	—	—	—
		B、C	4.45	5.74	6.74	8.74	11.47	14.47	16.47	22	27.7	33.25	42.75	51.11	59.95
e	产品等级	A	6.01	7.66	8.79	11.05	14.38	17.77	20.03	26.75	33.53	39.98	—	—	—
		B、C	5.88	7.50	8.63	10.89	14.20	17.59	19.85	26.17	32.95	39.55	50.85	60.79	72.02
k 公称			2	2.8	3.5	4	5.3	6.4	7.5	10	12.5	15	18.7	22.5	26
r			0.1	0.2	0.2	0.25	0.4	0.4	0.6	0.6	0.8	0.8	1	1	1.2
s 公称			5.5	7	8	10	13	16	18	24	30	36	46	55	65
l(商品规格范围)			20~30	25~40	25~50	30~60	40~80	45~100	50~120	65~160	80~200	90~240	110~300	140~360	160~400
l 系列			12, 16, 20, 25, 30, 35, 40, 45, 50, (55), 60, (65), 70, 80, 90, 100, 110, 120, 130, 140, 150, 160, 180, 200, 220, 240, 260, 280, 300, 320, 340, 360, 380, 400, 420, 460, 480, 500												

注：1. A 级用于 d≤ 24 mm 和 l≤10d 或≤ 150 mm 的螺栓；B 级用于 d>24 mm 和 l>10d 或>150 mm 的螺栓。

2. 螺纹规格 d 范围：GB/T 5780 为 M5 ~ M64；GB/T 5782 为 M1.6 ~ M64。表中未列入 GB/T 5780 中尽可能不采用的非优先系列的螺纹规格。

3. 公称长度 l 范围：GB/T 5780 为 25 ~ 500；GB/T 5782 为 12 ~ 500。尽可能不用 l 系列中带括号的长度。

4. 材料为钢的螺栓性能等级有 5.6,8.8,9.8,10.9 级，其中 8.8 级为常用。

(2) 双头螺柱。

双头螺柱–bm = 1 *d* (GB/T 897—1988)

双头螺柱–bm = 1.25 *d* (GB/T 898—1988)

双头螺柱–bm = 1.5 *d* (GB/T 899—1988)

双头螺柱–bm = 2 *d* (GB/T 900—1988)

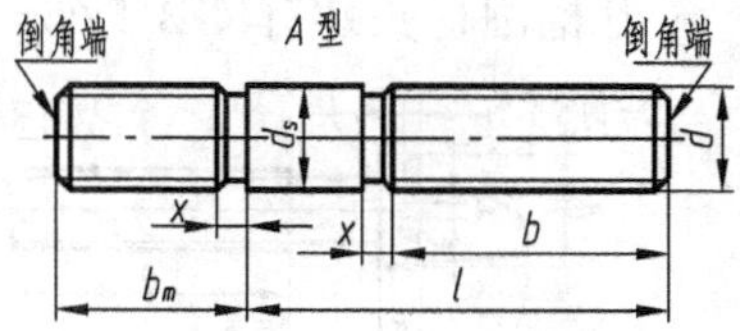

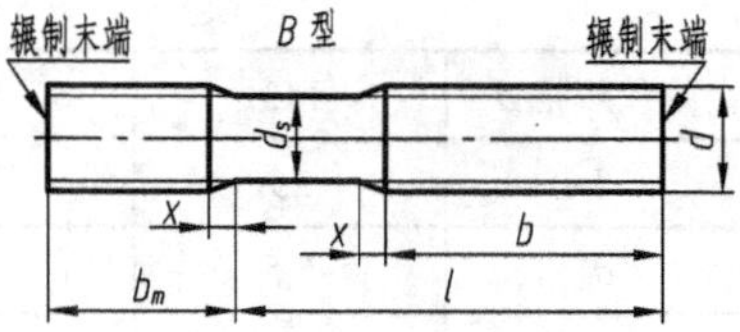

d_s≈螺纹中径(仅适用于 B 型)

标记示例

两端均为粗牙普通螺纹，d = 10 mm，l = 50 mm，性能等级为 4.8 级，不经表面处理，B 型，b_m = 1d 的双头螺柱，其标记：

螺柱　GB/T 897　M10×50

旋入端均为粗牙普通螺纹，紧固端为螺距 P =1 mm 的细牙普通螺纹 d = 10 mm，l = 50 mm，性能等级为 4.8 级，不经表面处理，A 型，b_m = 1.25d 的双头螺柱，其标记：

螺柱　GB/T 898　AM10— M10×1×50

附　表　5　　　　mm

螺纹规格 d		M5	M6	M8	M10	M12	M16	M20
b_m	GB/T 897	5	6	8	10	12	16	20
	GB/T 898	6	8	10	12	15	20	25
	GB/T 899	8	10	12	15	18	24	30
	GB/T 900	10	12	16	20	24	32	40
d_s	max	5	6	8	10	12	16	20
	min	4.7	5.7	7.64	9.64	11.57	15.57	19.48
x max		1.5P						
$\frac{l}{b}$		16 ~ (22) 10 25 ~ 50 16	20、(22) 10 25 ~ 30 14 (32) ~ (75) 18	20、(22) 12 25 ~ 30 16 (32) ~ 90 22	25、(28) 14 30 ~ (38) 16 40 ~ 120 26 130 32	25 ~ 30 16 (32) ~ 40 20 45 ~ 120 30 130 ~ 180 36	30 ~ (38) 20 40 ~ (55) 30 60 ~ 120 38 130 ~ 200 44	35 ~ 40 25 45 ~ 60 35 (65) ~ 120 46 130 ~ 200 52
公称长度 l 系列		16, (18), 20, (22), 25, (28), 30, (32), 35, (38), 40, 45, 50, (55), 60, (65), 70, (75), 80, (85), 90, (95), 100, 110, 120, 130, 140, 150, 160, 170, 180, 190, 200, 210, 220, 230, 240, 250, 260, 280, 300						

注：1. 本表未列入螺纹规格 M20 以上的双头螺柱，需要时可查阅相关标准。

2. P 表示粗牙螺纹的螺距。

3. 公称长度 l 尽可能不采用括号内的规格。

(3) 螺钉。

开槽圆柱头螺钉(GB/T 65—2000)

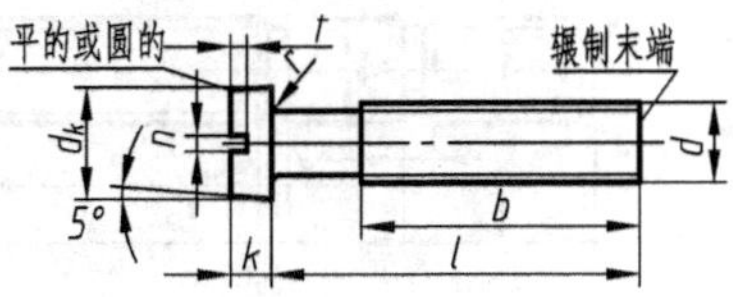

标记示例

螺纹规格 d = M5、公称长度 l = 20 mm、性能等级为4.8级、不经表面处理的开槽圆柱头螺钉，其标记：

螺钉　GB/T 65　M5×20

附　表　6

mm

螺纹规格 d	M3	M4	M5	M6	M8	M10
b	25	38				
d_k	5.5	7	8.5	10	13	16
k	2	2.6	3.3	3.9	5	6
n	0.8	1.2	1.2	1.6	2	2.5
r	0.1	0.2	0.2	0.25	0.4	0.4
t	0.85	1.1	1.3	1.6	2	2.4
公称长度 l	4～30	5～40	6～50	8～60	10～80	12～80
l 系列	4，5，6，8，10，12，(14)，16，20，25，30，35，40，45，50，(55)，60，(65)，70，(75)，80					

注：1. 公称长度 l = 2～80 mm，尽可能不采用括号内的规格；当 l ≤40 mm 时，螺钉制出全螺纹。

2. 螺纹规格 d = M1.6～M10，d<M4 的螺钉未列入。

开槽盘头螺钉(GB/T 67—2008)

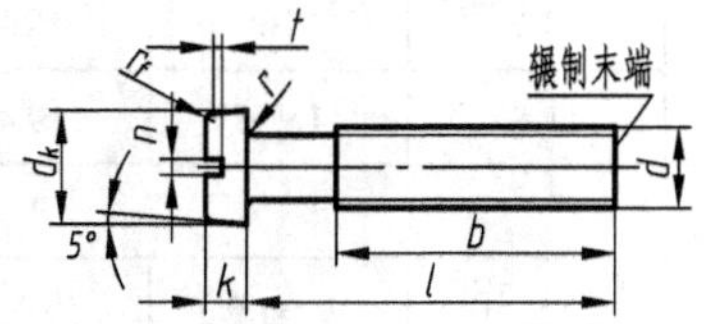

标记示例

螺纹规格 d = M5、公称长度 l = 20 mm、性能等级为4.8级、不经表面处理的A级开槽盘头螺钉，其标记：

螺钉　GB/T 67　M5×20

附　表　7

mm

螺纹规格 d	M3	M4	M5	M6	M8	M10
b	25	38				
d_k	5.6	8	9.5	12	16	20
k	1.8	2.4	3	3.6	4.8	6
n	0.8	1.2	1.2	1.6	2	2.5
r	0.1	0.2	0.2	0.25	0.4	0.4
t	0.7	1	1.2	1.4	1.9	2.4
r_f(参考)	0.9	1.2	1.5	1.8	2.4	3
公称长度 l	4～30	5～40	6～50	8～60	10～80	12～80
l 系列	4，5，6，8，10，12，(14)，16，20，25，30，35，40，45，50，(55)，60，(65)，70，(75)，80					

注：1. 公称长度 l = 2～80 mm，尽可能不采用括号内的规格。

2. 螺纹规格 d = M1.6～M10，d<M3 的螺钉未列入。

3. M1.6～M3 的螺钉公称长度 l ≤30 mm、M4～M10 的螺钉公称长度 l ≤40 mm 时，制出全螺纹。

开槽沉头螺钉(GB/T 68—2000)

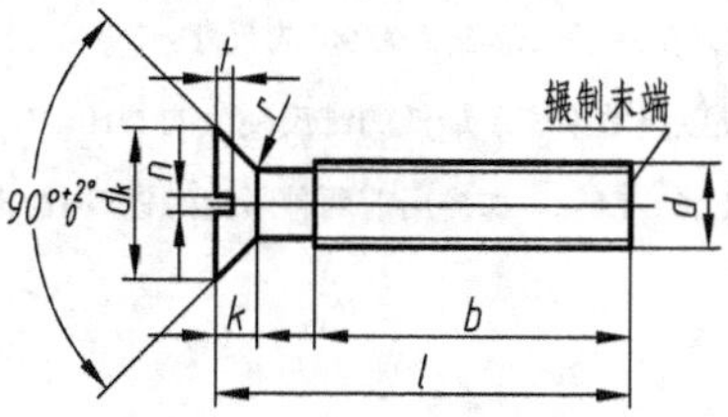

标 记 示 例

螺纹规格 d = M5、公称长度 l = 20 mm、性能等级为 4.8 级、不经表面处理的开槽沉头螺钉，其标记：

螺钉　GB/T 68　M5×20

附 表 8

mm

螺纹规格 d	M1.6	M2	M2.5	M3	M4	M5	M6	M8	M10
b	25				38				
d_k	3.6	4.4	5.5	6.3	9.4	10.4	12.6	17.3	20
k	1	1.2	1.5	1.65	2.7	2.7	3.3	4.65	5
n	0.4	0.5	0.6	0.8	1.2	1.2	1.6	2	2.5
r	0.4	0.5	0.6	0.8	1	1.3	1.5	2	2.5
t	0.5	0.6	0.75	0.85	1.3	1.4	1.6	2.3	2.6
公称长度 l	2.5 ~16	3 ~ 20	4 ~ 25	5 ~ 30	6 ~ 40	8 ~ 50	8 ~ 60	10 ~ 80	12 ~ 80
l 系列	2.5, 3, 4, 5, 6, 8, 10, 12, (14), 16, 20, 25, 30, 35, 40, 45, 50, (55), 60, (65), 70, (75), 80								

注：1. 公称长度 l 尽可能不采用括号内的规格。

2. M1.6 ~ M3 的螺钉公称长度 $l \leqslant$ 30 mm、M4～M10 的螺钉公称长度 $l \leqslant$ 45 mm 时，制出全螺纹。

开槽锥端紧定螺钉(GB/T 71—1985)、开槽平端紧定螺钉(GB/T 73—1985)、开槽长圆柱端紧定螺钉(GB/T 75—1985)

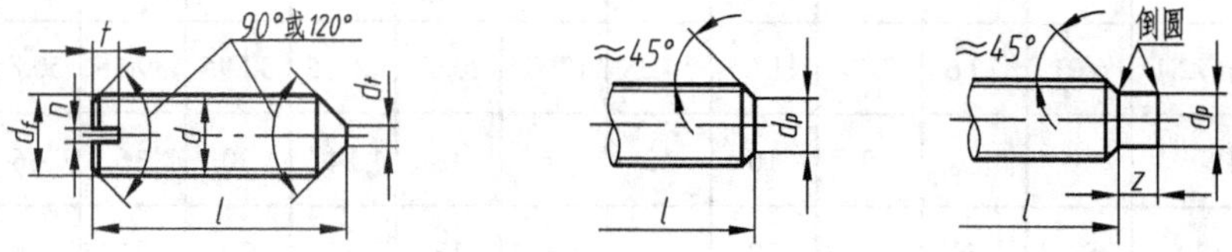

标 记 示 例

螺纹规格 d = M5、l = 12 mm、性能等级为 14H 级、表面氧化的开槽平端紧定螺钉，其标记：

螺钉　GB/T 73　M5×12-14H

附 表 9

mm

螺纹规格 d		M1.6	M2	M2.5	M3	M4	M5	M6	M8	M10	M12
n(公称)		0.25	0.25	0.4	0.4	0.6	0.8	1	1.2	1.6	2
t max		0.74	0.84	0.95	1.05	1.42	1.63	2	2.5	3	3.6
d_t max		0.16	0.2	0.25	0.3	0.4	0.5	1.5	2	2.5	3
d_p max		0.8	1	1.5	2	2.5	3.5	4	5.5	7	8.5
z max		1.05	1.25	1.5	1.75	2.25	2.75	3.25	4.3	5.3	6.3
公称长度 l	GB/T 71	2 ~ 8	3 ~ 10	3 ~ 12	4 ~ 16	6 ~ 20	8 ~ 25	8 ~ 30	10 ~ 40	12 ~ 50	14 ~ 60
	GB/T 73	2 ~ 8	3 ~ 10	4 ~ 12	4 ~ 16	5 ~ 20	6 ~ 25	8 ~ 30	8 ~ 40	10 ~ 50	12 ~ 60
	GB/T 75	2.5 ~ 8	4 ~ 10	5~ 12	6 ~ 16	8 ~ 20	10 ~ 25	12 ~ 30	16 ~ 40	20 ~ 50	25 ~ 60
l 系列		2, 2.5, 3, 4, 5, 6, 8, 10, 12, (14), 16, 20, 25, 30, 35, 40, 45, 50, (55), 60。									

注：1. 公称长度 l 尽可能不采用括号内的规格。

2. d_f不大于螺纹小径。l在 GB/T 71 中，当 d = M2.5、l = 3 mm 时，螺钉两端倒角均为 120°，其余为 90°。l在 GB/T 73 和 GB/T 75 中分别列出了头部倒角为 90°和 120°的尺寸，本表只摘录了头部倒角为 90°的尺寸。

3. 紧定螺钉性能等级有 14H、22H 级，其中 14H 为常用。H 表示硬度，数字表示最低的维氏硬度的 1/10。

4. GB/T 71、GB/T 73 规定，d = M1.2 ~ M12；GB/T 75 规定，d = M1.6 ~ M12。如需用前两种紧定螺钉 M1.2 时，有关资料可查阅这两个标准。

(4) 螺母。

六角螺母—C 级(GB/T 41—2000)、六角螺母—A 级和 B 级(GB/T 6170—2000)、六角薄螺母—A 级和 B 级—倒角(GB/T 6172.1—2000)

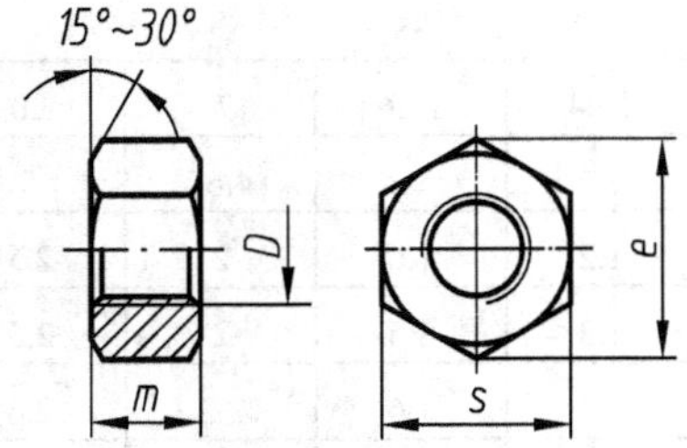

标 记 示 例

螺纹规格 d = M12、性能等级为 8 级、不经表面处理、A 级的 1 型六角螺母，其标记：

螺母　GB/T 6170　M12

附　表　10　　mm

螺纹规格 D		M3	M4	M5	M6	M8	M10	M12	M16	M20	M24	M30	M36	M42
e	GB/T 41	—	—	8.63	10.89	14.20	17.59	19.85	26.17	32.95	39.55	50.85	60.79	72.02
	GB/T 6170	6.01	7.66	8.79	11.05	14.38	17.77	20.03	26.75	32.95	39.55	50.85	60.79	72.02
	GB/T 6172.1	6.01	7.66	8.79	11.05	14.38	17.77	20.03	26.75	32.95	39.55	50.85	60.79	72.02
s	GB/T 41	—	—	8	10	13	16	18	24	30	36	46	55	65
	GB/T 6170	5.5	7	8	10	13	16	18	24	30	36	46	55	65
	GB/T 6172.1	5.5	7	8	10	13	16	18	24	30	36	46	55	65
m	GB/T 41	—	—	5.6	6.1	7.9	9.5	12.2	15.9	18.7	22.3	26.4	31.5	34.9
	GB/T 6170	2.4	3.2	4.7	5.2	6.8	8.4	10.8	14.8	18	21.5	25.6	31	34
	GB/T 6172.1	1.8	2.2	2.7	3.2	4	5	6	8	10	12	15	18	21

注：A 级用于 $D \leqslant 16$，B 级用于 $D > 16$。产品等级 A、B 由公差取值决定，A 级公差数值小。材料为钢的螺母：GB/T 6170 的性能等级有 6、8、10 级，8 级为常用；GB/T 41 的性能等级为 4 和 5 级。螺纹端部无内倒角，但也允许内倒角。GB/T 41-2000 规定螺母的螺纹规格为 M5 ~ M64；GB/T 6170-2000 规定螺母的螺纹规格为 M1.6 ~ M64。

(5) 垫圈。

小垫圈　A 级(GB/T 848—2002)

平垫圈　A 级(GB/T 97.1—2002)

平垫圈　倒角型　A 级(GB/T 97.2—2002)

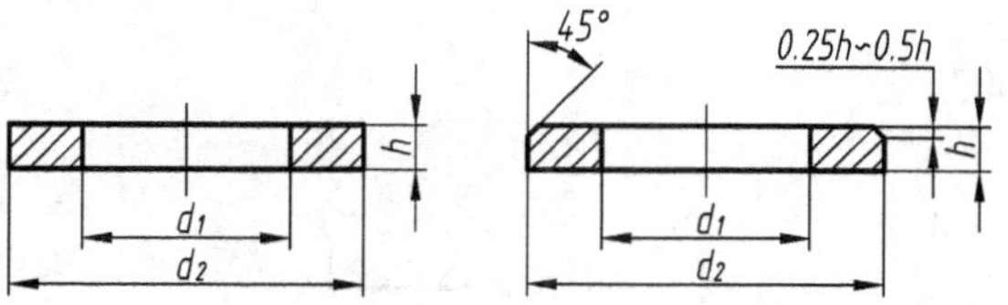

标 记 示 例

标准系列、公称规格 8 mm、由钢制造的硬度等级为 200 HV 级、不经表面处理、产品等级为 A 级的平垫圈，其标记：

垫圈　GB/T 97.1　8

附 表 11

mm

公称规格 d(螺纹大径)		1.6	2	2.5	3	4	5	6	8	10	12	16	20	24	30	36
d_1	GB/T 848	1.7	2.2	2.7	3.2	4.3	5.3	6.4	8.4	10.5	13	17	21	25	31	37
	GB/T 97.1	1.7	2.2	2.7	3.2	4.3	5.3	6.4	8.4	10.5	13	17	21	25	31	37
	GB/T 97.2	—	—	—	—	—	5.3	6.4	8.4	10.5	13	17	21	25	31	37
d_2	GB/T 848	3.5	4.5	5	6	8	9	11	15	18	20	28	34	39	50	60
	GB/T 97.1	4	5	6	7	9	10	12	16	20	24	30	37	44	56	66
	GB/T 97.2	—	—	—	—	—	10	12	16	20	24	30	37	44	56	66
h	GB/T 848	0.3	0.3	0.5	0.5	0.5	1	1.6	1.6	1.6	2	2.5	3	4	4	5
	GB/T 97.1	0.3	0.3	0.5	0.5	0.8	1	1.6	1.6	2	2.5	3	3	4	4	5
	GB/T 97.2	—	—	—	—	—	1	1.6	1.6	2	2.5	3	3	4	4	5

注：1. 硬度等级有 200HV、300HV 级；材料有钢和不锈钢两种。GB/T 97.1 和 GB/T 97.2 规定，200HV 适用于≤8.8 级的 A 级和 B 级的或不锈钢的六角螺栓、六角螺母和螺钉等；300HV 适用于≥10 级的六角螺栓、螺钉和螺母。GB/T 848 规定，200HV 适用于≤8.8 级或不锈钢制造的圆柱头螺钉、内六角头螺钉等；300HV 适用于≤10.9 级的内六角圆柱头螺钉等。

2. d 的范围：GB/T 848 为 1.6～36 mm，GB/T 97.1 为 1.6～64 mm，GB/T 97.2 为 5～64 mm。表中所列的仅为 d≤36 mm 的优选尺寸；d>36 mm 的优选尺寸和非优选尺寸，可查阅这个三个标准。

标准型弹簧垫圈(GB/T 93—1987)

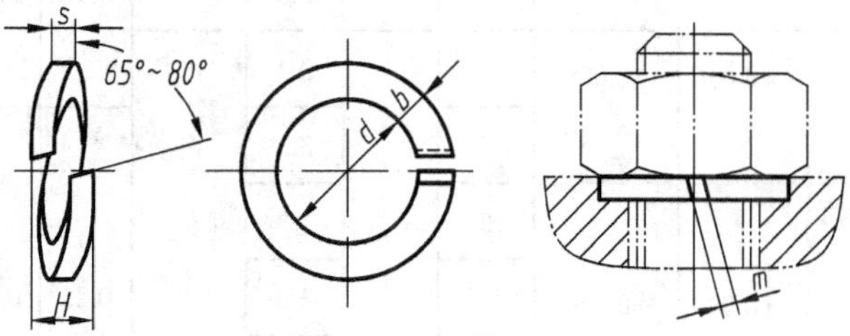

标 记 示 例

规格 16 mm、材料为 65 Mn，表面氧化的标准型弹簧垫圈，其标记：

垫圈　GB/T 93　16

附 表 12

mm

公称规格(螺纹大径)	3	4	5	6	8	10	12	(14)	16	(18)	20	(22)	24	(27)	30
d	3.1	4.1	5.1	6.1	8.1	10.2	12.2	14.2	16.2	18.2	20.2	22.5	24.5	27.5	30.5
H	1.6	2.2	2.6	3.2	4.2	5.2	6.2	7.2	8.2	9	10	11	12	13.6	15
s(b)	0.8	1.1	1.3	1.6	2.1	2.6	3.1	3.6	4.1	4.5	5	5.5	6	6.8	7.5
m≤	0.4	0.55	0.65	0.8	1.05	1.3	1.55	1.8	2.05	2.25	2.5	2.75	3	3.4	3.75

注：1. 括号内的规格尽量不采用。

2. m 应大于零。

(6) 键。

平键和键槽的剖面尺寸(GB/T 1095—2003)

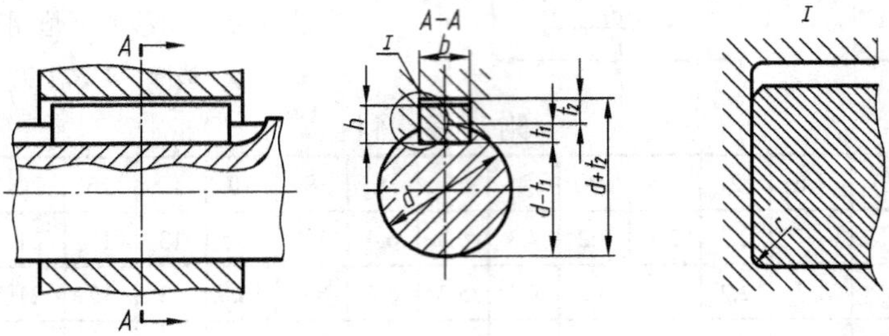

附 表 13

mm

键尺寸 $b \times h$	键槽											
	宽度 b						深度				半径 r	
	基本尺寸	极限偏差					轴 t_1		毂 t_2			
		正常联接		紧密联结	松联结		基本尺寸	极限偏差	基本尺寸	极限偏差		
		轴 N9	毂 JS9	轴和毂 P9	轴 H9	毂 D10					min	max
2×2	2	−0.004 −0.029	±0.0125	-0.006 -0.031	+0.025 0	+0.060 +0.020	1.2	+0.1 0	1	+0.1 0	0.08	0.16
3×3	3						1.8		1.4			
4×4	4	0 −0.030	±0.015	-0.012 -0.042	+0.030 0	+0.078 +0.030	2.5		1.8			
5×5	5						3		2.3		0.16	0.25
6×6	6						3.5		2.8			
8×7	8	0 −0.036	±0.018	-0.015 -0.051	+0.036 0	+0.098 +0.040	4	+0.2 0	3.3	+0.2 0		
10×8	10						5		3.3		0.25	0.40
12×8	12	0 −0.043	±0.0215	-0.018 -0.061	+0.043 0	+0.120 +0.050	5		3.3			
14×9	14						5.5		3.8			
16×10	16						6		4.3			
18×11	18						7		4.4			
20×12	20	0 −0.052	±0.026	-0.022 -0.074	+0.052 0	+0.149 +0.065	7.5		4.9		0.40	0.60
22×14	22						9		5.4			
25×14	25						9		5.4			
28×16	28						10		6.4			
32×18	32						11		7.4			

续表

键尺寸 b×h	键槽											
	宽度 b						深度				半径 r	
	基本尺寸	极限偏差					轴 t_1		毂 t_2			
		正常联接		紧密联结	松联结		基本尺寸	极限偏差	基本尺寸	极限偏差		
		轴 N9	毂 JS9	轴和毂 P9	轴 H9	毂 D10					min	max
36×20	36						12		8.4			
40×22	40	0	± 0.031	−0.026	+0.062	+0.180	13		9.4		0.70	1.00
45×25	45	−0.062		−0.088	0	+0.080	15		10.4			
50×28	50						17		11.4			
56×32	56						20	+0.3	12.4	+0.3		
63×32	63	0	± 0.037	−0.032	+0.074	+0.220	20	0	12.4	0	1.20	1.00
70×36	70	−0.074		−0.106	0	+0.100	22		14.4			
80×40	80						25		15.4			
90×45	90	0	± 0.0435	−0.037	+0.087	+0.260	28		17.4		2.00	2.50
100×50	100	−0.087		−0.124	0	+0.120	31		19.5			

注：1. 在零件图中，轴槽深度用 $d - t_1$ 标注，$d - t_1$ 的极限偏差值应取负号，轮毂深用 $d + t_2$ 标注。

2. 普通型平键应符合 GB/T 1096 规定。

3. 平键轴槽的长度公差用 H14。

4. 轴槽、轮毂槽的键槽宽度 b 两侧的表面粗糙度参数 Ra 值推荐为 1.6 ~ 3.2 μm；轴槽底面、轮毂槽底面的表面粗糙度参数 Ra 值为 6.3 μm。

5. 这里未述及的有关键槽的其他技术条件，需用时可查阅该标准。

普通型平键(GB/T 1096—2003)

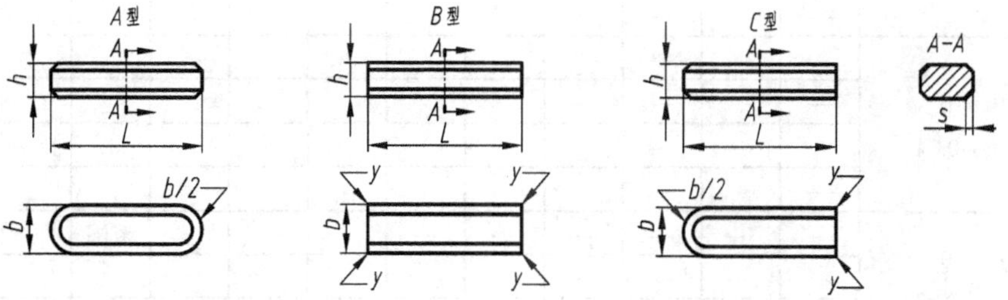

标 记 示 例

b = 16 mm、h = 10 mm、L = 100mm 的普通 A 型平键，其标记：GB/T 1096　键 16×10×100

b = 16 mm、h = 10 mm、L = 100mm 的普通 B 型平键，其标记：GB/T 1096　键 B16×10×100

b = 16 mm、h = 10 mm、L = 100mm 的普通 C 型平键，其标记：GB/T 1096　键 C16×10×100

附表 14

mm

宽度 b	基本尺寸		2	3	4	5	6	8	10	12	14	16	18	20	22
	极限偏差 (h8)		0 -0.014		0 -0.018			0 -0.022		0 -0.027				0 -0.033	
高度 h	基本尺寸		2	3	4	5	6	7	8	8	9	10	11	12	14
	极限偏差	矩形 (h14)	—		—			0 -0.090					0 -0.110		
		方形 (h8)	0 -0.014		0 -0.018			—					—		
倒角或倒圆 s			0.16～0.25			0.25～0.40			0.40～0.60					0.60～0.80	
长度 L															
基本尺寸	极限偏差 (h14)														
6	0 −0.36				—	—	—	—	—	—	—	—	—	—	—
8						—	—	—	—	—	—	—	—	—	—
10							—	—	—	—	—	—	—	—	—
12	0 −0.43						—	—	—	—	—	—	—	—	—
14								—	—	—	—	—	—	—	—
16								—	—	—	—	—	—	—	—
18									—	—	—	—	—	—	—
20	0 −0.52								—	—	—	—	—	—	—
22			—			标准				—	—	—	—	—	—
25			—							—	—	—	—	—	—
28			—								—	—	—	—	—
32	0 −0.62		—								—	—	—	—	—
36			—									—	—	—	—
40			—	—								—	—	—	—
45			—	—					长度				—	—	—
50			—	—	—									—	—
56	0 −0.74		—	—	—										—
63			—	—	—	—									
70			—	—	—	—	—								
80			—	—	—	—	—								
90	0 −0.87		—	—	—	—	—	—				范围			
100			—	—	—	—	—	—							
110			—	—	—	—	—	—							
125	0 −1.00		—	—	—	—	—	—	—						
140			—	—	—	—	—	—	—						
160			—	—	—	—	—	—	—	—					
180			—	—	—	—	—	—	—	—	—				
200	0 −1.15		—	—	—	—	—	—	—	—	—	—			
220			—	—	—	—	—	—	—	—	—	—	—		
250			—	—	—	—	—	—	—	—	—	—	—	—	

注：本表未列入 b = 25 ~ 100 mm 的普通型平键，需用时可查阅标准；普通型平键的技术条件应符合 GB/T 1568 的规定，键槽的尺寸应符合 GB/T 1095 的规定。

(7) 销。

圆柱销—不淬硬钢和奥氏体不锈钢(GB/T 119.1—2000)

圆柱销—淬硬钢和马氏体不锈钢(GB/T 119.2—2000)

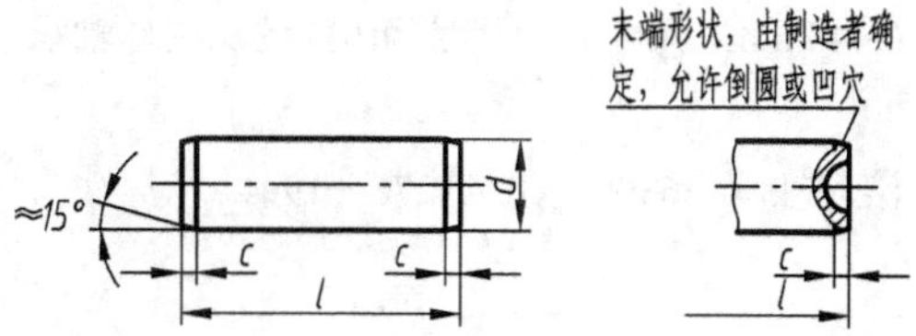

标 记 示 例

公称直径 $d = 6$ mm、公差 m6、公称长度 $l = 30$ mm、材料为钢，不经淬火、不经表面处理的圆柱销，其标记：

销　GB/T 119.1　6m6 × 30

附　表　15　　　mm

公称直径 d		3	4	5	6	8	10	12	16	20	25	30	40	50
$c \approx$		0.50	0.50	0.80	1.2	1.6	2.0	2.5	3.0	3.5	4.0	5.0	6.3	8.0
公称长度 l	GB/T 119.1	8 ~ 30	8 ~ 40	10 ~ 50	12 ~ 60	14 ~ 80	18 ~ 95	22 ~ 140	26 ~ 180	35 ~ 200	50 ~ 200	60 ~ 200	80 ~ 200	95 ~ 200
	GB/T 119.2	8 ~ 30	10 ~ 40	12 ~ 50	14 ~ 60	18 ~ 80	22 ~ 100	26 ~ 100	40 ~ 100	50 ~ 100	—	—	—	—
l 系列		8，10，12，14，16，18，20，22，24，26，28，30，32，35，40，45，50，55，60，65，70，75，80，85，90，95，100，120，140，160，180，200…												

注：1. GB/T 119.1–2000 规定圆柱销的公称直径 $d = 0.6 \sim 50$ mm，公称长度 $l = 2 \sim 200$ mm，公差有 m6 和 h8。

2. GB/T 119.2–2000 规定圆柱销的公称直径 $d = 1 \sim 20$ mm，公称长度 $l = 3 \sim 100$ mm，公差有仅有 m6。

3. 圆柱销常用 35 钢。当圆锥销公差为 h8 时，其表面粗糙度参数 $Ra \leqslant 1.6$ μm；为 m6 时，$Ra \leqslant 0.8$ μm。

圆锥销(GB/T 117——2000)

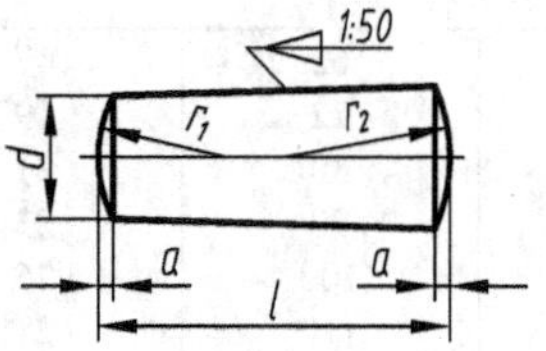

$$r_1 \approx d$$

$$r_2 \approx \frac{a}{2} + d + \frac{(0.02l)^2}{8a}$$

标 记 示 例

公称直径 $d = 10$ mm、公称长度 $l = 60$ mm、材料为 35 钢，热处理硬度(28 ~ 38)HRC、表面氧化处理的 A 型圆锥销，其标记：

销　GB/T 117　10 × 60

附　表　16　　　mm

公称直径 d	4	5	6	8	10	12	16	20	25	30	40	50
$a \approx$	0.5	0.63	0.8	1	1.2	1.6	2	2.5	3	4	5	6.3
公称长度 l	14 ~ 55	18~ 60	22 ~ 90	22 ~ 120	26 ~ 160	32 ~ 180	40 ~ 200	45 ~ 200	50 ~ 200	55 ~ 200	60 ~ 200	65 ~ 200
l 系列	2，3，4，5，6，8，10，12，14，16，18，20，22，24，26，28，30，32，35，40，45，50，55，60，65，70，75，80，85，90，95，100，120，140，160，180，200…											

注：1. 标准规定圆锥销的公称直径 $d = 0.6 \sim 500$ mm。

2. 有 A 型和 B 型。A 型为磨削，锥面表面粗糙度参数 $Ra = 0.8$ μm；B 型为切削或冷镦，锥面表面粗糙度参数 $Ra = 3.2$ μm。A 型和 B 型的圆锥销端面的表面粗糙度参数都是 $Ra = 6.3$ μm。

(8) 滚动轴承。

深沟球轴承(GB/T 276—1994)

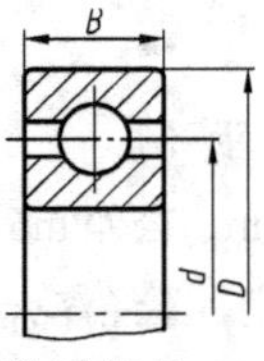

类型代号　6

标记示例

内圈孔径 d = 45 mm、尺寸系列代号为(0)3 的深沟球轴承，其标记：

滚动轴承　6309　GB/T 276—1994

附　表　17

mm

轴承代号	尺寸 d	尺寸 D	尺寸 B
尺寸系列代号(1) 0			
606	6	17	6
607	7	19	6
608	8	22	7
609	9	24	7
6000	10	26	8
6001	12	28	8
6002	15	32	9
6003	17	35	10
6004	20	42	12
60/22	22	44	12
6005	25	47	12
60/28	28	52	12
6006	30	55	13
60/32	32	58	13
6007	35	62	14
6008	40	68	15
6009	45	75	16
6010	50	80	16
6011	55	90	18
6012	60	95	18
尺寸系列代号(0) 2			
623	3	10	4
624	4	13	5
625	5	16	5
626	6	19	6
627	7	22	7
628	8	24	8
629	9	26	8
6200	10	30	9
6201	12	32	10
6202	15	35	11
6203	17	40	12
6204	20	47	14
62/22	22	50	14
6205	25	52	15
62/28	28	58	16
6206	30	62	16
62/32	32	65	17
6207	35	72	17
6208	40	80	18
6209	45	85	19
6210	50	90	20
6211	55	100	21
6212	60	110	22
尺寸系列代号(0) 3			
633	3	13	5
634	4	16	5
635	5	19	6
6300	10	35	11
6301	12	37	12
6302	15	42	13
6303	17	47	14
6304	20	52	15
63/22	22	56	16
6305	25	62	17
63/28	28	68	18
6306	30	72	19
63/32	32	75	20
6307	35	80	21
6308	40	90	23
6309	45	100	25
6310	50	110	27
6311	55	120	29
6312	60	130	31
尺寸系列代号(0) 4			
6403	17	62	17
6404	20	72	19
6405	25	80	21
6406	30	90	23
6407	35	100	25
6408	40	110	27
6409	45	120	29
6410	50	130	31
6411	55	140	33
6412	60	150	35
6413	65	160	37
6414	70	180	42
6415	75	190	45
6416	80	200	48
6417	85	210	52
6418	90	225	54
6419	95	240	55
6420	100	250	58
6422	110	280	65

注：表中括号“( )”表示该数字在轴承代号中省略。

圆锥滚子轴承(GB/T 297—1994)

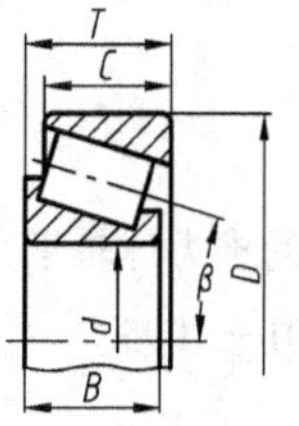

类型代号　3

标记示例

内圈孔径 $d = 30$ mm、尺寸系列代号为 02 的圆锥滚子轴承，其标记：

滚动轴承　30206　GB/T 297—1994

附　表　18　　　　mm

轴承代号	尺寸				
	d	*D*	*T*	*B*	*C*
尺寸系列代号 02					
30202	15	35	11.75	11	10
30203	17	40	13.25	12	11
30204	20	47	15.25	14	12
30205	25	52	16.25	15	13
30206	30	62	17.25	16	14
302/32	32	65	18.25	17	15
30207	35	72	18.25	17	15
30208	40	80	19.75	18	16
30209	45	85	20.75	19	16
30210	50	90	21.75	20	17
30211	55	100	22.75	21	18
30212	60	110	23.75	22	19
30213	65	120	24.75	23	20
30214	70	125	26.75	24	21
30215	75	130	27.75	25	22
30216	80	140	28.75	26	22
30217	85	150	30.5	28	24
30218	90	160	32.5	30	26
30219	95	170	34.5	32	27
30220	100	180	37	34	29
尺寸系列代号 03					
30302	15	42	14.25	13	11
30303	17	47	15.25	14	12
30304	20	52	16.25	15	13
30305	25	62	18.25	17	15
30306	30	72	20.75	19	16
30307	35	80	22.75	21	18
30308	40	90	25.25	23	20
30309	45	100	27.25	25	22
30310	50	110	29.25	27	23
30311	55	120	31.5	29	25
30312	60	130	33.5	31	26
30313	65	140	36	33	28
30314	70	150	38	35	30
30315	75	160	40	37	31
30316	80	170	42.5	39	33
30317	85	180	44.5	41	34
30318	90	190	46.5	43	36
30319	95	200	49.5	45	38
30320	100	215	51.5	47	39

轴承代号	尺寸				
	d	*D*	*T*	*B*	*C*
尺寸系列代号 23					
32303	17	47	20.25	19	16
32304	20	52	22.25	21	18
32305	25	62	25.25	24	20
32306	30	72	28.75	27	23
32307	35	80	32.75	31	25
32308	40	90	35.25	33	27
32309	45	100	38.25	36	30
32310	50	110	42.25	40	33
32311	55	120	45.5	43	35
32312	60	130	48.5	46	37
32313	65	140	51	48	39
32314	70	150	54	51	42
32315	75	160	58	55	45
32316	80	170	61.5	58	48
尺寸系列代号 30					
33005	25	47	17	17	14
33006	30	55	20	20	16
33007	35	62	21	21	17
33008	40	68	22	22	18
33009	45	75	24	24	19
33010	50	80	24	24	19
33011	55	90	27	27	21
33012	60	95	27	27	21
33013	65	100	27	27	21
33014	70	110	31	31	25.5
33015	75	115	31	31	25.5
33016	80	125	36	36	29.5
尺寸系列代号 31					
33108	40	75	26	26	20.5
33109	45	80	26	26	20.5
33110	50	85	26	26	20
33111	55	95	30	30	23
33112	60	100	30	30	23
33113	65	110	34	34	26.5
33114	70	120	37	37	29
33115	75	125	37	37	29
33116	80	130	37	37	29

推力球轴承(GB/T 301—1995)

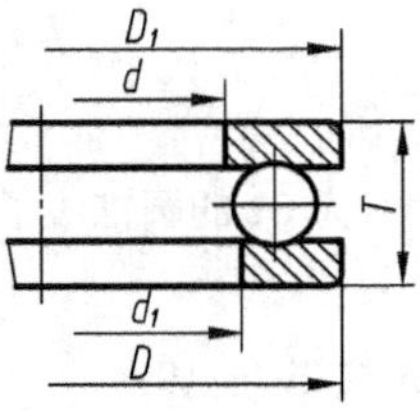

类型代号　5

标 记 示 例

内圈孔径 d = 60 mm、尺寸系列代号为 14 的推力球轴承，其标记：

滚动轴承　51412　GB/T 301—1995

附 表 19　　　　mm

轴承代号	尺寸					轴承代号	尺寸				
	d	D	T	d_1	D_1		d	D	T	d_1	D_1
尺寸系列代号 11						尺寸系列代号 13					
51104	20	35	10	21	35	51304	20	47	18	22	47
51105	25	42	11	26	42	51305	25	52	18	27	52
51106	30	47	11	32	47	51306	30	60	21	32	60
51107	35	52	12	37	52	51307	35	68	24	37	68
51108	40	60	13	42	60	51308	40	78	26	42	78
51109	45	65	14	47	65	51309	45	85	28	47	85
51110	50	70	14	52	70	51310	50	95	31	52	95
51111	55	78	16	57	78	51311	55	105	35	57	105
51112	60	85	17	62	85	51312	60	110	35	62	110
51113	65	90	18	67	90	51313	65	115	36	67	115
51114	70	95	18	72	95	51314	70	125	40	72	125
51115	75	100	19	77	100	51315	75	135	44	77	135
51116	80	105	19	82	105	51316	80	140	44	82	140
51117	85	110	19	87	110	51317	85	150	49	88	150
51118	90	120	22	92	120	51318	90	155	50	93	155
51120	100	135	25	102	135	51320	100	170	55	103	170
尺寸系列代号 12						尺寸系列代号 14					
51204	20	40	14	22	40	51405	25	60	24	27	60
51205	25	47	15	27	47	51406	30	70	28	32	70
51206	30	52	16	32	52	51407	35	80	32	37	80
51207	35	62	18	37	62	51408	40	90	36	42	90
51208	40	68	19	42	68	51409	45	100	39	47	100
51209	45	73	20	47	73	51410	50	110	43	52	110
51210	50	78	22	52	78	51411	55	120	48	57	120
51211	55	90	25	57	90	51412	60	130	51	62	130
51212	60	95	26	62	95	51413	65	140	56	68	140
51213	65	100	27	67	100	51414	70	150	60	73	150
51214	70	105	27	72	105	51415	75	160	65	78	160
51215	75	110	27	77	110	51416	80	170	68	83	170
51216	80	115	28	82	115	51417	85	180	72	88	177
51217	85	125	31	88	125	51418	90	190	77	93	187
51218	90	135	35	93	135	51420	100	210	85	103	205
51220	100	150	38	103	150	51422	110	230	95	113	225

注：推力球轴承有 51000 型和 52000 型，类型代号都是 5，尺寸系列代号分别为 11、12、13、14 和 21、22、23、24。52000 型推力球轴承的形式，尺寸可查阅 GB/T 301—1995 或参考书 [2]。

(9) 弹簧。

普通圆柱螺旋压缩弹簧尺寸及参数(两端并紧磨平或制扁)(GB/T 2089—2009)

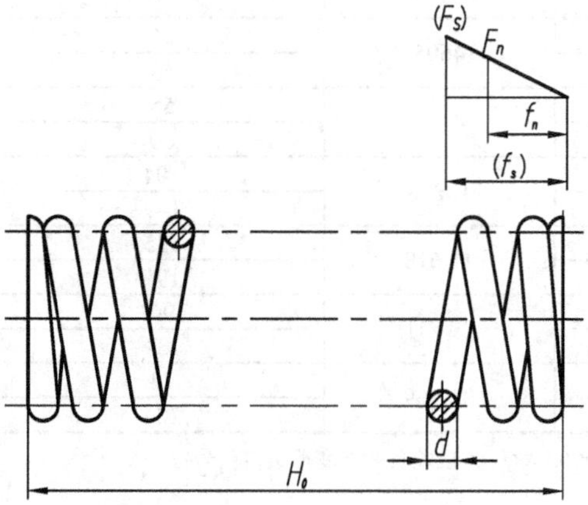

YA 型(冷卷，两端圈并紧磨平型)

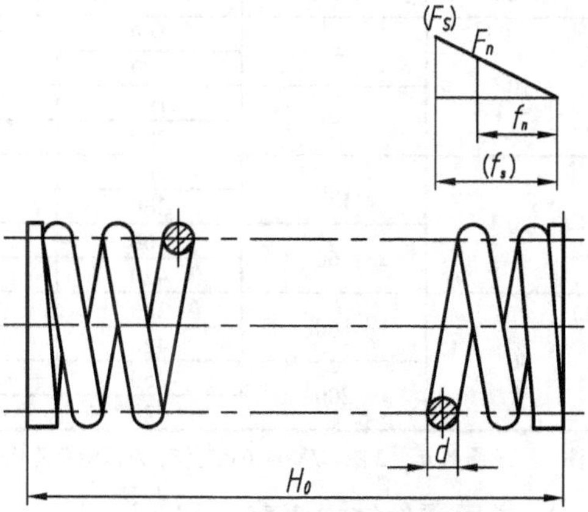

YB 型(热卷，两端圈并紧制平型)

标 记 示 例

YA 型弹簧、材料直径 1.2 mm、弹簧中径 8 mm，自由高度 40 mm、精度等级 2 级、左旋的两端圈并紧磨平的冷卷压缩弹簧，其标记：

YA　1.2×8×40　左　GB/T 2089

YB 型弹簧、材料直径 20 mm、弹簧中径 140 mm，自由高度 260 mm、精度等级 3 级、右旋的两端圈并紧制扁的热卷压缩弹簧，其标记：

YB　20×140×260–3　GB/T 2089

附 表 20　　mm

材料直径 d/mm	弹簧中径 D/mm	自由高度 H_0/mm	有效圈数 n/圈	最大工作负荷 F_n/N	最大工作变形量 f_n/mm
1.2	8	28	8.5	65	14
		40	12.5		20
	12	40	6.5	43	24
		48	8.5		31
4	28	50	4.5	545	21
		70	6.5		30
	30	55	4.5	509	24
		75	6.5		36
6	38	65	4.5	1267	24
		90	6.5		35
	45	105	6.5	1070	49
		140	8.5		63

续表

材料直径 d/mm	弹簧中径 D/mm	自由高度 H_0/mm	有效圈数 n/圈	最大工作负荷 F_n/N	最大工作变形量 f_n/mm
10	45	140	8.5	4605	36
		170	10.5		45
	50	190	10.5	4147	55
		220	12.5		66
20	140	260	4.5	13278	104
		360	6.5		149
	160	300	4.5	11 618	135
		420	6.5		197
30	160	310	4.5	39 211	90
		420	6.5		131
	200	250	2.5	31 369	78
		520	6.5		204

注：支承圈数 $n_z = 2$ 圈，F_n 取 $0.8F_s$（F_s 为试验负荷代号），f_n 取 $0.8f_s$（f_s 为试验负荷下变形量得代号）。

3. 常用零件结构要素

(1) 零件倒圆与倒角(摘自 GB/T 6403.4—2008)。

倒圆与倒角的形式，倒圆、45° 倒角的四种装配形式见附表 21。

附 表 21　　mm

<table>
<tr><td>形式</td><td colspan="18">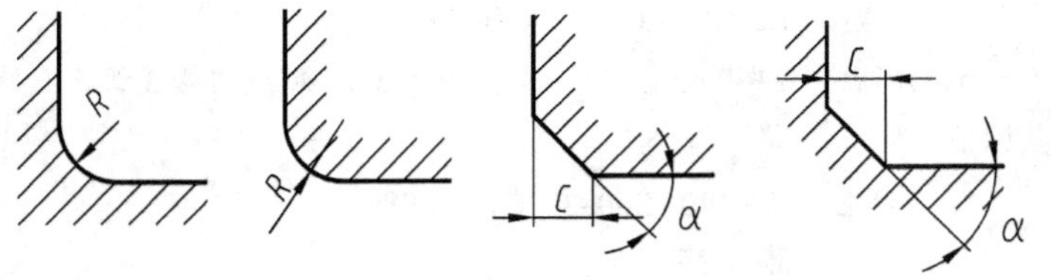</td><td colspan="5">1. R、C 尺寸系列：0.1，0.2，0.3，0.4，0.5，0.6，0.8，1，1.2，1.6，2，2.5，3，4，5，6，8，10，12，16，20，25，32，40，50
2. α 一般用 45°，也可用 30° 或 60°</td></tr>
<tr><td rowspan="3">倒圆、45°倒角的四种装配形式</td><td colspan="18">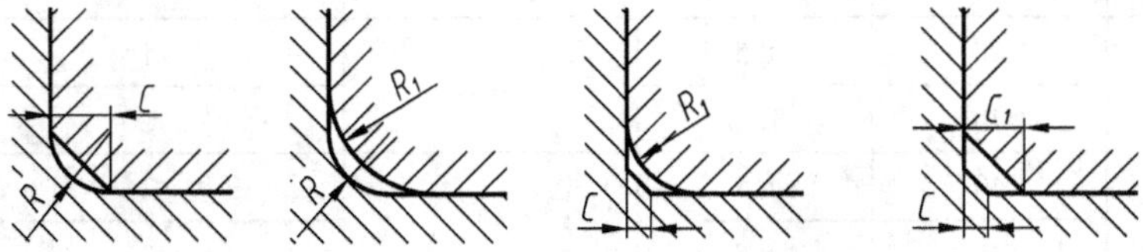
$C_1>R$　$R_1>R$　$C<0.58R_1$　$C_1>C$</td><td colspan="5">1. 倒角为 45°。
2. R_1、C_1 的偏差为正；R、C 的偏差为负。
3. 左起第三种装配方式，C 的最大值 C_{max} 与 R_1 的关系见下表：</td></tr>
<tr><td>R_1</td><td>0.1</td><td>0.2</td><td>0.3</td><td>0.4</td><td>0.5</td><td>0.6</td><td>0.8</td><td>1.0</td><td>1.2</td><td>1.6</td><td>2.0</td><td>2.5</td><td>3.0</td><td>4.0</td><td>5.0</td><td>6.0</td><td>8.0</td><td>10</td><td>12</td><td>16</td><td>20</td><td>25</td></tr>
<tr><td>C_{max}</td><td>—</td><td>0.1</td><td>0.1</td><td>0.2</td><td>0.2</td><td>0.3</td><td>0.4</td><td>0.5</td><td>0.6</td><td>0.8</td><td>1.0</td><td>1.2</td><td>1.6</td><td>2.0</td><td>2.5</td><td>3.0</td><td>4.0</td><td>5.0</td><td>6.0</td><td>8.0</td><td>10</td><td>12</td></tr>
</table>

注：按上述关系装配时，内角与外角取值要适当，外角的倒圆或倒角过大会影响零件工作面；内角的倒圆或倒角过小会产生应力集中。

与零件的直径 ϕ 相应的倒角 C、倒圆 R 的推荐值见附表 22。

附　表　22　mm

ϕ	~3	>3~6	>6~10	>10~18	>18~30	>30~50	>50~80	>80~120	>120~180
C 或 R	0.2	0.4	0.6	0.8	1.0	1.6	2	2.5	3
ϕ	>180~250	>250~300	>320~400	>400~500	>500~630	>630~800	>800~1000	>1000~1250	>1250~1600
C 或 R	4.0	5.0	6.0	8.0	10	12	16	20	25

(2) 砂轮越程槽(摘自 GB/T 6403.5—2008)。

砂轮越程槽的推荐值见附表 23。

附　表　23　mm

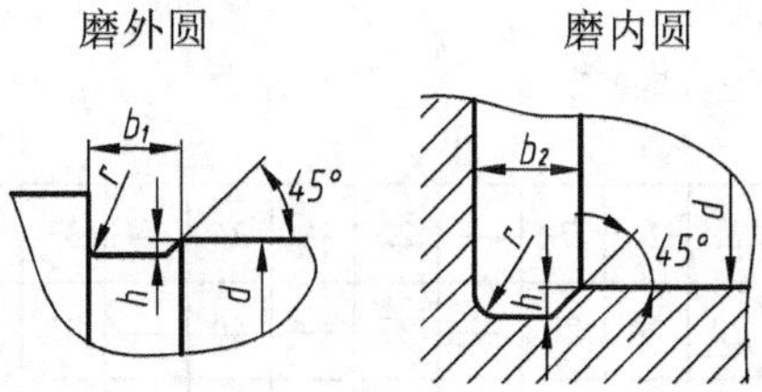

<table>
<tr><td>b₁</td><td>0.6</td><td>1.0</td><td>1.6</td><td>2.0</td><td>3.0</td><td>4.0</td><td>5.0</td><td>8.0</td><td>10</td></tr>
<tr><td>b₂</td><td>2.0</td><td colspan="2">3.0</td><td colspan="2">4.0</td><td colspan="2">5.0</td><td>8.0</td><td>10</td></tr>
<tr><td>h</td><td>0.1</td><td colspan="2">0.2</td><td>0.3</td><td colspan="2">0.4</td><td>0.6</td><td>0.8</td><td>1.2</td></tr>
<tr><td>r</td><td>0.2</td><td colspan="2">0.5</td><td>0.8</td><td colspan="2">1.0</td><td>1.6</td><td>2.0</td><td>3.0</td></tr>
<tr><td>d</td><td colspan="3">~10</td><td colspan="2">>10~50</td><td colspan="2">>50~100</td><td colspan="2">>100</td></tr>
</table>

注：越程槽内二直线相交处，不允许产生尖角；磨削具有数个直径的工件时，可使用同一规格的越程槽；直径 d 值大的零件，允许选择小规格的砂轮越程槽；砂轮越程槽的尺寸公差和表面粗糙度根据零件的结构和性能确定。

(3) 普通螺纹倒角和退刀槽(摘自 GB/T 3—1997)、螺纹紧固件的螺纹倒角(摘自 GB/T 2—2001)。

普通螺纹倒角和退刀槽、螺纹紧固件的螺纹倒角尺寸见附表 24。

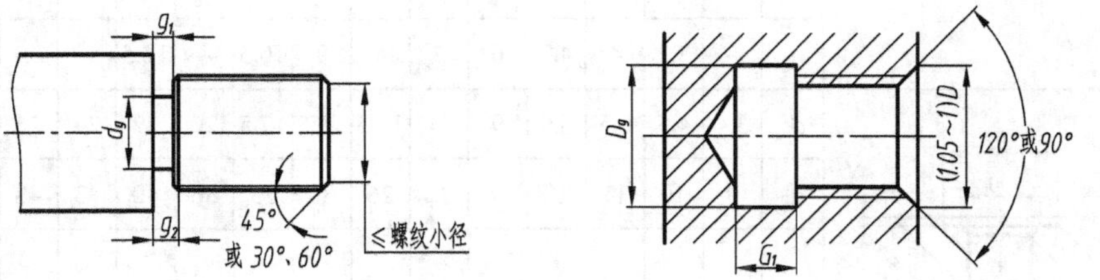

附　表　24　mm

<table>
<tr><td rowspan="2">螺距</td><td colspan="3">外螺纹</td><td colspan="2">内螺纹</td><td rowspan="2">螺距</td><td colspan="3">外螺纹</td><td colspan="2">内螺纹</td></tr>
<tr><td>g_{2max}</td><td>g_{1min}</td><td>d_g</td><td>G₁</td><td>D_g</td><td>g_{2max}</td><td>g_{1min}</td><td>d_g</td><td>G₁</td><td>D_g</td></tr>
<tr><td>0.5</td><td>1.5</td><td>0.8</td><td>d-0.8</td><td>2</td><td rowspan="3">D+0.3</td><td>1.75</td><td>5.3</td><td>3</td><td>d-2.6</td><td>7</td><td rowspan="6">D+0.5</td></tr>
<tr><td>0.7</td><td>2.1</td><td>1.1</td><td>d-1.1</td><td>2.8</td><td>2</td><td>6</td><td>3.4</td><td>d-3</td><td>8</td></tr>
<tr><td>0.8</td><td>2.4</td><td>1.3</td><td>d-1.3</td><td>3.2</td><td>2.5</td><td>7.5</td><td>4.4</td><td>d-3.6</td><td>10</td></tr>
<tr><td>1</td><td>3</td><td>1.6</td><td>d-1.6</td><td>4</td><td rowspan="3">D+0.5</td><td>3</td><td>9</td><td>5.2</td><td>d-4.4</td><td>12</td></tr>
<tr><td>1.25</td><td>3.8</td><td>2</td><td>d-2</td><td>5</td><td>3.5</td><td>11</td><td>6.2</td><td>d-5</td><td>14</td></tr>
<tr><td>1.5</td><td>4.5</td><td>2.5</td><td>d-2.3</td><td>6</td><td>4</td><td>12</td><td>7</td><td>d-5.7</td><td>16</td></tr>
</table>

注：退刀槽的尺寸见上表，普通螺纹端部倒角见附表 21 的附图。

(4) 紧固件通孔(摘自 GB/T 5277—1985)和沉头座尺寸(摘自 GB/T 152.2~152.4—1988)。紧固件通孔和沉头座尺寸见附表 25。

附 表 25 mm

螺纹规格 d			3	4	5	6	8	10	12	14	16	18	20	22	24	27	30	36
通孔直径 GB/T 5277—1985	精装配		3.2	4.3	5.3	6.4	8.4	10.5	13	15	17	19	21	23	25	28	31	37
	中等装配		3.4	4.5	5.5	6.6	9	11	13.5	15.5	17.5	20	22	24	26	30	33	39
	粗装配		3.6	4.8	5.8	7	10	12	14.5	16.5	18.5	21	24	26	28	32	35	42
沉头用沉孔	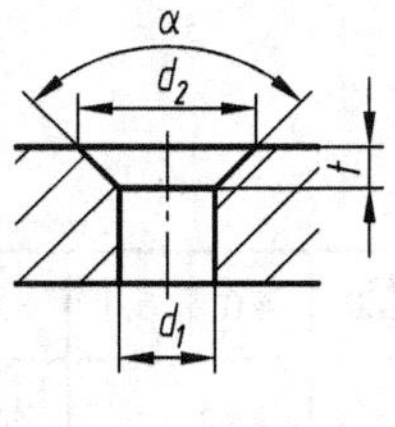 GB/T 152.2—1988	d_1	3.4	4.5	5.5	6.6	9	11	13.5	15.5	17.5	—	22	—	—	—	—	—
		d_2	6.4	9.6	10.6	12.8	17.6	20.3	24.4	28.4	32.4	—	40.4	—	—	—	—	—
		$t\approx$	1.6	2.7	2.7	3.3	4.6	5	6	7	8	—	10	—	—	—	—	—
		α	$90^{\circ}{}^{-2^{\circ}}_{-4^{\circ}}$															
内六角圆柱头螺钉用沉孔	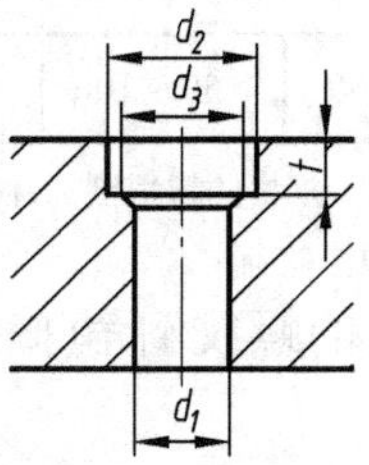 GB/T 152.3—1988	d_1	3.4	4.5	5.5	6.6	9	11	13.5	15.5	17.5	—	22	—	26	—	33	39
		d_2	6	8	10	11	15	18	20	24	26	—	33	—	40	—	48	57
		d_3	—	—	—	—	—	—	16	18	20	—	24	—	28	—	36	42
		t	3.4	4.6	5.7	6.8	9	11	13	15	17.5	—	21.5	—	25.5	—	32	38
开槽圆柱头螺钉用沉孔		d_1	—	4.5	5.5	6.6	9	11	13.5	15.5	17.5	—	22	—	—	—	—	—
		d_2	—	8	10	11	15	18	20	24	26	—	33	—	—	—	—	—
		d_3	—	—	—	—	—	—	16	18	20	—	24	—	—	—	—	—
		t	—	3.2	4	4.7	6	7	8	9	10.5	—	12.5	—	—	—	—	—
六角头螺栓和六角螺母用沉孔	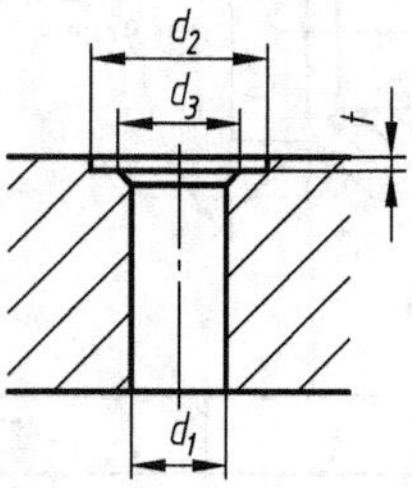 GB/T 152.4—1988	d_1	3.4	4.5	5.5	6.9	9	11	13.5	15.5	17.5	20	22	24	26	30	33	39
		d_2	9	10	11	13	18	22	26	30	33	36	40	43	48	53	61	71
		d_3	—	—	—	—	—	—	16	18	20	22	24	26	28	33	36	42

注：对螺栓和螺母用沉孔的尺寸 t，只要能制出与通孔轴线垂直的圆平面即可，即刮平圆平面为止，称为锪平。表中尺寸 d_1、d_2、t 的公差带都是 H13。

4. 极限与配合

(1) 公称尺寸至 500 mm、公差等级由 IT1 至 IT18 级的标准公差值(摘自 GB/T 1800.1—2009)。

附 表 26

公称尺寸 mm		标准公差等级																	
		IT1	IT2	IT3	IT4	IT5	IT6	IT7	IT8	IT9	IT10	IT11	IT12	IT13	IT14	IT15	IT16	IT17	IT18
大于	至	μm											mm						
—	3	0.8	1.2	2	3	4	6	10	14	25	40	60	0.1	0.14	0.25	0.4	0.6	1	1.4
3	6	1	1.5	2.5	4	5	8	12	18	30	48	75	0.12	0.18	0.3	0.48	0.75	1.2	1.8
6	10	1	1.5	2.5	4	6	9	15	22	36	58	90	0.15	0.22	0.36	0.58	0.9	1.5	2.2
10	18	1.2	2	3	5	8	11	18	27	43	70	110	0.18	0.27	0.43	0.7	1.1	1.8	2.7
18	30	1.5	2.5	4	6	9	13	21	33	52	84	130	0.21	0.33	0.52	0.84	1.3	2.1	3.3
30	50	1.5	2.5	4	7	11	16	25	39	62	100	160	0.25	0.39	0.62	1	1.5	2.5	3.9
50	80	2	3	5	8	13	19	30	46	74	120	190	0.3	0.46	0.74	1.2	1.9	3	4.6
80	120	2.5	4	6	10	15	22	35	54	87	140	220	0.35	0.54	0.87	1.4	2.2	3.5	5.4
120	180	3.5	5	8	12	18	25	40	63	100	160	250	0.4	0.63	1	1.6	2.5	4	6.3
180	250	4.5	7	10	14	20	29	46	72	115	185	290	0.46	0.72	1.15	1.85	2.9	4.6	7.2
250	315	6	8	12	16	23	32	52	81	130	210	320	0.52	0.81	1.3	2.1	3.2	5.2	8.1
315	400	7	9	13	18	25	36	57	89	140	230	360	0.57	0.89	1.4	2.3	3.6	5.7	8.9
400	500	8	10	15	20	27	40	63	97	155	250	400	0.63	0.97	1.55	2.5	4	6.3	9.7

注：公称尺寸 1 mm 时，无 IT14～IT18。公称尺寸在 500～3150 mm 范围内的标准公差数值未列入，需要时可查阅标准。

(2) 优先配合中轴的上、下极限偏差数值(摘自 GB/T 1800.2—2009 和 GB/T 1801—2009)。

优先配合中轴的上、下极限偏差数值见附表 27。

附 表 27

μm

基本尺寸 mm		公差带												
		c	d	f	g	h				k	n	p	s	u
大于	至	11	9	7	6	6	7	9	11	6	6	6	6	6
—	3	-60	-20	-6	-2	0	0	0	0	+6	+10	+12	+20	+24
		-120	-45	-16	-8	-6	-10	-25	-60	0	+4	+6	+14	+18
3	6	-70	-30	-10	-4	0	0	0	0	+9	+16	+20	+27	+31
		-145	-60	-22	-12	-8	-12	-30	-75	+1	+8	+12	+19	+23
6	10	-80	-40	-13	-5	0	0	0	0	+10	+19	+24	+32	+37
		-170	-76	-28	-14	-9	-15	-36	-90	+1	+10	+15	+23	+28
10	14	-95	-50	-16	-6	0	0	0	0	+12	+23	+29	+39	+44
14	18	-205	-93	-34	-17	-11	-18	-43	-110	+1	+12	+18	+28	+33

续表

基本尺寸 mm		公差带												
		c	d	f	g	h				k	n	p	s	u
大于	至	11	9	7	6	6	7	9	11	6	6	6	6	6
18	24	-110 -240	-65 -117	-20 -41	-7 -20	0 -13	0 -21	0 -52	0 -130	+15 +2	+28 +15	+35 +22	+48 +35	+54 +41
24	30													+61 +48
30	40	-120 -280	-80 -142	-25 -50	-9 -25	0 -16	0 -25	0 -62	0 -160	+18 +2	+33 +17	+42 +26	+59 +43	+76 +60
40	50	-130 -290												+86 +70
50	65	-140 -330	-100 -174	-30 -60	-10 -29	0 -19	0 -30	0 -74	0 -190	+21 +2	+39 +20	+51 +32	+72 +53	+106 +87
65	80	-150 -340											+78 +59	+121 +102
80	100	-170 -390	-120 -207	-36 -71	-12 -34	0 -22	0 -35	0 -87	0 -220	+25 +3	+45 +23	+59 +37	+93 +71	+146 +124
100	120	-180 -400											+101 +79	+166 +144
120	140	-200 -450	-145 -245	-43 -83	-14 -39	0 -25	0 -40	0 -100	0 -250	+28 +3	+52 +27	+68 +43	+117 +92	+195 +170
140	160	-210 -460											+125 +100	+215 +190
160	180	-230 -480											+133 +108	+235 +210
180	200	-240 -530	-170 -285	-50 -96	-15 -44	0 -29	0 -46	0 -115	0 -290	+33 +4	+60 +31	+79 +50	+151 +122	+265 +236
200	225	-260 -530											+159 +130	+287 +258
225	350	-280 -570											+169 +140	+313 +284
250	280	-300 -620	-190 -320	-56 -108	-17 -49	0 -32	0 -52	0 -130	0 -320	+36 +4	+66 +34	+88 +56	+190 +158	+347 +315
280	315	-330 -650											+202 +170	+282 +350
315	355	-360 -720	-210 -350	-62 -119	-18 -54	0 -36	0 -57	0 -140	0 -360	+40 +4	+73 +37	+98 +62	+226 +190	+426 +390
355	400	-400 -760											+244 +208	+471 +435
400	450	-440 -840	-230 -385	-68 -131	-20 -60	0 -40	0 -63	0 -155	0 -400	+45 +5	+80 +40	+108 +68	+272 +232	+530 +490
450	500	-480 -880											+292 +252	+580 +540

(3) 优先配合中孔的上、下极限偏差数值(摘自 GB/T 1800.2–2009 和 GB/T 1801–2009)

附 表 28

μm

基本尺寸 mm		公差带												
		C	D	F	G	H				K	N	P	S	U
大于	至	11	9	8	7	7	8	9	11	7	7	7	7	7
—	3	+120 +60	+45 +20	+20 +6	+12 +2	+10 0	+14 0	+25 0	+60 0	0 -10	-4 -14	-6 -16	-14 -24	-18 -28
3	6	+145 +70	+60 +30	+28 +10	+16 +4	+12 0	+18 0	+30 0	+75 0	+3 -9	-4 -16	-8 -20	-15 -27	-19 -31
6	10	+170 +80	+76 +40	+35 +13	+20 +5	+15 0	+22 0	+36 0	+90 0	+5 -10	-4 -19	-9 -24	-17 -32	-22 -37
10	14	+205 +95	+93 +50	+43 +16	+24 +6	+18 0	+27 0	+43 0	+110 0	+6 -12	-5 -23	-11 -29	-21 -39	-26 -44
14	18													
18	24	+240 +110	+117 +65	+53 +20	+28 +7	+21 0	+33 0	+52 0	+130 0	+6 -15	-7 -28	-14 -35	-27 -48	-33 -54
24	30													-40 -61
30	40	+280 +120	+142 +80	+64 +25	+34 +9	+25 0	+39 0	+62 0	+160 0	+7 -18	-8 -33	-17 -42	-34 -59	-51 -76
40	50	+290 +130												-61 -86
50	65	+330 +140	+174 +100	+76 +30	+40 +10	+30 0	+46 0	+74 0	+190 0	+9 -21	-9 -39	-21 -51	-42 -72	-76 -106
65	80	+340 +150											-48 -78	-91 -121
80	100	+390 +170	+207 +120	+90 +36	+47 +12	+35 0	+54 0	+87 0	+220 0	+10 -25	-10 -45	-24 -59	-58 -93	-111 -146
100	120	+400 +180											-66 -101	-131 -166
120	140	+450 +200	+245 +145	+106 +43	+54 +14	+40 0	+63 0	+100 0	+250 0	+12 -28	-12 -52	-28 -68	-77 -117	-155 -195
140	160	+460 +210											-85 -125	-175 -215
160	180	+480 +230											-93 -133	-195 -235
180	200	+530 +240	+285 +170	+122 +50	+61 +15	+46 0	+72 0	+115 0	+290 0	+13 -33	-14 -60	-36 -79	-105 -151	-219 -265
200	225	+550 +260											-113 -159	-214 -287
225	250	+570 +280											-123 -169	-267 -313
250	280	+620 +300	+320 +190	+137 +56	+69 +17	+52 0	+81 0	+130 0	+320 0	+16 -36	-14 -66	-36 -88	-138 -190	-295 -347
280	315	+650 +330											-150 -202	-330 -382
315	355	+720 +360	+350 +210	+151 +62	+75 +18	+57 0	+89 0	+140 0	+360 0	+17 -40	-16 -73	-41 -98	-169 -226	-369 -426
355	400	+760 +400											-187 -244	-414 -471
400	450	+840 +440	+385 +230	+165 +68	+83 +20	+63 0	+97 0	+155 0	+400 0	+18 -45	-17 -80	-45 -108	-209 -272	-467 -530
450	500	+880 +480											-229 -292	-517 -580

5. 常用材料以及常用热处理、表面处理名词解释

(1) 金属材料。

常用金属材料见附表 29。

附　表　29

标准	名称	牌号	应用举例		说　明
GB/T 700–2006	碳素结构钢	Q215	A 级	金属结构件、拉杆、套圈、铆钉、螺栓。短轴、心轴、凸轮(载荷不大的)、垫圈、渗碳零件及焊接件	“Q”为碳素结构钢屈服点“屈”字的汉语拼音首位字母，后面的数字表示屈服点的数值。如 Q235 表示碳素结构钢的屈服点为 235 N/mm²。 新旧牌号对照： Q215—A2(A2F) Q235—A3 Q275—A5
			B 级		
		Q235	A 级	金属结构件，心部强度要求不高的渗碳或氰化零件，吊钩、拉杆、套圈、汽缸、齿轮、螺栓、螺母、连杆、轮轴、楔、盖及焊接件	
			B 级		
			C 级		
			D 级		
		Q275	轴、轴销、刹车杆、螺母、螺栓、垫圈、连杆、齿轮以及其他强度较高的零件		
GB/T 699–1999	优质碳素结构钢	10	用作拉杆、卡头、垫圈、铆钉及焊接零件		牌号的两位数字表示钢中平均含碳量的质量分数，45 钢即表示碳的平均含量为 0.45%。 碳的质量分数≤0.25%的碳钢属于低碳钢(渗碳钢)。 碳的质量分数在(0.25~0.6)%之间的碳钢属于中碳钢(调质钢)。 碳的质量分数>0.6%的碳钢属于高碳钢。 锰的质量分数较高的钢，须加注化学元素符号“Mn”
		15	用于受力不大和韧性较高的零件、渗碳零件及紧固件(如螺栓、螺钉)、法兰盘和化工贮器		
		35	用于制造曲轴、转轴、轴销、杠杆、连杆、螺栓、螺母、垫圈、飞轮(多在正火、调质下使用)		
		45	用作要求综合机械性能高的各种零件，通常经正火或调质处理后使用。用于制造轴、齿轮、齿条、链轮、螺栓、螺母、销钉、键、拉杆等		
		60	用于制造弹簧、弹簧垫圈、凸轮、轧辊等		
		15Mn	制作心部机械性能要求较高且需渗碳的零件		
		65Mn	用作要求耐磨性高的圆盘、衬板、齿轮、花键轴、弹簧、弹簧垫圈等		
GB/T 3077–1999	合金结构钢	20Mn2	用作渗碳小齿轮、小轴、活塞销、柴油机套筒、气门推杆、缸套等		钢中加入一定量的合金元素，提高了钢的力学性能和耐磨性，也提高了钢的淬透性，保证金属在较大截面上获得高的力学性能
		15Cr	用于要求心部韧性较高的渗碳零件，如船舶主机用螺栓，活塞销，凸轮，凸轮轴，汽轮机套环，机车小零件等		
		40Cr	用于受变载、中速、中载、强烈磨损而无很大冲击的重要零件，如重要的齿轮、轴、曲轴、连杆、螺栓、螺母等		
		35SiMn	耐磨、耐疲劳性均佳，适用于小型轴类、齿轮及 430℃以下的重要紧固件等		
		20CrMnTi	工艺性优，强度、韧性均高，可用于承受高速、中等或重负荷以及冲击、磨损等的重要零件，如渗碳齿轮、凸轮等		

续表一

标准	名称	牌号	应用举例	说明
GB/T 11352–2009	一般工程用铸造碳钢	ZG 230-450	轧机机架、铁道车辆摇枕、侧梁、铁铮台、机座、箱底、锤轮、450℃以下的管路附件等	“ZG”为“铸钢”汉语拼音的首位字母，后面的数字表示屈服点和抗拉强度。如 ZG230-450 表示屈服点为 230 N/mm2、抗拉强度为 450 N/mm^2
		ZG 310-570	适用于各种形状的零件，如联轴器、齿轮、汽缸、轴、机架、齿圈等	
GB/T 9439–1988	灰铸铁	HT150	用于小负荷和对耐磨性无特殊要求的零件，如端盖、外罩、手轮、一般机床的底座、床身、滑台、工作台和低压管件等。	“HT”为“灰铁”的汉语拼音的首位字母，后面的数字表示抗拉强度。如 HT200 表示抗拉强度为 200 N/mm^2 的灰铸铁
		HT200	用于中等负荷和对耐磨性有一定要求的零件，如机床床身、立柱、飞轮、汽缸、泵体、轴承座、活塞、齿轮箱、阀体等	
		HT250	用于中等负荷和对耐磨性有一定要求的零件，如阀壳、油缸、汽缸、联轴器、机体、齿轮、齿轮箱外壳、飞轮、液压泵和润滑阀的壳体等	
GB/T 1176–1987	5-5-5 锡青铜	ZCuSn5 Pb5Zn5	耐磨性和耐蚀性均好，易加工，铸造性和气密性较好。用于较高负荷、中等滑动速度下工作的耐磨、耐腐蚀零件，如轴瓦、衬套、缸套、活塞、离合器、涡轮等	“Z”为“铸造”汉语拼音的首位字母，各化学元素后面的数字表示该元素的质量分数，如 ZCuAl10Fe3 表示含： w_{Al} = 8.1% ～ 11%， w_{Fe} = 2% ～ 4%， 其余为 Cu 的铸造铝青铜
	10-3 铝青铜	ZCuAl10 Fe3	力学性能高，耐磨性、耐蚀性、抗氧化性好，可以焊接，不易钎焊。可用于制造强度高、耐磨、耐蚀的零件，如涡轮、轴承、衬套、管嘴、耐热管配件等	
	25–6-3-3 铝黄铜	ZCuZn25 Al6Fe3 Mn3	有很好的力学性能，铸造性良好，耐蚀性较好，可以焊接。适用于高强耐磨零件，如桥梁支承板、螺母、螺杆、耐磨板、滑块、涡轮等	
	38-2-2 锰黄铜	ZCuZn38 Mn2Pb2	有较高的力学性能和耐蚀性，耐磨性较好，切削性良好。可用于一般用途的构件，如套筒、衬套、轴瓦、滑块等	

续表二

标准	名称	牌号	应用举例	说明
GB/T 1173–1995	铸造铝合金	ZALSi12 代号 ZL102	用于制造形状复杂、负荷小、耐腐蚀的薄壁零件和工作温度≤200℃的高气密性零件	w_{Si} = 10% ～ 13%的铝硅合金
GB/T 3190–2008	硬铝	2A12 (原牌号 LY12)	焊接性能好，适于制作高载荷的零件及构件(不包括冲压件和锻件)	2Al2 表示 w_{Cu} = 3.8% ～ 4.9%、w_{Mg} =1.2% ～ 1.8%、w_{Mn} = 0.3% ～ 0.9%的硬铝
	工业纯铝	1060 (原牌号 L2)	塑性、耐腐蚀性高，焊接性好，强度低。适于制作贮槽、热交换器、防污染及深冷设备等	牌号中的第一位数 1 为纯铝的组别，其中铝含量 > 99.00%，牌号中最后的两位数表示最低铝百分含量中小数点后面的两位数。例如：1060 表示含杂质≤0.4%的工业纯铝

(2) 非金属材料。

常用非金属材料见附表 30。

附　表　30

标准	名称	牌号	应用举例	说明
GB/T 539–2008	耐油石棉橡胶板	NY250 HNY300	供航空发动机用的煤油、润滑油及冷气系统结合处的密封衬垫材料	有(0.4～3.0)mm 的十种厚度规格
GB/T 5547–2008	耐酸碱橡胶板	2707 2807 2709	具有耐酸碱性能，在温度(-30~+60)℃的 20%浓度的酸碱液体中工作，用于冲制密封性能较好的垫圈	较高硬度 中等硬度
	耐油橡胶板	3707 3807 3709 3800	可在一定温度的全损耗系统用油、变压器油、汽油等介质中工作，适用于冲制各种形状的垫圈	较高硬度
	耐热橡胶板	4707 4808 4710	可在(-30 ~ +100)℃且压力不大的条件下，于热空气、蒸汽介质中工作，用于冲制各种垫圈及隔热垫板	较高硬度 中等硬度

(3) 常用热处理和表面处理名词解释。

常用热处理和表面处理名词解释见附表 31。

附 表 31

名称	代号	说 明	目 的
退火	5111	将钢件加热到临界温度以上，保温一段时间，然后以一定速度缓慢冷却	用于消除铸、锻、焊零件的内应力，以利切削加工，细化晶粒，改善组织，增加韧性
正火	5121	将钢件加热到临界温度以上，保温一段时间，然后在空气中冷却	用于处理低碳和中碳结构钢及渗碳零件，细化晶粒，增加强度和韧性，减少内应力，改善切削性能
淬火	5131	将钢件加热到临界温度以上，保温一段时间，然后急速冷却	提高钢件强度及耐磨性。但淬火后会引起内应力，使钢变脆，所以淬火后必须回火
回火	5141	将淬火后的钢件重新加热到临界温度下某一温度，保温一段时间，然后冷却到室温	降低淬火后的内应力和脆性，提高钢的塑性和冲击韧性
调质	5151	淬火后在 450℃～600℃进行高温回火	提高韧性及强度。重要的齿轮、轴及丝杠等零件需调质
表面淬火	5210	用火焰或高频电流将钢件表面迅速加热到临界温度以上，急速冷却	提高钢件表面的硬度及耐磨性，而心部又保持一定的韧性，使零件既耐磨又能承受冲击，常用来处理齿轮等
渗碳	5310	将钢件在渗碳剂中加热，停留一段时间，使碳渗入钢的表面后，再淬火和低温回火	提高钢件表面的硬度、耐磨性、抗拉强度等。主要适用于低碳、中碳(C<0.40%)结构钢的中小型零件
渗氮	5330	将零件放入氨气内加热，使氮原子渗入零件的表面，获得含氮强化层	提高钢件表面的硬度、耐磨性、疲劳强度和抗蚀能力。适用于合金钢、碳钢、铸铁件，如机床主轴、丝杠、重要液压元件中的零件
时效处理	时效	机件精加工前，加热到 100～150℃，保温 5～20 h，空气冷却；铸件可天然时效处理，露天放一年以上	消除内应力，稳定机件形状和尺寸，常用于处理精密机件，如精密轴承、精密丝杠等
发蓝 发黑	发蓝或发黑	将零件置于氧化性介质内加热氧化，使表面形成一层氧化铁保护膜	防腐蚀，美化，常用于螺纹连接件
镀镍	镀镍	用电解方法，在钢件表面镀一层镍	防腐蚀，美化
镀铬	镀铬	用电解方法，在钢件表面镀一层铬	提高钢件表面的硬度、耐磨性和耐蚀能力，也用于修复零件上磨损了的表面
硬度	HBW(布氏硬度) HRC(洛氏硬度) HV(维氏硬度)	材料抵抗硬物压入其表面的能力，依测定方法不同而有布氏、洛氏、维氏硬度等几种	用于检验材料经热处理后的硬度。HBW 用于退火、正火、调质的零件及铸件；HRC 用于经淬火、回火及表面渗碳、渗氮等处理的零件；HV 用于薄层硬化零件

注：代号也可用拉丁字母表示，需要时可参阅相关文献 。对常用的热处理和表面处理需进一步了解时，可查阅相关书籍和有关国家标准和行业标准。

参考文献

[1] 刘朝儒，吴志军，高政一，等. 机械制图. 5 版. 北京：高等教育出版社，2006.
[2] 大连理工大学工程图学教研室. 机械制图. 6 版. 北京：高等教育出版社，2007.
[3] 唐克中，朱同钧. 画法几何及工程制图. 4 版. 北京：高等教育出版社，2009.
[4] 何铭新，钱可强，徐祖茂. 机械制图. 6 版. 北京：高等教育出版社，2010.